원샷! 원킬!

한방에 합격하는 합격비법서!

ONE SHOT ONE KILL

토목기사시리즈

| Engineer Civil Engineering Series |

상하수도공학

박재성 지음

독자 여러분께 알려드립니다

토목기사 필기시험을 본 후 그 문제 가운데 **상하수도공학 10여 문제를 재구성**해서 성안당 출판사로 보내주시면, 채택된 문제에 대해서 **성안당 도서 1부를 증정**해 드립니다. 독자 여러분이 보내주시는 기출문제는 더 나은 책을 만드는 데 큰 도움이 됩니다. 감사합니다.

 e-mail coh@cyber.co.kr (최옥현)

★ 메일을 보내주실 때 성명, 연락처, 주소를 기재해 주시기 바랍니다.
★ 보내주신 기출문제는 집필자가 검토한 후에 도서를 증정해 드립니다.

■ 도서 A/S 안내

성안당에서 발행하는 모든 도서는 저자와 출판사, 그리고 독자가 함께 만들어 나갑니다.

좋은 책을 펴내기 위해 많은 노력을 기울이고 있습니다. 혹시라도 내용상의 오류나 오탈자 등이 발견되면 "좋은 책은 나라의 보배"로서 우리 모두가 함께 만들어 간다는 마음으로 연락주시기 바랍니다. 수정 보완하여 더 나은 책이 되도록 최선을 다하겠습니다.

성안당은 늘 독자 여러분들의 소중한 의견을 기다리고 있습니다. 좋은 의견을 보내주시는 분께는 성안당 쇼핑몰의 포인트(3,000포인트)를 적립해 드립니다.

잘못 만들어진 책이나 부록 등이 파손된 경우에는 교환해 드립니다.

저자문의 e-mail : parkjaesung@chungbuk.ac.kr (박재성)
본서 기획자 e-mail : coh@cyber.co.kr (최옥현)
홈페이지 : http://www.cyber.co.kr   전화 : 031) 950-6300

머리말

 인간의 쾌적한 삶의 원동력이 되는 인공 물순환시스템의 중추적 역할을 하는 상하수도분야는 기원전 1400년경부터 시작되어 오랜 역사를 자랑한다. 우리나라 근대 상수도는 1908년, 하수도는 1976년 청계천 하수처리장이 준공되면서부터이다. 최근 해를 거듭할수록 가속화되는 기상이변으로 깨끗한 물 공급과 쾌적한 생활환경 조성을 위한 상하수도분야의 책임과 역할이 매우 중요시되고 있다. 또한 이에 따른 자격증 소지는 필수요건이라 할 수 있다.

 이 책은 이러한 시점에서 정규 교과과정의 이론적 지식을 빠르게 습득하고, 최근 바뀐 CBT(컴퓨터 기반 시험)방식에 맞추어 토목기사의 필기시험을 준비할 수 있도록 구성하였다.

> **이 책의 특징**
> 1. 상하수도공학의 이론서적과 상수도시설기준, 하수도시설기준의 내용 중 30년간 출제되었던 부분을 요약정리하여 기출문제를 이해하는 데 용이하도록 구성하였다.
> 2. 2022년부터 기사 필기시험이 전면 CBT(컴퓨터 기반 시험)로 바뀐바, 이를 대비할 수 있도록 최근 10년간의 출제문제를 바탕으로 빈도를 분석하고 난이도를 설정하여 수험생들이 공부의 우선순위를 쉽게 정할 수 있도록 하였다.
> 3. 각 단원마다 과년도 기출문제의 출제빈도표를 구성하고, 빈출되는 중요한 문제는 별표(★)로 강조하였다.
> 4. 핵심 암기노트를 수록하고 CBT 모의고사를 구성함으로써 단기간에 목표한 성과를 이룰 수 있도록 하였다.

 이 책은 100점을 맞기 위한 공부가 아니라 최소의 시간과 노력으로 최대의 효과를 가져올 수 있도록 구성하였다. 그럼에도 불구하고 독자 개개인의 특성과 성향에 따라서 구성이 미흡하거나 불만족스럽더라도 수험생들이 목적을 달성 수 있도록 지속적인 수정과 개선을 할 것을 약속드린다.

 끝으로 이 책을 출간하기까지 함께해주신 성안당 임직원 여러분께 감사드리며 구본철 상무님, 지정민 이사님께 깊은 감사를 드린다.

저자 박재성

출제기준

필기

직무분야	건설	중직무분야	토목	자격종목	토목기사	적용기간	2026.1.1.~ 2027.12.31.

직무내용 : 도로, 공항, 철도, 하천, 교량, 댐, 터널, 상하수도, 사면, 항만 및 해양시설물 등 다양한 건설사업을 계획, 설계, 시공, 관리 등을 수행하는 직무이다.

필기검정방법	객관식	문제 수	120	시험시간	3시간

필기과목명	문제 수	주요 항목	세부항목	세세항목
응용역학	20	1. 역학적인 개념 및 건설 구조물의 해석	(1) 힘과 모멘트	① 힘 ② 모멘트
			(2) 단면의 성질	① 단면1차모멘트와 도심 ② 단면2차모멘트 ③ 단면상승모멘트 ④ 회전반경 ⑤ 단면계수
			(3) 재료의 역학적 성질	① 응력과 변형률 ② 탄성계수
			(4) 정정보	① 보의 반력 ② 보의 전단력 ③ 보의 휨모멘트 ④ 보의 영향선 ⑤ 정정보의 종류
			(5) 보의 응력	① 휨응력 ② 전단응력
			(6) 보의 처짐	① 보의 처짐 ② 보의 처짐각 ③ 기타 처짐 해법
			(7) 기둥	① 단주 ② 장주
			(8) 정정 트러스(Truss), 라멘(Rahmen), 아치(Arch), 케이블(Cable)	① 트러스 ② 라멘 ③ 아치 ④ 케이블
			(9) 구조물의 탄성변형	① 탄성변형
			(10) 부정정 구조물	① 부정정 구조물의 개요 ② 부정정 구조물의 판별 ③ 부정정 구조물의 해법
측량학	20	1. 측량학일반	(1) 측량기준 및 오차	① 측지학 개요 ② 좌표계와 측량원점 ③ 측량의 오차와 정밀도
			(2) 국가기준점	① 국가기준점 개요 ② 국가기준점 현황

필기과목명	문제 수	주요 항목	세부항목	세세항목
		2. 평면기준점측량	(1) 위성측위시스템(GNSS)	① 위성측위시스템(GNSS) 개요 ② 위성측위시스템(GNSS) 활용
			(2) 삼각측량	① 삼각측량의 개요 ② 삼각측량의 방법 ③ 수평각 측정 및 조정 ④ 변장계산 및 좌표계산 ⑤ 삼각수준측량 ⑥ 삼변측량
			(3) 다각측량	① 다각측량 개요 ② 다각측량 외업 ③ 다각측량 내업 ④ 측점 전개 및 도면 작성
		3. 수준점측량	(1) 수준측량	① 정의, 분류, 용어 ② 야장기입법 ③ 종·횡단측량 ④ 수준망 조정 ⑤ 교호수준측량
		4. 응용측량	(1) 지형측량	① 지형도 표시법 ② 등고선의 일반개요 ③ 등고선의 측정 및 작성 ④ 공간정보의 활용
			(2) 면적 및 체적 측량	① 면적계산 ② 체적계산
			(3) 노선측량	① 중심선 및 종횡단 측량 ② 단곡선 설치와 계산 및 이용방법 ③ 완화곡선의 종류별 설치와 계산 및 이용방법 ④ 종곡선 설치와 계산 및 이용방법
			(4) 하천측량	① 하천측량의 개요 ② 하천의 종횡단측량
수리학 및 수문학	20	1. 수리학	(1) 물의 성질	① 점성계수 ② 압축성 ③ 표면장력 ④ 증기압
			(2) 정수역학	① 압력의 정의 ② 정수압 분포 ③ 정수력 ④ 부력
			(3) 동수역학	① 오일러방정식과 베르누이식 ② 흐름의 구분 ③ 연속방정식 ④ 운동량방정식 ⑤ 에너지방정식

필기과목명	문제 수	주요 항목	세부항목	세세항목
			(4) 관수로	① 마찰손실 ② 기타 손실 ③ 관망 해석
			(5) 개수로	① 전수두 및 에너지 방정식 ② 효율적 흐름 단면 ③ 비에너지 ④ 도수 ⑤ 점변 부등류 ⑥ 오리피스 ⑦ 위어
			(6) 지하수	① Darcy의 법칙 ② 지하수흐름방정식
			(7) 해안 수리	① 파랑 ② 항만 구조물
		2. 수문학	(1) 수문학의 기초	① 수문 순환 및 기상학 ② 유역 ③ 강수 ④ 증발산 ⑤ 침투
			(2) 주요 이론	① 지표수 및 지하수 유출 ② 단위유량도 ③ 홍수 추적 ④ 수문통계 및 빈도 ⑤ 도시수문학
			(3) 응용 및 설계	① 수문모형 ② 수문조사 및 설계
철근콘크리트 및 강구조	20	1. 철근콘크리트 및 강구조	(1) 철근콘크리트	① 설계일반 ② 설계하중 및 하중 조합 ③ 휨과 압축 ④ 전단과 비틀림 ⑤ 철근의 정착과 이음 ⑥ 슬래브, 벽체, 기초, 옹벽, 라멘, 아치 등의 구조물 설계
			(2) 프리스트레스트 콘크리트	① 기본개념 및 재료 ② 도입과 손실 ③ 휨부재 설계 ④ 전단 설계 ⑤ 슬래브 설계
			(3) 강구조	① 기본개념 ② 인장 및 압축부재 ③ 휨부재 ④ 접합 및 연결

필기과목명	문제 수	주요 항목	세부항목	세세항목
토질 및 기초	20	1. 토질역학	(1) 흙의 물리적 성질과 분류	① 흙의 기본성질 ② 흙의 구성 ③ 흙의 입도분포 ④ 흙의 소성특성 ⑤ 흙의 분류
			(2) 흙 속에서의 물의 흐름	① 투수계수 ② 물의 2차원 흐름 ③ 침투와 파이핑
			(3) 지반 내의 응력분포	① 지중응력 ② 유효응력과 간극수압 ③ 모관현상 ④ 외력에 의한 지중응력 ⑤ 흙의 동상 및 융해
			(4) 압밀	① 압밀이론 ② 압밀시험 ③ 압밀도 ④ 압밀시간 ⑤ 압밀침하량 산정
			(5) 흙의 전단강도	① 흙의 파괴이론과 전단강도 ② 흙의 전단특성 ③ 전단시험 ④ 간극수압계수 ⑤ 응력경로
			(6) 토압	① 토압의 종류 ② 토압이론 ③ 구조물에 작용하는 토압 ④ 옹벽 및 보강토옹벽의 안정
			(7) 흙의 다짐	① 흙의 다짐특성 ② 흙의 다짐시험 ③ 현장다짐 및 품질관리
			(8) 사면의 안정	① 사면의 파괴거동 ② 사면의 안정 해석 ③ 사면안정대책공법
			(9) 지반조사 및 시험	① 시추 및 시료 채취 ② 원위치시험 및 물리탐사 ③ 토질시험
		2. 기초공학	(1) 기초일반	① 기초일반 ② 기초의 형식
			(2) 얕은 기초	① 지지력 ② 침하
			(3) 깊은 기초	① 말뚝기초 지지력 ② 말뚝기초 침하 ③ 케이슨기초
			(4) 연약지반 개량	① 사질토지반 개량공법 ② 점성토지반 개량공법 ③ 기타 지반 개량공법

필기과목명	문제 수	주요 항목	세부항목	세세항목
상하수도 공학	20	1. 상수도 계획	(1) 상수도시설 계획	① 상수도의 구성 및 계통 ② 계획급수량의 산정 ③ 수원 ④ 수질기준
			(2) 상수관로시설	① 도수, 송수계획 ② 배수, 급수계획 ③ 펌프장계획
			(3) 정수장시설	① 정수방법 ② 정수시설 ③ 배출수처리시설
		2. 하수도 계획	(1) 하수도시설 계획	① 하수도의 구성 및 계통 ② 하수의 배제방식 ③ 계획하수량의 산정 ④ 하수의 수질
			(2) 하수관로시설	① 하수관로 계획 ② 펌프장 계획 ③ 우수조정지 계획
			(3) 하수처리장시설	① 하수처리방법 ② 하수처리시설 ③ 오니(Sludge)처리시설

실기

직무 분야	건설	중직무 분야	토목	자격 종목	토목기사	적용 기간	2026.1.1. ~ 2027.12.31.

직무내용: 도로, 공항, 철도, 하천, 교량, 댐, 터널, 상하수도, 사면, 항만 및 해양시설물 등 다양한 건설사업을 계획, 설계, 시공, 관리 등을 수행하는 직무이다.
수행준거: 1. 토목시설물에 대한 타당성 조사, 기본설계, 실시설계 등의 각 설계단계에 따른 설계를 할 수 있다.
2. 설계도면 이해에 대한 지식을 가지고 시공 및 건설사업관리 직무를 수행할 수 있다.

실기검정방법	필답형	시험시간	3시간

실기과목명	주요 항목	세부항목	세세항목
토목설계 및 시공실무	1. 토목설계 및 시공에 관한 사항	(1) 토공 및 건설기계 이해하기	① 토공계획에 대해 알고 있어야 한다. ② 토공시공에 대해 알고 있어야 한다. ③ 건설기계 및 장비에 대해 알고 있어야 한다.
		(2) 기초 및 연약지반 개량 이해하기	① 지반조사 및 시험방법을 알고 있어야 한다. ② 연약지반 개요에 대해 알고 있어야 한다. ③ 연약지반 개량공법에 대해 알고 있어야 한다. ④ 연약지반 측방유동에 대해 알고 있어야 한다. ⑤ 연약지반 계측에 대해 알고 있어야 한다. ⑥ 얕은 기초에 대해 알고 있어야 한다. ⑦ 깊은 기초에 대해 알고 있어야 한다.
		(3) 콘크리트 이해하기	① 특성에 대해 알고 있어야 한다. ② 재료에 대해 알고 있어야 한다. ③ 배합 설계 및 시공에 대해 알고 있어야 한다. ④ 특수 콘크리트에 대해 알고 있어야 한다. ⑤ 콘크리트 구조물의 보수, 보강 공법에 대해 알고 있어야 한다.
		(4) 교량 이해하기	① 구성 및 분류를 알고 있어야 한다. ② 가설공법에 대해 알고 있어야 한다. ③ 내하력평가 방법 및 보수, 보강 공법에 대해 알고 있어야 한다.
		(5) 터널 이해하기	① 조사 및 암반분류에 대해 알고 있어야 한다. ② 터널공법에 대해 알고 있어야 한다. ③ 발파개념에 대해 알고 있어야 한다. ④ 지보 및 보강 공법에 대해 알고 있어야 한다. ⑤ 콘크리트 라이닝 및 배수에 대해 알고 있어야 한다. ⑥ 터널 계측 및 부대시설에 대해 알고 있어야 한다.
		(6) 배수 구조물 이해하기	① 배수 구조물의 종류 및 특성에 대해 알고 있어야 한다. ② 시공방법에 대해 알고 있어야 한다.

ONE SHOT! ONE KILL

실기과목명	주요 항목	세부항목	세세항목
		(7) 도로 및 포장 이해하기	① 도로의 계획 및 개념에 대해 알고 있어야 한다. ② 포장의 종류 및 특성에 대해 알고 있어야 한다. ③ 아스팔트 포장에 대해 알고 있어야 한다. ④ 콘크리트 포장에 대해 알고 있어야 한다. ⑤ 포장 유지보수에 대해 알고 있어야 한다.
		(8) 옹벽, 사면, 흙막이 이해하기	① 옹벽의 개념에 대해 알고 있어야 한다. ② 옹벽 설계 및 시공에 대해 알고 있어야 한다. ③ 보강토옹벽에 대해 알고 있어야 한다. ④ 흙막이공법의 종류 및 특성에 대해 알고 있어야 한다. ⑤ 흙막이공법의 설계에 대해 알고 있어야 한다. ⑥ 사면안정에 대해 알고 있어야 한다.
		(9) 하천, 댐 및 항만 이해하기	① 하천공사의 종류 및 특성에 대해 알고 있어야 한다. ② 댐공사의 종류 및 특성에 대해 알고 있어야 한다. ③ 항만공사의 종류 및 특성에 대해 알고 있어야 한다. ④ 준설 및 매립에 대해 알고 있어야 한다.
	2. 토목시공에 따른 공사·공정 및 품질관리	(1) 공사 및 공정관리하기	① 공사관리에 대해 알고 있어야 한다. ② 공정관리 개요에 대해 알고 있어야 한다. ③ 공정계획을 할 수 있어야 한다. ④ 최조 공기를 산출할 수 있어야 한다.
		(2) 품질관리하기	① 품질관리의 개념에 대해 알고 있어야 한다. ② 품질관리 절차 및 방법에 대해 알고 있어야 한다.
	3. 도면 검토 및 물량 산출	(1) 도면 기본 검토하기	① 도면에서 지시하는 내용을 파악할 수 있다. ② 도면에 오류, 누락 등을 확인할 수 있다.
		(2) 옹벽, 슬래브, 암거, 기초, 교각, 교대 및 도로 부대시설물 물량 산출하기	① 토공량을 산출할 수 있어야 한다. ② 거푸집량을 산출할 수 있어야 한다. ③ 콘크리트량을 산출할 수 있어야 한다. ④ 철근량을 산출할 수 있어야 한다.

출제경향 분석

[최근 10년간 출제분석표(단위 : %)]

구분	2016년	2017년	2018년	2019년	2020년	2021년	2022년	2023년	2024년	2025년	10개년 평균
제1편 상수도공학											
제1장 상수도시설 계획	15.0	16.7	16.7	16.7	16.7	8.4	12.5	15.0	11.7	21.7	15.1
제2장 수질관리 및 수질기준	8.3	6.7	6.7	8.3	6.7	13.3	5.0	10.0	6.7	8.3	8.0
제3장 상수관로시설	10.0	8.3	6.7	11.7	13.3	10.0	7.5	10.0	11.7	5.0	9.4
제4장 정수시설	15.0	15.0	18.2	16.7	15.0	11.7	25.0	16.6	16.7	11.7	16.2
제2편 하수도공학											
제5장 하수도시설 계획	18.3	23.3	16.7	13.2	20.0	18.3	15.0	15.0	13.3	11.7	16.5
제6장 하수관로시설	10.0	8.3	8.3	5.0	3.3	8.3	7.5	11.7	8.3	8.3	7.9
제7장 하수처리장시설	16.7	11.7	15.0	16.7	16.7	18.3	15.0	15.0	23.3	21.6	17.0
제8장 펌프장시설	6.7	10.0	11.7	11.7	8.3	11.7	12.5	6.7	8.3	11.7	9.9
합계											100.0

[단원별 출제비율]

차례

[PART 1. 상수도공학]

CHAPTER 01 상수도시설 계획

SECTION 01 상수도의 구성 및 계통 ·· 2
SECTION 02 수원 ·· 10
SECTION 03 취수 ·· 13
　　　　　■ 단원별 기출문제 ·· 21

CHAPTER 02 수질관리 및 수질기준

SECTION 01 수질관리 ·· 34
SECTION 02 수질기준 ·· 41
　　　　　■ 단원별 기출문제 ·· 46

CHAPTER 03 상수관로시설

SECTION 01 도수 및 송수시설 ·· 56
SECTION 02 배수시설 ·· 61
SECTION 03 급수시설 ·· 65
　　　　　■ 단원별 기출문제 ·· 67

CHAPTER 04 정수장시설

SECTION 01 개론 ·· 80
SECTION 02 정수방법 ·· 82
SECTION 03 배출수처리시설 ·· 96
　　　　　■ 단원별 기출문제 ·· 98

[PART 2. 하수도공학]

CHAPTER 05 하수도시설 계획

SECTION 01　하수도의 개요 ·· 118
SECTION 02　계획하수량의 산정 ·· 120
SECTION 03　하수배제방식 ·· 124
SECTION 04　하수관거배치방식(배수계통) ··· 126
■ 단원별 기출문제 ··· 128

CHAPTER 06 하수관로시설

SECTION 01　하수관로 계획 ·· 140
SECTION 02　하수관거의 종류 ·· 142
SECTION 03　하수관거의 단면 형상 ·· 143
SECTION 04　하수관거의 접합 ·· 144
SECTION 05　관정부식 ··· 145
SECTION 06　하수관거의 부대시설 ··· 146
SECTION 07　우수조정지(유수지) ··· 149
SECTION 08　우수저류지 ·· 151
■ 단원별 기출문제 ··· 152

CHAPTER 07 하수처리장시설

SECTION 01　하수처리방법 ·· 164
SECTION 02　슬러지처리방법 ··· 181
■ 단원별 기출문제 ··· 186

CHAPTER 08 펌프장시설

- SECTION 01 펌프장시설 계획 ······ 206
- SECTION 02 펌프의 계산 ······ 209
- SECTION 03 펌프의 특성곡선 ······ 210
- SECTION 04 펌프운전방식의 특성 ······ 211
- SECTION 05 수격작용 ······ 212
- SECTION 06 공동현상 ······ 213
  - ■ 단원별 기출문제 ······ 215

부록 I 최근 과년도 기출문제

> 2022년 3회 기출문제부터는 CBT 전면 시행으로 시험문제가 공개되지 않아 수험생의 기억을 토대로 복원된 문제를 수록했습니다.

- ■ 2018년 제1회 토목기사 ······ 2
- ■ 2018년 제2회 토목기사 ······ 6
- ■ 2018년 제3회 토목기사 ······ 10
- ■ 2019년 제1회 토목기사 ······ 14
- ■ 2019년 제2회 토목기사 ······ 18
- ■ 2019년 제3회 토목기사 ······ 22
- ■ 2020년 제1·2회 통합 토목기사 26
- ■ 2020년 제3회 토목기사 ······ 30
- ■ 2020년 제4회 토목기사 ······ 34
- ■ 2021년 제1회 토목기사 ······ 38
- ■ 2021년 제2회 토목기사 ······ 42
- ■ 2021년 제3회 토목기사 ······ 46
- ■ 2022년 제1회 토목기사 ······ 50
- ■ 2022년 제2회 토목기사 ······ 54
- ■ 2022년 제3회 토목기사 ······ 58
- ■ 2023년 제1회 토목기사 ······ 62
- ■ 2023년 제2회 토목기사 ······ 65
- ■ 2023년 제3회 토목기사 ······ 69
- ■ 2024년 제1회 토목기사 ······ 73
- ■ 2024년 제2회 토목기사 ······ 77
- ■ 2024년 제3회 토목기사 ······ 81
- ■ 2025년 제1회 토목기사 ······ 85
- ■ 2025년 제2회 토목기사 ······ 88
- ■ 2025년 제3회 토목기사 ······ 91

부록 II CBT 실전 모의고사

- 1회 CBT 실전 모의고사 …………………………………………………………… 95
- 1회 CBT 실전 모의고사 정답 및 해설 …………………………………………… 98
- 2회 CBT 실전 모의고사 …………………………………………………………… 100
- 2회 CBT 실전 모의고사 정답 및 해설 …………………………………………… 103
- 3회 CBT 실전 모의고사 …………………………………………………………… 105
- 3회 CBT 실전 모의고사 정답 및 해설 …………………………………………… 108

핵심 암기노트

CHAPTER 00 | 기본 암기사항

1. 계산문제 풀이를 위한 단위환산

무게	ton $\xrightleftharpoons[10^{-3}]{10^{3}}$ kg $\xrightleftharpoons[10^{-3}]{10^{3}}$ g $\xrightleftharpoons[10^{-3}]{10^{3}}$ mg
	∥ ∥ ∥
부피	m³ $\xrightleftharpoons[10^{-3}]{10^{3}}$ L $\xrightleftharpoons[10^{-3}]{10^{3}}$ mL = cm³ = cc

2. 농도

$C[\text{ppm}=\text{mg/L}]$

$1\text{mg/L} = \dfrac{10^{-9}\text{ton}}{10^{-3}\text{m}^3} = 10^{-6}\text{ton/m}^3$

3. 급수량

lpcd = L/인 · day

[PART 1. 상수도공학]

CHAPTER 01 | 상수도시설 계획

1. 상수도시설의 기본계획
① 계획연차 : 5~15년
② 계획 1인 1일 최대급수량 : 300~400lpcd(=L/인·day)
③ 급수보급률 = $\dfrac{\text{급수인구}}{\text{총인구}} \times 100\%$
④ 계획급수인구 추정 : 과거 20년 자료

2. 상수도계통도
수원 → 취수 → 도수 → 정수 → 송수 → 배수 → 급수

3. 인구추정
① 등차급수법 : 소도시에 적용, 과소추정 우려
$P_n = P_0 + na, \quad a = \dfrac{P_0 - P_t}{t}$
② 등비급수법 : 신도시, 대도시에 적용, 과대추정 우려
$P_n = P_0(1+r)^n, \quad r = \left(\dfrac{P_o}{P_t}\right)^{\frac{1}{t}} - 1$
③ 논리곡선법(=이론곡선법=S곡선법) : 가장 논리적이고 이상적인 추정법

$P_n = \dfrac{K}{1+e^{a-bn}}$
여기서, K : 포화인구
④ 최소 과거 20년 자료 사용

4. 계획급수량 산정
① 계획급수량 = 급수인구 × lpcd × 급수보급률
② 급수량의 종류
  ㉠ 가정용수, 영업용수, 공업용수, 공공용수, 불명수, 소화용수
  ㉡ 농업용수는 급수량이 아니다.
③ 급수량의 특징
  ㉠ 대도시일수록, 공업이 발달할수록 높다.
  ㉡ 기온이 높을수록 높다.
  ㉢ 정액급수일 때 높다.
  ㉣ 하루 중 물 사용패턴이 다르다.
④ 계획급수량의 종류
  ㉠ 계획 1일 평균급수량 : 각종 요금 산정의 지표
     계획 1일 평균급수량 = 계획 1일 최대급수량의 70~80%
  ㉡ 계획 1일 최대급수량 : 상수도시설(취수, 도수, 정수, 송수, 배수, 급수시설)설계기준
  ㉢ 계획시간 최대급수량 : 배수관의 구경, 배수펌프의 용량 결정

5. 수원
① 수원의 종류
  ㉠ 천수 : 상수원으로 부적당
  ㉡ 지표수
    • 하천수 : 상수원수의 70%
    • 호소수 : 자정작용이 큼
    • 저수지수 : 수량변동이 적음
  ㉢ 지하수
    • 천층수 : 비피압지하수, 자유수면 있음
    • 심층수 : 피압지하수, 자유수면 없음
    • 용천수 : 지표면 용출수
    • 복류수 : 토양의 여과작용으로 침전과정을 생량하고 취수원으로 이용 가능
② 성층현상 : 여름과 겨울에 나타남. 특히 여름이

두드러짐
③ 전도현상 : 봄과 가을에 나타남. 특히 봄에 두드러짐. 수질을 악화시킴. 정수부하
④ 수원의 구비조건
  ㉠ 상수소비지에 가까울 것
  ㉡ 가급적 자연유하로 도수할 수 있을 것
  ㉢ 계획취수량이 최대갈수기에도 확보 가능할 것
    • 평수위 : 연중 185일은 이보다 저하하지 않는 수위
    • 저수위 : 연중 275일은 이보다 저하하지 않는 수위
    • 갈수위 : 연중 355일은 이보다 저하하지 않는 수위

6. 취수
① 계획취수량=계획 1일 최대급수량×(1.05~1.10) (5~10% 여유를 둔다)

> [참고] 5~10% 여유를 두는 이유
> • 도 · 송수시설에서의 손실 고려
> • 정수 시 역세척수에 의한 손실 고려

② 하천수 취수방법
  ㉠ 취수관 : 수위변동이 적은 하천, 중규모 취수에 적용
  ㉡ 취수문 : 농업용수 취수에 적합
  ㉢ 취수탑 : 대량 취수 가능, 좋은 수질의 물로 선택취수 가능, 연간 안정적인 취수 가능, 건설비가 많이 소요
③ 저수지용량 결정
  ㉠ 경험식
    • 강수량이 많은 경우 : 120일
    • 강수량이 적은 경우 : 200일
  ㉡ 가정법 : $C = \dfrac{5,000}{\sqrt{0.8R}}$
  ㉢ 유출량누가곡선법(Ripple법) : 유효저수량, 필요저수량, 저수시작일
④ 지하수 취수방법
  ㉠ 천층수 : 천정, 심정
  ㉡ 심층수 : 굴착정
  ㉢ 용천수, 복류수 : 집수매거

⑤ 집수매거의 제원

| 매설 방향 | 매설 경사 | 매설 깊이 (m) | 거 내 속도 (m/s) | 집수공 |||
				유입 속도 (cm/s)	지름 (mm)	면적당 수 (개/m²)
흐름의 직각	수평 1/500	5	1	3	10~20	20~30

⑥ 상수침사지 제원

내용	침사지의 제원
계획취수량	10~20분
침사지 내의 유속	2~7cm/s
유효수심	3~4m

CHAPTER 02 | 수질관리 및 수질기준

1. 수질용어

① $pH = -\log[H^+] = \log\dfrac{1}{[H^+]}$

$$\underset{산성}{1} \longleftarrow \underset{중성}{7} \longrightarrow \underset{알칼리성}{14}$$

  ㉠ 산성과 알칼리성을 구분할 수 있어야 한다.
  ㉡ 조류가 많은 하천수는 알칼리성이다.
② DO(용존산소)를 높이기 위한 조건과 자정계수를 높이기 위한 조건 : 온도↓, 수심↓, 수압↓, 경사↑, 유속↑
③ BOD와 COD
  ㉠ 공식
    • 잔존 BOD : $L_t = L_a \cdot 10^{-k_1 t}$, $L_t = L_a e^{-k_1 t}$
    • 소비 BOD
      $-BOD_t = L_a - L_t = L_a(1 - 10^{-k_1 t})$
      $-BOD_t = L_a - L_t = L_a(1 - e^{-k_1 t})$
  ㉡ BOD와 COD 비교

구분	BOD	COD
시험기간	5일	1~3시간
적용	하천, 도시하수	공장폐수
반응물질	미생물	산화제

  ㉢ 1단계 BOD : 탄소화합물 분해
  ㉣ 2단계 BOD : 질소화합물 소화

④ 경도(물)의 세기
  ㉠ 유발물질 : Ca, Mg
  ㉡ 음용수 수질기준 : 1,000mg/L를 넘지 않을 것(수돗물의 경우 300mg/L)
  ㉢ 경수의 연수법
    • 비등법
    • 이온교환법(Zeolite법)
    • 석회소다법
      - 소석회 : 일시경도 제거
      - 소다회 : 영구경도 제거
⑤ 색도 제거법
  ㉠ 전염소처리 : 원수의 수질이 매우 나쁠 때 취수 앞에서 시행
  ㉡ 오존처리 : 가격이 비쌈. 소독의 지속성이 없음. 암모니아 제거는 안 됨
  ㉢ 활성탄처리 : 이취미(맛과 냄새) 제거
⑥ 하천의 자정작용(생물학적 작용)
  ㉠ 자정계수를 높이기 위한 조건은 DO를 높이기 위한 조건과 같다.
  ㉡ 용존산소부족곡선(임계점, 변곡점)
  ㉢ Whipple의 자정 4단계
    • 분해지대 : 호기성 상태
    • 활발한 분해지대 : 혐기성 상태
    • 회복지대 : pH가 낮은 상태
    • 정수지대 : DO 풍부
⑦ 확산에 의한 오염물질의 희석
  $$C_m = \frac{C_1 Q_1 + C_2 Q_2}{Q_1 + Q_2}$$
⑧ 부영양화
  ㉠ 원인물질 : 질소(N), 인(P)
  ㉡ 부영양화 결과 : 조류 발생
  ㉢ 방지대책 : $CuSO_4$(황산구리) 살포

2. 수질기준

① 미생물에 관한 기준 : 1mL 중 100CFU를 넘지 않을 것
② 대장균 검출이유
  ㉠ 병원균 추정의 간접지표 이용
  ㉡ 타 세균의 존재 유무 추정
  ㉢ 검출방법 용이
③ 건강상 유해영향 무기물질에 관한 기준
  ㉠ 납, 비소, 시안 : 0.01mg/L를 넘지 아니할 것
  ㉡ 수은 : 0.001mg/L를 넘지 아니할 것
  ㉢ 카드뮴 0.005mg/L를 넘지 아니할 것
  ㉣ 암모니아성 질소, 질산성 질소
④ 건강상 유해영양 유기물질에 관한 기준 : 페놀 0.005mg/L를 넘지 아니할 것
⑤ 소독부산물에 관한 기준 : THM 0.1mg/L를 넘지 아니할 것(염소 과다주입 시 발생)
⑥ 심미적 영향물질에 관한 기준 : 철, 구리, 아연, 알루미늄

CHAPTER 03 | 상수관로시설

1. 도수 및 송수시설

① 계획도수량 : 계획취수량 기준
② 계획송수량 : 계획 1일 최대급수량 기준
③ 도·송수관로 결정 시 고려사항
  ㉠ 관로 도중에 감압을 위한 접합정을 설치
  ㉡ 최소등수경사선 이하가 되도록 설계

> [참고] 최소동수경사선 이하가 안 될 경우 조치사항
> • 상류측 관경을 크게 한다.
> • 접합정을 설치한다.
> • 감압밸브를 설치한다.

④ 수로의 평균유속
  ㉠ 도수관, 송수관 : 0.3~3m/s
  ㉡ 원형관 : 유속 최대 81~84%, 유량 최대 91~94%
  ㉢ 관두께 : $t = \frac{pD}{2\sigma_w}$
  ㉣ 관수로 관련 공식
    • 마찰손실수두 : $h_L = f \frac{l}{d} \frac{V^2}{2g}$
    • 마찰손실계수 : $f = \frac{64}{Re}$ (층류일 때),
    $$f = \frac{124.5n^2}{D^{1/3}}$$

- 평균유속 : $V = \dfrac{1}{n} R_h^{2/3} I^{1/2}$
- 동수반경(경심) : $R_h = \dfrac{bh}{b+2h}$ (사각형일 때), $R_h = \dfrac{D}{4}$ (원형일 때)
- 수면경사(에너지경사, 하상경사) : $I = \dfrac{h_L}{L}$

⑤ 상수도 밸브
  ㉠ 제수밸브(gate valve) : 사고 시 통수량 조절
  ㉡ 역지밸브(check valve) : 물의 역류 방지
  ㉢ 안전밸브(safety valve) : 수격작용, 이상수압

2. 배수시설
① 계획배수량 : 계획시간 최대급수량 기준
② 배수지의 위치 : 배수구역의 중앙
③ 배수지의 용량
  ㉠ 표준 : 8~12시간
  ㉡ 최소 : 6시간 이상
④ 배수관의 수압 : 147~392kPa(1.5~4.0kgf/cm²)
  ㉠ 최소동수압 : 150kPa
  ㉡ 최대정수압 : 700kPa
⑤ 배수관 배치방식(격자식)
  ㉠ 제수밸브가 많다.
  ㉡ 사고 시 단수구간이 좁다.
  ㉢ 건설비가 많이 소요된다.
⑥ 관망 해석
  ㉠ 등가길이관법=등치관법
  $L_2 = L_1 \left(\dfrac{D_2}{D_1}\right)^{4.87}$
  ㉡ Hardy-Cross법의 가정
    • 들어간 유량은 모두 나간다.
    • 각 폐합관의 마찰손실은 약 0이다.
    • 미소손실은 무시한다.
  ㉢ $h_L = KQ^{1.85}$ (Hazen-Williams공식)

3. 급수시설
① 급수장치가 갖추어야 할 조건
  ㉠ 유지관리가 용이할 것
  ㉡ 위생상 무해할 것
  ㉢ 역류할 위험이 없을 것
  ㉣ 다른 매설물과의 간격을 30cm 이상 확보할 것

② 탱크식 급수방식을 적용하는 경우
  ㉠ 배수관의 수압이 소요수압에 비해 부족할 경우
  ㉡ 일시에 많은 수량을 필요로 하는 경우
  ㉢ 단수 시에도 어느 정도의 급수를 지속시킬 필요가 있는 경우
  ㉣ 재해 시, 단수 시, 강수 시 물을 반드시 확보해야 할 경우
③ 교차연결 : 음료수를 공급하는 수도와 음용수로 사용될 수 없는 다른 계통의 수도 사이에 관이 서로 물리적으로 연결된 것

CHAPTER 04 | 정수장시설

1. 응집제
① 황산반토(명반, 황산알루미늄, $Al_2(SO_4)_3 \cdot 18H_2O$) : 가볍고 pH폭이 좁다.

[참고]
- 황산반토 : 정수처리에 많이 이용
- 철염 : 폐수처리에 이용

② 응집제 주입량 $= CQ \times \dfrac{1}{순도}$ [kg/day]
③ Jar-test(약품교반실험, 응집교반실험) : 응집제의 적정량 및 적정 농도 결정
④ 급속교반 후 완속교반하는 이유 : 플록을 깨뜨리지 않고 크기를 증가시키기 위하여

2. 침전
① 침전의 종류
  ㉠ Ⅰ형 침전=독립침전=단독침전=자유침전=보통침전
  ㉡ Ⅱ형 침전=응집침전=약품침전
② Stokes의 법칙(중력)
  $V_s = \dfrac{(\rho_s - \rho_w)gd^2}{18\mu} = \dfrac{(s-1)gd^2}{18\nu}$

[참고] 가정 3조건
- 입자의 크기는 일정하다.
- 입자의 모양은 구형(원형)이다.
- 물의 흐름은 층류상태($Re < 0.5$)이다.

③ 침전지에서 100% 제거할 수 있는 입자의 최소침강속도 : $V_0 = \dfrac{Q}{A} = \dfrac{h}{t}$

④ 표면부하율=수면적부하=SLR
$V_0 = \dfrac{Q}{A} = \dfrac{h}{t}$

⑤ 평균 제거율=침전효율=침전효과
$E = \dfrac{V_s}{V_0} \times 100\% = \dfrac{V_s}{Q/A} \times 100\%$
$\quad = \dfrac{V_s}{h/t} \times 100\%$

⑥ 고속응집침전
㉠ 용량 : 계획정수량의 1.5~2시간분
㉡ 평균 상승유속 : 40~50mm/min을 표준

3. 여과

① 여과면적 : $A = \dfrac{Q}{Vn}$ [m²]

② 완속여과와 급속여과 비교
㉠ 제원

구분	완속여과	급속여과
여과속도	4~5m/day	120~150m/day
모래층두께	70~90cm	60~70cm
모래 유효경	0.3~0.45mm	0.45~1.0mm
균등계수	2.0 이하	1.7 이하

㉡ 특징

구분	완속여과	급속여과
용지면적	크다	작다
세균 제거	좋다	나쁘다
약품처리	불필요	필요
손실수두	작다	크다
건설비	많다	적다
유지관리비	적다	많다
원수수질	저탁도	고탁도
관리기술	불필요	필요

③ Micro-floc여과 : 직접여과법으로 응집침전을 행하지 않고 급속여과를 행하는 것

4. 소독

① 염소소독과 전염소처리

구분	염소소독	전염소처리
색도 제거	안 된다	된다
잔류염소	생성	비생성
THM	발생	발생

② 유리잔류염소 : $HOCl$, OCl^-
③ 결합잔류염소 : Chloramine(클로라민)
④ 살균력 세기 : 오존>$HOCl$>OCl^->클로라민
⑤ 염소요구량=(염소 주입량농도-잔류염소량농도)
$\quad \times Q \times \dfrac{1}{순도}$

5. 배출수처리시설

① 처리순서 : 조정→농축→탈수→건조→최종처분
② 조정시설 : 슬러지 균등화시설
③ 농축시설 : 부피 감소시설
④ 탈수(건조)시설 : 함수율 감소시설
⑤ 최종 처분
㉠ 소각 : 가장 안전한 방식
㉡ 최종 처분 퇴비화 : 가장 바람직한 방식

[PART 2. 하수도공학]

CHAPTER 05 | 하수도시설 계획

1. 하수도의 개요

① 하수도의 계획목표연도 : 20년
② 계획오수량 : 180~250L/인·day(계획급수량의 60~70%)

2. 계획오수량 산정

① 계획오수량=생활오수량+공장폐수량+지하수량
② 생활오수량=1인 1일 최대오수량×계획배수인구
③ 지하수량
㉠ 1인 1일 최대오수량의 10~20%
㉡ 하수관의 길이 1km당 0.2~0.4L/s
㉢ 1인 1일당 17~25L로 가정
④ 계획오수량의 종류
㉠ 계획 1일 평균오수량 : 하수도요금 산정의 지표
㉡ 계획 1일 최대오수량 : 하수처리장의 설계기준
㉢ 계획 1일 시간 최대오수량 : 오수관의 구경, 오수펌프의 용량 결정

3. 계획우수량 산정(합리식 적용)

① $A[km^2]$일 경우 $Q = \dfrac{1}{3.6}CIA$

② $A[ha]$일 경우 $Q = \dfrac{1}{360}CIA$

③ 유달시간 : $T = t_1 + t_2 = t_1 + \dfrac{L}{V}$

4. 하수배제방식
   ① 분류식
      ㉠ 오수와 우수를 따로 배제
      ㉡ 위생적인 관점에서 유리
   ② 합류식
      ㉠ 오수와 우수를 하나의 관으로 배제
      ㉡ 경제적인 관점에서 유리

▲ 분류식   ▲ 합류식

5. 하수관거배치방식
   ① 직각식(수직식) : 하천유량이 풍부할 때, 하천이 도시의 중심을 지나갈 때 적당한 방식
   ② 선형식(선상식) : 지형이 한쪽 방향으로 경사되어 있을 때 전 하수를 1개의 간선으로 모아 배제하는 방식
   ③ 방사식 : 지역이 광대해서 하수를 한 곳으로 배수하기 곤란할 때 사용

CHAPTER 06 | 하수관로시설

1. 계획하수량
   ① 오수관거 : 계획시간 최대오수량
   ② 우수관거 : 계획우수량
   ③ 합류식 관거 : 계획시간 최대오수량+계획우수량
   ④ 차집관거 : 우천 시 계획오수량 또는 계획시간 최대오수량의 3배 이상

2. 하수관로시설
   ① 유속과 경사 : 유속은 하류로 갈수록 빠르게, 경사는 완만하게
   ② 유속범위
      ㉠ 오수관거, 차집관거 : 0.6~3m/s
      ㉡ 우수관거, 합류관거 : 0.8~3m/s
      ㉢ 이상적인 유속 : 1~1.8m/s
   ③ 하수관거의 경사
      ㉠ 평탄지 경사 : $\dfrac{1}{관경(mm)}$
      ㉡ 적당한 경사 : $\dfrac{1}{관경(mm)} \times 1.5$
      ㉢ 급경사 : $\dfrac{1}{관경(mm)} \times 2.0$
   ④ 최소관경
      ㉠ 오수관 : 200mm
      ㉡ 우수관 : 250mm
   ⑤ 최소토피 : 1m

3. 하수관거의 특성
   ① 관거 내면이 매끈하여 조도계수가 작아야 한다.
   ② 수밀성과 신축성이 높아야 한다.
   ③ 가격이 저렴해야 한다.
   ④ 내구성이 강해야 한다.

4. 하수관거의 종류
   ① 도관 : 소구경 관거에 많이 쓰이며 충격에 약함
   ② 흄관 : 가장 많이 사용되는 하수관거
   ③ PVC관 : 재질상 파열과 처짐의 문제가 있음

5. 하수관거의 단면형상
   ① 원형 : 대구경인 경우 운반비↑, 지하수침투량↑
   ② 직사각형=장방형=구형 : 대규모 공사에 가장 많이 이용
   ③ 마제형=제형=말굽형 : 대구경 관거에 유리

6. 하수관거의 접합
   ① 수면접합
      ㉠ 수리학적으로 가장 유리한 방법
      ㉡ 관거의 연결부, 합류, 분기관에 적합
   ② 관정접합
      ㉠ 굴착깊이 증가
      ㉡ 토공량 증가

③ 관저접합
  ㉠ 가장 부적절한 방법
  ㉡ 가장 많이 이용하는 방법
  ㉢ 굴착깊이 감소
  ㉣ 공사비 감소
  ㉤ 토공량 감소
  ㉥ 펌프를 이용한 하수배제 시 적합

7. 관정부식
① 관련 물질 : 황화합물(S)
② 생성물질
  ㉠ 환원 : H_2S(황화수소가스) 발생
  ㉡ 산화 : H_2SO_4(황산) 발생
③ 관정부식 방지대책
  ㉠ 유속 증가
  ㉡ 폭기장치 설치
  ㉢ 염소 살포
  ㉣ 관 내 피복

8. 부대시설
① 맨홀의 직선부 설치간격

관경(mm)	300 이하	600 이하
최대간격(m)	50	75

② 역사이펀 : 하수관거 시공 중 장애물 횡단방법

9. 우수조정지(유수지)
① 우수를 임시로 저장하여 유량을 조절함으로써 하류지역의 우수유출이나 침수를 방지하는 시설
② 설치장소
  ㉠ 하수관거의 유하능력(용량)이 부족한 곳
  ㉡ 하류지역의 펌프장능력이 부족한 곳
  ㉢ 방류수역의 유하능력이 부족한 곳
③ 구조 및 형식 : 댐식, 굴착식, 지하식, 현지저류식

CHAPTER 07 | 하수처리장시설

1. 물리적 처리시설
① 하수침사지
  ㉠ 평균유속 : 0.3m/s
  ㉡ 체류시간 : 30~60초
  ㉢ 오수의 수면적부하 : $1,800m^3/m^2 \cdot day$

② 유량조정조 : 유량 및 수질 균등화
③ 침전지
  ㉠ 1차 침전지(최초 침전지)

구분		설계기준
표면부하율	분류식	$35~70m^3/m^2 \cdot day$
	합류식	$25~50m^3/m^2 \cdot day$
유효수심		2.5~4m
침전지 형상		원형, 직사각형, 정사각형
침전지 수면여유고		40~60cm
월류weir부하		$250m^3/m \cdot day$ 이하

  ㉡ 2차 침전지(최종 침전지)

구분	설계기준
표면부하율	• $20~30m^3/m^2 \cdot day$ • SRT가 길고 MLSS농도가 높은 고도처리의 경우 $15~25m^3/m^2 \cdot day$
고형물부하율	$40~125kg/m^2 \cdot day$
유효수심	2.5~4m
침전지 형상	원형, 직사각형, 정사각형
침전지 수면여유고	40~60cm
월류weir부하	$190m^3/m \cdot day$ 이하

2. 화학적 처리시설
① 중화 : pH를 중성으로 조정하는 공정
② 산화와 환원 : 중금속 제거
③ 응집 : 용해성 물질 제거
④ 이온교환 : 특정 이온 제거
⑤ 흡착 : 일반적으로 활성탄 사용

Freundrich공식 $\dfrac{X}{M} = KC^{\frac{1}{n}}$

3. 하수고도처리
① 3차 처리대상 : 영양염류(N, P)
② 생물학적 제거방법
  ㉠ 질소 제거법 : A/O법(Anoxic Oxic, 무산소호기법)
  ㉡ 인 제거법 : A/O법(Anaerobic Oxic, 혐기호기법)
  ㉢ 질소, 인 동시 제거법 : A2/O법(혐기무산소호기법)
③ 탈질산화과정 : $NH_4-N \rightarrow NO_3^- -N \rightarrow NO_2^- -N \rightarrow N_2$

㉠ NH_4-N : 암모니아이온(암모니아성 질소)
㉡ NH_3-N : 암모니아가스(암모니아성 질소)
㉢ NO_2^--N : 아질산성 질소
㉣ NO_3^--N : 질산성 질소

4. 생물학적 처리시설
① 생물학적 처리를 위한 운영조건(호기성 처리 시)
  ㉠ 영양물질 : BOD : N : P = 100 : 5 : 1
  ㉡ pH : 6.5~8.5로 유지
  ㉢ 수온 : 높게 유지
② 활성슬러지법
  ㉠ BOD용적부하 $= \dfrac{BOD \cdot Q}{V} = \dfrac{BOD}{t}$
  ㉡ BOD슬러지부하 $= \dfrac{BOD \cdot Q}{MLSS \cdot V} = \dfrac{BOD}{MLSS \cdot t}$
  ㉢ 슬러지팽화현상(sludge bulking) : 사상균의 과도한 성장, 활성슬러지가 최종 침전지로 넘어갈 때 잘 침전되지 않고 부풀어 오르는 현상
    ※ 원인 : 높은 C/N비(과도한 질산화)
  ㉣ 슬러지용적지수
    SVI $= \dfrac{30분간\ 침전\ 후\ 슬러지부피(mL/L)}{MLSS농도(mg/L)} \times 1,000$
    $SDI = \dfrac{100}{SVI} \to SDI \times SV = 100$
  ㉤ 슬러지반송율
    $r = \dfrac{MLSS농도 - 유입수의\ SS}{반송슬러지의\ SS - MLSS농도} \times 100\%$
  ㉥ 활성슬러지변법 : 산화구법≠산화지법, 계단식 폭기법, 장시간 폭기법
③ 활성슬러지변법
  ㉠ 표준활성슬러지법 : 가장 일반적으로 이용되고 있는 처리방법
  ㉡ 산화구법≠산화지법
  ㉢ 계단식 폭기법 : 포기조 내 산소이용률을 균등화시키며, SVI가 높아져도 그 대응이 쉬운 방법
  ㉣ 장시간 폭기법 : 낮은 BOD-SS부하로 운전하는 방식, 잉여슬러지양을 최대한 감소시키기 위한 방법
④ 살수여상법, 회전원판법, 생물막법
  ㉠ 슬러지반송이 없다.
  ㉡ 폭기장치가 필요 없다.
  ㉢ 슬러지팽화가 없다.

5. 하수슬러지처리시설
① 슬러지처리의 목적
  ㉠ 생화학적 안정화(유기물 → 무기물)
  ㉡ 병원균 제거(위생적으로 안정화)
  ㉢ 부피의 감량화
  ㉣ 부패와 악취의 감소 및 제거
② 슬러지함수율과 부피의 관계
  $\dfrac{V_2}{V_1} = \dfrac{100 - W_1}{100 - W_2}$
③ 슬러지처리계통
  ㉠ 농축(부피가 1/3 감소) → 소화(부피가 1/6 감소) → 개량 → 탈수 → 건조 → 최종 처분
  ㉡ 소화 : 안정화시설
  ㉢ 최종 처분의 소각 : 가장 안전한 처리
  ㉣ 퇴비화 : 가장 바람직한 처리
④ 호기성 소화와 혐기성 슬러지소화방법 비교

구분	호기성 소화
BOD	처리수의 BOD가 낮다.
동력	동력이 소요된다.
냄새	없다.
비료	비료가치가 크다.
생성물	가치 있는 부산물이 없다.
시설비	적게 든다.
운전	운전이 쉽다.
질소	질소가 산화되어 NO_2로 방출된다.
규모	소규모 활성슬러지에 좋다.
병원균	사멸률이 낮다.

※ 혐기성 소화는 호기성 소화와 반대이다.

CHAPTER 08 | 펌프장시설

1. **펌프의 결정기준**
   ① 펌프대수는 줄여 사용한다(단, 2지 이상).
   ② 동일 용량의 것을 사용한다.
   ③ 대용량의 것을 사용한다.
   ④ 펌프의 특성곡선 : 양정, 효율, 동력

2. **펌프의 종류**
   ① 원심력펌프 : 상하수도에 주로 많이 사용하는 펌프이다.
   ② 축류펌프 : 가장 저양정용이고 비교회전도가 가장 크다.
   ③ 사류펌프 : 양정, 수위의 변화가 큰 곳에 적합하다.

3. **펌프의 계산**
   ① 펌프의 구경 : $D = 146\sqrt{\dfrac{Q}{V}}$ [mm]
   ② 펌프의 축동력
   $P = \dfrac{13.33QH}{\eta}$ [HP], $P = \dfrac{9.8QH}{\eta}$ [kW]
   ③ 비교회전도
   ㉠ $N_s = N\dfrac{Q^{1/2}}{H^{3/4}}$
   ㉡ 특징
   - N_s가 작으면 고양정펌프, N_s가 크면 저양정펌프이다.
   - 양수량과 전양정이 동일하면 회전수가 클수록 N_s가 커지며, N_s가 커짐에 따라 펌프는 소형이 된다.
   - N_s가 같으면 펌프의 크기에 관계없이 모두 같은 형식이다.
   - N_s가 클수록 공동현상이 발생하기 쉽다.

4. **펌프의 토출량(양수량) 조절방법**
   ① 펌프의 회전수와 운전대수 조절
   ② 토출측 밸브의 개폐 정도 변경
   ③ 토출구로부터 흡입구로 일부 변경
   ④ 왕복펌프 플랜지의 스트로크(stroke) 변경

5. **펌프운전방식**
   ① 직렬운전 : 양정 2배 증가
   ② 병렬운전 : 양수량 2배 증가

6. **수격작용**
   ① 펌프의 급정지, 급가동으로 관로 내 유속의 급격한 변화가 생기고 관로 내 압력이 급상승 또는 급강하하는 현상
   ② 수격작용의 방지대책
   ㉠ 관 내 유속을 저하시킨다.
   ㉡ 펌프의 급정지를 피한다.
   ㉢ 압력조정수조(surge tank)를 설치한다.
   ㉣ 안전밸브를 설치한다.

7. **공동현상**
   ① 압력의 저하가 포화증기압 이하로 하강하면 양수되는 액체가 기화하여 공동이 생기는 현상
   ② 공동현상 방지대책
   ㉠ 펌프의 설치위치를 되도록 낮게 한다.
   ㉡ 흡입양정을 작게 한다.
   ㉢ 흡입관의 길이를 짧게 한다.
   ㉣ 흡입관의 직경을 크게 한다.
   ㉤ 펌프의 회전수를 작게 한다.
   ㉥ 임펠러를 수중에 위치시켜 잠기도록 한다.

PART 1

상수도공학

CHAPTER 1 | **상수도시설 계획**

CHAPTER 2 | **수질관리 및 수질기준**

CHAPTER 3 | **상수관로시설**

CHAPTER 4 | **정수장시설**

CHAPTER 01 상수도시설 계획

회독 체크표
1회독	월	일
2회독	월	일
3회독	월	일

최근 10년간 출제분석표

2015	2016	2017	2018	2019	2020	2021	2022	2023	2024
13.3%	15.0%	16.7%	16.7%	16.7%	16.7%	8.4%	12.5%	15.0%	11.7%

출제 POINT

학습 POINT
- 상수도의 목적
- 상수도의 효과
- 상수도의 구성 3요소
- 일반수도의 구분
- 중수도의 정의
- 상수도시설의 정의
- 계획연차
- 급수량의 종류
- 급수량의 특징
- 등차급수의 계산
- 등비급수의 계산
- 논리곡선의 포화인구

■ 수도법
상수도의 기본법

SECTION 1 상수도의 구성 및 계통

1 총론

1) 상수도시설 계획의 개요

상수도의 기본법인 수도법은 수도에 관한 종합적인 계획을 수립하고 수도를 적정하고 합리적으로 설치·관리함으로써 공중위생의 향상과 생활환경의 개선에 이바지함을 목적으로 제정되었다. 수도법에 따라 상수도시설의 기본계획으로부터 설계와 공사에 이르기까지 일반적인 흐름은 다음 [그림 1-1]과 같다.

[그림 1-1] 상수도시설의 기본계획 및 정비절차

(1) 기본계획 수립절차

　　기본계획을 수립할 때의 절차는 기본방침 수립(계획목표 설정), 기초조사, 기본사항 결정, 정비내용의 결정 등의 순서로 한다.

(2) 기초조사
① 급수구역의 결정에 필요한 기초자료의 수집과 조사
② 급수량 결정에 필요한 기초자료의 수집과 관련 계획 등의 조사
③ 전국수도종합계획, 광역 및 공업용수도 수도정비기본계획 등 종합적인 상위계획과 관련 상수도사업계획 또는 상수도용수공급계획에 대한 조사
④ 상수도시설의 위치 및 구조 결정에 필요한 자연적, 사회적 조건의 조사
⑤ 유사하거나 동일한 규모의 기존 상수도시설 및 그 관리실적에 대한 자료 수집과 조사
⑥ 각종 수원에 대한 이수(利水)의 가능성과 수량 및 수질조사
⑦ 교체하거나 갱생해야 할 시설의 범위와 시기를 결정하기 위한 현재 보유 시설의 평가
⑧ 공해 방지 및 자연환경보전을 도모하기 위한 환경영향평가의 조사

2) 상수도의 정의, 목적 및 효과

(1) 상수도의 정의

　　상수도라 함은 도관(導管) 및 기타의 공작물로서 물을 정수(淨水)하여 공급하는 총체를 말하며, 수도는 인간생활에 있어서 절대로 필요한 음료수, 조리용수(調理用水), 살수(撒水)·소화(消火)용수, 공장용수 등을 위생적으로 처리하여 풍부한 수량을 연속 공급하여야 한다.

(2) 상수도의 목적
① 안전한 수질 확보
② 충분한 수량 확보
③ 상수의 효율적 이용
④ 적절한 유지관리비 등

(3) 상수도의 효과
① 보건위생상의 효과
② 생활환경 개선
③ 소방상의 문제점 해소
④ 생산성 증가의 효과

(4) 상수도의 구성 3요소
① 충분한 수량
② 양호한 수질
③ 적절한 수압

■ 상수도의 구성 3요소
① 수량
② 수질
③ 수압

출제 POINT

3) 상수도의 분류

(1) 수도

수도란 관로(管路), 그 밖의 공작물을 사용하여 원수나 정수를 공급하는 시설의 전부를 말하며, 일반수도·공업용 수도 및 전용 수도로 구분한다.

[그림 1-2] 수도의 분류

① 일반수도
  ㉠ 광역상수도 : 국가·지방자치단체·한국수자원공사 또는 환경부장관이 인정하는 자가 둘 이상의 지방자치단체에 원수나 정수를 공급하는 일반수도로, 국가나 지방자치단체가 설치할 수 있는 광역상수도의 범위는 대통령령으로 정함
  ㉡ 지방상수도 : 지방자치단체가 관할 지역주민, 인근 지방자치단체 또는 그 주민에게 원수나 정수를 공급하는 일반수도로서 광역상수도 및 마을상수도 외의 수도
  ㉢ 마을상수도 : 지방자치단체가 대통령령으로 정하는 수도시설에 따라 100명 이상 2,500명 이내의 급수인구에게 정수를 공급하는 일반수도로서 1일 공급량이 20m³ 이상 500m³ 미만인 수도 또는 이와 비슷한 규모의 수도로서 특별시장·광역시장·특별자치시장·특별자치도지사·시장·군수(광역시의 군수는 제외한다)가 지정하는 수도
② 공업용 수도 : 공업용 수도사업자가 원수 또는 정수를 공업용에 맞게 처리하여 공급하는 수도
③ 전용 수도
  ㉠ 전용 상수도 : 100명 이상을 수용하는 기숙사, 임직원용 주택, 요양소 및 그 밖의 시설에서 사용되는 자가용의 수도와 수도사업에 제공되는 수도 외의 수도로서 100명 이상 5,000명 이내의 급수인구에 대하여 원수나 정수를 공급하는 수도. 다만, 다른 수도에서 공급되는 물만을 상수원으로 하는 것 중 일일급수량과 시설의 규모가 대통령령으로 정하는 기준에 못 미치는 것은 제외한다.
  ㉡ 전용 공업용 수도 : 수도사업에 제공되는 수도 외의 수도로서 원수 또는 정수를 공업용에 맞게 처리하여 사용하는 수도. 다만, 다른 수도에서 공급되는 물만을 상수원으로 하는 것 중 일일급수량과 시설의 규모가 대통령령으로 정하는 기준에 못 미치는 것은 제외한다.

■ 일반수도의 분류
① 광역상수도
② 지방상수도
③ 마을상수도

(2) 중수도(中水道, wastewater reclamation and reusing system)
① 한 번 사용한 수돗물을 생활용수, 공업용수 등으로 재활용할 수 있도록 다시 처리하는 수도시설
② 용도 : 수세식 화장실용수, 냉난방용수, 청소용수, 세차용수, 분수용수, 살수용수, 소방용수 등

4) 상수도의 구성
① 집·취수시설 : 적당한 수질의 물을 수원지에서 모아서 취하는 시설
② 도수시설 : 처리가 안 된 원수를 수원지에서 정수장의 착수정 전까지 운반하는 모든 시설
③ 정수시설 : 원수의 수질을 사용목적에 적합하게 개선하기 위한 정수장 내의 모든 시설
④ 송수시설 : 정수장에서 나온 정수(수돗물)를 배수지까지 수송하는 모든 시설
⑤ 배수시설 : 배수지부터 수도계량기까지의 모든 시설
⑥ 급수시설 : 수도계량기부터 급수전(수도꼭지)까지의 모든 시설

출제 POINT

■ 수질에 따른 물의 분류
① 원수
② 상수도
③ 중수도
④ 하수도
※ 원수(原水) : 음용·공업용 등으로 제공되는 자연상태의 물

■ 상수도시설
① 취수시설
② 도수시설
③ 정수시설
④ 송수시설
⑤ 배수시설
⑥ 급수시설

[그림 1-3] 지표수를 수원으로 하는 경우 상수도시설의 계통도

[그림 1-4] 지하수를 수원으로 하는 경우 상수도시설의 계통도

Engineering of Water Supply Sewerage

출제 POINT

- 계획연차 : 5~15년

- 계획연차 결정 시 고려사항
  ① 자금 취득의 난이와 건설비 등 금융사정
  ② 도시발전상황과 물 사용량
  ③ 장비 및 시설물의 내구연한
  ④ 시설 확장의 난이도

- lpcd=liter per capita day
  [L/인·일]

- 농업용수는 급수량의 종류가 아니다.

2 계획급수량 산정

1) 계획급수량 산정의 기본내용

① 대상지역 선정 및 기초조사
② 계획연차 결정 : 장래 5~15년 기준
③ 계획급수면적, 계획급수보급률 결정

$$계획급수보급률 = \frac{급수인구}{총인구} \times 100\%$$

④ 계획급수인구 추정 : 과거 20년 간의 인구증감자료 고려
⑤ 계획급수인구 결정

$$계획급수인구 = 추정인구 \times 계획급수보급률$$

⑥ 계획 1인 1일 최대급수량 결정 : 도시규모에 따라 300~400lpcd
⑦ 계획급수량 산정

$$계획급수량 = 계획급수인구 \times 계획 1인 1일 최대급수량$$

⑧ 시설규모 결정 : 계획 1일 최대급수량기준, 각 시설별 용량 결정

> **참고**
>
> **상수도 기본계획 시 기초자료**
> ① 급수량의 현황과 추정
> ② 주변의 환경조건과 자연조건
> ③ 지하매설물계획자료
> ④ 도로, 교통 및 환경자료
> ⑤ 하천조사자료

2) 급수량의 종류

① 가정용수 : 가정에서 사용되는 음료, 취사, 목욕, 세탁, 수세식 화장실, 청소, 살수 등에 사용되는 물을 말한다.
② 영업용수 : 음식점, 여관, 호텔, 오락실, 백화점, 이발소, 미용실, 식료품점 등에서 사업용으로 사용하는 물을 말한다.
③ 공업용수 : 수돗물을 공업용으로 사용하는 곳은 비교적 소규모 공장이며, 대규모 공장은 공업용수를 별개의 전용 수도를 통해 사용한다.
④ 공공용수 : 관공서나 일반사무소, 학교, 병원, 군대의 급수, 도로의 살수, 하수관의 세척수, 소화용수 등으로 사용하는 물을 말한다.

⑤ 불명수 : 대부분이 배수관 또는 급수관의 접합구에서 누수, 시공 불량, 유지관리의 불완전, 관 내 수압 상승으로 인한 누수, 소화전 누수, 그 밖의 공공시설에서의 누수 등으로 인한 수량을 말한다.

⑥ 소화용수 : 소화용수는 수량이 적지만 화재 시 단기간에 많은 수량이 필요하므로 소도시의 경우 급수시설의 규모가 소화용수에 의해 결정된다.

3) 급수량의 특징

① 인구 측면 : 대도시일수록 크다(도시활동이 왕성하고 유입인구가 많다).
② 산업 측면 : 공업이 번성한 도시일수록 크다.
③ 문명 측면 : 문화도시일수록 크다(생활수준이 높다).
④ 기후 측면 : 기온이 높을수록 크다(단, 한랭지는 클 수도 있다).
⑤ 낭비 측면 : 급수방식에 따라 다르다(정액급수일 경우 계량급수보다 낭비 정도가 심하다).
⑥ 지역 측면 : 관광지(특히 온천지)의 경우 크다.
⑦ 소득 측면 : 소득이 높을수록 사용수량이 많다.
⑧ 누수 측면 : 노후관이나 수압이 높은 지역일수록 크다.
⑨ 사용수량의 시간변화
  ㉠ 오전 4시부터 상승, 오전 9~10시경 최대
  ㉡ 오후 4시부터 상승, 오후 6~7시경 최대
    • 일변화 : 계절 중 가장 더운 날에 최대
    • 월변화 : 기온에 의해 여름 7~8월 최대, 겨울 1~2월 최소

4) 계획급수량의 종류

(1) 계획 1일 평균급수량

① 정수를 위한 약품, 전력사용량의 산정이나 유지관리비, 상수도요금 산정 등의 수도재정계획에 필요한 급수량을 말하며, 계획 1일 최대급수량의 70~80%를 표준으로 한다.

② 계획 1일 평균급수량 $= \dfrac{\text{연간 총급수량}}{365\text{일}} = \dfrac{\text{계획 1일 평균사용수량}}{\text{계획유효율}}$

$ = $ 계획 1인 1일 평균급수량 $\times$ 계획급수인구

$ = $ 계획 1일 최대급수량 $\times \begin{cases} 0.7\,(\text{중소도시}) \\ 0.85\,(\text{대도시, 공업도시}) \end{cases}$

③ 계획 1인 1일 평균급수량 $= \dfrac{\text{1일 평균급수량}}{\text{급수인구}} = \dfrac{\text{연간 총급수량}}{\text{급수인구} \times 365\text{일}}$

(2) 계획 1일 최대급수량

① 상수도시설(취수, 도수, 정수, 송수, 배수, 급수)의 설계기준이 되는 수량으로 연간 1일 급수량의 최대인 날의 급수량이다.

출제 POINT

■ 급수량의 특징은 물을 많이 쓰는 경우를 말한다.

■ 급수인구 = 총인구 × 급수보급률
※ 우리나라의 급수보급률은 약 85%이다.

② 계획 1일 최대급수량 = 계획 1인 1일 최대급수량 × 계획급수인구

$$= 계획\ 1일\ 평균급수량 \times \begin{cases} 1.5(중소도시) \\ 1.3(대도시,\ 공업도시) \end{cases}$$

③ 계획 1인 1일 최대급수량 = $\dfrac{1일\ 최대급수량}{급수인구}$

(3) 계획시간 최대급수량

① 1일 중에서 사용수량이 최대가 될 때의 1시간당 급수량을 시간 최대급수량이라 하고, 배수(본)관의 설계에 있어서는 계획시간 최대급수량을 사용한다.

② 계획시간 최대급수량 = $\dfrac{계획\ 1일\ 최대급수량}{24} \times \begin{cases} 1.3(대도시\ 및\ 공업도시) \\ 1.5(중소도시) \\ 1.8(농촌,\ 주택단지) \end{cases}$

$$= \dfrac{계획\ 1일\ 평균급수량 \times 1.5}{24} \times 1.5$$

[표 1-1] 급수량의 종류

종류 \ 구분	연평균 1일 사용수량에 대한 비	대상구조물
1일 평균급수량	1	수원지, 저수지, 유역면적의 결정
1일 최대평균급수량	1.25	보조저수지, 보조용수펌프의 용량 결정
1일 최대급수량	1.5	취수, 정수, 배수시설(송수관 구경, 배수지)의 결정
시간 최대급수량	2.25(=1.5×1.5)	배수본관의 구경 결정, 배수펌프의 용량 결정

■ 급수량의 종류
① 평균급수량 : 요금 산정지표
② 최대급수량 : 상수도시설설계기준
③ 시간 최대급수량 : 배수관의 구경 결정기준, 배수펌프용량 결정기준

③ 인구추정

1) 개요

인구추정의 신뢰도는 추정목표연수가 커질수록, 인구가 감소되는 경우가 빈번할수록, 인구증가율이 높아질수록 낮아진다. 반면에 과거 인구자료가 많을수록 신뢰도는 높아진다.

계획급수량은 급수지역 내의 상주인구와 장래의 인구추정을 통해 결정하므로 급수지역의 장래 인구추정과 긴밀한 관계가 있다. 인구추정법으로 등차급수법, 등비급수법, 최소자승법 및 ㅇ론곡선법 등이 널리 사용된다.

① 과거 약 20년 동안의 인구증감을 고려하여 결정한다.
② 계획연차까지의 인구를 추정해 결정한다.
③ 상주인구만을 고려한다.

④ 급수구역 내의 총인구에 급수보급률을 고려해 산정한다.

> 계획급수인구=계획급수구역 내 상주인구(유동인구 제외)
> ×급수보급률

2) 인구추정방법

(1) 등차급수법
연평균 인구증가수에 의한 방법으로 매년 일정수가 증가한다고 가정하여 추정한다. **발전성이 적은 읍, 면에 사용하며 과소추정**될 우려가 크다.

$$P_n = P_0 + na$$

여기서, P_n : n년 후 추정인구
 P_0 : 현재인구
 n : 계획연차
 a : 연평균 인구증가수 $\left(= \dfrac{P_0 - P_t}{t} \right)$
 P_t : 현재부터 t년 전 인구
 t : 경과연수

(2) 등비급수법
성장단계에 있는 도시에 사용하며 **과대추정**될 우려가 크다.

$$P_n = P_0(1+r)^n$$

여기서, r : 연평균 인구증가율 $\left(= \left(\dfrac{P_0}{P_t} \right)^{\frac{1}{t}} - 1 \right)$

- 2~3% : 대도시
- 0.5~1% : 소도시
- 0~0.3% : 읍, 면

(3) 논리곡석법(Logistic곡선법)
① **포화인구**의 추정이 가능한 도시에 사용

$$P_n = \dfrac{K}{1+e^{(a-bn)}}$$

여기서, K : 포화인구
 e : 자연대수의 밑
 a, b : 상수
 n : 기준년부터의 경과연수

② "인구의 증가에 대한 저항은 인구의 증가속도에 비례한다"라고 한 통계학자 Gedol의 이론

출제 POINT

■ 인구추정방법
① 등차급수법 : 소도시 적용, 과소추정
② 등비급수법 : 신도시 적용, 과대추정
③ 논리곡선법 : 이론곡선법, S곡선법, 포화인구(K)

■ 논리곡선법
① 포화인구(K) 추정법
② S곡선법

출제 POINT

③ S곡선법, 포화인구추정법
④ 인구증가의 한계 존재 → 포화인구(K)
⑤ 인구의 최소한도는 0

[그림 1-5] 로지스틱곡선

SECTION 2 수원

1 수원의 선정

수원의 종류에 따른 취수지점을 선정하기 위해서는 다음 항목을 비교 조사한다.
① 수원으로서의 구비요건을 갖추어야 한다.
② 수리권 확보가 가능한 곳이어야 한다.
③ 상수도시설의 건설 및 유지관리가 용이하며 안전하여야 한다.
④ 상수도시설의 건설비 및 유지관리비가 가능한 저렴해야 한다.
⑤ 장래의 확장을 고려할 때 수량, 수리권, 수질이 양호하고 확장에 필요한 용지 확보에 유리한 곳이어야 한다.
⑥ 상수원보호구역의 지정, 수질의 오염 방지 및 관리에 무리가 없는 지점이어야 한다.

2 수원의 구비조건

상수도의 수원은 수질이 양호하고 장래 오염의 위험이 없거나 적어야 하며, 수원 개발에 대한 경제성을 검토하여 선정한다.
① 계획량을 충분히 확보할 수 있는 풍부한 수량과 장래 오염의 위험이 적을 것

학습 POINT
• 수원의 종류 및 구비조건
• 성층현상과 전도현상
• 지하수의 종류
• 수원의 구비조건

■ 수원의 구비조건
① 상수소비지에 가까울 것
② 가급적 자연유하로 도수할 것
③ 계획취수량이 최대갈수기에도 확보 가능할 것
 • 평수위 : 185일
 • 저수위 : 275일
 • 갈수위 : 355일

② 상수소비지에 가까울 것
③ 건설비 및 유지관리비가 저렴할 것
④ 장래의 계획량 증가에 문제가 없을 것(수도시설의 확장이 가능한 곳)
⑤ 수리권 확보가 용이할 것
⑥ 자연유하로 도수할 수 있을 것(가능한 한 소비지보다 높은 곳에 위치할 것)
⑦ 계획취수량이 최대갈수기에도 확보 가능할 것
  ㉠ 평수위, 평수량 : 1년 중 185일은 이보다 저하하지 않는 수위와 수량
  ㉡ 저수위, 저수량 : 1년 중 275일은 이보다 저하하지 않는 수위와 수량
  ㉢ 갈수위, 갈수량 : 1년 중 355일은 이보다 저하하지 않는 수위와 수량

3 수원의 종류

1) 천수

① 비·눈 등의 강수의 총칭이다.
② 낙도의 지표수나 지하수가 부족한 곳에서 수원으로 사용한다.
③ 증류수는 가장 순수한 물에 가까우나 대기오염으로 산성비(pH4 내외)가 많으므로 상수원으로 부적당하다.

2) 지표수(surface water)

지표수는 부유성 유기물이 풍부하고, 공기성분(DO)이 많이 용해되어 있다. 하천수는 상수원수로 가장 많이 사용되고 있다.

(1) 하천수(river water)
① 오염가능성이 크다.
② 양적으로 가장 풍부하여 상수도 수원으로 가장 널리 이용된다.
③ 수질이 계절 및 기후의 영향을 받기 쉽다(수질 및 수량변동이 심함).
④ 여름과 겨울의 수온차가 심하다.

■ 상수원수의 70%가 하천수이다.

(2) 호소수(lake water)
① 지표수보다 수질이 양호하다.
② 침전에 의한 자정작용이 크다.
③ 여름과 겨울에는 성층현상이, 봄과 가을에는 전도현상이 발생한다.

> **참고**
>
> **성층현상과 전도현상**
> ① 성층현상
> • 여름과 겨울철에 발생(여름에 현저하게 발생)
> • 원인 : 수심에 따른 온도·밀도차
> ② 전도현상 : 봄과 가을에 발생(물의 수직운동) → 수질오염 → 정수부하 증가

■ 성층현상과 전도현상
① 성층현상 : 여름, 겨울
② 전도현상 : 봄, 가을

(a) 온도변화 (b) 수질변화

[그림 1-6] 수심에 따른 온도 및 수질변화

(a) 성층현상 (b) 전도현상

[그림 1-7] 저수지의 성층현상 및 전도현상

(3) 저수지수(reservoir water)

① 저장된 수량을 사용하므로 수량변동이 적다.
② 수질이 가장 좋은 곳은 수심의 중간 부분이다.
③ 수질은 하천수에 비해 균일하며 장래 오염의 위험성이 있다.

3) 지하수(ground water)

(1) 개요

① 유기질이 적고 무기질(Ca^{2+}, Mn^{2+})이 풍부하다.
② 경도가 높고 철이나 망간이 많이 포함되어 있다.
③ 산성도가 높아 침식성이 있다.
④ 수원으로는 하천수 다음으로 많이 이용된다.
⑤ 계절에 따른 수질과 수온변동이 적다.

(2) 종류

① 천층수(shallow well) : 지표층의 유기물과 주변 하수의 유입으로 수질오염이 발생하여 대장균군 등이 검출될 수 있다. 얕은 우물은 천정, 깊은 우물은 심정을 통하여 취수한다.

■ 지하수의 종류
① 천층수
② 심층수
③ 용천수
④ 복류수

② 심층수(deep well) : 수질이 양호하고 수온이 거의 일정하다. 공기의 공급이 불충분하여 무산소상태가 되어 환원작용에 의해 황화수소(H_2S)나 암모니아(NH_3)가 포함되어 있기도 하다. 굴착정을 통하여 취수한다.
③ 용천수(spring water) : 지하수가 자연적으로 지표면으로 용출하는 물이다. 수량이 제한되어 있어 대규모의 상수도 수원으로 이용하기는 어려우나, 소규모의 경우 간단한 시설로 이용할 수 있다.
④ 복류수(river-bed water) : 하천이나 호소의 저부 또는 측부의 모래·자갈층(사력층) 중에 포함된 물이다. 집수매거를 이용하여 취수(토양의 여과작용으로 인해 수질이 양호하며 침전과정은 생략)한다.

SECTION 3 취수

> **출제 POINT**

> **학습 POINT**
> • 계획취수량
> • 하천수의 취수방법
> • 저수지 용량 결정
> • 집수매거의 제원
> • 상수침사지의 제원

1 계획취수량

1) 계획취수량

계획취수량 = 계획 1일 최대급수량 × 1.05~1.10
(5~10% 여유를 두고 취수)

2) 5~10% 여유를 두는 이유

① 도·송수시설에서의 손실량 고려
② 정수장에서 역세척수 등에 의한 손실량 고려

2 취수지점 선정 시 고려사항

① 계획취수량을 안정적으로 취수할 수 있어야 한다.
② 장래에도 양호한 수질을 확보할 수 있어야 한다.
③ 구조상의 안정을 확보할 수 있어야 한다.
④ 하천관리시설 또는 다른 공작물에 근접하지 않아야 한다.
⑤ 하천개수계획을 실시함에 따라 취수에 지장이 생기지 않아야 한다.
⑥ 기후변화에 대비 갈수 시와 비상시 인근의 취수시설의 연계 이용가능성을 파악한다.

■ 취수지점
연간 안정적으로 취수할 수 있는 곳이어야 한다는 것이 기본고려사항이다.

| 출제 POINT |

■ 취수관
연간 수위, 수량변동이 적은 곳에 적합

■ 취수문
농업용수 취수에 사용

③ 하천수의 취수방법

1) 취수관에 의한 방법(intake pipe)

연간 수량이 일정 이상이고 **수위의 변동이 적은 하천**의 하류부에서 이용한다.
① 취수관을 하천 바닥에 설치한다.
② 수위변동이 적은 하천수의 취수에 적합하다.
③ 하천의 흐름에 지장을 초래하지 않는다.
④ 중규모 취수에 적용한다.
⑤ 하상변화가 심한 곳에 사용할 경우에는 지장을 초래할 가능성이 있다.
⑥ 취수구 유입속도 : 15~30cm/s
⑦ 취수관거 내 유속 : 0.6~1m/s

2) 취수문에 의한 방법(intake gate)

직접 하천에 개구하는 취수구로서 **농업용수의 취수**에 쓰이며 하천의 중류부 또는 상류부에서 이용한다.
① 하안에 설치된 취수구의 수문을 통하여 직접 원수를 취수한다.
② 취수문은 지반이 좋은 하안에 설치하여 파손으로 인한 단수에 대비하여야 한다.
③ 수문판이나 물막이판이 설치된 문주는 수밀성으로 견고하게 한다.
④ 종류로 수량의 조절을 수문판(gate)으로 하는 수문판식과, 물막이판만으로 하는 물막이판식이 있다.
⑤ 수문판식으로 할 경우 수문판 앞에 토사가 유입되는 것을 방지할 수 있는 높이로 조절이 가능한 물막이판을 설치하고, 물막이판 사이에 거름망을 설치한다.
⑥ 취수문을 통한 유입속도가 0.8m/s 이하가 되도록 취수문의 크기를 정한다.

3) 취수탑에 의한 방법(intake tower)

(1) 위치와 구조
① 연간을 통하여 최소수심이 2m 이상으로 하천에 설치하는 경우에는 유심이 제방에 되도록 근접한 지점으로 한다.
② 우물통침하(井筒沈下)공법으로 설치하는 취수탑은 그 하단에 강판제의 커브슈(curb-shoe)를 부착하고 철근콘크리트의 벽을 두껍게 하며 배력철근을 충분히 배치한다.

③ 세굴이 우려되는 경우에는 돌이나 또는 콘크리트공 등으로 탑 주위의 하상을 보강한다.
④ 수면이 결빙되는 경우에는 취수에 지장을 미치지 않는 위치에 설치한다.

(2) 형상 및 높이
① 취수탑의 횡단면은 환상으로서 원형 또는 타원형으로 한다. 하천에 설치하는 경우에는 원칙적으로 타원형으로 하며 장축방향을 흐름방향과 일치하도록 설치한다.
② 취수탑의 내경은 필요한 수의 취수구를 적절히 배치할 수 있는 크기로 한다.
③ 취수탑의 상단 관리교의 하단은 하천, 호소 및 댐의 계획최고수위보다 높게 한다.

(3) 특징
① **대량 취수** 시 큰 하천의 중류부 또는 하류부나 저수지, 호수에서 이용한다.
② **좋은 수질의 물을 선택적으로 취수**할 수 있다.
③ **제수밸브 사용**으로 자유로이 개폐할 수 있으므로 **취수관 청소가 편리**하다.
④ 취수탑 **건설비가 많이 든다.**
⑤ 취수구의 단면 형상은 직사각형 혹은 원형단면으로 하며, 유입속도가 하천에서 15~30cm/s, 호소 또는 저수지에서 1~2m/s 정도가 되도록 한다.
⑥ **연간 안정적인 취수가 가능**하다.

4) 취수틀에 의한 방법
① 주로 하천이나 호소 등의 수중에 설치하는 시설로 하상이나 호소 바닥의 변화가 적은 **소량 취수 시 사용**한다.
② 하상이나 호소 저부의 수중에 설치된 상자형의 틀에 취수구를 연결한다.
③ 하상이 견고하고 최소수심이 3m 이상되는 곳으로 선로(船路)로의 근접지점을 피하여 설치한다.
④ 취수구의 위치는 취수구의 상단이 수저로부터 1m 정도가 되도록 하고, 수심이 얕은 경우 0.3~1m 깊이에 매설한다.
⑤ 취수구의 유속은 **하천에서 15~30cm/s**, 호소나 특별한 경우는 1~2m/s로 한다.

5) 취수보에 의한 방법
① 하천에 보를 설치하여 월류위어(weir)를 이용하여 하천유량을 취수한다.
② 안정된 취수량 확보가 가능하다.
③ **하천의 유량이 불안정한 경우에 적합**하다.

■ 취수탑의 특징
① 대량 취수 가능
② 건설비가 많이 필요함
③ 연간 안정적인 취수 가능

■ 취수틀 취수구의 유속
① 하천: 15~30cm/s
② 호소: 1~2m/s

■ 취수보의 유입속도
0.4~0.8m/s

④ 대량 취수 시 유리하다.
⑤ 침사지와 병행 시 침사효과가 좋다.
⑥ **취수보의 유입속도는 0.4~0.8m/s로 한다.**
⑦ 높이는 배사문(排砂門)의 바닥높이보다 0.5~1.0m 이상 높게 한다.
⑧ 지형이 허용하는 한 취수유도수로를 설치한다.
⑨ 제수문의 전면에는 스크린을 설치한다.
⑩ 계획취수량을 언제든지 취수할 수 있고 취수구에 토사가 퇴적되거나 유입되지 않으며 유지관리가 용이해야 한다

4 저수지의 용량 결정

저수지의 이론저수량은 댐(dam) 측조지점에 있어서 10년에 1회 발생하는 정도의 갈수년을 기준으로 한다.

1) 경험식

저수지의 용량은 그 지역의 강우상태에 평균급수량의 배수로 결정한다.
① 강우량이 많은 지역 : 1일 평균급수량의 120일분 저수
② 강우량이 적은 지역 : 1일 평균급수량의 200일분 저수

2) 가정법

저수지역의 연평균강우량을 기준으로 결정한다.

$$C = \frac{5,000}{\sqrt{0.8R}}$$

여기서, C : 저수일수(day)
　　　　R : 연평균강우량(mm)

3) Ripple의 도식법(유출량누가곡선법)

■ 유출량누가곡선법
유효저수량(필요저수량)과 저수 시작일 위치

하천의 유입량누가곡선과 평균급수량의 관계를 시간에 따른 유량변화의 도표로 나타내어 저수지 용량을 결정하는 방법으로 저수지 용량을 정확하게 결정할 수 있기 때문에 널리 이용되고 있다.

[그림 1-8] Ripple의 도식법

4) Ripple의 누가곡선 작성방법

① 하천의 유출량누가곡선(OA) 작성
② 계획취수량누가곡선(OB) 작성(대개 직선으로 간주)
③ OA곡선과 OB곡선이 접근하는 구간 EG, LM : 저수지로의 유입수량이 소요수량보다 적은 시기(저수지 수위가 낮아짐)
④ EG, LM구간의 부족수량 : E점에서 OB곡선과 평행선을 그려서 나타나는 최대종거량
⑤ 저수지 **필요저수용량(유효저수량)** 결정 : 최대종거량 중에서 가장 큰 값 (IG)
⑥ **저수 시작시기 결정** : G점에서 OB곡선에 평행선을 그어 OA곡선과 만나는 H점에 해당하는 날인 **K날부터 저수 시작**

[그림 1-9] Ripple의 누가곡선 작성방법

5 지하수의 취수방법

1) 천정호(shallow well)의 취수

① 제1불투수층 위에 있는 자유면 지하수를 취수한다.
② 지하의 얕은 곳에 많은 물이 있어야 한다.
③ 일반적으로 충적지대가 적당하다.
④ 현재의 하천부지나 과거의 하천부지가 적당하다.
⑤ 편상지, 삼각주, 사구가 좋다.
⑥ 지하수는 무기성 용해질이 풍부하며 경수가 많다.
⑦ 우물 부근의 영향(영향원의 반지름)을 고려해야 한다.
  ㉠ 집수정 바닥이 수평한 경우 : $Q = 4Kr_0(H - h_0)$
  ㉡ 집수정 바닥이 둥근 경우 : $Q = 2\pi K r_0(H - h_0)$

■ 천층수의 취수시설
① 얕은 우물→ 천정
② 깊은 우물→ 심정

출제 POINT

■ 심층수의 취수시설
굴착정

2) 심정호(deep well)의 취수

① 제1불투수층을 통과하고 제2불투수층까지 도달하여 그 사이에 있는 대수층에 존재하는 피압면 지하수를 취수한다.
② 멀리서 오므로 자연 여과되어 수질이 좋다.
③ 외기의 영향을 받지 않으므로 수온이 일정하다.
④ 각종 지층을 통과하면서 철분, 망간, 수산화암모니아(수산화암모늄), 염소 등 광물질을 함유하는 경우가 많다.
⑤ 수량을 정확하게 측정하기 곤란하며 안정감이 적다.

$$Q = \frac{\pi K(H^2 - h_0^2)}{\log_e\left(\frac{R}{r_0}\right)} = \frac{\pi K(H^2 - h_0^2)}{2.3\log\left(\frac{R}{r_0}\right)}$$

여기서, Q : 유량
R : 영향원(circle of influence)의 반지름(보통 우물의 반지름 r_0의 3,000~5,000배 또는 500~1,000m가 된다.)

■ 복류수의 취수시설
집수매거

3) 집수매거와 복류수의 취수

① 복류수의 수질은 하천에서 물이 유하하면서 포기, 일광, 자정작용에 의해 어느 정도 양호해진다.
② 하천수와 지표수에 비해 수질이 양호하다.
③ 지하수위가 높고 투수계수가 커야 한다.
④ 지층의 지질은 자갈, 모래 또는 양자의 혼합층으로 된 것이 좋다.
⑤ 하상변동이 적고 유로의 변동이 적어야 한다.
⑥ 집수매거의 깊이는 지하 3~5m 또는 10m까지가 적당하다.

㉠ 1방향 유입일 때 $q = \frac{K}{2R}(H^2 - h_0^2)$

㉡ 2방향 유입일 때 $q_0 = \frac{K}{R}(H^2 - h_0^2)$

㉢ 2방향 유입, 길이 l 일 때 $q_{00} = \frac{Kl}{R}(H^2 - h_0^2)$

> **참고**
>
> **접합정(junction well)**
> ① 집수매거의 점검, 수리 등을 위해 설치
> ② 종점, 분기점, 합류점, 굴곡점, 기타 적당한 지점에 설치
> ③ 철근콘크리트로 안지름 1m 이상, 수밀성 구조

[표 1-2] 집수매거의 매설기준

매설 방향	매설 경사	매설 깊이 (m)	거 내 속도 (m/s)	집수공		
				유입속도 (cm/s)	지름 (mm)	면적당 수 (개/m²)
흐름의 직각	수평 1/500	5	1	3	10~20	20~30

6 상수침사지(grit chamber)

원수(수원)에서 취수한 물속의 모래가 도수관거 내에서 침전하는 것을 방지하기 위하여 취수구 부근의 안전한 제내지에 설치한다.

1) 상수침사지의 설치목적

① **취수펌프 보호** : 펌프의 임펠러(impeller)의 마모는 효율 저하의 가장 큰 원인이므로 모래의 유입을 방지한다.
② **도수관의 모래 침전 방지** : 모래가 침전하면 조개류 등의 번식으로 통수단면이 줄게 되어 취수량의 감소원인이 된다.
③ **침전지로의 모래 유입 방지** : 침전지 내에 모래가 유입되어 퇴적하게 되면 침전물 제거기의 부담을 가중시킨다.

2) 상수침사지의 위치와 구조

① 침사지의 위치 : 취수구에 가까운 제내지에 설치한다.
② 침사지의 구조 : 침전지의 구조에 준한다.
③ 침사지의 모양 : 길이방향으로 하고 유입부는 점차 확대, 유출부는 점차 축소(침사지 내 와류(渦流) 방지)시킨다.
④ 침사지의 길이

$$L = k\left(\frac{u}{v_s}\right)h$$

여기서, L : 침사지의 길이(m)
k : 안전율(1.5~2.0)
u : 침사지 내의 평균유속(cm/s)
v_s : 침강속도(cm/s)
h : 침사지의 유효수심(m)

⑤ 부대설비
㉠ 유입구와 유출구에는 제수밸브 또는 슬루스게이트 등을 설치한다.
㉡ 지하수위가 높은 지점에 설치하는 경우에는 안전을 위하여 부상방지설비를 설치한다.

출제 POINT

■ 집수매거의 매설기준
① 매설방향 : 흐름의 직각
② 매설경사 : 수평 1/500
③ 매설깊이 : 5m
④ 거 내 속도 : 1m/s
⑤ 집수공
 ㉠ 유입속도 : 3cm/s
 ㉡ 지름 : 10~20mm
 ㉢ 면적당 수 : 20~30개/m²

■ 상수침사지의 설치목적
① 취수펌프 보호
② 도수관의 모래 침전 방지
③ 침전지로의 모래 유입 방지

■ 상수침사지의 설치위치
수원 → 취수 → 도수 → 정수

침사지 착수정

※ 취수탑의 경우 취수 뒤에 위치한다.

ⓒ 필요에 따라 제거설비로서 스크린 및 제거기를 설치한다.
ⓔ 필요에 따라 침사탈수설비를 설치한다.

[표 1-3] 상수침사지의 구조

구분	제원
침사지의 형상	장방형(직사각형)으로, 길이는 폭의 3~8배
체류시간	계획취수량의 10~20분
제거 모래입경	0.1~0.2mm
침사지 내 유속	2~7cm/s
유효수심	3~4m
여유고	0.5~1.0m
침사지 바닥경사	종방향 1/100, 횡방향 1/50
표면부하율	200~500mm/min

■ 상수침사지의 제원
① 체류시간 : 10~20분
② 유속 : 2~7cm/s
③ 유효수심 : 3~4m

CHAPTER 01 기출문제

1. 상수도의 개요

01 상수도의 목적을 달성하기 위한 기술적인 3요소에 해당하지 않는 것은?

① 풍부한 수량   ② 양호한 수질
③ 적절한 수압   ④ 원활한 취수

> 해설 상수도 3요소
> 수량, 수압, 수질

02 사용한 수돗물을 생활용수, 공업용수 등으로 재활용할 수 있도록 다시 처리하는 시설은?

① 광역상수도   ② 중수도
③ 전용 상수도 ④ 공업용 수도

> 해설 중수도는 상수도처럼 물을 공급하는 시설이기는 하나 음용수 정도로 청정할 필요가 없는 용도로 사용되는 수도로, 한번 사용한 수돗물을 재활용할 수 있도록 다시 처리한 시설을 말한다.

03 상수도계통의 수도시설에 관한 설명으로 옳은 것은?

① 적당한 수질의 물을 수원지에서 모아서 취하는 시설을 말한다.
② 수원에서 취한 물을 정수장까지 운반하는 시설을 말한다.
③ 정수처리된 물을 소비자에서 공급하는 시설을 말한다.
④ 정수장에서 정수처리된 물을 배수지까지 보내는 시설을 말한다.

> 해설 ① 취수시설
> ③ 급수시설
> ④ 송수시설

04 수원지에서 가정의 수도꼭지까지 이르는 급수계통을 잘 나타낸 것은?

① 취수-도수-정수-송수-배수-급수
② 취수-송수-정수-도수-급수-배수
③ 취수-도수-정수-배수-송수-급수
④ 취수-도수-송수-정수-배수-급수

> 해설 상수도의 계통도
> 취수-도수-정수-송수-배수-급수

05 다음 지형도의 상수계통도에 관한 사항 중 옳은 것은?

① 도수는 펌프가압식으로 해야 한다.
② 수질을 생각하여 도수로는 개수로를 택하여야 한다.
③ 정수장에서 배수지는 펌프가압식으로 송수한다.
④ 도수와 송수를 자연유하식으로 하여 동력비를 절감한다.

> 해설 ① 도수는 자연유하식으로 한다.
> ② 도수로는 관수로를 택한다.
> ④ 도수는 자연유하식으로, 송수는 펌프압송식으로 한다.

06 상수도시설 중 원수를 취수지점으로부터 정수장까지 수송하는 시설은?

① 배수시설   ② 급수시설
③ 도수시설   ④ 송수시설

정답 1.④ 2.② 3.② 4.① 5.③ 6.③

해설 도수시설은 취수시설에서 취수된 원수를 정수시설까지 끌어들이는 시설로 도수관 또는 도수거, 펌프설비 등으로 구성된다.

07 다음 상수도에 대한 설명 중 옳지 않은 것은 어느 것인가?
① 수원에서 취수한 물을 정수장까지 운반하는 것을 도수라 한다.
② 송수는 정수되지 않은 물을 배수지까지 보내는 것을 의미한다.
③ 수원에서 소요수량을 취입하는 것을 집수라 한다.
④ 배수란 배수지에서 급수지까지 수송하는 것이다.

해설 송수는 정수된 물을 배수지까지 보내는 것을 의미한다.

08 저수지를 수원으로 하는 경우 상수시설의 배치순서로 옳은 것은?
① 취수탑 – 도수관로 – 여과지 – 정수지 – 배수지
② 취수관거 – 여과지 – 침사지 – 정수지 – 배수지
③ 취수문 – 여과지 – 침전지 – 배수지 – 배수관망
④ 취수구 – 약품침전지 – 혼화지 – 정수지 – 배수지

해설 저수지를 수원으로 하는 경우 상수시설은 '취수탑 – 도수관로 – 여과지 – 정수지 – 배수지'의 순서로 배치한다.

2. 계획급수량 선정

09 상수도시설의 설계 시 계획취수량, 계획도수량, 계획정수량의 기준이 되는 것은?
① 계획시간 최대급수량
② 계획 1일 최대급수량
③ 계획 1일 평균급수량
④ 계획 1일 총급수량

해설 상수도의 모든 시설계획은 계획 1일 최대급수량을 기준으로 한다.

10 계획급수량에 대한 설명 중 틀린 것은?
① 계획 1일 최대급수량은 계획 1인 1일 최대급수량에 계획급수인구를 곱하여 결정할 수 있다.
② 계획 1일 평균급수량은 계획 1일 최대급수량의 60%를 표준으로 한다.
③ 송수시설의 계획송수량은 원칙적으로 계획 1일 최대급수량을 기준으로 한다.
④ 취수시설의 계획취수량은 계획 1일 최대급수량을 기준으로 한다.

해설 계획 1일 평균급수량은 중소도시의 경우 계획 1일 최대급수량의 70%, 대도시의 경우 85%이다.

11 상수도의 도수, 취수, 송수, 정수시설의 용량 산정에 기준이 되는 수량은?
① 계획 1일 평균급수량
② 계획 1일 최대급수량
③ 계획 1인 1일 평균급수량
④ 계획 1인 1일 최대급수량

해설 상수도시설의 설계기준 및 용량 산정은 계획 1일 최대급수량으로 한다.

12 상수도계획 수립 시 계획연차의 결정에 고려할 주요 사항이 아닌 것은?
① 금융사정
② 자금 취득의 난이
③ 건설비
④ 현지 주민의 요구도

해설 계획연차 결정 시 고려사항
㉠ 자금 취득의 난이와 건설비 등 금융사정
㉡ 도시발전상황과 물 사용량
㉢ 장비 및 시설물의 내구연한
㉣ 시설 확장의 난이도

13 상수도의 기본계획을 세우기 위한 기초자료가 아닌 것은?
① 방류수역조사자료
② 하천조사자료
③ 지하매설물계획자료
④ 도로, 교통 및 환경자료

> 해설 상수도는 음용수를 생산하기 위한 시설이므로 방류에 대한 조사자료는 필요 없다.

14 우리나라의 상수도시설을 설계·계획할 때 그 계획연한은 통상 몇 년을 기준으로 하는가?
① 2~3년
② 5~15년
③ 15~20년
④ 30년 이상

> 해설 상수도의 계획연한은 5~15년을 기준으로 한다.

15 상수도는 생활기반시설로서 영속성과 중요성을 가지고 있으므로 안정적이고 효율적으로 운영되어야 하며 가능한 한 장기간으로 설정하는 것이 기본이다. 보통 상수도의 기본계획 시 계획(목표)연도는 계획 수립 시부터 몇 년을 표준으로 하는가?
① 3~5년
② 5~10년
③ 15~20년
④ 25~30년

> 해설 상수도의 계획연한은 통상 5~15년인데, 본 문제에서는 가능한 한 장기간이라는 단서를 두었으므로 5~10년이 아닌 15년 이상의 상한을 기준으로 하여 15~20년을 표준으로 한다.

16 상수도시설의 계획연도에 있어서 큰 댐 및 대구경 관로의 경우 계획설계기간의 범위는?
① 25~50년
② 20~25년
③ 10~15년
④ 5~10년

> 해설 상수도시설의 계획연한은 일반적으로 10~15년을 기준으로 하지만, 큰 댐 및 대구경 관로의 경우 확장이 어렵기 때문에 통상 25~30년을 계획연한으로 설정한다.

17 다음 상수도계획에서 계획급수인구를 추정할 때 대체로 과거 몇 년간의 인구증감을 고려하여 결정하는가?
① 약 10년
② 약 15년
③ 약 20년
④ 약 25년

> 해설 인구자료는 최소 과거 20년간의 인구증감을 고려하여 결정한다.

18 장래의 추정인구에 있어 신뢰도가 낮아지는 이유에 해당되지 않는 것은?
① 인구증가율이 높을수록
② 추정목표연도가 길수록
③ 인구가 감소하는 경우가 많을수록
④ 과거의 인구자료가 많을수록

> 해설 신뢰도는 과거 인구자료가 많을수록 높아진다.

19 다음의 인구추정방법 중에서 대상지역의 포화인구를 먼저 추정한 후 계획기간의 인구를 추정하는 방법은?
① 등차급수법
② 등비급수법
③ 최소자승법
④ 로지스틱곡선법

> 해설 로지스틱곡선법은 이론곡선 또는 S곡선법으로 포화인구를 먼저 추정한 후 인구를 추정하는 방법이다.

20 다음 상수도시설계획의 급수인구추정에서 연평균증가율이 일정한 것으로 가정하여 계산하는 방법으로 장래 발전가능성이 있는 도시에 적용 가능한 방법은?
① 감소증가율법
② 비상관법
③ 등차급수법
④ 등비급수법

정답 13.① 14.② 15.③ 16.① 17.③ 18.④ 19.④ 20.④

> 해설 등비급수법은 장래 발전가능성이 있는 도시에 적용한다.

21 다음 급수인구추정방법에 대한 설명 중 틀린 것은?
① 등차급수법은 인구증가수가 일정한 지역에 적용하며 계산결과가 과소한 경향이 있다.
② 등비급수법은 과거 인구의 연평균증가율을 일정한 것으로 보며 추정결과는 과대한 경향이 있다.
③ 로지스틱곡선법에서는 포화인구를 먼저 추정하여야 한다.
④ 등차급수법은 연평균증가율이 큰 도시에 적합하며 그 결과는 과대한 경향이 있다.

> 해설 등비급수법은 연평균증가율이 큰 도시에 적합하며 그 결과는 과대한 경향이 있다.

22 다음 급수인구추정법 중 논리곡선법(로지스틱곡선)의 식으로 옳은 것은?
① $P_n = P_o + \Delta q^2$
② $P_n = P_o + nq$
③ $P_n = \dfrac{K}{1+e^{a-bn}}$
④ $P_n = P_o(1+r)^n$

> 해설 논리곡선법의 식에는 포화인구 K가 있다.
> $P_n = \dfrac{K}{1+e^{a-bn}}$

23 계획급수인구를 추정하는 이론곡선식은 $y = \dfrac{K}{1+e^{a-bx}}$ 로 표현된다. 식 중의 K가 의미하는 것은? (단, y : x년 후의 인구, x : 기준년부터의 경과연수, e : 자연대수의 밑, a, b : 정수)
① 현재인구
② 포화인구
③ 증가인구
④ 상주인구

> 해설 이론곡선식의 K는 포화인구를 의미한다.

24 어느 도시의 인구증가현황을 조사분석한 결과 매년 증가율이 8%로 일정하였다. 이 도시의 15년 후 등비급수법에 의한 추정인구는 약 몇 명인가? (단, 현재인구는 150,000명이다.)
① 531,200명
② 515,800명
③ 498,500명
④ 475,800명

> 해설 등비급수법 적용
> $P_n = P_0(1+r)^n = 150,000 \times (1+0.08)^{15}$
> $= 475,825$명

25 어느 드시의 장래 인구증가현황을 조사한 결과 현재 인구가 90,000명이고 연평균 인구증가율이 2.5%일 때 25년 후의 예상인구는?
① 약 167,000명
② 약 163,000명
③ 약 160,000명
④ 약 156,000명

> 해설 등비급수법 적용
> $P_n = P_0(1+r)^n = 90,000 \times (1+0.025)^{25}$
> $= 166,855$명 $=$ 약 167,000명

26 어떤 도시에 대한 다음의 인구통계표에서 2024년 현재로부터 5년 후의 인구를 추정하려 할 때 연평균 인구증가율(r)은?

연도	2020	2021	2022	2023	2024
인구(명)	10,900	11,200	11,500	11,850	12,200

① 0.28545
② 0.18571
③ 0.02857
④ 0.00279

> 해설 등비급수법 적용
> ㉠ $t = 2004 - 2000 = 4$
> ㉡ $P_n = P_0(1+r)^n$
> ∴ $r = \left(\dfrac{P_0}{P_t}\right)^{\frac{1}{t}} - 1 = \left(\dfrac{12,200}{10,900}\right)^{1/4} - 1$
> $= 0.02857$

27 현재의 인구가 100,000명인 발전가능성 있는 도시의 장래 급수량을 추정하기 위해 인구증가현황을 조사하니 연평균 인구증가율이 5%로 일정하였다. 이 도시의 20년 후 추정인구는 몇 명인가? (단, 등비급수방법을 사용함)

① 35,850명　　② 116,440명
③ 200,000명　　④ 265,330명

> **해설** 등비급수법 적용
> $P_n = P_0(1+r)^n = 100,000 \times (1+0.05)^{20}$
> $= 265,330$명

28 어느 도시의 2019~2023년까지의 인구통계표를 참고하여 2032년의 인구를 최소자승법에 따라 구하면? (단, $a = \dfrac{N\Sigma XY - \Sigma X \Sigma Y}{N\Sigma X^2 - \Sigma X \Sigma X}$, $b = \dfrac{\Sigma X^2 \Sigma Y - \Sigma X \Sigma XY}{N\Sigma X^2 - \Sigma X \Sigma X}$)

연도	인구(Y[명])	X	X^2	XY
2019	20,483	-2	4	-40,966
2020	22,317	-1	1	-22,317
2021	22,891	0	0	0
2022	23,566	1	1	23,566
2023	24,272	2	4	48,544
합계	113,529	0	10	8,827

① 30,653명　　② 31,536명
③ 32,419명　　④ 34,185명

> **해설** 최소자승법 적용
> $a = \dfrac{N\Sigma XY - \Sigma X \Sigma Y}{N\Sigma X^2 - \Sigma X \Sigma X} = \dfrac{5 \times 8,827 - 0}{5 \times 10 - 0}$
> $\fallingdotseq 883$
> $b = \dfrac{\Sigma X^2 \Sigma Y - \Sigma X \Sigma XY}{N\Sigma X^2 - \Sigma X \Sigma X}$
> $= \dfrac{10 \times 113,529 - 0}{5 \times 10 - 0} \fallingdotseq 22,706$
> $\therefore Y = aX + b$
> $= 883 \times (2032 - 2021) + 22,706$
> $= 32,419$명

29 다음 급수량 중 크기(양)가 제일 큰 것은?

① 1일 평균급수량　　② 1일 최대평균급수량
③ 1일 최대급수량　　④ 시간 최대급수량

> **해설** 급수량의 크기
> 시간 최대급수량 > 1일 최대급수량 > 1일 최대평균급수량 > 1일 평균급수량

30 상수도의 설계기준이 되는 것은?

① 계획 1일 최대강우량
② 계획 1일 최대급수구역
③ 계획 1일 최대급수인구
④ 계획 1일 최대급수량

> **해설** 상수도시설의 설계기준은 계획 1일 최대급수량이다.

31 급수량을 산정하는 식으로 틀린 것은?

① 계획 1인 1일 평균급수량=계획 1인 1일 평균사용수량/계획부하율
② 계획 1인 1일 최대급수량=계획 1인 1일 평균급수량/계획부하율
③ 계획 1일 평균급수량=계획 1인 1일 평균급수량×계획급수인구
④ 계획 1일 최대급수량=계획 1인 1일 최대급수량×계획급수인구

> **해설** 계획 1인 1일 평균급수량
> $= \dfrac{\text{계획 1인 1일 평균사용수량}}{\text{계획유효율}}$

32 계획 1일 평균급수량의 특징으로 틀린 것은?

① 소도시는 대도시에 비해서 수량이 적다.
② 공업이 번성한 도시는 소도시보다 수량이 크다.
③ 기온이 높은 지방이 추운 지방보다 수량이 크다.
④ 수도시설 설계 시 취수시설의 용량 산정기준으로 직접 사용된다.

정답 27. ④　28. ③　29. ④　30. ④　31. ①　32. ④

해설 수도시설의 설계는 계획 1일 최대급수량을 기준으로 한다.

33 계획 1일 평균급수량이 400L이고 계획 1일 최대급수량이 500L일 경우에 계획첨두율은?

① 1.56 ② 1.25
③ 0.8   ④ 0.64

해설 계획 1일 최대급수량＝계획 1일 평균급수량 ×계획첨두율
500L＝400L×계획첨두율
∴ 계획첨두율＝1.25

34 인구 20만명의 중소도시에 계획급수를 하고자 한다. 계획 1인 1일 최대급수량을 350L로 하고 급수보급률을 80%라 할 때 계획 1일 최대급수량은?

① 56,000m³/day
② 42,500m³/day
③ 39,200m³/day
④ 37,600m³/day

해설 계획 1일 최대급수량
＝급수인구×계획 1인 1일 최대급수량×급수보급률
＝200,000명×350×10⁻³m³/day×0.8
＝56,000m³/day

35 계획급수량 결정에서 첨두율에 대한 설명으로 옳은 것은?

① 첨두율은 평균급수량에 대한 평균사용수량의 크기를 의미한다.
② 급수량의 변동폭이 작을수록 첨두율의 값이 크게 된다.
③ 일반적으로 소규모의 도시일수록 급수량의 변동폭이 작아 첨두율이 크다.
④ 첨두율은 도시규모에 따라 변하며 기상조건, 도시의 성격 등에 의해서도 좌우된다.

해설 ① 첨두율은 평균급수량에 대한 최대급수량의 크기를 의미한다.
② 급수량의 변동폭이 클수록 첨두율은 크다.
③ 일반적으로 소규모 도시일수록 급수량의 변동폭이 커 첨두율이 크다.

36 인구 10만명의 도시에 계획 1인 1일 최대급수량 600L, 급수보급률 80%를 기준으로 상수도시설을 계획하고자 한다. 이 도시의 계획 1일 최대급수량은?

① 32,000m³
② 40,000m³
③ 43,000m³
④ 60,000m³

해설 계획 1일 최대급수량
＝급수인구×계획 1인 1일 최대급수량×급수보급률
＝100,000명×$\left(600L \times \frac{1m^3}{1,000L}\right)$×0.8
＝48,000m³

37 총인구 20,000명인 어느 도시의 급수인구는 18,600명이며 1년간 총급수량이 1,860,000톤이었다. 급수보급률과 1인 1일 평균급수량(L)으로 옳은 것은?

① 93%, 274L
② 93%, 295L
③ 107%, 274L
④ 107%, 295L

해설 ㉠ 급수보급률＝$\frac{급수인구}{총인구}$×100%
＝$\frac{18,600}{20,000}$×100%＝93%

㉡ 1인 1일 평균급수량＝$\frac{연간 \ 총급수량}{급수인구×365일}$
＝$\frac{1,860,000m^3/년}{18,600인×365일}$
＝$\frac{1,860,000×1,000L}{18,600인×365일}$
＝274L

정답 33.② 34.① 35.④ 36.③ 37.①

38 A시의 2023년 인구는 588,000명이며 연간 약 3.5%씩 증가하고 있다. 2029년도를 목표로 급수시설의 설계에 임하고자 한다. 1일 1인 평균급수량은 250L이고 급수율을 70%로 가정할 때 계획 1일 평균급수량은? (단, 인구추정식은 등비증가법으로 산정한다.)

① 약 126,500m³/day   ② 약 129,000m³/day
③ 약 258,000m³/day   ④ 약 387,000m³/day

> **해설** 계획 1일 평균급수량
> ㉠ $n = 2029 - 2023 = 6$
> ㉡ $P_n = P_0(1+r)^n = 588,000 \times (1+0.035)^6$
> $= 722,802$명
> ∴ 계획 1일 평균급수량
> = 1인 1일 평균급수량 $\times P_n \times$ 급수보급률
> = 250L/인·day $\times$ 722,802명 $\times$ 0.7
> = 126,490,350L/day
> ≒ 126,500m³/day

39 어느 도시의 총인구가 5만명이고 급수인구는 4만명일 때 1년간 총급수량이 200만m³이었다. 이 도시의 급수보급률(%)과 1인 1일 평균급수량(m³/인·일)은?

① 125%, 0.110m³/인·일
② 125%, 0.137m³/인·일
③ 80%, 0.110m³/인·일
④ 80%, 0.137m³/인·일

> **해설** ㉠ 급수보급률 $= \dfrac{\text{급수인구}}{\text{총인구}} \times 100\%$
> $= \dfrac{4만}{5만} \times 100\% = 80\%$
> ㉡ 1인 1일 평균급수량 $= \dfrac{\text{연간 총급수량}}{\text{급수인구} \times 365\text{일}}$
> $= \dfrac{2,000,000\text{m}^3}{40,000\text{인} \times 365\text{일}}$
> $= 0.137\text{m}^3/\text{인}\cdot\text{일}$

40 상수도 배수관망 설계 시 계획배수량은 일반적으로 무엇을 기준으로 하는가?

① 계획 1일 평균급수량
② 계획 1일 최대급수량
③ 계획 1시간 평균급수량
④ 계획 1시간 최대급수량

> **해설** 배수관망 설계는 계획 1시간 최대급수량을 기준으로 한다.

41 상수도 배수관 설계 시에 사용하는 계획급수량은?

① 평균급수량   ② 최대급수량
③ 시간 최대급수량   ④ 시간 평균급수량

> **해설** 배수관 설계는 시간 최대급수량을 기준으로 한다.

42 시간 최대사용수량을 계획사용수량으로 기준하여 결정되는 수도구조물은?

① 보조저수지, 보조용수펌프
② 배수, 취수, 정수시설
③ 배수관지름
④ 수원지, 유역면적 등

> **해설** 구조물의 설계기준
> ㉠ 상수도시설의 설계기준 : 최대급수량
> ㉡ 배수관(망)의 설계기준 : 시간 최대급수량

3. 수원

43 수원에 대한 설명 중 틀린 것은?

① 천층수는 지표면에서 깊지 않은 곳에 위치함으로써 공기의 투과가 양호하므로 산화작용이 활발하게 진행된다.
② 심층수는 대지의 정화작용으로 무균 또는 거의 0에 가까운 것이 보통이다.
③ 용천수는 지하수가 자연적으로 지표로 솟아 나온 것으로 그 성질은 대개 지표수와 비슷하다.
④ 복류수는 대체로 수질이 양호하며 정수공정에서 침전지를 생략하는 경우도 있다.

> **해설** 용천수는 지하수가 자연적으로 지표로 솟아 나온 것으로 그 성질은 대개 지하수의 복류수와 비슷하다.

정답 38. ① 39. ④ 40. ④ 41. ③ 42. ③ 43. ③

44 수원 선정 시 고려사항으로 틀린 것은?
① 수질이 좋아야 한다.
② 수량이 풍부하여야 한다.
③ 가능한 한 낮은 곳에 위치하여야 한다.
④ 상수소비지에서 가까운 곳에 위치하는 것이 좋다.

> 해설 수원은 가능한 한 높은 곳에 위치하여야 한다.

45 상수도의 수원으로서 요구되는 조건이 아닌 것은?
① 수량이 풍부할 것
② 수질이 좋을 것
③ 수원이 도시 가운데 위치할 것
④ 상수소비지에서 가까울 것

> 해설 도시 가운데 위치하는 것이 좋은 것은 배수지이다.

46 다음 중 수원 선정 시 고려하지 않아도 가장 무방한 것은?
① 갈수기의 수량
② 갈수기의 수질
③ 장래 예측되는 수질의 변화
④ 홍수 시의 수량

> 해설 수량은 홍수기가 아닌 갈수기의 수량을 확보해야 한다.

47 상수도의 수원에 관한 설명 중 틀린 것은 어느 것인가?
① 수원은 일반적으로 천수, 지표수, 지하수 등으로 대별할 수 있다.
② 지표수는 양적으로 풍부하고 취수비용이 지하수보다 적다고 볼 수 있다.
③ 지표수원인 하천수의 자정작용은 일어나지 않는다.
④ 어느 수원을 택하든 수량, 수질, 경제성을 고려하여야 한다.

> 해설 자정작용은 저수지나 호소처럼 정지되어 있는 곳보다는 하천과 같이 흐름이 있는 곳에서 폭기의 영향으로 더 활발히 일어난다.

48 다음의 수원 중에서 일반적으로 오염가능성이 가장 높은 것은?
① 천층수   ② 지표수
③ 복류수   ④ 심층수

> 해설 지표수는 지하수보다 오염가능성이 높다.
> 참고 지하수 : 천층수, 복류수, 심층수, 용천수

49 다음 중 우리나라 상수도 원수의 대부분을 차지하는 것은 어느 것인가?
① 강수   ② 지하수
③ 복류수   ④ 하천수

> 해설 상수도 수원으로 가장 많이 이용되는 것은 하천수이다.

50 수원을 지하수로 할 때 예상되는 물의 성질로 거리가 먼 것은?
① 철성분이 많이 포함되어 있다.
② 산성도가 높아 침식성이 있다.
③ 유기성 물질은 지표수보다 적다.
④ 질소산화물은 찾아보기 어렵다.

> 해설 지하수는 환원작용으로 질산(NO_3)이 암모니아로 환원되므로 질소산화물이 존재한다.

51 취수원의 성층현상에 관한 설명으로 틀린 것은?
① 수심에 따른 수온변화가 가장 큰 원인이다.
② 수온의 변화에 따른 물의 밀도변화가 근본원인이다.
③ 여름철에 두드러진 현상이다.
④ 영양염류의 유입이 원인이다.

정답 44.③ 45.③ 46.④ 47.③ 48.② 49.④ 50.④ 51.④

> **해설** 성층현상과 전도현상의 원인은 수온이다.

52 저수지, 호수 등과 같이 정체된 수원에 대한 설명으로 틀린 것은?

① 하천수에 비해 부영양화현상이 나타나기 쉽다.
② 봄철과 가을철에 연직방향의 순환이 일어난다.
③ 상층과 하층의 수온차이는 겨울철이 여름철보다 작다.
④ 여름철에는 중간층 부근에서 취수하는 것이 좋다.

> **해설** 여름철에는 성층현상이 두드러져 저층수가 무산소 상태가 되어 철과 망간이 용출되는 경우가 있으므로 상층부에서 취수하는 것이 좋다.

53 수원 중 복류수에 대한 설명으로 틀린 것은?

① 복류수의 취수를 위한 집수매거의 매설깊이는 2m 이상으로 한다.
② 복류수의 수질은 부유물함유량이 높아서 사용 시에는 침전지를 반드시 거쳐야 한다.
③ 복류수는 호소 또는 연안부의 모래, 자갈층에 함유되어 있는 물을 말한다.
④ 수원을 지표수, 지하수, 기타로 구분할 때 지하수에 해당된다.

> **해설** 복류수는 하천이나 호수의 바닥 또는 측면부의 자갈 및 모래층에 포함되어 있는 물로서, 지표수에 비해 수질이 양호하며 보통침전지를 생략하는 지하수이다.

54 다음은 수원의 수량과 수위에 대한 설명이다. 잘못된 항목은?

① 갈수량은 1년 중에서 355일 동안 이보다 이하로 내려가지 않는 수량이다.
② 평수위는 1년 중 180일 이상 유지되는 수위이다.
③ 홍수량은 홍수기간 중에 지속되는 하천의 유량이다.
④ 최대갈수량은 하천의 유량에 관한 자료 중에서 가장 낮은 값을 말한다.

> **해설** 갈수위, 저수위, 평수위는 각각 1년 중 355일, 275일, 185일 이상 유지되는 수위임을 기억하자.

55 오염된 호수의 심층수에 대한 설명으로 옳은 것은?

① 수온 및 수질의 일변화가 심하다.
② 플랑크톤농도가 높다.
③ 낮은 용존산소로 인해 수중생물의 서식에 좋지 않다.
④ 계절에 따라 물의 성층현상과 부영양화의 결과로 정수과정에 좋은 영향을 준다.

> **해설** 오염된 호수의 심층수는 낮은 DO로 인하여 혐기성 상태이므로 수온 및 수질변화가 적고, 계절에 따라 물의 성층현상과 부영양화의 결과로 정수과정에 악영향을 준다.

56 우물의 수리에서 자유수면 우물의 평형공식은? (단, Q: 양수량, K: 투수계수)

① $Q = \pi K \dfrac{H^2 - h_0^2}{\ln \dfrac{R}{r_0}}$

② $Q = \pi K \dfrac{H^2 - h_0^2}{\log_{10} \dfrac{R}{r_0}}$

③ $Q = \dfrac{1}{\pi K} \cdot \dfrac{H^2 - h_0^2}{\ln \dfrac{R}{r_0}}$

④ $Q = \dfrac{1}{\pi K} \cdot \dfrac{H^2 - h_0^2}{\log_{10} \dfrac{R}{r_0}}$

> **해설** **심정호의 취수량**
> $$Q = \dfrac{\pi K(H^2 - h_0^2)}{2.3 \log \dfrac{R}{r_0}} = \dfrac{\pi K(H^2 - h_0^2)}{\ln \dfrac{R}{r_0}}$$

정답 52. ④ 53. ② 54. ② 55. ③ 56. ①

57 피압지하수를 양수하는 우물은 다음 중 어느 것인가?

① 굴착정 ② 심정(깊은 우물)
③ 천정(얕은 우물) ④ 집수매거

> [해설] 굴착정은 심층수의 피압지하수를 양수하는 우물이다.
>
> [참고]
> - 천층수 : 심정, 천정
> - 복류수(용천수) : 집수매거

58 집수매거(infiltration galleries)에 관한 설명으로 옳지 않은 것은?

① 철근콘크리트조의 유공관 또는 권선형 스크린관을 표준으로 한다.
② 집수매거 내의 평균유속은 유출단에서 1m/s 이하가 되도록 한다.
③ 집수매거의 부설방향은 표류수의 상황을 정확하게 파악하여 취수할 수 있도록 한다.
④ 집수매거는 하천부지의 하상 밑이나 구하천부지 등의 땅속에 매설하여 복류수나 자유수면을 갖는 지하수를 취수하는 시설이다.

> [해설] 집수매거의 부설방향은 복류수의 상황을 정확하게 파악하여 효율적으로 취수할 수 있도록 한다.

4. 취수

59 수원에서 취수하는 계획취수량은 일반적으로 계획 1일 최대급수량의 몇 %를 취수하는가?

① 115~120% ② 85~90%
③ 95~100% ④ 105~110%

> [해설] 계획취수량은 도·송수관로에서의 손실과 정수과정 중 역세척수로의 이용을 감안하여 5~10% 더 취수한다.

60 상수도시설의 규모 결정에 기초가 되는 계획 1일 최대급수량이 20,000m³이라 할 때 일반적인 계획취수량은 얼마 정도인가?

① 18,000m³/day ② 22,000m³/day
③ 30,000m³/day ④ 40,000m³/day

> [해설] 계획취수량은 도·송수에서의 손실과 여과 시 역세척수의 손실을 감안하여 5~10% 더 취수한다.
> ∴ 계획취수량 = 20,000 × (1.05~1.1)
> = 21,000~22,000m³/day

61 계획취수량에 포함되지 않는 사항은?

① 도수시설에서의 손실
② 송수시설에서의 손실
③ 정수장에서의 역세척수
④ 누수된 수량

> [해설] 누수된 수량은 도·송수시설에서의 손실에 포함된 사항이다.

62 얕은 호수나 저수지로부터 취수하는 경우 취수지점은 수면으로부터 몇 m 정도 떨어져 있어야 가장 좋은가?

① 0~1m ② 2~3m
③ 3~4m ④ 4~5m

> [해설] 같은 호수나 저수지로부터 취수하는 경우 취수지점은 수면으로부터 3~4m 떨어진 지점에서 취수하는 것이 좋다.

63 다음의 취수시설에 대한 설명 중 틀린 것은? (단, 하천수를 수원으로 하는 경우)

① 취수탑은 최소수심이 2m 이상인 장소에 위치하여야 한다.
② 취수문은 유속이 큰 지역에 주로 설치되므로 토사의 유입위험이 거의 없다.
③ 취수보는 일반적으로 대하천에 적당하다.
④ 취수문의 위치는 지반이 견고한 지점에 위치하여야 한다.

> [해설] 취수문은 유속이 작은 지역에 주로 설치되므로 토사의 유입에 대비하여 침사시설을 설치하며, 수문의 상류에 수위조절판을 설치한다.

정답 57.① 58.③ 59.④ 60.② 61.④ 62.③ 63.②

64 토사 유입의 가능성이 높은 하천의 취수탑에 의한 취수 시 취수구의 단면적을 결정하기 위한 유입속도는 얼마를 표준으로 하는가?

① 5~10cm/s ② 15~30cm/s
③ 30~50cm/s ④ 1~2m/s

해설 취수구의 단면적을 결정하기 위한 유입속도는 15~30cm/s이다.

65 취수탑에 대한 설명으로 잘못된 것은?

① 연중 수위변화의 폭이 큰 지점에는 부적합하다.
② 취수탑의 취수구 전면에는 스크린을 설치한다.
③ 최소수심이 갈수기에도 2m 이상은 확보되어야 한다.
④ 토사 유입의 가능성이 큰 하천에서는 유입속도를 15~30cm/s 정도로 한다.

해설 연중 수위변화의 폭이 큰 지점에 적합한 취수시설은 취수탑이다.

66 하천수 취수시설 중에서 가장 안정된 취수가 가능하며 유황이 불안정한 경우에도 취수가 가능한 것은?

① 취수탑 ② 취수문
③ 취수관거 ④ 취수보

해설 취수보는 하천수를 보로 막아 계획취수위를 확보하여 하천흐름(유황)이 불안정한 경우 등에 적합한 취수방법이다.

67 하천을 수원으로 하는 경우의 취수시설과 가장 거리가 먼 것은?

① 취수탑 ② 취수틀
③ 집수매거 ④ 취수문

해설 집수매거, 굴착정, 천정, 심정은 지하수의 취수시설이다.

68 호수·댐을 수원으로 하는 경우의 취수시설로 적당하지 않은 것은?

① 취수탑 ② 취수틀
③ 취수문 ④ 취수관거

해설 취수관거는 취수관의 부속물이다.

69 하안에 직접 취수구를 설치하는 방식으로 일반적인 농업용수의 취수에 쓰이는 구조와 유사한 취수시설은?

① 취수탑 ② 취수조
③ 취수문 ④ 취수관거

해설 취수문은 농업용수의 취수에 적합한 시설이다.

70 수원과 취수방법의 연결이 옳지 않은 것은?

① 하천수 – 취수탑 ② 용천수 – 집수매거
③ 복류수 – 취수관거 ④ 피압지하수 – 심정호

해설 지하수는 천층수, 심층수, 용천수, 복류수로 나뉘며, 천층수의 취수는 천정(얕은 우물)과 심정(깊은 우물)을, 심층수는 굴착정을, 복류수(용천수)는 집수매거를 이용하여 취수한다.

참고 집수매거란 물을 모으기 위하여 땅에 매설한 콘크리트관을 의미하며 집수암거로도 쓰인다.

71 집수매거(infiltration galleries)에 관한 설명 중 옳지 않은 것은?

① 집수매거는 복류수의 흐름방향에 대하여 지형 등을 고려하여 가능한 직각으로 설치하는 것이 효율적이다.
② 집수매거의 매설깊이는 5m 이상으로 하는 것이 바람직하다.
③ 집수매거 내의 평균유속은 유출단에서 1m/s 이하가 되도록 한다.
④ 집수매거의 집수개구부(공)직경은 3~5cm를 표준으로 하고, 그 수는 관거표면적 $1m^2$당 10~20개로 한다.

정답 64.② 65.① 66.④ 67.③ 68.④ 69.③ 70.③ 71.④

[해설] 집수매거의 매설기준

경사	매설 깊이	거 내 속도	집수공		
			유입속도	지름	면적당 개수
1/500	5m	1m/s	3cm/s	10~20mm	20~30개/m²

72 저수시설의 유효저수량 산정에 이용되는 방법은?
① Ripple법 ② Williams법
③ Manning법 ④ Kutter법

[해설] 저수지의 유효저수량을 산정하는 방법은 유출량누가곡선법인 Ripple법이다.

73 어느 지역의 저수지 용량을 산정하려고 한다. 이 지역의 연평균강우량이 1,150mm라면 저수지의 용량은 1일 계획급수량의 몇 배를 저류할 수 있어야 하는가? (단, 용량 계산은 가정법에 의한다.)
① 45배 ② 95배
③ 165배 ④ 215배

[해설] 가정법 적용

$$C = \frac{5,000}{\sqrt{0.8R}} = \frac{5,000}{\sqrt{0.8 \times 1,150}} = 164.8배$$

74 다음은 급수용 저수지의 필요수량을 결정하기 위한 유출량누가곡선도이다. 틀린 설명은?

① 유효저수량은 $\overline{EF}$ 이다.
② 저수 시작점은 C이다.
③ $\overline{DE}$ 구간에서는 저수지의 수위가 상승한다.
④ 이론적 산출방법으로 Ripple's method라 한다.

[해설] $\overline{DE}$ 구간에서는 저수지의 수위가 하강한다.

75 Ripple's method에 의하여 저수지 용량을 결정하려고 할 때 다음 그림에서 최대갈수량을 대비한 저수개시시점은? (단, $\overline{AB}$, $\overline{CD}$, $\overline{EF}$, $\overline{GH}$ 직선은 $\overline{OX}$ 직선에 평행하다.)

① ㉠시점 ② ㉡시점
③ ㉢시점 ④ ㉣시점

[해설] 저수개시시점은 계획취수량누가곡선에 평행하게 이어져 만나는 지점인 ㉠이다.

76 취수보의 취수구에서의 표준유입속도는?
① 0.3~0.6m/s
② 0.4~0.8m/s
③ 0.5~1.0m/s
④ 0.6~1.2m/s

[해설] 취수보의 취수구에서의 표준유입속도는 0.4~0.8m/s이다.

77 다음 중 일반적으로 하천부지의 하상 밑이나 그 부근 땅속에서 상수를 취수하는 시설물은?
① 취수탑
② 취수언
③ 취수문
④ 집수개거

[해설] 하천부지의 하상(강변 여과수) 밑이나 지하수의 복류수를 취수할 때에는 집수매거를 이용한다.

정답 72.① 73.③ 74.③ 75.① 76.② 77.④

78 복류수를 취수하는 집수매거에 있어서 일반적으로 유공관을 사용하는데 모래가 집수매거로 유입되는 것을 방지하기 위한 유입속도는?

① 3cm/s 이내　② 4cm/s 이내
③ 5cm/s 이내　④ 6cm/s 이내

> 해설 집수매거의 집수공 유입 방지속도는 3cm/s이다.

79 상수도시설 중 다음 사항이 설명하고 있는 것은?

- 원수와 동시에 유입된 모래를 침강, 제거하기 위한 시설이다.
- 위치는 가능한 한 취수구에 근접하여 제내지에 설치한다.
- 형상은 장방형으로 하고 유입부 및 유출부를 각각 점차 확대, 축소시킨 형태로 한다.

① 취수탑　② 침사지
③ 집수매거　④ 취수틀

> 해설 침사지는 유입된 모래를 침강, 제거하기 위한 시설이다.

80 침사지에서 제거되는 취수한 물속에 포함된 모래입자의 일반적인 크기와 체류시간은?

① 0.1~0.2mm, 10~20초
② 0.1~0.2mm, 10~20분
③ 0.04~0.05mm, 10~20초
④ 0.04~0.05mm, 10~20분

> 해설 침사지에서 제거되는 취수한 물속에 포함된 모래입자의 일반적인 크기는 0.1~0.2mm이며, 체류시간은 10~20분이다.

81 취수시설의 침사지 설계에 관한 설명 중 틀린 것은?

① 침사지 내에서의 평균유속은 10~15cm/min를 표준으로 한다.
② 침사지의 체류시간은 계획취수량의 10~20분을 표준으로 한다.
③ 침사지의 형상은 장방형으로 하고, 길이는 폭의 3~8배를 표준으로 한다.
④ 침사지의 유효수심은 3~4m를 표준으로 하고, 퇴사심도는 0.5~1m로 한다.

> 해설 상수침사지 내에서의 평균유속은 2~7cm/s이다.

정답 78. ①　79. ②　80. ②　81. ①

Engineering of Water Supply Sewerage

CHAPTER 02 수질관리 및 수질기준

회독 체크표
1회독	월	일
2회독	월	일
3회독	월	일

최근 10년간 출제분석표
2015	2016	2017	2018	2019	2020	2021	2022	2023	2024
6.8%	8.3%	6.7%	6.7%	8.3%	6.7%	13.3%	5.0%	10.0%	6.7%

출제 POINT

학습 POINT
- pH의 특성
- DO를 높이기 위한 조건
- BOD 계산
- 경도유발물질
- 색도 제거법
- 자정작용의 용존산소부족곡선
- 혼합농도 계산
- 부영양화의 원인과 방지책

■ 수질 = $\dfrac{\text{오염물의 양(mg)}}{\text{수량(L)}}$

■ pH
① 하천수 : 알칼리성
② 하수, 지하수, 천수 : 산성

■ DO를 높이기 위한 조건
① 온도가 높을수록 DO 감소
② 여름철에 DO 감소

SECTION 1 수질관리

1 수질오염의 정의

수질오염이란 인위적인 요인에 의해서 자연의 수자원이 오염되어 이용가치를 저하시키거나 피해를 주는 현상을 말한다.

2 수질오염 관련 용어

1) pH(수소이온농도)
① 수소이온농도(H^+)의 역수의 상용대수값이다.
② 하수와 폐수는 대부분 산성이다.
③ 조류가 많이 번식한 하천수 등은 알칼리성이다.
④ 지하수는 약산성인 경우가 많다.
⑤ 우수는 산성에 가깝다.
⑥ pH + pOH = 14
  따라서 어떤 수용액에서
    $H^+ > OH^-$, 즉 pH < 7이면 산성
    $H^+ = OH^-$, 즉 pH = 7이면 중성
    $H^+ < OH^-$, 즉 pH > 7이면 알칼리성
⑦ pH의 측정법에는 유리전극법과 비색법(比色法)이 있다.

2) DO(Dissolved Oxygen ; 용존산소)
용존산소(DO)는 수중에 용해되어 있는 산소를 말한다.
① BOD가 큰 물은 용존산소량이 낮다.
② 염류농도가 증가할수록 DO농도는 감소한다.

③ 온도가 높을수록 DO농도는 감소한다.
④ 수면 교란이 클수록, 수압이 낮을수록 DO는 증가한다.
⑤ 수중 어패류의 최소생존농도는 5ppm 이상이며, 2ppm 이하가 되면 악취가 발생한다.

3) BOD(Biochemical Oxygen Demand ; 생화학적 산소요구량)

BOD란 수중의 유기물이 20℃에서 호기성 미생물에 의해 일정 기간(보통 5일간) 분해될 때 소비되는 용존산소(DO)의 양(ppm)이다. 수중의 유기물량을 나타내는 지표로 사용되며, BOD값이 크다는 것은 미생물 분해가 가능한 물질이 많다는 것을 의미한다.

[그림 2-1] BOD곡선

① 제1단계 : 20℃에서 **탄소화합물**인 유기물이 분해되는 데 소비되는 20일간의 산소소비량을 말한다.
② 제2단계 : 20℃에서 **질소화합물**이 아연산이나 초산으로 소화되는 데 필요한 산소소비량을 말한다(100일 이상 요구).
③ 일반적인 측정기준 : 현재는 20℃에서 5일간의 산소소비량을 측정하는 방법이 널리 쓰이고 있다.

> **참고**
>
> **BOD공식**
> ① 잔존 BOD공식 : 1차 반응, 유기물질의 분해반응식
>
> $$L_t = L_a \cdot 10^{-k_1 t} \quad \text{또는} \quad L_t = L_a e^{-k_1 t}$$
>
> 여기서, L_t : t일 후의 잔류 BOD(mg/L)
> L_a : 최초 BOD(mg/L) 또는 최종 BOD(BOD_u)
> k_1 : 탈산소계수(day^{-1})
> t : 경과일수(day)
>
> 일반적으로 k_1은 20℃에서 0.1로, 수온이 다를 경우 다음의 보정치를 사용한다.
>
> $$k_1(t[℃]\text{에서}) = k_1(20℃\text{일 때}) \times 1.047^{t-20} [\text{day}^{-1}]$$

출제 POINT

■ BOD
① 1단계 BOD : 탄소화합물 분해
② 2단계 BOD : 질소화합물 소화

■ L_a가 주어질 때 최초 BOD인지, 최종 BOD인지를 판단하자.
① 최초 BOD : 잔존 BOD공식 적용
② 최종 BOD : 소비 BOD공식 적용

■ BOD 오탁부하총량
BOD총량 = BOD농도 × 유량

Engineering of Water Supply Sewerage

📝 출제 POINT

② 소비 BOD공식 : 유기물 제거에 따른 용존산소 소비반응식

$$BOD_t = L_a - L_t = L_a(1 - 10^{-k_1 t})$$

또는 $BOD_t = L_a - L_t = L_a(1 - e^{-k_1 t})$

여기서, BOD_t : t일 동안에 소비(분해)된 BOD(t일간의 BOD)

[그림 2-2] 소비 BOD와 잔존 BOD의 관계

4) COD(Chemical Oxygen Demand ; 화학적 산소요구량)

COD는 BOD와 마찬가지로 폐수 내의 유기물의 함량을 간접적으로 나타내는 지표로, 유기물을 화학적으로 산화시킬 때 얼마만큼 산소가 화학적으로 소모되는가를 측정하여 시험한다.

① BOD시험이 5일이나 걸리는 것과 달리 COD는 2시간이면 측정 가능하다.
② COD는 화학적으로 산화 가능한 유기물을 산화시키기 위한 산소요구량이다.
③ 어느 유기물의 COD는 BOD보다 그 값이 같거나 커야 한다.

[표 2-1] COD_{Cr}법과 COD_{Mn}법의 비교

구분	$K_2Cr_2O_7$	$KMnO_4$
시험시간	2~3시간	30분~1시간
산화율	80~100%	약 60%

※ BOD : 미생물을 이용해서 측정(유기물에 한정)
※ COD : 산화제를 이용해서 측정(유기물 외에 무기물 일부 포함)

5) 경도(硬度 ; hardness)

경도는 수중의 칼슘 및 마그네슘이온량을 이에 대응하는 탄산칼슘($CaCO_3$)의 ppm으로 환산해서 표시한다.

■ BOD
미생물에 의해 산화시키기 위한 산소요구량

■ 경도유발물질 : Ca, Mg

(1) 경도의 세기
① 연수(단물) : 0~0.75mg/L
② 비교적 약한 센물(경수) : 75~150mg/L
③ 센물(경수) : 150~300mg/L
④ 강한 센물(경수) : 300mg/L 이상

(2) 경수의 연수법
① 연수법 : 세탁용이나 공업용수로서 부적당하므로 원수의 경도를 감소시키는 것이다.
② 비등법 : 일시적인 경수를 끓이면 탄산이 유리되어 탄산칼슘 및 산화마그네슘이 되어 침전하므로 용이하게 산화할 수 있으나 많은 수량에는 부적당하다.
③ Zeolite법(이온교환법) : 녹사(green sand zeolite)라고도 하는데, 알루미늄과 나트륨의 규산염이 되며 천연 또는 합성화합물로서 permutit를 합성한 것이다. 천연의 녹사를 여과재로 이온교환하여 Ca, Mg을 제거하는 방법이다. 즉, Zeolite를 경수에 접촉시키면 Ca, Mg이 Zeolite의 Na과 치환해서 탄산나트륨, 유산나트륨이 발생하여 연수가 되며 철분과 망간 및 세균류를 제거하는 데 이용된다.
④ 석회소다법(lime-soda process) : 원수 중의 Ca, Mg, 중탄산염(탄산염 경도) 및 기타의 마그네슘염이 첨가된 소석회로 인해 탄산칼슘 및 수산화마그네슘으로 바뀌어서 Ca^{2+}과 Mg^{2+}이 알칼리도를 형성시키는 이온들과 결합되어 있지 않는 경우를 비탄산경도 또는 영구경도라 한다.
  ㉠ 소석회[$Ca(OH)_2$] : 일시경도 제거
  ㉡ 소다회($NaCO_3$) : 영구경도 제거

6) 색도(色度 ; color)
① 증류수 1L 중에 염화백금칼리 표준원액 1mL(백금 1mg 함유)를 함유할 때 1도
② 색도 제거법 : 전염소처리, 오존처리, 활성탄처리

7) 자정작용(self-purification)
하천이나 호수에 생활하수나 공장폐수를 방류하였을 때 그 유입지점의 수질은 악화되지만, 기간이 지남에 따라 수질이 서서히 양호해져서 원래의 상태로 회복되는 현상을 자정작용이라고 한다.

■ 출제 POINT

■ 전염소처리
① 색도 제거
② 잔류염소 없음
③ THM 발생

출제 POINT

■ 용존산소부족곡선(spoon curve)
① 임계점 : DO ↓
② 변곡점 : 산소복귀율 ↑

(1) 용존산소부족곡선

[그림 2-3] 용존산소부족곡선

① 임계점(critical point) : 용존산소가 가장 부족한 지점
② 변곡점(point of inflection) : 산소복귀율이 가장 큰 지점
③ 유하시간에 따른 용존산소부족곡선식에 대한 수학적 해석은 Streeter와 Phelps에 의하여 행해졌으며 그 결과는 다음과 같다.

$$D_t = \frac{k_1 L_0}{k_2 - k_1}(10^{-k_1 t} - 10^{-k_2 t}) + D_0 \cdot 10^{-k_2 t}$$

여기서, L_0 : 하천혼합수의 초기 극한 BOD
D_0 : 하천혼합수의 초기 DO

(2) 하천의 자정단계(Whipple의 4단계)

수원이 하수나 기타 오염물질에 의하여 오염되면 물에는 일련의 변화가 일어나게 되는데, Whipple은 변화가 일어나는 지역으로부터 유하거리 및 유하시간에 따라 분해지대(degradation), 활발한 분해지대(active decomposition), 회복지대(recovery), 정수지대(clear water)의 네 지대로 구분하였다.

■ Whipple의 4단계
① 분해지대 : 호기성 상태
② 활발한 분해지대 : 혐기성 상태
③ 회복지대 : 혐기 → 호기로 교체
④ 정수지대 : pH 정상

지대(zone)	변화과정
분해지대 (degradation)	• 오염된 물의 화학적·물질적 질이 저하된다. • 세균수가 증가되고 슬러지 침전이 많아진다. • DO가 감소(포화치의 ≤5%로 감소)되고, CO_2가 증가하며, pH가 낮아진다. • 호기성 미생물의 번식에 의해 BOD가 감소한다. • 분해가 심해짐에 따라 곰팡이류가 많이 번식한다. • 큰 하천보다 희석이 덜 되는 작은 하천에서 뚜렷이 나타난다.

지대(zone)	변화과정
활발한 분해지대 (active decomposition)	• 용존산소가 거의 없거나 아주 없는 혐기성 상태가 된다. • H_2S, NH_3 등 혐기성 가스로 인하여 물에서 악취가 발생한다. • 흑색 및 점성질의 슬러지가 생성되며 심한 탁도를 유발한다. • 하상으로부터 혐기성 기포가 수면 위로 떠오른다. • 완전히 부패상태가 되면 사상균이 증가하고, 균류(fungi)는 사라진다. • pH가 많이 낮아진다.
회복지대 (recovery)	• 혐기성균에서 호기성균으로의 교체가 이루어지며, 세균의 수가 감소한다. • 회복단계는 장시간에 걸쳐 일어난다. • 점성질의 슬러지 침전물이 구상으로 변하고, 기포 발생도 감소한다. • DO, NO_2-N, NO_3-N의 농도가 증가한다. • 원생동물, 윤충, 갑각류가 번식하기 시작한다. • 청·녹조류가 출현하기 시작하며, 하류로 내려갈수록 규조류가 나타난다. • 붉은 지렁이 및 조개류나 벌레의 유충이 번식하며, 내성이 강한 생무지, 황어, 은빛 담수어 등이 자란다. • pH가 많이 낮아진다.
정수지대 (clear water)	• 용존산소량이 풍부하며 pH가 정상이다. • 다종, 다수의 물고기가 성장한다. • 물의 탁도 및 색도가 거의 사라지며 냄새가 없다. • 대장균 또는 병원성 세균 등이 거의 없다. • 자연수와 수질이 거의 같다.

> **출제 POINT**
>
> ■ 활발한 분해지대 : 혐기성 상태

8) 확산에 의한 오염물질의 희석

어떤 수역에 오수가 혼입하였을 때에 그것이 완전히 혼합되었다고 가정하면 혼합 후의 수질은 다음의 식으로 계산할 수 있다.

$$C_m = \frac{C_1Q_1 + C_2Q_2}{Q_1 + Q_2}$$

여기서, C_m : 혼합 후의 수질(ppm 또는 mg/L)
C_1 : 혼합 전의 방류수질(ppm 또는 mg/L)
Q_1 : 혼합 전의 방류수량
C_2 : 오수의 수질(ppm 또는 mg/L)
Q_2 : 오수의 수량

■ 혼합수의 수질은 수문학의 평균강우량 산정식 $P_m = \dfrac{P_1A_1 + P_2A_2}{A_1 + A_2}$ 와 같다.

9) 부영양화(eutrophication)

호수나 저수지에 영양염류(탄소, 질소와 인)가 유입되어 조류가 번식하다가 이 조류가 죽어서 부패하면 그 구성성분이 물속에 녹아 들어가서 조류의 번식이 더욱 활발해진다. 이러한 과정이 반복되면 호수에 영양염류가 증가하여 자연 호수 연안부의 수생식물이 무성해지는 것을 시점으로 호수의 투명도가 저하되고 플랑크톤의 증가와 종의 변화가 일어나며 호수의 저층부에 용존산소가 감소하는 등의 현상이 발생하는데, 이것을 부영양화라고 한다.

■ 부영양화
① 영양염류 : 질소, 인
② 방지대책 : 황산구리($CuSO_4$)

> **출제 POINT**
>
> ■ 부영양화된 호수의 특징
> ① 색도 ↑
> ② 투명도 ↓
> ③ 탈수성 ↓

(1) **부영양화된 호수의 특징**
① 색도가 증가된다.
② 수심이 낮은 곳에서 나타나며 한번 부영양화가 되면 회복되기 어렵다.
③ 투명도가 저하된다.
④ 유기물의 증가로 비저항치가 커져서 탈수성이 나빠진다.

(2) **부영양화현상의 방지대책**
① 인이 함유된 합성세제의 사용을 금한다.
② 조류의 이상번식 시 **황산구리($CuSO_4$)** 또는 활성탄을 뿌려서 제거한다.
③ 하수 내 질소(N), 인(P)을 제거하기 위한 폐수의 3차 처리를 한다.

10) 기타 오염물질

① 침식성 유리탄산 : 침식성 유리탄산을 많이 포함한 경우에는 침식성 유리탄산을 제거하기 위하여 폭기처리나 알칼리처리를 한다.
② 불소 : 충치를 예방할 목적으로 주입시설을 설치할 수 있으며, 원수 중에 과량으로 존재하면 반상치(반점치) 등을 일으키므로 제거해야 한다.
  ㉠ 불소 주입 : 정수처리과정에 불소를 주입할 경우 불소주입기 등 관련 시설을 설치하고 불소화합물을 주입한다.
  ㉡ 불소 제거 : 원수 중에 불소가 과량으로 포함된 경우에는 불소를 감소시키기 위하여 응집침전, 활성알루미나, 골탄, 전해 등의 처리를 한다.
③ 비소 : 비소가 다량 포함되어 있는 원수에서 비소를 제거하기 위하여 응집처리 또는 활성알루미나, 수산화세륨, 이산화망간 중 하나를 사용하여 흡착처리를 한다.
④ 소독부산물 : 소독부산물 전구물질을 다량으로 함유한 경우에는 그 저감을 위하여 활성탄처리 또는 전염소처리를 대신하여 중간염소처리 등을 한다.
⑤ 휘발성 유기화합물 : 휘발성 유기화합물(트리클로로에틸렌, 테트라클로로에틸렌, 1,1,1-트리클로로에탄 등)을 함유한 경우에는 이를 저감시키기 위하여 폭기처리나 입상활성탄처리를 한다.
⑥ 음이온계면활성제 : 음이온계면활성제를 다량으로 함유한 경우에는 음이온계면활성제를 제거하기 위하여 활성탄처리나 생물처리를 한다.
⑦ 질산성 질소 : 질산성 질소를 다량으로 함유한 경우에는 질산성 질소를 제거하기 위하여 이온교환처리, 생물처리, 막처리 등을 한다.

SECTION 2 수질기준

1 수질검사

1) 수질검사기준

구분		측정횟수	측정항목	측정시기
하천수 및 복류수		매월 1회 이상	pH, BOD, SS, DO, 대장균군	
		분기마다 1회 이상	pH, As, CN, Hg, Pb, Cr^{6+}, ABS, PCB, 유기인 등	3월, 6월, 9월, 12월
호소수		매월 1회 이상	pH, COD, DO, SS, 대장균군	
		분기마다 1회 이상	As, CN, Hg, Pb, Cr^{6+}, ABS, PCB, 유기인 등	3월, 6월, 9월, 12월
지하수	광역 및 지방 상수도	반기마다 1회 이상	Cd, As, CN, Pb, Cr^{6+}, Hg, 음이온 계면활성제, 파라티온, 다이아지논, 페니트로티온, 불소 등	
	간이 상수도	2년마다 1회 이상	Cd, As, CN, Pb, Cr^{6+}, Hg, 음이온 계면활성제, 파라티온, 다이아지논, 페니트로티온, 불소	

[비고] 채수지점
- 하천수와 호소수의 경우에는 취수구에 유입되기 직전의 지점에서 채수한다.
- 복류수의 경우에는 취수에 가장 가까운 지점에서 1회, 착수정에서 1회를 채수하여 각각 검사한다.
- 지하수의 경우에는 취수구에서 채수한다.

2) 정기 수질검사항목

처리시설	검사항목	검사횟수
정수장	맛, 냄새, 색도, 탁도, pH, 잔류염소(가장 우선적으로 실시해야 함)	매일 1회 이상
	일반세균, 총대장균군, 암모니아성 질소, 질산성 질소, 과망간산칼륨 소비량 등	매주 1회 이상
	수질기준 전 항목	매월 1회 이상
수도전	일반세균, 대장균군, 잔류염소	매월 1회 이상

> 출제 POINT
>
> 학습 POINT
> - 대장균 검사이유
> - 무기물(납, 비소, 시안, 수은, 카드뮴)에 관한 기준
> - 유기물(페놀)에 관한 기준
> - 소독부산물(THM)에 관한 기준

■ 정수장의 매일 검사항목
① 맛
② 냄새
③ 색도
④ 탁도
⑤ pH
⑥ 잔류염소

출제 POINT

■ 유리잔류염소
① 평상시 : 0.2ppm 이상
② 비상시 : 0.4ppm 이상

3) 수도전에서의 먹는 물 잔류염소

구분	유리잔류염소	결합잔류염소
평상시	항상 0.2mg/L 이상 유지	1.5mg/L 이상 유지
비상시	0.4mg/L 이상 유지	1.8mg/L 이상 유지

2 음용수의 수질기준 (먹는물 수질기준 및 검사 등에 관한 규칙 [별표 1], 〈2023.11.17. 개정〉)

1) 미생물에 관한 기준

(1) 일반세균(GC : General Coliform)

일반세균은 보통 한천배지에서 무리를 형성할 수 있는 세균이다.
- 음용수의 수질기준은 **검수 1mL(cc) 중 100CFU를 넘지 아니할 것**

■ CFU(Colony Forming Unit)
균수를 세는 최소단위로 단위부피당 균수

(2) 대장균군(coliform group ; E. Coli)

대장균이라 함은 그람 음성의 무아포성의 간균으로 젖당을 분해하여 산과 가스를 만드는 호기성균 또는 통성 혐기성균을 말한다.
① 수인성 전염병균과 같이 존재할 가능성이 높아 **병원균 추정의 간접지표**로 이용된다.

■ 대장균 검출이유
타 병원균 추정의 간접지표로 이용

② 살균에 대한 저항력이 높으므로 대장균의 유무로 **다른 세균의 유무를 추정**할 수 있다.
③ 검출방법이 간편하고 정확하다.
④ 총대장균군은 100mL(샘물·먹는 샘물, 염지하수·먹는 염지하수 및 먹는 해양심층수의 경우에는 250mL)에서 검출되지 아니할 것. 다만, 매월 또는 매 분기 실시하는 총대장균군의 수질검사 시료수가 20개 이상인 정수시설의 경우에는 검출된 시료수가 5%를 초과하지 아니하여야 한다.

2) 건강상 유해영향 무기물질에 관한 기준

① 납(Pb)은 0.01mg/L를 넘지 아니할 것
② 불소(F)는 1.5mg/L(샘물·먹는 샘물 및 염지하수·먹는 염지하수의 경우에는 2.0mg/L)를 넘지 아니할 것

■ 무기물질에 관한 기준
① 납, 비소, 시안 : 0.01mg/L
② 수은 : 0.001mg/L
③ 카드뮴 : 0.005mg/L

③ 비소(As)는 0.01mg/L(샘물·염지하수의 경우에는 0.05mg/L)를 넘지 아니할 것
④ 셀레늄(Se)은 0.01mg/L(염지하수의 경우에는 0.05mg/L)를 넘지 아니할 것
⑤ **수은(Hg)은 0.001mg/L를 넘지 아니할 것**
⑥ 시안(CN)은 0.01mg/L를 넘지 아니할 것

⑦ 크롬(Cr)은 0.05mg/L를 넘지 아니할 것
⑧ 암모니아성 질소(NH_3-N)는 0.5mg/L를 넘지 아니할 것
⑨ 질산성 질소(NO_3-N)는 10mg/L를 넘지 아니할 것
⑩ **카드뮴(Cd)은 0.005mg/L를 넘지 아니할 것**
⑪ 붕소(B)는 1.0mg/L를 넘지 아니할 것(염지하수의 경우에는 적용하지 아니한다)
⑫ 브롬산염(M_3BrOI)은 0.01mg/L를 넘지 아니할 것(수돗물, 먹는 샘물, 염지하수·먹는 염지하수, 먹는 해양심층수 및 오존으로 살균·소독 또는 세척 등을 하여 음용수로 이용하는 지하수만 적용한다)
⑬ 스트론튬(Sr)은 4mg/L를 넘지 아니할 것(먹는 염지하수 및 먹는 해양심층수의 경우에만 적용한다)
⑭ 우라늄(U)은 30μg/L를 넘지 않을 것[수돗물(지하수를 원수로 사용하는 수돗물을 말한다), 샘물, 먹는 샘물, 먹는 염지하수 및 먹는 물 공동시설의 물의 경우에만 적용한다]

3) 건강상 유해영향 유기물질에 관한 기준

① **페놀(phenol)은 0.005mg/L를 넘지 아니할 것**
② 다이아지논(diazinon)은 0.02mg/L를 넘지 아니할 것
③ 파라티온(parathion)은 0.06mg/L를 넘지 아니할 것
④ 페니트로티온(fenitrothion)은 0.04mg/L를 넘지 아니할 것
⑤ 카바릴(carbaryl)은 0.07mg/L를 넘지 아니할 것
⑥ 1,1,1-트리클로로에탄은 0.1mg/L를 넘지 아니할 것
⑦ 테트라클로로에틸렌(PCE)은 0.01mg/L를 넘지 아니할 것
⑧ 트리클로로에틸렌(TCE)은 0.03mg/L를 넘지 아니할 것
⑨ 디클로로메탄(dichloro methane)은 0.02mg/L를 넘지 아니할 것
⑩ 벤젠(benzene)은 0.01mg/L를 넘지 아니할 것
⑪ 톨루엔(toluene)은 0.7mg/L를 넘지 아니할 것
⑫ 에틸벤젠(ethyle benzene)은 0.3mg/L를 넘지 아니할 것
⑬ 크실렌(xylene)은 0.5mg/L를 넘지 아니할 것
⑭ 1,1-디클로로에틸렌은 0.03mg/L를 넘지 아니할 것
⑮ 사염화탄소(CCl_4)는 0.002mg/L를 넘지 아니할 것
⑯ 1,2-디브로모-3-클로로프로판은 0.003mg/L를 넘지 아니할 것
⑰ 1,4-다이옥산은 0.05mg/L를 넘지 아니할 것

4) 소독제 및 소독부산물질에 관한 기준

샘물·먹는 샘물·염지하수·먹는 염지하수·먹는 해양심층수 및 먹는 물 공동시설의 물의 경우에는 적용하지 아니한다.

■ 유기물질에 관한 기준
• 페놀 : 0.005mg/L

Engineering of Water Supply Sewerage

출제 POINT

■ THM(트리할로메탄)
① 염소소독 시 발생하는 발암성 물질
② 음용수수질기준 0.1mg/L

① 잔류염소(유리잔류염소를 말한다)는 4.0mg/L를 넘지 아니할 것
② **총트리할로메탄은 0.1mg/L를 넘지 아니할 것**
③ 클로로포름은 0.08mg/L를 넘지 아니할 것
④ 브로모디클로로메탄은 0.03mg/L를 넘지 아니할 것
⑤ 디브로모클로로메탄은 0.1mg/L를 넘지 아니할 것
⑥ 클로랄하이드레이트는 0.03mg/L를 넘지 아니할 것
⑦ 디브로모아세토니트릴은 0.1mg/L를 넘지 아니할 것
⑧ 디클로로아세토니트릴은 0.09mg/L를 넘지 아니할 것
⑨ 트리클로로아세토니트릴은 0.004mg/L를 넘지 아니할 것
⑩ 할로아세틱에시드(디클로로아세틱에시드, 트리클로로아세틱에시드 및 디브로모아세틱에시드의 합으로 한다)는 0.1mg/L를 넘지 아니할 것
⑪ 포름알데히드는 0.5mg/L를 넘지 아니할 것

5) 심미적 영향물질에 관한 기준

■ 심미적 영향물질에 관한 기준
① 구리 : 1mg/L
② 색도 : 5도
③ 아연 : 3mg/L
④ 염소이온 : 250mg/L
⑤ 철 : 0.3mg/L
⑥ 알루미늄 : 0.2mg/L

■ 냄새 관련 암기사항

부영양화
(N, P, $CuSO_4$)

활성탄 ← 냄새 → 조류
(이취미 제거)   (마이크로-스트레이너법)
↓
페놀
(0.005mg/L)

① 경도(hardness)는 1,000mg/L(먹는 샘물의 경우 300mg/L, 먹는 염지 하수 및 먹는 해양심층수의 경우 1,200mg/L)를 넘지 아니할 것. 다만, 샘물 및 염지하수의 경우에는 적용하지 아니한다.
② 과망간산칼륨($KMnO_4$)의 소비량은 10mg/L를 넘지 아니할 것
③ 냄새와 맛은 소독으로 인한 냄새와 맛 이외의 냄새와 맛이 있어서는 아니 될 것. 다만, 맛의 경우는 샘물, 염지하수, 먹는 샘물 및 먹는 물 공동시설의 물에는 적용하지 아니한다.
④ **구리(Cu)는 1mg/L를 넘지 아니할 것**
⑤ **색도는 5도를 넘지 아니할 것**
⑥ 세제(음이온 계면활성제 : ABS)는 0.5mg/L를 넘지 아니할 것. 다만, 샘물·먹는 샘물, 염지하수·먹는 염지하수 및 먹는 해양심층수의 경우에는 검출되지 아니해야 한다.
⑦ 수소이온(H^+)농도는 pH5.8 이상 pH8.5 이하이어야 할 것. 다만, 샘물, 먹는 샘물 및 먹는 물 공동시설의 물의 경우에는 pH4.5 이상 pH9.5 이하이어야 한다.
⑧ **아연(Zn)은 3mg/L를 넘지 아니할 것**
⑨ **염소이온(Cl^-)은 250mg/L를 넘지 아니할 것**(염지하수의 경우에는 적용하지 아니한다)
⑩ 증발잔류물(total solids)은 수돗물의 경우에는 500mg/L, 먹는 염지하수 및 먹는 해양심층수의 경우에는 미네랄 등 무해성분을 제외한 증발잔류물이 500mg/L를 넘지 아니할 것
⑪ **철(Fe)은 0.3mg/L를 넘지 아니할 것**. 다만, 샘물 및 염지하수의 경우에는 적용하지 아니한다.

⑫ 망간(Mn)은 0.3mg/L(수돗물의 경우 0.05mg/L)를 넘지 아니할 것. 다만, 샘물 및 염지하수의 경우에는 적용하지 아니한다.
⑬ 탁도(turbidity)는 1NTU(Nephelometric Turbidity Unit)를 넘지 아니할 것. 다만, 지하수를 원수로 사용하는 마을상수도, 소규모 급수시설 및 전용 상수도를 제외한 수돗물의 경우에는 0.5NTU를 넘지 아니하여야 한다.
⑭ 황산이온(SO_4^{2-})은 200mg/L를 넘지 아니할 것. 다만, 샘물, 먹는 샘물 및 먹는 물 공동시설의 물은 250mg/L를 넘지 아니하여야 하며, 염지하수의 경우에는 적용하지 아니한다.
⑮ **알루미늄(Al)은 0.2mg/L를 넘지 아니할 것**

6) 방사능에 관한 기준

염지하수의 경우에만 적용한다
① 세슘(Cs-137)은 4.0mBq/L를 넘지 아니할 것
② 스트론튬(Sr-90)은 3.0mBq/L를 넘지 아니할 것
③ 삼중수소(3H 또는 T)는 6.0Bq/L를 넘지 아니할 것

■ 방사능에 관한 기준
염지하수의 경우에만 적용

CHAPTER 02 기출문제

1. 수질관리

01 오염물질의 배출허용기준에 포함되지 않는 항목은?

① 용존산소 ② 총질소
③ 색도 ④ 총인

> **해설** 용존산소는 오염물질의 지표가 아니다.

02 어떤 수원의 정수에서 수소이온농도를 측정하였더니 2.5×10^{-6} mol/L였다. 수질검사결과에 관한 사항 중 옳은 것은?

① 산성의 수질이다.
② 중성의 수질이다.
③ 알칼리성의 수질이다.
④ 음용수로 적합하다.

> **해설** pH$= -\log H^+ = -\log(2.5 \times 10^{-6}) = 5.6$
> ∴ pH가 7(중성) 이하이므로 산성이다.

03 상수도시설의 수질시험과 관련된 설명으로 옳지 않은 것은?

① 수질시험에는 물리적, 화학적, 세균학적, 생물학적 검사항목들이 있다.
② 수질검사장소로는 급수전, 물의 정체가 용이한 곳, 원수 등이 있다.
③ 수질기준에 정해진 수질검사항목은 정해진 기간에 실시해야 하나, 일부 항목은 생략할 수도 있다.
④ 검사항목에 대해서는 수질이 평균치를 나타내는 시기에 매년 1회 이상 실시해야 한다.

> **해설** 검사항목에 대해서는 수질이 평균치를 나타내는 시기에 매월 1회 이상 실시해야 한다.

04 용존산소(DO)에 대한 설명으로 옳지 않은 것은?

① 오염된 물은 용존산소량이 적다.
② BOD가 큰 물은 용존산소도 많다.
③ 용존산소량이 적은 물은 혐기성 분해가 일어나기 쉽다.
④ 용존산소가 극히 적은 물은 어류의 생존에 적합하지 않다.

> **해설** BOD와 DO는 반비례관계이다.

05 도시의 하수가 하천으로 유입될 때 하천 내에서 발생하는 변화 중 옳지 않은 것은?

① 부유물질의 증가 ② DO의 증가
③ COD의 증가 ④ BOD의 증가

> **해설** 오염물질이 유입되면 DO는 감소한다.

06 일반상수에서 경도(hardness)를 유발하는 주된 물질은?

① Ca^{2+}, Mg^{2+} ② Al^{2+}, Na^{2+}
③ SO_4^{2-}, NO_3^{-} ④ Mn^{2+}, Zn^{2+}

> **해설** 경도의 유발물질은 Ca와 Mg이다.

07 자연수 중 지하수의 경도가 높은 이유는 어떤 물질이 지하수에 많이 함유되어 있기 때문인가?

① O_2 ② CO_2
③ NH_3 ④ Colloid

> **해설** 경도는 물속에 용해되어 있는 Ca^{2+}, Mg^{2+} 등의 2가 양이온 금속이온이 박테리아작용으로 발생된 CO_2가 물에 녹아 반응하면서 발생한다.

정답 1.① 2.① 3.④ 4.② 5.② 6.① 7.②

08 경도가 높은 물을 보일러용수로 사용할 때 발생하는 문제점은?

① slime과 scale 생성   ② priming 생성
③ foaming 생성   ④ cavitation

해설 경도가 높은 물은 slime과 scale을 생성한다.

09 경도를 연화(軟化)처리하고자 할 때 가장 적합한 방법은?

① 황산동 살포   ② 소다회 주입
③ 활성탄처리   ④ 생물산화

해설 ① 황산동 살포 : 부영양화 억제
② 소다회 주입 : 경수의 연수처리
③ 활성탄처리 : 이취미 제거
④ 생물산화 : 하수처리

10 먹는 물의 수질기준에서 탁도의 기준단위는?

① ‰(permil)
② ppm(parts per million)
③ JTU(Jackson Turbidity Unit)
④ NTU(Nephelometric Turbidity Unit)

해설 탁도의 기준단위는 NTU이다.

11 정수장에서 매일 검사해야 하는 항목은?

① pH   ② 염소이온
③ 암모니아성 질소   ④ 수온

해설 정수장에서 매일 검사해야 하는 항목은 냄새, 맛, 색도, pH, 잔류염소이다.

12 ★ 호수 내에 조류가 많이 있을 때 pH는?

① 하강한다.
② 일정하게 유지된다.
③ 상승한다.
④ 상승하다가 하강한다.

해설 호수 내 조류는 수소이온농도를 상승시켜 알칼리성 수질을 만든다.

13 어떤 지하수에서의 수질검사결과 수소이온농도가 2.5×10^{-7} mol/L로 측정되었다. pH값은?

① 2.5   ② 6.6
③ 7.7   ④ 9.0

해설 $pH = \log \dfrac{1}{H^+} = -\log H^+$
$= -\log(2.5 \times 10^{-7}) = 6.6$

14 ★ pH가 5.6에서 4.3으로 변화할 때 수소이온농도는 약 몇 배가 되는가?

① 13   ② 15
③ 17   ④ 20

해설 ㉠ $pH = \log \dfrac{1}{H^+} = 5.6 \rightarrow H^+ = 10^{5.6}$
㉡ $pH = \log \dfrac{1}{H^+} = 4.3 \rightarrow H^+ = 10^{4.3}$
∴ $\dfrac{10^{5.6}}{10^{4.3}} = 19.95 ≒ 20$배

15 최근 우리나라의 상수원에 부영양화현상이 급속도로 심화되고 있다. 다음 중 상수도의 구성이나 계통에서 상수원의 부영양화가 가장 큰 영향을 미칠 수 있는 시설은?

① 취수시설   ② 정수시설
③ 송수시설   ④ 급배수시설

해설 부영양화가 되면 조류가 발생하여 수돗물의 맛과 냄새를 유발하므로 정수시설의 부하가 높아진다.

16 ★ 다음 중 수돗물에서 나는 냄새의 원인은 무엇인가?

① pH   ② 온도
③ 용존산소   ④ 조류(algae)

정답 8.① 9.② 10.④ 11.① 12.③ 13.② 14.④ 15.② 16.④

> [해설] 조류가 발생하면 수돗물의 맛과 냄새를 변화시킨다.

17 하천에서의 수질관리 해석을 위하여 수식을 구성하고자 할 때 산소 소모의 원인이 되는 성분이 아닌 것은?

① 유기물의 분해과정
② 하상 퇴적물의 분해과정
③ 조류의 광합성과정
④ 조류의 호흡과정

> [해설] 조류는 광합성을 통해 이산화탄소를 흡수하여 당류를 합성하고 산소를 방출한다.

18 깊은 호수에서 성층현상이 가장 두드러지게 나타나는 계절은?

① 봄   ② 여름
③ 가을 ④ 겨울

> [해설] 성층현상은 여름과 겨울에 발생하며, 특히 여름에 두드러진다.

19 호소나 저수지의 성층현상과 가장 관계가 깊은 요소는?

① 적조현상   ② 미생물
③ 질소(N), 인(P)   ④ 수온

> [해설] 성층현상은 상층부와 하층부의 수온의 온도차이에 의하여 층이 형성되는 것이다.

20 하천의 자정작용 중에서 가장 큰 작용을 하는 것은?

① 침전   ② 일광
③ 화학적 작용   ④ 생물학적 작용

> [해설] 자정작용은 생물학적 작용이 가장 크게 작용한다.

21 하천의 자정계수에 대한 설명으로 옳은 것은?

① 유속이 클수록 그 값이 커진다.
② DO에 대한 BOD의 비로 표시된다.
③ (탈산소계수/재폭기계수)로 나타낸다.
④ 저수지보다는 하천에서 그 값이 작게 나타난다.

> [해설] 자정계수는 탈산소계수에 대한 재폭기계수의 비로 표시되며, 저수지보다는 하천에서 그 값이 크게 나타난다.
>
> $$자정계수 = \frac{재폭기계수}{탈산소계수}$$

22 Streeter-Phelps의 식을 설명한 것으로 가장 적합한 것은?

① 재폭기에 의한 DO를 구하는 식이다.
② BOD극한값을 구하는 식이다.
③ 유한시간에 따른 DO부족곡선식이다.
④ BOD감소곡선식이다.

> [해설] Streeter-Phelps의 식은 하천에서의 유기물오염에 따른 영향을 예측하기 위해서 유기물의 생물학적 분해에 따른 산소소비와 재폭기에 의한 산소공급을 감안한 용존산소부족량의 변화율을 미분식으로 나타낸 것이다.

23 다음 중 하천의 자정단계 중 DO가 가장 낮은 단계는?

① 분해지대   ② 활발한 분해지대
③ 회복지대   ④ 정수지대

> [해설] 활발한 분해지대는 DO가 가장 낮은 혐기성 상태이다.

24 하천에 오수가 유입될 경우 최초의 분해지대에서 BOD가 감소하는 원인은?

① 미생물의 번식   ② 유기물질의 침전
③ 온도의 변화   ④ 탁도의 증가

> [해설] 최초 분해지대에서는 호기성 미생물이 번식되어 BOD가 감소한다.

정답 17. ③ 18. ② 19. ④ 20. ④ 21. ① 22. ③ 23. ② 24. ①

25 하천에 오염원 투여 시 시간 또는 거리에 따른 오염지표(BOD, DO, N)와 미생물의 변화 4단계(Whipple의 4단계)의 순서로 옳은 것은?

> ㉠ 분해지대
> ㉡ 활발한 분해지대(부패지대)
> ㉢ 회복지대
> ㉣ 정수지대(청수지대)

① ㉠-㉡-㉢-㉣ ② ㉠-㉢-㉡-㉣
③ ㉡-㉠-㉢-㉣ ④ ㉡-㉢-㉠-㉣

해설 Whipple의 자정 4단계
분해지대 → 활발한 분해지대 → 회복지대 → 정수지대

26 용존산소에 대한 설명 중 옳지 않은 것은?

① 오염된 물은 용존산소량이 적다.
② BOD가 높은 물은 용존산소도 많다.
③ 용존산소량이 적은 물은 혐기성 분해가 일어나기 쉽다.
④ 용존산소가 극히 적은 물은 어류의 생존에 적합하지 않다.

해설 용존산소와 BOD는 반비례관계로, 용존산소가 많으면 BOD는 적다.

27 하천에서의 용존산소의 값을 높이기 위한 공학적인 제어방법 중 옳지 못한 것은?

① 하천의 유량 증가
② 수중의 포기시설 설치
③ 유속의 감소에 따른 퇴적의 촉진
④ 비점오염원의 감소

해설 유속이 감소하면 DO는 낮아진다.

28 하천에서 수질 개선의 일환으로 용존산소를 증대시키기 위한 방법으로 옳지 않은 것은?

① 희석을 위한 저수지 방류량 증대
② 하상 퇴적물의 준설
③ 유량의 확보를 위한 위어의 설치
④ 수중에 폭기시설 설치

해설 위어를 설치하면 흐르는 물이 정체되어 수질 악화를 초래하고, 이는 용존산소를 낮추게 된다.

29 "BOD값이 크다"는 것이 의미하는 것은?

① 무기물질이 충분하다.
② 영양염류가 풍부하다.
③ 용존산소가 풍부하다.
④ 미생물 분해가 가능한 물질이 많다.

해설 "BOD값이 크다"는 의미는 미생물 분해가 가능한 유기물이 많다는 것이다.

30 하천 및 저수지의 수질 해석을 위한 수학적 모형을 구성하고자 할 때 가장 기본이 되는 수학적 방정식은?

① 에너지 보존의 식 ② 질량 보존의 식
③ 운동량 보존의 식 ④ 난류의 운동방정식

해설 하천 및 저수지의 수질 해석을 위한 수학적 모형을 구성하는 기본식은 질량 보존의 식이다.

31 용존산소부족곡선에서 용존산소가 가장 부족한 지점은?

① 임계점   ② 변곡점
③ 오염 직후 점 ④ 포화 직전 점

해설 임계점은 용존산소가 가장 낮은 지점이다.

32 용존산소부족곡선(DO sag curve)에서 산소의 복귀율(회복속도)이 최대로 되었다가 감소하기 시작하는 점은?

① 임계점   ② 변곡점
③ 오염 직후 점 ④ 포화 직전 점

정답 25.① 26.② 27.③ 28.③ 29.④ 30.② 31.① 32.②

해설 **용존산소부족곡선**

33 다음 그래프는 어떤 하천의 자정작용을 나타낸 용존산소부족곡선이다. 다음 중 어떤 물질이 하천으로 유입되었다고 보는 것이 가장 타당한가?

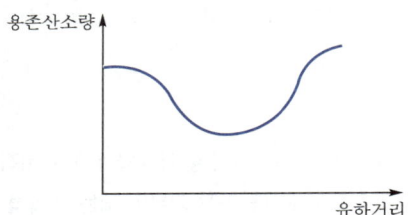

① 질산성 질소
② 생활하수
③ 농도가 매우 낮은 폐산
④ 농도가 매우 낮은 폐알칼리

해설 용존산소부족곡선에서 spoon curve의 모양을 띠는 것은 생활하수가 유입되었다는 것이다.

34 상수원수 중 색도가 높은 경우의 유효처리방법으로 가장 거리가 먼 것은?

① 응집침전처리
② 활성탄처리
③ 오존처리
④ 자외선처리

해설 색도 제거법에는 전염소처리, 활성탄처리, 오존처리가 있다.

35 유량이 100,000m³/day이고 BOD가 2mg/L인 하천으로 유량 1,000m³/day, BOD 100mg/L인 하수가 유입된다. 하수가 유입된 후 혼합된 BOD의 농도는?

① 1.97mg/L
② 2.97mg/L
③ 3.97mg/L
④ 4.97mg/L

해설 $C = \dfrac{C_1 Q_1 + C_2 Q_2}{Q_1 + Q_2}$

$= \dfrac{2 \times 100,000 + 100 \times 1,000}{100,000 + 1,000} = 2.97\text{mg/L}$

36 하천의 유량이 200,000m³/day이고 BOD가 1mg/L인 하천에 유량이 6,250m³/day이고 BOD가 100mg/L인 하수가 유입될 때 혼합 후의 BOD는?

① 2mg/L
② 4mg/L
③ 6mg/L
④ 8mg/L

해설 $C = \dfrac{C_1 Q_1 + C_2 Q_2}{Q_1 + Q_2}$

$= \dfrac{1 \times 200,000 + 100 \times 6,250}{200,000 + 6,250} = 4\text{mg/L}$

37 COD/BOD의 비가 큰 폐수처리에 일반적으로 적용하기 어려운 공법은?

① 응집침전처리
② 물리적 처리
③ 생물학적 처리
④ 화학적 처리

해설 COD/BOD의 비가 큰 폐수처리에 생물학적 처리는 적용하기 어렵다.

38 수질오염지표항목 중 COD에 대한 설명으로 옳지 않은 것은?

① COD는 해양오염이나 공장폐수의 오염지표로 사용된다.
② 생물분해 가능한 유기물도 COD로 측정할 수 있다.
③ $NaNO_2$, SO_2^-는 COD값에 영향을 미친다.
④ 유기물농도값은 일반적으로 COD > TOD > TOC > BOD이다.

해설 유기물농도값은 일반적으로 TOD > COD > BOD > TOC이다.

정답 33. ② 34. ④ 35. ② 36. ② 37. ③ 38. ④

39 다음 설명 중 옳지 않은 것은?

① BOD가 과도하게 높으면 DO는 감소하며 악취가 발생된다.
② BOD, COD는 오염의 지표로서 하수 중의 용존산소량을 나타낸다.
③ BOD는 유기물이 호기성 상태에서 분해·안정화되는 데 요구되는 산소량이다.
④ BOD는 보통 20℃에서 5일간 시료를 배양했을 때 소비된 용존산소량으로 표시된다.

> **해설** BOD, COD는 용존산소량을 나타내는 것이 아니라 소비되는 용존산소의 양이다.

40 어떤 폐수의 20℃ BOD_5가 200mg/L일 때 BOD_1과 최종 BOD값은? (단, 탈산소계수는 $0.23 day^{-1}$(base e)이다.)

① 60mg/L, 293mg/L   ② 67mg/L, 233mg/L
③ 60mg/L, 233mg/L   ④ 67mg/L, 293mg/L

> **해설** 소비 BOD
> ㉠ $BOD_5 = BOD_u(1-e^{-k_1 t})$
> $200 = BOD_u \times (1-e^{-0.23 \times 5})$
> ∴ $BOD_u ≒ 293 mg/L$
> ㉡ $BOD_1 = 293 \times (1-e^{-0.23 \times 1}) = 60.2 mg/L$

41 BOD_5가 155mg/L인 폐수가 있다. 탈산소계수(k_1)가 0.2/day일 때 4일 후 남아 있는 BOD는? (단, 상용대수기준)

① 27.3mg/L   ② 56.4mg/L
③ 127.5mg/L ④ 172.2mg/L

> **해설** 소비 BOD
> ㉠ $L_t = L_a(1-10^{-k_1 t})$
> $155 = L_a \times (1-10^{-0.2 \times 5})$
> ∴ $L_a = 172.2 mg/L$
> ㉡ $L_t = 172.2 \times (1-10^{-0.2 \times 4}) = 144.9 mg/L$
> ∴ 4일 후 남아 있는 BOD $= 172.2 - 144.9$
> $= 27.3 mg/L$

42 하수의 20℃, 5일 BOD가 200mg/L일 때 최종 BOD의 값은? (단, 자연대수를 사용할 때의 탈산소계수 $k=0.2/day$)

① 256mg/L   ② 286mg/L
③ 316mg/L   ④ 246mg/L

> **해설** 소비 BOD
> $BOD_t = L_a(1-e^{-k_1 t})$
> $200 = L_a \times (1-e^{-0.2 \times 5})$
> ∴ $L_a = 316.4 mg/L$

43 어느 도시의 인구가 500,000명이고 1인당 폐수발생량이 300L/day, 1인당 배출 BOD가 60g/day인 경우 발생폐수의 BOD농도는?

① 150mg/L   ② 200mg/L
③ 250mg/L   ④ 300mg/L

> **해설** BOD농도 $= \dfrac{60 g/day}{300 L/day} = \dfrac{60 \times 10^3 mg/day}{300 L/day}$
> $= 200 mg/L$

44 5일의 BOD값이 100mg/L인 오수의 최종 BOD_u값은? (단, 탈산소계수(자연대수)$=0.25 day^{-1}$)

① 약 140mg/L   ② 약 349mg/L
③ 약 240mg/L   ④ 약 340mg/L

> **해설** 소비 BOD
> $BOD_t = BOD_u(1-e^{-k_1 t})$
> $100 = BOD_u \times (1-e^{-0.25 \times 5})$
> ∴ $BOD_u ≒ 140 mg/L$

45 BOD 200mg/L, 유량 600m^3/day인 어느 식료품공장 폐수가 BOD 10mg/L, 유량 2m^3/s인 하천에 유입한다. 폐수가 유입되는 지점으로부터 하류 15km 지점의 BOD는? (단, 다른 유입원은 없고, 하천의 유속은 0.05m/s, 20℃ 탈산소계수(k_1)=0.1/day, 상용대수, 20℃ 기준이며, 기타 조건은 고려하지 않음)

① 4.79mg/L   ② 5.39mg/L
③ 7.21mg/L   ④ 8.16mg/L

정답 39.② 40.① 41.① 42.③ 43.② 44.① 45.①

> **해설** 잔존 BOD
> ㉠ 공장폐수 하천수의 혼합 후 농도
> $Q_2 = 2\text{m}^3/\text{s} \times 86,400\text{m}^3/\text{day}$
> $= 172,800\text{m}^3/\text{day}$
> $\therefore C = \dfrac{C_1Q_1 + C_2Q_2}{Q_1 + Q_2}$
> $= \dfrac{200 \times 600 + 10 \times 172,800}{600 + 172,800}$
> $= 10.66\text{mg/L}$
> ㉡ BOD 감소량
> $t = \dfrac{L}{V} = \dfrac{15,000\text{m}}{0.05\text{m/s} \times 86,400\text{sec}} = 3.47\text{day}$
> $\therefore L_t = L_a \cdot 10^{-k_1 t} = 10.66 \times 10^{-0.1 \times 3.47}$
> $= 4.79\text{mg/L}$

46 하천의 재폭기(reaeration)계수가 0.2/day, 탈산소계수가 0.1/day이면 하천의 자정계수는?

① 0.1 ② 0.2
③ 0.5 ④ 2

> **해설** 자정계수$(f) = \dfrac{\text{재폭기계수}(k_2)}{\text{탈산소계수}(k_1)} = \dfrac{0.2}{0.1} = 2$

47 배수관에서 정수시료를 채수하여 수질시험을 해야 할 항목 중 일반적으로 우선순위가 가장 높은 것은?

① pH ② 질산형
③ 탁도 ④ 잔류염소

> **해설** 배수지를 나온 물은 구역 내의 수용자에게 일제히 공급해야 하기 때문에 수도전으로 가기 전에 잔류염소에 대해서 수시로 측정하여 수질 안전을 기해야 한다.

48 부영양화현상에 대한 특징을 설명한 것으로 옳지 않은 것은?

① 사멸된 조류의 분해작용에 의해 표수층으로부터 용존산소가 줄어든다.
② 조류 합성에 의한 유기물의 증가로 COD가 증가한다.
③ 일단 부영양화가 되면 회복되기 어렵다.
④ 영양염류인 인(P), 질소(N) 등의 유입을 방지하면 이 현상을 최소화할 수 있다.

> **해설** 부영양화는 영양염류(질소, 인)의 유입에 의해 조류가 급격히 증가해 광합성 시에 수중의 CO_2를 섭취하므로 pH에 영향을 미친다.

49 부영양화된 호수나 저수지에서 나타나는 현상은?

① 각종 조류의 광합성 증가로 인하여 호수 심층의 용존산소가 증가한다.
② 조류 사면에 의해 물이 맑아진다.
③ 바닥에 인, 질소 등 영양염류의 증가로 송어, 연어 등 어종이 증가한다.
④ 냄새, 맛을 유발하는 물질이 증가한다.

> **해설** ① 각종 조류의 광합성 증가로 인하여 호수 심층의 용존산소가 감소한다.
> ② 조류 사면에 의해 물이 탁해진다.
> ③ 바닥에 인, 질소 등 영양염류의 증가로 어종이 변화한다.

50 다음 중 호소의 부영양화에 관한 설명으로 옳지 않은 것은?

① 부영양화의 원인물질은 질소와 인의 성분이다.
② 부영양화된 호소에서는 조류의 성장이 왕성하여 수심이 깊은 곳까지 용존산소농도가 높다.
③ 조류의 영향으로 물에 맛과 냄새가 발생하여 정수에 어려움을 유발시킨다.
④ 부영양화는 수심이 낮은 호소에서도 잘 발생한다.

> **해설** 영양염류인 질소와 인의 증가로 인한 부영양화 결과 DO 감소, COD 증가, 맛과 냄새 발생, 투명도 저하를 유발한다.

51 호수의 부영양화에 대한 설명으로 옳지 않은 것은?

① 조류의 이상증식으로 인하여 물의 투명도가 저하된다.
② 부영양화으 주된 원인물질은 질소와 인이다.
③ 조류의 발생이 과다하면 정수공정에서 여과지를 폐색시킨다.
④ 조류 제거약품으로는 주로 황산알루미늄을 사용한다.

정답 46. ④ 47. ④ 48. ① 49. ④ 50. ② 51. ④

해설 조류의 제거에는 Micro-strainer법을 이용한다.

52 부영양화(eutrophication) 발생 시 나타나는 현상으로 틀린 것은?
① 조류 번식에 의한 냄새 발생
② 수중 생물종의 변화
③ 염소요구량 증가
④ 중금속의 침전

해설 부영양화와 중금속은 관련이 없다.

53 정수시설 내에서 조류를 제거하는 방법으로 약품으로 조류를 산화시켜 침전처리 등으로 제거하는 방법에 사용되는 것은?
① 과망간산칼륨   ② 차아염소산나트륨
③ 황산구리   ④ Zeolite

해설 **부영양화**
㉠ 조류의 발생으로 부영양화가 발생된다.
㉡ 부영양화 방지대책으로 황산구리를 투여한다.

54 저수지의 수원에서 부영양화를 방지하기 위한 대책으로 잘못된 것은?
① 영양염류 공급   ② 황산구리 투여
③ N, P 유입 방지   ④ 고도하수처리 도입

해설 영양염류(N, P)가 공급되면 부영양화가 발생한다.

55 다음 중 부영양화에 대한 설명으로 옳지 않은 것은?
① COD가 증가한다.
② 식물성 플랑크톤인 조류가 대량 번식한다.
③ 영양염류인 질소, 인 등의 감소로 발생한다.
④ 최종적으로 용존산소가 줄어든다.

해설 부영양화는 영양염류인 질소와 인의 증가로 발생한다.

56 다음 중 호수의 부영양화현상을 일으키는 주요 원인물질은?
① 질소, 인   ② 철
③ 산소   ④ 수은

해설 부영양화의 원인물질은 질소와 인이다.

57 부영양화상태의 호수에서 크게 번식하는 생물은 어느 것인가?
① 식물성 플랑크톤 및 조류
② 식물성 플랑크톤 및 박테리아
③ 동물성 플랑크톤 및 조류
④ 동물성 플랑크톤 및 박테리아

해설 부영양화상태가 되면 식물성 플랑크톤과 조류가 크게 번식한다.

58 정수장으로 유입되는 원수의 수역이 부영양화되어 녹색을 띠고 있다. 정수방법에서 고려할 수 있는 최우선적인 방법에 해당하는 것은?
① 침전지의 깊이를 깊게 한다.
② 여과사의 입경을 작게 한다.
③ 침전지의 표면적을 크게 한다.
④ 마이크로-스트레이너로 전처리한다.

해설 부영양화가 되면 다량의 조류가 발생하며, 조류의 제거방법으로는 마이크로-스트레이너법이 있다.

2. 음용수의 수질기준

59 다음 중 음용수의 수질기준으로 적합하지 않은 것은?
① 암모니아성 질소와 아질산성 질소는 동시에 검출되지 아니할 것
② 수소이온농도는 pH5.8~8.5일 것
③ 탁도는 2도를 초과하지 아니할 것
④ 비소는 0.05mg/L를 초과하지 아니할 것

정답 52.④ 53.③ 54.① 55.③ 56.① 57.① 58.④ 59.①

> **해설** 음용수의 수질기준
> ㉠ 암모니아성 질소는 0.5mg/L를 넘지 아니할 것
> ㉡ 질산성 질소는 10mg/L를 넘지 아니할 것

60 먹는 물의 수질기준 중 탁도에 대한 기준치는?
① 1NTU ② 2NTU
③ 3NTU ④ 4NTU

> **해설** 탁도의 먹는 물 수질기준은 1NTU이다.

61 음용수의 수질기준에 부적합한 것은?
① 납은 0.01mg/L를 넘지 아니할 것
② 페놀은 0.005mg/L를 넘지 아니할 것
③ 경도는 100mg/L를 넘지 아니할 것
④ 황산은 200mg/L를 넘지 아니할 것

> **해설** 경도는 300mg/L를 넘지 아니할 것

62 다음 중 심미적 영향물질은?
① 시안(CN) ② 수은(Hg)
③ 카드뮴(Cd) ④ 구리(Cu)

> **해설** ①, ③ 건강상 유해영향 무기물질
> ② 건강상 유해영향 유기물질

63 $K_2Cr_2O_7$은 강력한 산화제로서 COD 측정에 이용된다. 수질검사에서 $K_2Cr_2O_7$의 소비량이 많다는 것은 무엇을 의미하는가?
① 물의 경도가 높다. ② 부유물이 많다.
③ 대장균이 많다. ④ 유기물이 많다.

> **해설** 수중에 유기물이 많으면 $K_2Cr_2O_7$의 소비량이 많다.

64 대장균군의 수를 나타내는 MPN(최확수)에 대한 설명으로 옳은 것은?

① 검수 1mL 중 이론상 있을 수 있는 대장균군의 수
② 검수 10mL 중 이론상 있을 수 있는 대장균군의 수
③ 검수 50mL 중 이론상 있을 수 있는 대장균군의 수
④ 검수 100mL 중 이론상 있을 수 있는 대장균군의 수

> **해설** MPN(최확수)은 검수 100mL 중 이론상 있을 수 있는 대장균군의 수이다.

65 대장균군(coliform group)이 수질지표로 이용되는 이유에 대한 설명으로 옳지 않은 것은?
① 소화기계통의 전염병균이 대장균군과 같이 존재하기 때문에 적합하다.
② 병원균보다 검출이 용이하고 검출속도가 빠르기 때문에 적합하다.
③ 소화기계통의 전염병균보다 저항력이 조금 약하므로 적합하다.
④ 시험이 간편하며 정확성이 보장되므로 적합하다.

> **해설** 대장균이 수질지표로 이용되는 이유는 시험방법이 용이하고 병원균보다 검출이 용이하며 검출속도도 빠르고 소화기계통의 전염병균보다 저항력이 조금 강하기 때문이다.

66 수질검사에서 대장균을 검사하는 이유는?
① 대장균이 병원체이므로
② 대장균을 이용하여 병원체의 존재를 추정하기 위해
③ 수질오염을 유발하는 대표적인 세균이므로
④ 물을 부패시키는 세균이므로

> **해설** 대장균을 이용하여 타 병원체의 존재를 추정할 수 있다.

정답 60.① 61.③ 62.④ 63.④ 64.④ 65.③ 66.②

67 먹는 물에서 대장균이 검출될 경우 오염수로 판정되는 이유로 옳은 것은?

① 대장균은 번식 시 독소를 분비하여 인체에 해를 끼치기 때문이다.
② 대장균은 병원균이기 때문이다.
③ 사람이나 동물의 체내에 서식하므로 병원성 세균의 존재 추정이 가능하기 때문이다.
④ 대장균은 반드시 병원균과 공존하기 때문이다.

> 해설 ① 대장균은 인체의 대장과 분비물에 적당량 존재한다.
> ② 대장균의 내성이 강하여 타 병원균의 추정이 가능하기 때문이다.
> ④ 대장균이 없으면 타 병원균은 존재하지 않으며, 대장균이 있으면 타 병원균이 존재할 확률이 있다.

68 다음 오염물질과 인체에 관한 영향을 설명한 것 중 옳지 않은 것은?

① 페놀 : 물에 냄새 유발
② 인 : 부영양화
③ 카드뮴 : 이타이이타이병
④ 호스겐 : 간염

> 해설 호스겐이 인체에 들어오면 짧은 시간 내에 사망에 이른다.

69 다음 중 수돗물에서 페놀류를 문제 삼는 가장 큰 이유는?

① 불쾌한 냄새를 내기 때문
② 경도가 높아서 물때가 생기기 때문
③ 물거품을 일으키기 때문
④ 물이 탁하게 되고 색을 띠기 때문

> 해설 페놀류는 염소와 반응하여 냄새가 발생한다.

정답 67. ③ 68. ④ 69. ①

CHAPTER 03 상수관로시설

회독 체크표
- 1회독 　월　　일
- 2회독 　월　　일
- 3회독 　월　　일

최근 10년간 출제분석표

2015	2016	2017	2018	2019	2020	2021	2022	2023	2024
13.3%	10.0%	8.3%	6.7%	11.7%	13.3%	10.0%	7.5%	10.0%	11.7%

출제 POINT

학습 POINT
- 도·송수노선 결정 시 고려사항
- 접합정의 정의
- 최소동수경사선 이하가 안 될 경우
- 도·송수관의 유속범위
- 수리특성곡선의 유량과 최대유속
- 상수밸브

■ 계획도수량
＝계획 1일 최대급수량×(1.05~1.10)

SECTION 1 도수 및 송수시설

1 계획도수량 및 송수량

1) 계획도수량

① **계획취수량을 기준**으로 하되 장래 확장에 대한 수원의 취수량 증가가능성과 장래의 확장분을 고려하여야 한다.

② 도수시설은 시설물의 점검, 노후관 개량, 누수사고, 청소 등에도 중단 없이 계획 도수량을 안정적으로 공급할 수 있도록 도수관로의 복선화, 복선관로 간 상호 연결, 네트워크화 또는 원수저류지를 구축하여 유사시에도 1일 평균급수량이 가능하도록 계획한다.

2) 계획송수량

① 송수시설의 계획송수량은 원칙적으로 **계획 1일 최대급수량을 기준**으로 한다.

② 송수시설은 노후관 개량, 누수사고, 청소 등에도 중단 없이 계획송수량을 안정적으로 공급할 수 있도록 복선화 또는 네트워크화를 구축한다.

2 도수 및 송수방식

1) 자연유하식

① 도수, 송수가 안전하고 확실하다.
② 유지관리가 용이하여 관리비가 적게 소요되어 경제적이다.
③ 수로가 길어지면 건설비가 많이 든다.
④ 수원의 위치가 높고 도수로가 길 때 적당하다.
⑤ 오수가 침입할 우려가 있다.

2) 펌프압송식

① 수원이 급수지역과 가까운 곳에 있을 경우 적당하다.
② 수로를 짧게 할 수 있어 건설비의 절감이 가능하다.
③ 자연유하식에 비해 전력비 등 유지관리비가 많이 든다.

③ 도·송수관로 결정 시 고려사항

① 물이 최소저항으로 수송되도록 한다.
② 가급적 단거리가 되어야 한다.
③ 이상수압을 받지 않아야 한다.
④ 수평·수직의 급격한 굴곡을 피해야 한다.
⑤ 가능한 한 공사비를 절약할 수 있는 위치이어야 한다.
⑥ **관로 도중에 감압을 위한 접합정(junction well)을 설치해야 한다.**
⑦ 개수로의 노선 선정은 관수로에 비해 곤란한 점이 많다.
⑧ 개수로에는 도중에 역사이펀, 교량, 터널이 필요할 때가 많아 관수로를 일부 혼용한다.
⑨ **최소동수경사선 이하가 되도록 한다.**

> **참고**
>
> 관로가 최소동수경사선 위에 있을 경우
> ① 상류측 관경을 크게 하여 동수경사선을 상승시킨다.
> ② 접합정을 설치한다.
> ③ 감압밸브를 설치한다.

④ 수로의 평균유속

① 도·송수관에서의 **평균유속은 0.3~3m/s이다.**
  ㉠ 수로 내의 **미사립의 침전 방지를 위해 최소 0.3m/s**
  ㉡ **관의 마모 방지를 위해 3m/s**
② 원형 관거과 마제형 관거에서의 **유속은 수심이 81%일 때 최대이다.**
③ 원형 관거과 마제형 관거에서의 **유량은 수심이 93%일 때 최대이다.**
④ 직사각형 관거에서는 유속 및 유량이 모두 만수가 되기 직전에 최대이고, 만류가 되면 유속 및 유량이 급격히 감소한다.
⑤ 관 내 수압에 의한 관두께 결정
$$t = \frac{pD}{2\sigma_w}$$ (미국수도협회, AWWA)

출제 POINT

■ 도·송수노선 결정 시 고려사항
① 접합정을 설치한다.
② 최소동수경사선 이하가 되게 한다.

■ 접합정
물의 흐름을 원활히 하기 위하여 종류가 다른 관, 연결부, 굴곡부 등에 수두를 감쇄하고 관로의 수압을 조절할 목적으로 설치하는 시설

■ 관의 평균유속

관종	평균유속
도·송수관	0.3~3m/s
오수·차집관	0.6~3m/s
우수·합류관	0.8~3m/s

① 최저유속 : 침전 방지
② 최고유속 : 마모 방지

출제 POINT

여기서, t : 관두께(mm)
p : 관 내 수압(kgf/cm²)
D : 관의 외경(mm)
σ_w : 강관의 허용응력(kgf/cm²)

5 수로와 수리

1) 개수로

자유수면을 갖는 흐름을 말하며, 평균유속공식은 Manning공식이 많이 이용되고 있다.

$$V = \frac{1}{n} R_h^{2/3} I^{1/2}$$

여기서, V : 평균유속(m/s)
n : Manning의 조도계수
R_h : 동수반경(경심) $\left(= \dfrac{A(유수단면적)}{P(윤변)}\right)$
I : 수면경사(에너지경사, 하상경사) $\left(= \dfrac{h_L}{l}\right)$

■ 동수반경(경심)
① 원형관일 경우
$R_h = \dfrac{D}{4}$
② 사각형관일 경우
$R_h = \dfrac{bh}{b+2h}$
여기서, D : 관의 직경
b : 폭
h : 수면까지 높이

2) 관수로

관수로에는 Manning공식이나 Hazen-Williams공식이 이용되는데, 특히 상수도 배수관 설계 시에는 Hazen-Williams공식이 가장 많이 이용되고 있다.

$$V = 0.35464 \, CD^{0.63} I^{0.54} = 0.84935 \, CR^{0.63} I^{0.54}$$
$$Q = 0.27853 \, CD^{2.63} I^{0.54}$$

여기서, C : 유속계수

[표 3-1] 유속계수 C값

재료	평균값	재료	평균값
새 주철관	130	PS 콘크리트관	130
5년 사용된 주철관	120	경질염화비닐관	130
20년 사용된 주철관	100	원심력 철근콘크리트관	150
20년 사용된 강관	100		

3) 손실수두(loss head)

(1) 관마찰손실수두

관수로 내의 손실수두는 일반적으로 Darcy-Weisbach공식을 많이 사용한다.

$$h_L = f \frac{l}{D} \frac{V^2}{2g}$$

여기서, h_L : 마찰손실수두(m)
　　　　f : 마찰손실계수
　　　　l : 관길이(m)
　　　　D : 관직경(m)
　　　　V : 평균유속(m/s)
　　　　g : 중력가속도

① 흐름이 층류일 때 $f = \dfrac{64}{Re}$

② Manning의 n을 알 때 $f = \dfrac{124.5 n^2}{D^{1/3}}$

(2) 미소손실(소손실, 부차적 손실)

관 마찰 이외의 손실에는 입구손실, 급확대손실, 급축소손실, 점확대손실, 점축소손실, 굴절손실, 굴곡손실, 밸브손실, 출구손실 등이 있으며, 모두 속도수두에 비례한다.

$$\sum h_m = (f_e + f_{el} + f_{ec} + f_{gl} + f_{gc} + f_r + f_b + f_v + f_o)\dfrac{V^2}{2g}$$

① 입구손실계수 : $f_e \fallingdotseq 0.5$
② 출구손실계수 : $f_o \fallingdotseq 1.0$

6 부속설비

1) 개수로의 부속설비

(1) 스크린
개거의 경우에 낙엽 등의 유입을 방지하기 위해 수로의 도중에 설치한다.

(2) 신축이음
개수로에는 온도변화에 따른 콘크리트의 신축을 위해 대개 30~50m 간격으로 시공이음을 겸한 신축이음을 설치한다.

(3) 여수토구
정수장 등의 사고에 의해 급히 물의 흐름을 차단해야 할 필요가 있을 때 수로 도중에서 물을 배수하기 위해 하천 등의 적당한 위치에 설치한다.

2) 밸브

(1) 제수밸브(gate valve)
유지관리 및 사고 시에 있어서 통수량을 조절하는 장치로, 도·송수관의 시점, 종점, 분기장소, 연결관, 니토관 또는 그 밖의 중요한 관로구조물의 전후에 설치한다.

출제 POINT

■ 레이놀즈수(Re)

$$Re = \dfrac{VD}{\nu}$$

여기서, V : 평균유속(m/s)
　　　　D : 관직경(m)
　　　　ν : 동점성계수

■ 밸브
① 제수밸브 : 사고 시 단수를 위해
② 역지밸브 : 물의 역류 방지
③ 안전밸브 : 수격작용, 이상수압 방지

출제 POINT

(2) 공기밸브(air valve)

관 내의 부압 발생을 막고 관 내의 공기를 자동적으로 배출시키기 위해 설치하는 시설로, 관 내의 압력이 클 때 밸브가 열리며 배수관의 요(凸)부에 설치한다.

(3) 역지밸브(check valve)

펌프압송 중에 정전이 되면 물이 역류하여 펌프를 손상시킬 수 있어 물의 **역류를 방지하는 장치**로, 높은 고가수조의 입구, 펌프유출 간의 시점 등에 설치한다.

(4) 안전밸브(safety valve)

관수로 내에 이상수압이 발생하였을 때 관의 파열을 막기 위하여 자동적으로 물을 배출하여 관로의 안전을 도모하기 위한 밸브로, **수격작용이 일어나기 쉬운 곳에 설치**하며 주로 배수펌프나 증압펌프의 급정지, 급시동 때 수격작용이 잘 일어나는 곳에 설치한다.

(5) 배슬러지밸브(이토밸브 ; drain valve)

관로 내에 퇴적하는 찌꺼기를 배출하고 유지관리를 위해 관 내를 청소하거나 정체수를 배출하기 위해 관로의 철(凹)부에 설치한다.

(6) 감압밸브

관로가 최소동수경사선 위에 있을 경우 상류부의 고압의 물을 저압으로 바꾸어 하류로 보내는 밸브이다.

(7) 접합정(junction well)

물의 흐름을 원활히 하기 위하여 종류가 다른 관이나 도랑의 연결부, 굴곡부 등에 수두를 감쇄하고 관로의 수압을 조절할 목적으로 그 도중에 설치하는 시설이다.

(8) 맨홀(manhole)

암거의 경우 내부의 점검, 보수, 청소를 위해 100~500m 간격으로 설치한다.

7 상수도관

■ 흄관＝원심력 철근콘크리트관

1) 흄관(hume pipe)

이음방법	장점	단점
collar	• 내압력이 낮다. • 대관경인 경우 값이 싸다. • 현장에서의 시공성이 좋다.	• 중량이 무겁다. • 충격 등 외력에 약하다.

2) 주철관(cast iron pipe)

이음방법	장점	단점
mechanical flange	• 내식성이 있다. • 압축강도가 크다. • 절단가공이 쉽다. • 이형관의 제작이 용이하다.	• 중량이 무겁다. • 충격에 약하다. • 토질이 부식성이 큰 경우 외면 방식이 필요하다.

3) 강철관(강관 ; steel pipe)

이음방법	장점	단점
socket, flange	• 가격이 저렴하다. • 절단이 쉽다. • 내압에 비교적 강하다. • 관 내면이 매끈하여 손실수두가 작고 경년변화가 없다.	• 부식에 약하다. • 처짐이 크다. • 현장용접인 경우 숙련공이 필요하다.

> **출제 POINT**
>
> ■ 강관
> ① 가격이 저렴하다.
> ② 부식에 약하다.

4) PVC관(polyvinyl chloride pipe)

이음방법	장점	단점
socket, collar	• 내식성이 크다. • 중량이 가볍다. • 값이 싸다. • 접착에 의해 간단히 결합한다. • 관 내면이 매끈하여 손실수두가 작고 경년변화가 없다.	• 저온 시에 강도가 저하한다. • 열이나 자외선에 약하다. • 온도에 따라 신축이 크다.

> ■ PVC관
> ① 내식성이 크다.
> ② 중량이 가볍다.
> ③ 신축이 크다.

SECTION 2 배수시설

배수시설의 **배수지란 정수를 저장하였다가 배수량의 시간적 변화를 조절하는 곳**이다. 1일 최대급수량을 기준으로 한 취수에서 정수까지의 정수작업은 항상 일정하나, 소비량은 시간적 변동에 따라 조절할 필요가 있다. 이 목적으로 배수지를 설치하며 계획배수량에 대하여 잉여수돗물을 저장하였다가 수요급증 시 부족량을 조절하는 역할을 한다.

> **학습 POINT**
> • 계획배수량
> • 배수지의 유효용량
> • 배수관의 동수압과 정수압
> • 배수관의 배치방식
> • 배수관망의 해석(등치관법, Hardy-Cross법)

1 배수관의 계획배수량

1) 설계기준

① 평상시 : **계획시간 최대급수량을 기준**으로 한다.
② 화재 시 : 계획 1일 최대급수량의 1시간당 수량+소화용수량을 기준으로 한다.

2) 배수지의 구조와 용량

① 배수지는 정수를 장기간 저류하는 시설이기 때문에 외부로부터 오염되지 않도록 수밀성 구조로 해야 한다.
② 유효용량 : 계획 1일 최대급수량의 8~12시간분을 표준으로 하며 최소 6시간 이상으로 한다.
③ 유효수심 : 고수위와 저수위의 간격을 말하며 3~6m를 표준으로 한다.
④ 여유고 : 고수위로부터 슬래브까지는 30cm 이상의 여유고를 가진다.

■ 배수지의 유효용량
① 표준 : 8~12시간
② 최소 : 6시간 이상

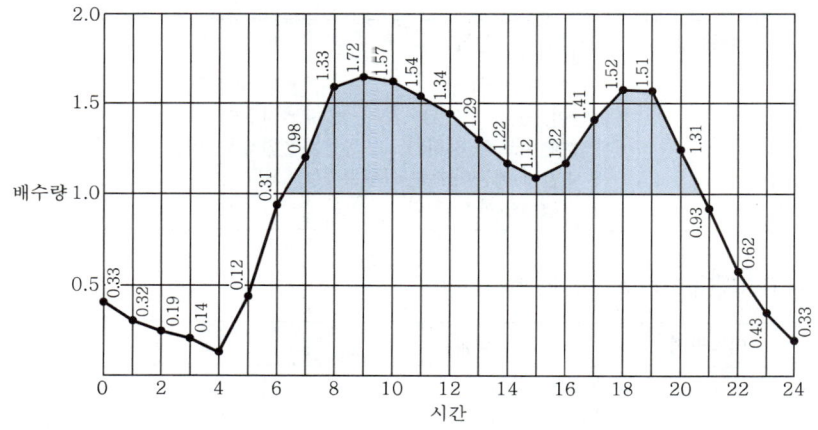

[그림 3-1] 배수량의 시간적 변화

3) 배수탑과 고가수조

배수구역 내, 그 부근에 배수지를 설치할 적당한 높은 장소가 없는 경우에 배수량의 조정용 또는 배수펌프의 수압 조절용으로서 배수탑 및 고가수조를 설치한다.

(1) 용량

배수지 용량에 준하나 배수지에 비하여 단위용적당 공사비가 높아 계획 1일 최대급수량의 1~3시간분 정도로 한다.

(2) 수심

배수탑의 총수심은 20m 정도로, 고가탱크의 수심은 3~6m를 기준으로 한다.

■ 고가탱크의 유효수심
3~6m

2 배수지의 위치와 높이

1) 배수지의 위치

급수구역에 적정 수압을 유지하기 위하여 가능한 한 배수지 위치는 배수구역 중앙에 위치하도록 하며 50~60m의 수두를 얻을 수 있는 곳이 바람직하다.

2) 배수지의 높이

(1) 개요
배수방식은 자연유하식이 좋으나 관말에서 최소 $147kN/m^2$(수두 15m)의 동수압을 갖도록 높이를 정해야 한다.

(2) 배수관의 수압과 유속
① 동수압 : $147 \sim 392kN/m^2 (1.5 \sim 4.0kgf/cm^2)$
② 수두 : 15~40m

목표로 하는 배수관의 최소동수압 및 최대정수압과 급수방식은 **최소동수압 150kPa(약 $1.5kgf/cm^2$) 이상**, **최대정수압 700kPa(약 $7.1kgf/cm^2$)** 이하를 기본으로 하며, 각 수도시설의 정비상황, 도시화의 진행상황, 국소적 지형조건 등에 따라 최대 250~300kPa(약 $2.5 \sim 3kgf/cm^2$) 내외를 한 급수구역(pressure zone)으로 하여 각 지역에서 독자적으로 적정한 배수관압이 정해지는 것이 바람직하다.

3 배수관의 배치방법

배수관의 배치방법은 격자식, 수지상식, 종합식(격자식+수지상식)이 있다.

[그림 3-2] 격자식　　　　[그림 3-3] 수지상식

[표 3-2] 격자식과 수지상식의 비교

구분	장점	단점
격자식	• 물이 정체하지 않음 • 수압의 유지가 용이함 • 단수 시 대상지역이 좁아짐 • 화재 시 사용량변화에 대처가 용이함	• 관망의 수리 계산이 복잡함 • 건설비가 많이 소요됨 • 관의 수선비가 많이 듦 • 시공이 어려움
수지상식	• 수리 계산이 간단하고 정확함 • 제수밸브가 적게 설치됨 • 시공이 용이함	• 수량의 상호 보충이 불가능함 • 관 말단에 물이 정체되어 냄새, 맛, 적수의 원인이 됨 • 사고 시 단수구간이 넓음

출제 POINT

■ 압력단위
① 1kgf=9.8N
② $1Pa=1N/m^2$

■ 최소동수압
$1.5kgf/cm^2 = 15,000kgf/m^2$
　　　　　$= 147,000N/m^2$
　　　　　$= 147,000Pa$
　　　　　$= 147kPa$

■ 최대정수압
$700kPa \fallingdotseq 7.1kgf/cm^2$

■ 격자식의 특징
① 제수밸브가 많다.
② 사고 시 단수구간이 좁다.
③ 건설비가 많이 든다.

4 배수관망의 해석

1) 등가길이관법(등치관법 ; equivlent pipe method)

① 등가길이관법은 Hardy-Cross법에 의하여 관망을 설계하기 전에 복잡한 관망을 좀 더 간단한 관망으로 골격화시키기 위한 예비작업에 적용하는 방법이다.

② 관 내부에 일정한 유량이 흐를 때 생기는 수두손실이 대치된 관에서 생기는 수두손실과 같을 때 그 대치된 관을 등치관이라고 한다.

③ 먼저 직경 D_1인 관을 직경 D_2인 등치관으로 바꾸는 경우 Hazen-Williams공식으로부터

$$Q_1 = KCD_1^{2.63} h_1^{0.54} L_1^{-0.54}$$
$$Q_2 = KCD_2^{2.63} h_2^{0.54} L_2^{-0.54}$$

$Q_1 = Q_2$, $h_1 = h_2$이므로

$$\frac{Q_1}{Q_2} = 1 = \left(\frac{D_1}{D_2}\right)^{2.63} \left(\frac{L_2}{L_1}\right)^{0.54}$$

$$\therefore L_2 = L_1 \left(\frac{D_2}{D_1}\right)^{4.87}$$

2) Hardy-Cross법

관망이 복잡한 격자식 관망의 해석이 적합한 경우에 사용하며, 이 방법을 통하여 유량과 수두손실, 보정유량을 정확하게 계산할 수 있다. 처음에 적절히 배수관망의 형상을 배치하고 관망을 구성하는 내경, 연장 및 관의 조도가 주어진 것이라 가정한다. 또한 관망으로 유입하고 유출하는 유량이 주어진 것이라 하여 각 관의 유량과 수두손실을 구하는 것이다.

(1) 계산 시 가정조건

■ Hardy-Cross법의 가정조건
① $\Sigma Q_{in} = \Sigma Q_{out}$
② $\Sigma h_L = 0$
③ 미소손실 무시

① 각 분기점 또는 합류점에 유입하는 수량은 그 점에서 정지하지 않고 전부 유출한다.

$$\Sigma Q_{in} = \Sigma Q_{out}$$

② 각 폐합관에 대한 관로의 손실수두의 합은 0이다.

$$\Sigma h_L = 0$$

③ 마찰 이외의 손실은 무시한다.

(2) 수리 계산

손실수두와 유량의 관계(Hazen-Williams공식)

$$h_L = f \frac{L}{D} \frac{V^2}{2g} = KQ^{1.85}$$

SECTION 3 급수시설

> **출제 POINT**
>
> 🗨 **학습 POINT**
> • 탱크식 급수방식을 쓰는 이유
> • 교차연결의 정의

급수시설이라 함은 수도사업자가 일반수요자에게 원수나 정수를 공급하기 위하여 설치한 배수관으로부터 분기하여 설치된 급수관(옥내급수관 포함)·수도미터·저수조·수도꼭지, 그 밖에 급수를 위하여 필요한 시설을 말한다.

1) 급수장치용 기구가 갖추어야 할 조건
① 수압, 토압, 부등침하 등에 대하여 안전하고 내구성이 크며 누수가 없을 것
② 유지관리가 용이해야 하며 위생상 무해할 것
③ 정체수를 용이하게 배출시킬 수 있는 구조일 것
④ 물이 오염되거나 역류할 위험이 없을 것
⑤ 손실수두가 작고 과대한 수격작용이 발생되지 않을 것
⑥ 급수관을 공공도로에 부설할 경우 다른 매설물과의 간격을 30cm 이상 확보할 것

2) 급수방식

(1) 직결식 급수방식
① 배수관의 수압을 이용하여 급수한다.
② 배수관의 관경과 수압이 급수장치의 사용수량에 대해 충분한 경우 적용하며 보통 2층 건물까지 가능하다.

(2) 탱크식 급수방식
① 수압이 낮아 직접 급수가 불가능할 경우 급수장치 중간에 저위치 탱크, 고위치 탱크 또는 가압탱크를 설치해 물을 일단 탱크에 저수했다가 급수하는 간접적인 방식을 말한다.
② 탱크식 급수방식을 적용하는 경우
   ㉠ 배수관의 수압이 소요수압에 비해 부족할 경우
   ㉡ 일시에 많은 수량을 필요로 하는 경우
   ㉢ 배수관의 압력변동에 관계없이 상시 일정한 수량과 압력이 필요한 경우
   ㉣ 급수관의 고장에 따른 단수 시에도 어느 정도의 급수를 지속할 필요가 있는 경우
   ㉤ 배수관의 수압이 과대하여 급수장치에 고장을 일으킬 염려가 있는 경우
   ㉥ 재해·단수·강수 시 물을 반드시 확보해야 할 경우

> ■ **탱크식 급수방식 채택이유**
> ① 배수관의 수압이 소요수압에 비해 부족할 경우
> ② 일시에 많은 수량을 필요로 하는 경우
> ③ 배수관의 압력변동에 관계없이 상시 일정한 수량과 압력이 필요한 경우
> ④ 급수관의 고장에 따른 단수 시에도 어느 정도의 급수를 지속할 필요가 있는 경우
> ⑤ 배수관의 수압이 과대하여 급수장치에 고장을 일으킬 염려가 있는 경우
> ⑥ 재해·단수·강수 시 물을 반드시 확보해야 할 경우

■ 출제 POINT

3) 저수조 이하의 설비

저수조 이하의 설비는 배수관에서 수돗물을 일단 저수조에 받아서, 이것을 펌프로 고가수조에 양수하거나 급수펌프 등으로 압송하는 배관설비에 의하여 음용수를 공급하는 설비이다.

① 고가수조 : 고가수조의 구조와 재질은 지하저수조에 준하며, 설치위치는 급수기구가 원활하게 작동할 수 있는 압력을 얻을 수 있는 높이에 설치한다.

② 가정용 소형 수조 : 가정용 소형 수조의 구조와 재질은 지하저수조 및 고가수조에 준하며 다음에 적합해야 한다.
   ㉠ 빛이 투과할 수 없어야 하며 수밀성이 보장되어야 한다.
   ㉡ 수조 내에서 수온변화가 없도록 한다.
   ㉢ 수조 내를 점검하고 청소하는 것이 용이해야 한다.

③ 펌프직송급수방식 : 고층건물에서 고가수조의 청소 등 유지관리의 어려움, 고가수조에서의 오염 등의 문제를 해소하기 위하여 고가수조를 설치하지 않고 펌프를 사용하여 직접 급수하는 펌프직송의 급수방식이다.

4) 교차연결(cross connection)

■ 교차연결
음용수를 공급하는 수도와 음용수로 사용될 수 없는 다른 계통의 수도 사이에 관이 서로 물리적으로 연결된 것

(1) 정의

① 음용수를 공급하는 수도와 음용수로 사용될 수 없는 다른 계통의 수도 사이에 관이 서로 물리적으로 연결된 것

② 압력 저하 또는 진공 발생으로 오수에 연결된 관이나 용기로부터 공공상수도에 오수의 유입이 가능해지는 현상

(2) 교차연결의 발생원인

① 물의 사용변화가 심할 때
② 화재 등으로 소화전을 열었을 때
③ 배수관의 수리나 청소를 위하여 니토관을 열었을 때
④ 상수관이 하수관과 함께 같은 도랑에 매설될 때
⑤ 지반의 고저차가 심한 급수구역에서 고지구의 압력 저하가 발생할 때
⑥ 배수관에 직접 연결된 가압펌프의 운전에 따라 상류층에 압력 저하가 일어날 때
⑦ 오염된 물을 담은 용기의 유출구가 상수유입구보다 높은 곳에 위치할 때
⑧ 부적합한 수원을 공공상수도에 연결할 때

(3) 교차연결의 방지대책

① 수도관과 하수관을 같은 위치에 매설하지 않는다.
② 수도관의 진공 발생을 방지하기 위해 공기밸브를 부착한다.
③ 연결관에 제수밸브(gate valve), 역지밸브(check valve) 등을 설치한다.
④ 오염된 물의 유출구를 상수관보다 낮게 설치한다.

CHAPTER 03 기출문제

1. 도수 및 송수시설

01 도수시설에 대한 설명으로 알맞은 것은?
① 상수원으로부터 원수를 취수하는 시설이다.
② 원수를 음용 가능하게 처리하는 시설이다.
③ 배수지로부터 급수관까지 수송하는 시설이다.
④ 취수원으로부터 정수시설까지 보내는 시설이다.

> 해설 ① 취수시설
> ② 정수시설
> ③ 배수시설

02 도수거의 구조와 형식에 대한 설명으로 옳지 않은 것은?
① 한랭지에 설치될 도수거는 개거로 하는 것이 바람직하다.
② 지층의 변화점, 수로교, 둑, 통문 등의 전후에는 신축조인트를 설치한다.
③ 개거 및 암거에는 30~50m 간격으로 시공조인트를 겸한 신축조인트를 설치한다.
④ 개거와 암거는 구조상 안전하고 충분한 수밀성과 내구성을 가지고 있어야 한다.

> 해설 한랭지에서는 결빙을 막기 위하여 도수거는 암거로 하는 것이 바람직하다.

03 다음 중 송수관로를 결정할 때 고려할 사항이 아닌 것은?
① 가급적 단거리가 되어야 한다.
② 이상수압을 받지 않도록 한다.
③ 관로의 수평 및 연직방향의 급격한 굴곡은 피한다.
④ 송수관로는 반드시 자연유하식으로 해야 한다.

> 해설 송수관로는 펌프압송식이 많이 사용되며, 자연유하식은 지형조건에 맞춰서 사용한다.

04 도수노선의 선정에 있어 고려사항으로 옳지 않은 것은?
① 최소동수경사선 이하가 되도록 한다.
② 원칙적으로 공공도로 또는 수도용지로 한다.
③ 건설비 등의 경제성, 유지관리의 난이도 등을 종합적으로 비교·검토하여 결정한다.
④ 수평이나 수직방향의 굴곡은 수리학적으로 유리하여 시공상의 어려움에도 불구하고 주로 사용된다.

> 해설 수평이나 수직방향의 굴곡은 시공상의 어려움이 있고 손실수두가 커지므로 가급적 피한다.

05 송수시설에 대한 설명으로 옳은 것은?
① 정수처리된 물을 소요수량만큼 수요자에게 보내는 시설
② 수원에서 취수한 물을 정수장까지 운반하는 시설
③ 정수장에서 배수지까지 물을 보내는 시설
④ 급수관, 계량기 등이 붙어있는 시설

> 해설 ① 배수시설
> ② 도수시설
> ④ 급수시설

06 개수로와 관수로의 근본적인 차이점은?
① 수압의 고저
② 자유수면의 유무
③ 지상매설과 지하매설
④ 수로의 덮개 유무

> 해설 개수로는 자유수면이 있고, 관수로는 자유수면이 없다.

정답 1.④ 2.① 3.④ 4.④ 5.③ 6.②

07 도·송수에 대한 설명으로 옳은 것은?

① 관의 일부가 동수경사선보다 높을 때 도·송수의 효율이 향상된다.
② 도·송수의 효율을 높여주기 위하여 시점의 고수위와 종점의 저수위를 동수경사로 한다.
③ 도·송수는 최소동수경사로 하며, 시점의 최저수위와 종점의 최고수위를 동수경사로 하는 경우이다.
④ 도·송수는 최고동수경사로 하며, 이를 위해 항상 상류측 관의 지름을 하류측보다 크게 한다.

> 해설 ① 관의 일부가 동수경사선보다 높으면 도·송수의 효율이 나빠진다.
> ② 도·송수의 효율을 높여주기 위하여 시점의 저수위와 종점의 고수위를 동수경사로 한다.
> ④ 도·송수는 최소동수경사로 하며, 이를 위해 항상 상류측 관의 지름을 하류측보다 크게 한다.

08 자연유하식의 도수관 내 평균유속의 최대한도와 최소한도로 옳게 짝지어진 것은?

① 3.0m/s, 0.3m/s ② 3.0m/s, 0.5m/s
③ 5.0m/s, 0.3m/s ④ 5.0m/s, 0.5m/s

> 해설 자연유하식 도수관 및 송수관의 유속범위는 0.3~3m/s이다.

09 도수 및 송수관거 설계 시 평균유속의 최대한도는?

① 0.3m/s ② 3.0m/s
③ 13.0m/s ④ 30.0m/s

> 해설 도수관 및 송수관의 유속범위는 0.3~3m/s이다.

10 도·송수관로 내 최대유속을 정하는 이유로 타당치 않은 것은?

① 관 내면의 마모를 방지하기 위하여
② 관로 내 침전물의 퇴적을 방지하기 위하여
③ 양정에 소모되는 전력비를 절감하기 위하여
④ 수격작용이 발생할 가능성을 낮추기 위하여

> 해설 관로 내 최대유속을 정하는 이유
> ㉠ 관 내면의 마모를 방지하기 위해
> ㉡ 수격현상으로 인한 관의 파손을 방지하기 위해
> ㉢ 전력비를 절감하기 위해

11 도수관거에 관한 설명으로 틀린 것은?

① 관경의 산정에 있어서 시점의 고수위, 종점의 저수위를 기준으로 동수경사를 구한다.
② 자연유하식 도수관거의 평균유속의 최소한도는 0.3m/s로 한다.
③ 자연유하식 도수관거의 평균유속의 최대한도는 3.0m/s로 한다.
④ 도수관거 동수경사의 통상적인 범위는 1/1,000 ~1/3,000이다.

> 해설 관경의 산정에 있어서 시점의 저수위, 종점의 고수위를 기준으로 동수경사를 구한다.

12 도수 및 송수관로 계획에 대한 설명으로 옳지 않은 것은?

① 비정상적 수압을 받지 않도록 한다.
② 수평 및 수직의 급격한 굴곡을 많이 이용하여 자연유하식이 되도록 한다.
③ 가능한 한 단거리가 되도록 한다.
④ 최소한의 공사비가 소요되는 곳을 택한다.

> 해설 도수 및 송수관로 계획 시 수평 및 수직의 급격한 굴곡은 피한다.

13 도수관에 대한 설명으로 틀린 것은?

① 자연유하식 도수관의 최소평균유속은 0.3m/s로 한다.
② 액상화의 우려가 있는 지반에서의 도수관 매설 시 필요에 따라 지반을 개량한다.
③ 자연유하식 도수관의 허용 최대한도유속은 3.0m/s로 한다.
④ 도수관의 노선은 관로가 항상 동수경사선 이상이 되도록 설정한다.

정답 7.③ 8.① 9.② 10.② 11.① 12.② 13.④

> 해설 도수관의 노선은 관로가 항상 동수경사선 이하가 되도록 설정한다.

14 도수 및 송수노선 선정 시 고려할 사항으로 틀린 것은?

① 몇 개의 노선에 대하여 경제성, 유지관리의 난이도 등을 비교·검토하여 종합적으로 판단하여 결정한다.
② 원칙적으로 공공도로 또는 수도용지로 한다.
③ 수평이나 수직방향의 급격한 굴곡은 피한다.
④ 관로상 어떤 지점도 동수경사선보다 항상 높게 위치하도록 한다.

> 해설 관로상 어떤 지점도 동수경사선보다 항상 낮게 유지해야 하지만, 높게 위치하는 경우 상류측 관경을 크게 하고 접합정 및 감압밸브를 설치함으로써 해결할 수 있다.

15 도수로의 일부가 최소동수경사선 위로 매설되어 있다. 최소동수경사선을 상승시키는 방법은 무엇인가?

① 단일 동수경사에 대한 관경에 비하여 상류측 관경을 작게 한다.
② 단일 동수경사에 대한 관경에 비하여 상류측 관경을 크게 하고, 하류측 관경을 작게 한다.
③ 단일 동수경사에 대한 관경에 비하여 상류측 관경을 작게 하고, 하류측 관경을 크게 한다.
④ 단일 동수경사에 대한 관경에 비하여 하류측 관경을 크게 한다.

> 해설 상류측 관경을 크게 하고, 하류측 관경을 작게 하여 최소동수경사선을 상승시킨다.

16 원형 하수관에서 유량이 최대가 되는 때는?

① 가득 차서 흐를 때
② 수심이 92~94% 차서 흐를 때
③ 수심이 80~85% 차서 흐를 때
④ 수심이 75~80% 차서 흐를 때

> 해설 원형 하수관
> ㉠ 유량이 최대가 되는 때 : 수심이 92~94% 차서 흐를 때
> ㉡ 유속이 최대일 때 : 81~84% 차서 흐를 때

17 원형관의 수리특성곡선에 대한 설명 중 틀린 것은?

① 유량이 최대로 흐를 때는 만관으로 흐를 때이다.
② 관의 반만 차서 흐를 때의 유속은 만관 시의 유속과 같다.
③ 유속이 최대가 될 때는 하수의 수심이 80%일 때이다.
④ 관이 반만 차서 흐를 때의 유량은 꽉 차서 흐를 때의 반이다.

> 해설 원형관의 유속은 수심의 80%, 유량은 수심의 94%일 때 최대가 된다.

18 상수도의 도수 및 송수관로의 일부분이 동수경사선보다 높을 경우에 취할 수 있는 방법으로 옳은 것은?

① 접합정을 설치하는 방법
② 스크린을 설치하는 방법
③ 감압밸브를 설치하는 방법
④ 상류측 관로의 관경을 작게 하는 방법

> 해설 관로가 최소동수경사선 위에 있는 경우 상류측 관경을 크게 하고 접합정 및 감압밸브를 설치한다. 보다 확실한 방법을 요구하는 문제이므로 접합정을 설치하는 방법을 선택한다.

19 도수 및 송수관로 중 일부분이 동수경사선보다 높은 경우 조치할 수 있는 방법으로 옳은 것은?

① 상류측에 대해서는 관경을 작게 하고, 하류측에 대해서는 관경을 크게 한다.
② 상류측에 대해서는 관경을 작게 하고, 하류측에 대해서는 접합정을 설치한다.
③ 상류측에 대해서는 관경을 크게 하고, 하류측에 대해서는 관경을 작게 한다.
④ 상류측에 대해서는 접합정을 설치하고, 하류측에 대해서는 관경을 크게 한다.

정답 14. ④ 15. ② 16. ② 17. ① 18. ① 19. ③

[해설] 관로가 최소동수경사선보다 높은 경우의 조치방법
㉠ 상류측 관경을 크게 한다.
㉡ 접합정을 설치한다.
㉢ 감압밸브를 설치한다.

20 접합정(junction well)에 대한 설명으로 옳은 것은?
① 수로에 유입한 토사류를 침전시켜서 이를 제거하기 위한 시설
② 종류가 다른 관 또는 도랑의 연결부, 관 또는 도랑의 굴곡부 등의 수두를 감쇄하기 위하여 그 도중에 설치하는 시설
③ 양수장이나 배수지에서 유입수의 수위 조절과 양수를 위하여 설치한 작은 우물
④ 수압관 및 도수관에 발생하는 수압의 급격한 증감을 조정하는 수조

[해설] 접합정(junction well)은 종류가 다른 관 또는 도랑의 연결부, 관 또는 도랑의 굴곡부 등의 수두를 감쇄하기 위하여 그 도중에 설치하는 시설이다.

21 접합정이 반드시 설치되어야 할 장소로 틀린 것은?
① 관로의 분기점
② 고개의 정상부
③ 정수압의 조정이 필요한 곳
④ 동수경사의 조정이 필요한 곳

[해설] 접합정은 종류가 다른 관 또는 도랑의 연결부, 관 또는 도랑의 굴곡부 등에 설치하므로 고개의 정상부에는 설치가 불필요하다.

22 도수관로의 매설깊이는 관종 등에 따라 다르지만 일반적으로 관경 1,000mm 이상은 몇 cm 이상으로 하여야 하는가?
① 90cm
② 100cm
③ 150cm
④ 180cm

[해설] 배수관의 매설깊이

관경	매설깊이
350mm 이하	1.0m 이상
400~900mm	1.2m 이상
1,000mm 이상	1.5m 이상

23 관로의 길이가 460m이고 관경이 90mm인 관수로에 물이 4m/s의 유속으로 흐를 때 관수로 내에서의 손실수두는? (단, 마찰계수 $f=0.03$)
① 약 125m
② 약 130m
③ 약 135m
④ 약 140m

[해설] 마찰손실수두
$$h_L = f \frac{l}{D} \frac{V^2}{2g} = 0.03 \times \frac{460}{0.09} \times \frac{4^2}{2 \times 9.8} = 125\text{m}$$

24 내경 1,000mm의 강관에 압력수두 100m의 물이 흐르게 하려면 강관의 최소두께는 얼마로 해야 하는가? (단, 강재의 허용인장응력은 1,100kg/cm²이다.)
① 4.6mm
② 5.2mm
③ 10.5mm
④ 12.1mm

[해설] 관두께
$p = \gamma h = 1\text{t/m}^3 \times 100\text{m} = 1,000\text{kg/m}^3 \times 100\text{m}$
$= 10^5 \text{kg/m}^2 = 10 \text{kg/cm}^2$
$\therefore t = \frac{pD}{2\sigma} = \frac{10 \times 1,000}{2 \times 1,100} = 4.54\text{mm}$

25 만류로 흐르는 수도관에서 조도계수 $n=0.01$, 동수경사 $I=0.001$, 관경 $D=5.08$m일 때 유량은? (단, Manning공식을 적용할 것)
① 25m³/s
② 50m³/s
③ 75m³/s
④ 100m³/s

[해설] ㉠ Manning의 평균유속공식
$R_h = \frac{D}{4}$ 일 때
$V = \frac{1}{n} R_h^{2/3} I^{1/2}$
$= \frac{1}{0.01} \times \left(\frac{5.08}{4}\right)^{2/3} \times 0.001^{1/2}$
$= 3.71\text{m/s}$

㉡ 연속방정식
$Q = AV = \left(\frac{\pi D^2}{4}\right) V = \left(\frac{\pi \times 5.08^2}{4}\right) \times 3.71$
$= 75.16\text{m}^3/\text{s}$

정답 20. ② 21. ② 22. ③ 23. ① 24. ① 25. ③

26 폭 2m인 직사각형 개수로에 수심 1m의 물이 흐르고 있다. Manning의 조도계수는 0.015이고 관로의 경사가 1/1,000일 때 도수로에 흐르는 유량은?

① $1.33\text{m}^3/\text{s}$　　② $2.66\text{m}^3/\text{s}$
③ $5.32\text{m}^3/\text{s}$　　④ $6.22\text{m}^3/\text{s}$

> **해설** ㉠ Manning의 평균유속공식
> $$R_h = \frac{bh}{b+2h} \text{ 일 때}$$
> $$V = \frac{1}{n} R_h^{2/3} I^{1/2}$$
> $$= \frac{1}{0.015} \times \left(\frac{2\times 1}{2+2\times 1}\right)^{2/3} \times \left(\frac{1}{1,000}\right)^{1/2}$$
> $$= 1.328 \text{m/s}$$
> ㉡ 연속방정식
> $$Q = AV = (2\times 1)\times 1.328 ≒ 2.66\text{m}^3/\text{s}$$

27 직경이 40cm인 주철관에 0.25m³/s의 유량이 흐르고 있다. 이 관로 700m에서 생기는 손실수두를 Manning의 식에 의해 구하면? (단, $n=0.012$)

① 2.1m　　② 4.2m
③ 8.6m　　④ 12.6m

> **해설** ㉠ 연속방정식
> $$Q = AV = \frac{\pi D^2}{4} V$$
> $$\therefore V = \frac{4Q}{\pi D^2} = \frac{4\times 0.25}{\pi \times 0.4^2} = 1.99\text{m/s}$$
> ㉡ 관마찰손실수두
> $$h_L = f\frac{l}{D}\frac{V^2}{2g} = \frac{124.5n^2}{D^{1/3}}\frac{l}{D}\frac{V^2}{2g}$$
> $$= \frac{124.5\times 0.012^2}{0.4^{1/3}} \times \frac{700}{0.4} \times \frac{1.99^2}{2\times 9.8}$$
> $$= 8.6\text{m}$$

28 콘크리트조의 장방향 수로(폭 2m, 높이 2.5m)가 있다. 이 수로의 유효수심이 2m인 경우의 평균유속은? (단, Manning공식을 이용하고 수면경사는 1/1,000, 조도계수는 0.015)

① 1.61m/s　　② 1.81m/s
③ 1.92m/s　　④ 2.02m/s

> **해설** Manning의 평균유속공식
> $$V = \frac{1}{n} R_h^{2/3} I^{1/2} = \frac{1}{n}\left(\frac{bh}{b+2h}\right)^{2/3} I^{1/2}$$
> $$= \frac{1}{0.015} \times \left(\frac{2\times 2.5}{2+2\times 2.5}\right)^{2/3} \times \left(\frac{1}{1,000}\right)^{1/2}$$
> $$≒ 1.61\text{m/s}$$

29 직경 100cm인 원형 관로에 물이 1/2 정도 차서 흐르고 있다. 이 관수로의 경심은 얼마인가?

① 50cm　　② 30cm
③ 25cm　　④ 20cm

> **해설** 경심(동수반경)
> $$R_h = \frac{A}{P} = \frac{\frac{\pi D^2}{4}\times\frac{1}{2}}{\frac{\pi D}{2}} = \frac{D}{4} = \frac{100}{4} = 25\text{cm}$$

30 다음 그림과 같은 단면을 갖는 수로를 흐르는 물의 유속은? (단, Manning공식을 사용하고 조도계수=0.017, 동수경사=0.003)

① 2.42m/s　　② 2.52m/s
③ 2.59m/s　　④ 2.68m/s

> **해설** Manning의 평균유속공식
> ㉠ $A = 5\text{m}\times 1\text{m} + \frac{1}{2}\times 1.5\text{m}\times 1\text{m}\times 2 = 6.5\text{m}^2$
> ㉡ $P = \sqrt{1^2+1.5^2}\times 2 + 5\text{m} = 8.61\text{m}$
> ㉢ 사다리꼴 $R_h = \frac{A}{P} = \frac{6.5}{8.61} = 0.755$
> $$\therefore V = \frac{1}{n} R_h^{\frac{2}{3}} I^{\frac{1}{2}} = \frac{1}{0.017}\times 0.755^{\frac{2}{3}}\times 0.003^{\frac{1}{2}}$$
> $$≒ 2.67\text{m/s}$$

정답 26. ②　27. ③　28. ①　29. ③　30. ④

Engineering of Water Supply Sewerage

31 1일 800,000m³의 수돗물을 송수하기 위하여 내경 2,000mm의 주철관 1,000m를 설치할 경우 적당한 관로의 경사는? (단, Darcy-Weisbach에 의하고 마찰손실계수 $f=0.03$)

① 1/110 ② 1/130
③ 1/150 ④ 1/170

> 해설
> ㉠ $Q = 800,000\text{m}^3/\text{day} = 9.26\text{m}^3/\text{s}$
> ㉡ 연속방정식
> $Q = AV = \dfrac{\pi D^2}{4} V$
> $\therefore V = \dfrac{Q}{A} = \dfrac{4Q}{\pi D^2} = \dfrac{4 \times 9.26}{\pi \times 2^2} = 2.95\text{m/s}$
> ㉢ 관마찰손실수두
> $h_L = f \dfrac{l}{D} \dfrac{V^2}{2g} = 0.03 \times \dfrac{1,000}{2} \times \dfrac{2.95^2}{2 \times 9.8}$
> $= 6.66\text{m}$
> ㉣ 하상경사(에너지경사)
> $I = \dfrac{h_L}{l} = \dfrac{6.66}{1,000} \fallingdotseq \dfrac{1}{150}$

32 다음 공식 중에서 상수관거의 설계에 가장 많이 이용되는 공식은?

① Hazen-Williams공식
② Hardy-Cross공식
③ Darcy-Weisbach공식
④ Manning공식

> 해설 ② 관망 해석에 이용
> ③ 마찰손실수두에 이용
> ④ 평균유속 산정식에 이용

33 Hazen-Williams공식에 의한 유량 Q는 계수 C, 관지름 D와 동수경사 I에 의해 다음 식으로 표시된다. 이 식에서 사용되는 계수 C의 범위는 다음 중 어느 것에 해당되는가?

$$Q = 0.27853 CD^{2.63} I^{0.54}$$

① 1.0~1.5 ② 10~15
③ 100~150 ④ 1,000~1,500

> 해설 C는 내부파이프의 조도값을 말하며 값이 클수록 내면이 매끄러워 손실이 작아진다. 100~150의 범위를 갖으며 보통 130이다.

★34 도수관에서 유량을 Hazen-Williams공식으로 다음과 같이 나타내었을 때 a, b의 값은? (단, 여기서 D는 관의 직경이며, I는 동수경사이다.)

$$Q = KCD^a I^b$$

① $c = 0.63$, $b = 0.54$ ② $a = 0.63$, $b = 2.54$
③ $c = 2.63$, $b = 2.54$ ④ $a = 2.63$, $b = 0.54$

> 해설 Hazen-Williams공식
> $Q = KCD^{2.63} I^{0.54}$

35 건축자재가 아닌 노출되는 관로 등에 신축이음관을 설치할 때 몇 m마다 설치하여야 하는가?

① 5~10m ② 20~30m
③ 50~60m ④ 100~110m

> 해설 신축자재가 아닌 노출되는 관로 등에는 20~30m마다 신축이음관을 설치하고, 연약지반이나 구조물과의 접합부(tie-in point) 등 부등침하의 우려가 있는 장소에는 휨성이 큰 신축이음관을 설치한다.

36 관거의 종류 및 토질 등에 따른 과거의 기초공 중 철근콘크리트관을 극연약토지반에 설치할 때 가장 알맞은 기초는?

① 소일시멘트기초 ② 모래기초
③ 베드토목섬유기초 ④ 철근콘크리트기초

> 해설 철근콘크리트관을 극연약토지반에 설치할 때는 철근콘크리트기초가 가장 적당하다.

37 페이퍼드레인공법의 설명 중 틀린 것은?

① 압밀촉진공법으로 시공속도가 빠르다.
② 장기간 사용 시 열화현상이 생겨 배수효과가 감소한다.
③ 샌드드레인공법에 비해 초기 배수효과는 떨어진다.
④ 단면이 깊이에 대해 일정하다.

> 해설 페이퍼드레인공법은 샌드드레인공법과 같은 방법이며, 단지 천연의 모래 대신 인공재료를 쓰는 경우가 다를 뿐이다. 따라서 초기 배수효과도 동일하다.

정답 31. ③ 32. ① 33. ③ 34. ④ 35. ② 36. ④ 37. ③

2. 배수시설

38 배수지 내에 물이 정체부가 생기지 않도록 설치하는 것은?
① 축관　　② 도류벽
③ 월류weir　　④ 검수구

> 해설　도류벽은 배수지 내에 물이 정체부가 생기지 않도록 설치하는 장치이다.

39 계획배수량의 원칙적 기준으로 옳은 것은?
① 해당 급수구역의 계획 1일 최대배수량(m^3/day)
② 해당 배수구역의 계획 1일 최대배수량(m^3/day)
③ 해당 급수구역의 계획시간 최대배수량(m^3/day)
④ 해당 배수구역의 계획시간 최대배수량(m^3/day)

> 해설　계획배수량은 해당 배수구역의 계획시간 최대배수량(m^3/day)을 기준으로 한다.

40 상수도시설의 용량 설계에서 물 사용량의 변동이나 화재 발생 시 물 사용량이 고려되어야 하는 시설은 어느 것인가?
① 도수　　② 배수
③ 정수　　④ 취수

> 해설　배수시설은 물 사용량의 변동이나 화재 발생 시 물 사용량이 고려되어야 하는 시설이다.

41 배수관을 다른 지하매설물과 교차 또는 인접하여 부설할 경우에는 최소 몇 cm 이상의 간격을 두어야 하는가?
① 10cm　　② 30cm
③ 80cm　　④ 100cm

> 해설　배수관은 타 지하매설물과 교차나 인접하여 부설할 때는 적어도 30cm 이상 간격을 두어야 한다.

42 배수관의 계획배수량을 결정한 것이다. 다음 중 맞는 것은?
① 평상시에는 계획 1일 최대급수량으로 한다.
② 평상시에는 계획시간 최대급수량으로 한다.
③ 화재 시에는 계획시간 최대급수량과 소화용 수량과의 합으로 한다.
④ 화재 시에는 계획 1일 최대급수량으로 한다.

> 해설　**배수관의 계획배수량**
> ㉠ 평상시 : 계획시간 최대급수량
> ㉡ 화재 시 : 계획 1일 최대급수량의 1시간당 수량+소화용수량

43 상수도 배수관의 최소매설깊이를 결정할 때 고려할 사항으로 가장 거리가 먼 것은?
① 급수관과의 연결
② 동결깊이
③ 지하수위에 대한 부상
④ 차량에 의한 윤하중

> 해설　상수도 배수관의 최소매설깊이를 결정할 때는 동결깊이, 지하수위에 대한 부상, 차량에 의한 윤하중을 고려해야 한다.

44 배수지의 유효용량은 일반적으로 계획 1일 최대급수량의 몇 시간분을 표준으로 하는가?
① 1~4시간　　② 2~5시간
③ 8~12시간　　④ 14~15시간

> 해설　배수지의 유효용량은 일반적으로 계획 1일 최대급수량의 8~12시간분을 표준으로 한다.

45 배수지의 유효용량은 계획 1일 최대급수량의 최소 몇 시간분으로 하는 것이 바람직한가?
① 3시간　　② 6시간
③ 9시간　　④ 12시간

> 해설　배수지의 유효용량은 계획 1일 최대급수량의 최소 6시간분으로 한다.

정답　38. ②　39. ④　40. ②　41. ②　42. ②　43. ①　44. ③　45. ②

Engineering of Water Supply Sewerage

46 배수지(配水池)에 대한 설명으로 틀린 것은?
① 배수지는 가능한 한 급수지역의 중앙 가까이 설치한다.
② 배수지의 유효수심이 너무 깊으면 구조면이나 시공면에서 내진성과 수밀성에 문제가 생긴다.
③ 배수지의 유효용량은 급수구역의 계획 1일 최대급수량의 24시간분 이상을 표준으로 한다.
④ 배수지는 붕괴의 우려가 있는 비탈의 상부나 하부 가까이는 피해야 한다.

[해설] 배수지의 유효용량은 표준 8~12시간분, 최소 6시간 이상으로 한다.

★ 47 배수지의 유효수심은 얼마를 표준으로 하는가?
① 1~2m ② 2~3m
③ 3~6m ④ 6~8m

[해설] 배수지의 유효수심은 3~6m를 표준으로 한다.

★★ 48 배수지에 관한 설명으로 옳지 않은 것은?
① 급수구역에서 멀리 위치할수록 좋다.
② 유효용량은 일반적으로 계획 1일 최대급수량의 12시간분 이상을 표준으로 한다.
③ 자연유하식 배수지의 표고는 최소동수압이 확보되는 높이어야 한다.
④ 유효수심은 3~6m 정도를 표준으로 한다.

[해설] 배수지는 가급적 급수구역에 가까워야 한다.

49 배수지에 관한 설명으로 틀린 것은?
① 급수량의 시간적 변화에 대응하기 위해 설치한다.
② 단수 등의 비상시에 대비하기 위해 설치한다.
③ 배수관 내의 누수량을 줄이기 위해 설치한다.
④ 계획 1일 최대급수량의 일정 시간 분량을 저장한다.

[해설] 배수지는 급수량의 시간적 변화에 대응하기 위해 설치하는 시설로 누수량을 줄이기 위한 것이 아니다.

50 상수도계통에서 배수지로 적당한 위치는 어디인가?
① 충분한 수압을 가지며 취수시설에 가까운 곳
② 충분히 정화시킬 수 있는 정수시설에서 가까운 곳
③ 충분한 수량을 취수할 수 있는 수원지에서 가까운 곳
④ 급수구역에서 가깝고 적당한 수두를 얻을 수 있는 곳

[해설] 배수로 적당한 위치는 급수구역에서 가깝고 적당한 수두를 얻을 수 있으며 급수구역의 중앙에 위치한 곳이다.

★ 51 상수도 배수관 내의 수압은 다음 중 어느 범위로 유지시키는 것이 가장 좋은가?
① 100~400kPa ② 100~1,000kPa
③ 150~400kPa ④ 150~1,000kPa

[해설] 배수관 내의 수압은 150~400kPa로 유지시키는 것이 좋다.

★★ 52 배수관의 수압에 관한 사항으로 ㉠, ㉡에 들어갈 적정한 값은?

- 급수관을 분기하는 지점에서 배수관 내의 최소동수압은 (㉠)kPa 이상을 확보한다.
- 급수관을 분기하는 지점에서 배수관 내의 최대정수압은 (㉡)kPa를 초과하지 않아야 한다.

① ㉠ 150, ㉡ 700 ② ㉠ 150, ㉡ 600
③ ㉠ 200, ㉡ 700 ④ ㉠ 200, ㉡ 600

[해설] 배수관의 동수압은 147~392kPa이며, 급수관을 분기하는 지점에서 배수관 내의 최대정수압은 700kPa이다.

정답 46. ③ 47. ③ 48. ① 49. ③ 50. ④ 51. ③ 52. ①

53 배수지의 저수위와 배수구역 관말까지의 관로길이가 3km, 관로경사가 3‰일 때 두 지점 간의 고저차는 얼마인가? (단, 배수관말의 적정 수압을 고려한다.)
① 9m ② 14m
③ 24m ④ 29m

해설 배수관말의 최소동수압 1.5kgf/cm²일 때 최소수두는 15m이다.
$I = \dfrac{h_L}{L}$ 로부터 $h_L = LI$ 이므로
∴ 고저차 = 손실수두차(h_L) + 최소수두
$= 3,000\text{m} \times \dfrac{3}{1,000} + 15\text{m} = 24\text{m}$

54 배수관으로 이용되는 주철관의 특징 중 틀린 것은?
① 두께가 얇으므로 중량이 적어 운반비가 적다.
② 재질이 약해서 파열되기 쉽다.
③ 이음부가 비교적 굴곡성이 풍부하다.
④ 주형에 의하여 직관이나 이형관을 임의로 주조할 수 있다.

해설 주철관은 충격에 약해 두께를 두껍게 해야 하므로 중량이 무거워 운반비가 많이 든다.

55 배수관에 사용하는 관종 중 강관에 관한 설명으로 틀린 것은?
① 충격에 강하다.
② 인장강도가 크다.
③ 부식에 강하고 처짐이 적다.
④ 용접으로 전 노선을 일체화할 수 있다.

해설 강관은 강철관(steel pipe)으로써 철이 주된 재료이므로 부식에 약하다.

56 어느 마을의 고지대 일부에서 상수도 수압이 너무 낮아 물이 잘 나오지 않고 있다. 수압을 높여주기 위한 다음의 조치 중 옳지 않은 것은?
① 근처에 배수탑을 설치한다.
② 주위 지역의 관지름을 줄여준다.
③ 배수펌프를 설치한다.
④ 관망을 수지형에서 격자형으로 연결한다.

해설 수압을 높이려면 주위 지역의 관지름을 증가시켜 준다.

57 다음 중 배수관망법의 종류에 속하지 않는 것은 어느 것인가?
① 격자식 ② 수지상식
③ 가압식 ④ 종합식

해설 가압식은 배수방식에 해당한다.

58 상수도 배수관망 중 격자식 배수관망에 대한 설명으로 틀린 것은?
① 물이 정체하지 않는다.
② 사고 시 단수구역이 작아진다.
③ 수리 계산이 복잡하다.
④ 제수밸브가 적게 소요되며 시공이 용이하다.

해설 격자식 배수관망은 제수밸브가 많이 필요하며 시공이 복잡하다.

59 간단한 배수관망 계산 시 등치관법을 사용하는 경우 직경이 30cm, 길이가 300m인 관을 직경 20cm인 등치관으로 바꾸는 경우 길이는 약 몇 m인가?
① 42m ② 132m
③ 1,420m ④ 2,162m

해설 D_1인 관을 D_2인 등치관으로 바꾸는 경우
$L_2 = L_1 \left(\dfrac{D_2}{D_1}\right)^{4.87} = 300 \times \left(\dfrac{0.2}{0.3}\right)^{4.87} = 41.6\text{m}$

60 배수관을 망상(그물모양)으로 배치하는 방식의 특징이 아닌 것은?
① 고장의 경우 단수 염려가 없다.
② 관 내의 물이 정체하지 않는다.
③ 관로 해석이 편리하고 정확하다.
④ 수압분포가 균등하고 화재 시에 유리하다.

정답 53.③ 54.① 55.③ 56.② 57.③ 58.④ 59.① 60.③

[해설] 격자식(망상) 배수관으로 배치 시 관망의 수리 계산이 매우 복잡하다.

61 배수관망의 배치방법 중 격자식 방식을 수지상식 방식과 비교하여 설명한 것으로 옳지 않은 것은?

① 물이 정체하지 않고 수압을 유지하기 쉽다.
② 단수 시 그 대상지역이 넓다.
③ 화재 시 등 사용량의 변화에 대처하기 쉽다.
④ 관거의 포설비용이 크다.

[해설] 격자식 방식은 제수밸브가 많아 단수 시 그 대상지역이 좁아진다.

62 배수관망 계산 시 Hardy-Cross법을 사용하는 데 바탕이 되는 가정사항이 아닌 것은?

① 각 폐합관로 내에서의 손실수두합은 0(zero)이다.
② 관의 교차점에서의 수압은 관의 지름에 비례한다.
③ 관의 교차점에서 유량은 정지하지 않고 모두 유출된다.
④ 마찰 이외의 손실은 고려하지 않는다.

[해설] Hardy-Cross법의 가정조건
㉠ $\Sigma Q_{in} = \Sigma Q_{out}$(총유입량=총유출량)
㉡ Σh_L(각 폐합관에서의 손실수두의 합)=0
㉢ 마찰 이외의 손실은 무시

63 관망에서 등치관에 대한 설명으로 옳은 것은?

① 관의 직경이 같은 관을 말한다.
② 유속이 서로 같으면서 관의 직경이 다른 관을 말한다.
③ 수두손실이 같으면서 관의 직경이 다른 관을 말한다.
④ 수원과 수질이 같은 주관과 지관을 말한다.

[해설] 등치관법은 수두손실을 같도록 관의 직경을 하나로 대체하는 방법을 말한다.

64 배수관망 계산 시 시산법을 사용하여 관망의 유량을 계산하는 방법은?

① Hardy-Cross법
② Kutter법
③ Horton법
④ Newman법

[해설] Hardy-Cross법은 시산법을 사용하여 관망의 유량을 계산하는 방법이다.

65 Hardy-Cross법에 의해 상수배수관망을 해석할 때에 각 폐관의 마찰손실수두 h의 산정식은? (단, Q : 유량, k : 상수)

① Hazen-Williams식 사용 시 $h = kQ^{1.85}$
② Hazen-Williams식 사용 시 $h = kQ^3$
③ Darcy-Weisbach식 사용 시 $h = kQ^{1.85}$
④ Darcy-Weisbach식 사용 시 $h = kQ^3$

[해설] 마찰손실수두(h) 산정식
㉠ Hazen-Williams식 사용 시 $h = kQ^{1.85}$
㉡ Darcy-Weisbach식 사용 시 $h = kQ^2$

66 높은 압력이 걸리는 관에서 제수밸브를 개폐시킬 때 가장 옳은 방법은?

① 가능한 한 빨리 열고 빨리 닫는다.
② 가능한 한 천천히 열고 빨리 닫는다.
③ 가능한 한 빨리 열고 천천히 닫는다.
④ 가능한 한 천천히 열고 천천히 닫는다.

[해설] 높은 압력이 걸리는 관에서는 수격현상을 피하기 위하여 가능한 한 천천히 개폐해야 한다.

정답 61. ② 62. ② 63. ③ 64. ① 65. ① 66. ④

3. 급수시설

67 다음은 급수시설에 설치되는 각종 밸브이다. 역류를 방지하기 위해 설치되는 밸브는?

① stop valve
② check valve
③ safety valve
④ gate valve

> **해설** 역지밸브(check valve)는 펌프 급정지 시 역류를 방지하기 위해 설치되는 밸브이다.

68 ★ 관로 내에 이상수압이 발생하는 경우 관의 파열을 방지하기 위해 자동적으로 물을 배출하는 관의 부속설비는?

① 공기밸브
② 안전밸브
③ 역지밸브
④ 감압밸브

> **해설** 관로 내에 이상수압이 발생하는 경우 수격현상이 발생하므로 안전밸브를 설치한다.

69 물이 상수관망에서 한쪽 방향으로만 흐르도록 할 때 사용하는 밸브는?

① 공기밸브(air valve)
② 역지밸브(check valve)
③ 배수밸브(drain valve)
④ 안전밸브(safty valve)

> **해설** 역지밸브(check valve)는 물이 한쪽 방향으로만 흐르도록 하여 역류를 방지한다.

70 ★ 상수도에서 펌프가압으로 배수할 경우에 펌프의 급정지, 급가동 등으로 수격작용이 일어날 경우 배수관의 손상을 방지하기 위하여 설치하는 밸브는?

① 안전밸브
② 배수밸브
③ 가압밸브
④ 자동밸브

> **해설** 수격작용이 일어날 경우 배수관의 손상을 방지하기 위하여 설치하는 밸브는 안전밸브이다.

71 도수관에 설치되는 공기밸브에 대한 설명 중 틀린 것은?

① 관로의 종단도상에서 상향돌출부의 상단에 설치한다.
② 관로 중 제수밸브 사이에 공기밸브를 설치할 경우 낮은 쪽 배수밸브 바로 위에 설치한다.
③ 매설관에 설치하는 공기밸브에는 밸브실을 설치한다.
④ 공기밸브에는 보수용의 제수밸브를 설치한다.

> **해설** 관로 중 제수밸브 사이에 공기밸브를 설치할 경우 높은 쪽 배수밸브 바로 위에 설치한다.

72 급수관의 배관에 대한 설비기준으로 옳지 않은 것은?

① 급수관을 부설하고 되메우기를 할 때에는 양질 토 또는 모래를 사용하여 적절하게 다짐한다.
② 동결이나 결로의 우려가 있는 급수장치의 노출부에 대해서는 적절한 방한장치가 필요하다.
③ 급수관의 부설은 가능한 한 배수관에서 분기하여 수도미터보호통까지 직선으로 배관한다.
④ 급수관을 지하층에 배관할 경우에는 가급적 지수밸브와 역류방지장치를 설치하지 않는다.

> **해설** 급수관을 지하층 또는 2층 이상에 배관할 경우에는 각 층마다 지수밸브와 함께 진공파괴기 등의 역류방지밸브를 설치하고, 배관이 노출되는 부분에는 적당한 간격으로 건물에 고정시킨다.

73 배수관에서 분기하여 각 수요자에게 음용수를 공급하는 것을 목적으로 하는 시설은?

① 취수시설
② 도수시설
③ 배수시설
④ 급수시설

> **해설** 급수시설은 배수지로부터 공급받은 음용수를 각 수요자에게 공급하는 시설이다.

정답 67. ② 68. ② 69. ② 70. ① 71. ② 72. ④ 73. ④

74 다음 중 급수방식에 대한 설명으로 맞지 않는 것은?

① 급수방식은 직결식과 저수조식으로 나누며, 이를 병행하기도 한다.
② 배수관의 관경과 수압이 충분할 경우에는 직결식을 사용한다.
③ 수압은 충분하나 수량이 부족할 경우 직결식을 사용하는 것이 좋다.
④ 배수관의 수압이 부족할 경우 저수조식을 사용하는 것이 좋다.

> 해설 수량이 부족할 경우에는 저수조식 급수방식을 사용하는 것이 좋다.

75 급수방식에 대한 설명으로 옳지 않은 것은?

① 급수방식에는 직결식, 저수조식 및 직결·저수조 병용식이 있다.
② 직결식에는 직결직압식과 직결가압식이 있다.
③ 급수관으로부터 수돗물을 일단 저수조에 받아서 급수하는 방식을 저수조식이라 한다.
④ 수도의 단수 시에도 물을 반드시 확보해야 하는 경우는 직결식을 적용하는 것이 바람직하다.

> 해설 단수 시에도 물의 확보가 필요한 경우에는 저수조식 및 탱크식 급수방식을 선택하여야 한다.

76 급수방식을 직결식과 저수조식으로 구분할 때 저수조식의 적용이 바람직한 경우가 아닌 것은?

① 일시에 다량의 물을 사용하거나 사용수량의 변동이 클 경우
② 배수관의 수압이 급수장치의 사용수량에 대하여 충분한 경우
③ 배수관의 압력변동에 관계없이 상시 일정한 수량과 압력을 필요로 하는 경우
④ 재해 시나 사고 등에 의한 수도의 단수나 감수 시에도 물을 반드시 확보해야 할 경우

> 해설 배수관의 수압이 급수장치의 사용수량에 대하여 부족한 경우 저수조식을 적용한다.

77 급수방법에는 고가수조식과 압력수조식이 있다. 압력수조식을 고가수조식과 비교한 설명으로 옳지 않은 것은?

① 조작상에 최고·최저의 압력차가 적고 급수압의 변동폭이 적다.
② 큰 설비에는 공기압축기를 설치해서 때때로 공기를 보급하는 것이 필요하다.
③ 취급이 비교적 어렵고 고장이 많다.
④ 저수량이 비교적 적다.

> 해설 압력수조식은 조작상에 최고·최저의 압력차가 크고 급수압의 변동폭이 크다.
> 참고 압력수조식은 저수조에 물을 받은 다음 펌프로 압력수조에 넣고, 그 내부압력에 의하여 급수하는 방식이므로 공기압축기를 필요로 하지 않는다. 단, 큰 설비에는 공기압축기를 설치해서 때때로 공기를 보급하는 것이 필요하다.

78 다음 중 주택지역에서 필요로 하는 급수전의 수두는?

① 6~9m ② 4~6m
③ 9~12m ④ 15~20m

> 해설 급수전의 최소동수압은 $147kN/m^2$이므로 수두로는 15m 이상이다.

79 급수장치용 기구가 갖추어야 할 요건으로 적합하지 않은 것은?

① 누수가 생기지 않는 구조와 재질일 것
② 위생상 무해할 것
③ 사용상 편리하고 외관이 아름다울 것
④ 물이 역류할 수 있으므로 정체수를 쉽게 배출할 수 있을 것

> 해설 급수장치의 외관이 아름다울 필요는 없다.

정답 74. ③ 75. ④ 76. ② 77. ① 78. ④ 79. ③

80 교차연결(cross connection)에 대한 설명으로 옳은 것은?

① 2개의 하수도관이 90°로 서로 연결된 것을 말한다.
② 상수도관과 오염된 오수관이 서로 연결된 것을 말한다.
③ 두 개의 하수관로가 교차해서 지나가는 구조를 말한다.
④ 상수도관과 하수도관이 서로 교차해서 지나가는 것을 말한다.

> **해설** 교차연결은 음료수를 공급하는 수도와 음용으로 사용할 수 없는 다른 계통의 수도 사이에 관이 물리적으로 연결된 것을 말한다.

81 교차연결의 방지대책 중 옳지 못한 것은 어느 것인가?

① 상수관과 하수관을 분리시켜 매설한다.
② 소화용 급수관을 별도로 설치한다.
③ 오염된 물의 유출구를 상수관의 위치보다 높게 설치한다.
④ 수도본관에 진공을 제거할 수 있는 공기밸브를 설치한다.

> **해설** 오염된 물의 유출구를 상수관의 위치보다 낮게 설치한다.

정답 80. ② 81. ③

CHAPTER 04 정수장시설

회독 체크표
- 1회독 　월　일
- 2회독 　월　일
- 3회독 　월　일

최근 10년간 출제분석표

2015	2016	2017	2018	2019	2020	2021	2022	2023	2024
15.0%	15.0%	15.0%	18.2%	16.7%	15.0%	11.7%	25.0%	16.6%	16.7%

출제 POINT

학습 POINT
- 정수처리 계통도
- 착수정의 역할
- 혼화지와 플록형성지의 제원

■ 계획정수량
계획 1일 최대급수량 기준

■ 정수처리 계통
① 보통침전 → 완속여과
② 약품침전 → 급속여과

SECTION 1 개론

1 정수장 계획

1) 계획정수량

계획정수량은 **계획 1일 최대급수량을 기준**으로 하되, 작업용수, 잡용수, 기타 손실수량을 고려하여 10%를 여유수량으로 추가한다.

2) 정수처리 계통도

(1) 완속여과의 경우

취수 → 도수 → 착수정 → 보통침전지 → 완속여과지 → 염소소독 → 정수지 → 송수

(2) 급속여과의 경우(일반적으로 많이 이용)

취수 → 도수 → 착수정 → 혼화지 → 플록형성지 → 약품침전지 → 급속여과지 → 염소소독 → 정수지 → 송수
고속응집침전
micro floc 여과

(3) 고도정수처리의 경우

취수 → 도수 → 착수정 → 혼화지 → 플록형성지 → 약품침전지 → 급속여과지 → 오존처리 → 활성탄 → 염소소독 → 정수지 → 송수

※ 고도정수처리시스템은 종류가 굉장히 많으며, 위 처리과정은 그 중의 하나를 예로 든 것이다.

2 착수정

착수정은 도수시설에서 도수되는 원수의 수위 동요를 안정시키고 원수량을 조절하여 다음에 연결되는 약품 주입, 침전, 여과 등 일련의 정수작업이 정확하고 용이하게 처리될 수 있도록 하기 위하여 설치되는 시설이다.

1) 구조와 형상
① 착수정은 2지 이상으로 분할하는 것이 원칙이나, 분할하지 않는 경우에는 반드시 우회관을 설치하며 배수설비를 설치한다.
② 형상은 일반적으로 직사각형 또는 원형으로 하고 유입구에는 제수밸브 등을 설치하며, 2~3실로 구분하는 것이 바람직하다.
③ 수위가 고수위 이상으로 올라가지 않도록 월류관이나 월류위어를 설치한다.
④ 착수정의 고수위와 주변 벽체의 상단 간에는 60cm 이상의 여유를 두어야 한다.
⑤ 부유물이나 조류 등을 제거할 필요가 있는 장소에는 스크린을 설치한다.

2) 용량과 설비
① 착수정의 용량은 체류시간을 1.5분 이상으로 하고, 수심은 3~5m 정도로 한다.
② 원수수량을 정확하게 측정하기 위하여 유량측정장치를 설치하며, 역세척 배출수의 반송수를 받을 경우에는 별도로 계량하여야 한다. 유량측정장치는 위어나 유량계로 하고, 유량계를 설치할 경우에는 유량계실을 설치한다.
③ 필요에 따라 분말활성탄을 주입할 수 있는 장치를 설치하는 것이 바람직하다.
④ 착수정에는 원수수질을 파악할 수 있도록 채수설비와 수질측정장치를 설치하는 것이 바람직하다.

3 혼화지(응결단계)

원수의 탁질 중에서 입경이 10^{-2}mm 이상인 것은 보통 침전이나 여과로 제거가 가능하지만, 입경이 10^{-3}mm($1\mu m$) 이하가 되면 일반적으로 콜로이드 입자라고 총칭하며 그대로의 상태로서는 거의 침강되지 않을 뿐더러 급속 여과기구에서도 포착되지 않는다.

출제 POINT

■ 착수정
① 원수의 수위 안정
② 수량 조절

■ 혼화지 : 급속교반시설

혼화지는 약품응집조작에 의하여 콜로이드성 물질을 침전성이 양호한 플록으로 형성시키는 과정으로 **급속교반시설**이다.
① 용량 : 체류시간 1~5분
② 유속 : 1.5m/s 정도의 급속교반
③ 급속혼화기(flash mixer) 사용

4 플록(floc)형성지(응집단계)

■ 플록형성지 : 완속교반시설

혼화지 다음의 설비로서 **완속교반을 행하는 시설**이다.
① 용량 : 계획정수량의 20~40분을 체류할 수 있는 용량
② 교반조건 : 속도경사(G)값은 10~75sec^{-1} 정도, 하류로 갈수록 교반강도 감소

$$G = \sqrt{\frac{P\eta}{\mu V}}$$

여기서, G : 속도경사
P : 교반기의 축동력(W, HP)
η : 효율
μ : 점성계수
V : 플록형성지의 용적(m^3)

③ 수로 내 평균유속 : 15~30cm/s를 표준으로 함
④ 교반구조 : 플록형성지에서 발생한 슬러지나 스컴(scum)의 제거가 가능한 구조

SECTION 2 정수방법

학습 POINT
- 침전의 종류
- Stokes의 침강법칙
- 수면적부하 계산
- 고속응집침전
- 응집제의 종류
- 응집제 주입량 계산
- Jar-test의 목적과 방법
- 여과면적 계산
- 완속여과와 급속여과의 특징
- 급속여과의 변법
- 염소소독의 특징
- 전염소처리의 목적과 장단점
- 잔류염소
- 염소요구량 계산
- 염소 이외의 살균법(오존, 활성탄)

1 침전(sedimentation)

침전은 부유물 중에서 중력에 의해 제거할 수 있는 침전성 고형물을 제거하는 것을 말한다.

1) 침전과정

침전과정은 부유물의 농도와 특성에 따라 Ⅰ형, Ⅱ형, Ⅲ형, Ⅳ형 침전으로 분류된다.

(1) Ⅰ형 침전(독립침전, 자유침전 ; discrete settling)

비중이 1보다 큰 무기성 입자가 침전할 때 입자들이 다른 입자들의 영향을 받지 않고 **중력에 의해 자연스럽게 침강되는 현상**을 독립침전이라 한다. 주로 침사지와 침전지에서 볼 수 있으며 **Stokes의 법칙이 적용된다**.

(2) Ⅱ형 침전(응집침전 ; flocculant settling)

부유물질, 화학응집입자들이 침강하는 동안 입자가 서로 응결되어 점점 커지면서 침전속도가 점차적으로 증가하여 침전되는 현상이다(약품침전지에 적용).

(3) Ⅲ형 침전(지역침전, 방해침전 ; zone settling)

고형물질의 농도가 높을 경우 최종 침전지에서 입자가 서로 접하게 되면 상호 인력에 의해 부착되어 비중이 커져서 침강속도가 증가하여 고형물질인 플록(floc)과 폐수 사이에 경계면을 일으키면서 침전할 때 플록의 밑에 있는 물이 플록 사이로 빠져나가면서 동시에 작은 플록이 부착하여 가라앉는 침전이다(하수처리장의 2차 침전지에 적용).

(4) Ⅳ형 침전(압축침전 ; compression settling)

고형물질의 농도가 아주 높은 농축조에서 슬러지 상호 간에 서로 압축하고 있어 슬러지는 하부의 슬러지를 서서히 누르면서 하부의 물을 상부로 보내어 분리시키는 침전이다(하수처리장의 2차 침전지, 농축조에 적용).

2) Stokes의 법칙

(1) 개요

액체 중에서 침전하는 독립입자는 가속도를 받다가 짧은 시간 내에 입자에 작용하는 중력과 액체의 저항이 평형상태에 도달하게 되어 일정한 침강속도로 침전하게 된다. Reynolds Number가 0.5보다 작은 경우 구형의 독립입자가 정지유체 또는 층류 중을 침강할 때의 속도는 Stokes의 법칙에 의해서 다음과 같이 표현된다.

$$V_s = \frac{(\rho_s - \rho_w)gD^2}{18\mu} = \frac{(s-1)gD^2}{18\nu}$$

여기서, V_s : 입자의 침강속도(cm/s)
  ρ_s : 입자의 밀도(g/cm³)
  ρ_w : 물의 밀도(g/cm³)
  g : 중력가속도
  D : 입자의 직경(cm)
  μ : 물의 점성계수(g/cm·s)
  s : 비중
  ν : 물의 동점성계수

출제 POINT

■ Ⅰ형 침전＝단독침전＝독립침전
  ＝자유침전＝보통침전
  → 중력(Stokes법칙)

■ Ⅱ형 침전＝응집침전＝약품침전

■ 침강속도를 높이기 위한 조건
① 비중은 클 것
② 점성은 작을 것
③ 수온은 높을 것
④ 입자직경의 제곱에 비례할 것

출제 POINT

■ 침전
① $V_s \geq V_0$: 모든 퇴적부에 침전된다.
② $V_s \leq V_0$: 유출부로 유출된다.

■ 침전효율을 높이기 위한 조건
① 유량을 적게 한다.
② 침전지 표면적을 크게 한다.
③ 표면부하율(침전지 내 유속)을 작게 한다.
④ 체류시간을 길게 한다.
⑤ 유효수심을 낮게 한다.
⑥ 플록의 침강속도를 빠르게 한다.

(2) **Stokes법칙의 기본가정**
① 입자의 크기는 일정하다.
② 입자의 형상은 구형(원형)이다.
③ 물의 흐름은 층류상태($R_e < 0.5$)이다.

3) 침전관계이론

(1) 침전지에서 100% 제거할 수 있는 입자의 최소침강속도

$$V_0 = \frac{Q}{A}$$

여기서, V_0 : 최소침강속도(cm/s)
　　　　Q : 유입유량(m^3/s)
　　　　A : 침전지 표면적(=침전지 폭×유효길이)(m^2)

(2) 침전속도가 V_0보다 작은 입자의 평균 제거율(침전효율, 침전효과)

$$E = \frac{V_s}{V_0} \times 100\% = \frac{V_s}{Q/A} \times 100\% = \frac{V_s}{h/t} \times 100\%$$

여기서, E : 침전효율(%)
　　　　V_s : 침전속도(m/s)
　　　　h : 유효수심(m)
　　　　t : 체류시간(hr)

(3) 침전지 체류시간(HRT : Hydraulic Retention Time)

$$t = \frac{V}{Q}$$

여기서, t : 체류시간(hr)
　　　　V : 침전지 체적(m^3)
　　　　Q : 유입유량(m^3/day, m^3/hr)

(4) **표면부하율(수면적부하, SLR : Surface Loading Rate)**

침전지에서 입자가 100% 제거되기 위하여 요구되는 침전속도(V_0), 즉 침전지에서 유입구의 최상단으로부터 유입되어 유출구 쪽에서 침전지 바닥에 침강되는 플록의 침강속도를 말한다. 따라서 표면부하율($m^3/m^2 \cdot day$)과 침전속도 V_0[m/day]는 동일한 값이다.

$$표면부하율(V_0) = \frac{유입유량(Q)}{침전지\ 폭(b) \times 유효수심(h)}$$

$$V_0 = \frac{Q}{A} = \frac{h}{t}$$

4) 보통침전

보통침전이란 원수를 자연상태 그대로 하고 중력에 의해서만 부유물질을 가라앉히는 침전방법을 말한다.

5) 약품침전

혼탁된 물에 포함된 미립자 중 직경이 0.003mm 이하와 비중 1.2~1.4인 작은 유기물은 침전에 장시간이 필요하며 보통침전법으로는 침전을 기대할 수 없다. 그러므로 보통침전법으로 제거하지 못하는 미세한 부유물질이나 콜로이드성 물질, 미생물 및 비교적 분자가 큰 용해성 물질을 약품을 사용하여 침전이 가능하도록 불용성 플록을 형성시켜 제거하는 방법을 약품침전법이라 하며, 후속공정인 급속여과공정으로 보낸다.

6) 고속응집침전지

고속응집침전지는 기존 플록의 존재하에서 새로운 플록을 형성시키는 것으로, 응집침전의 효율을 향상시키는 것을 목적으로 한다.

(1) 고속응집침전지를 선택할 때 고려사항
① 원수탁도는 10NTU 이상이어야 한다.
② 최고탁도는 1,000NTU 이하인 것이 바람직하다.
③ 탁도와 수온의 변동이 적어야 한다.
④ 처리수량의 변동이 적어야 한다.

(2) 고속응집침전지의 수와 구조
① 용량은 계획정수량의 1.5~2.0시간분으로 한다.
② 침전지 내의 평균 상승유속은 40~50mm/min을 표준으로 한다.
③ 청소, 고장 등의 경우에도 침전에 지장이 없는 지수로 한다.

> **참고**
>
> **침전지(침전설비)의 종류**
> 정수에 사용되는 침전지는 보통침전지, 약품침전지, 경사판침전지, 고속응집침전지로 분류한다.
>
> | 종류 | 체류시간 | 유속 | 유속의 방향 |
> |---|---|---|---|
> | 보통침전지 | 8시간 | 30cm/min | 횡류유속 |
> | 약품침전지 | 3~5시간 | 40cm/min | 횡류유속 |
> | 경사판침전지 | 2.4~4.6시간 | 60cm/min | 횡류유속 |
> | 고속응집침전지 | 1.5~2.0시간 | 4~5cm/min | 상승유속 |

출제 POINT

■ 침전방식의 종류
① 보통침전
② 약품침전
③ 고속응집침전

2 응집(凝集 ; coagulation)

응집이란 콜로이드의 전기적 특성을 콜로이드가 띠고 있는 전하와 반대되는 전하를 갖는 물질을 투여하여 그 특성을 변화시키고 pH의 변화를 일으켜 콜로이드가 갖고 있는 반발력을 감소시킴으로써 입자가 결합하게 한 것으로, 입자의 무게에 대한 표면적의 비를 감소시켜 주어 침전이 일어나도록 한 것이다. 이때 가한 화학약품을 응집제라 하고, 입자의 덩어리를 플록(floc)이라 한다.

1) 응집제

■ 응집제
황산반토(명반, 황산알루미늄, $Al_2(SO_4)_3 \cdot 18H_2O$)

응집에 사용되는 약품을 응집제라 하며, 일반적으로 응집제로 가장 많이 사용하는 것은 황산반토[황산알루미늄(명반, $Al_2(SO_4)_3 \cdot 18H_2O$), 철염($FeCl_2$, $FeCl_3$, $FeSO_4$ 등]이다. **명반은 주로 정수처리에 많이 사용**하며, **철염은 주로 폐수처리에 사용**한다. 종전에는 무기계 응집제가 많이 사용되어 왔으나 근래에는 고분자 응집제 사용이 진보되어 단독 또는 다른 무기계 응집제와 같이 병용하는 형태로 많이 이용되고 있다.

[표 4-1] 응집제의 종류

품명	장점	단점	응집 적정 pH
황산반토	• 여러 폐수에 적용이 가능하다. • 모든 종류의 부유물에 대해 유효하다. • 부식성, 자극성이 없어 취급이 용이하다. • 독성이 없어 다량 주입이 가능하다. • 다른 응집제에 비해 가격이 저렴하다.	• 응집이 발생하는 pH범위가 좁다. • 플록이 가볍다. • 황산반토수용액은 강산성으로 취급에 주의를 요한다.	5.5~8.5
PAC (폴리염화알루미늄)	• 응집, 플록형성속도가 빠르다. • 성능이 좋다. • 저온열화하지 않는다. • 알칼리도의 소모가 황산반토의 절반밖에 되지 않는다. • 탁도 제거에 탁월하다. • 적정 주입량의 폭이 크며 과잉 주입하여도 효과가 떨어지지 않는다.	• 고가이다.	–
황산 제1철	• 플록이 무겁고 침강이 빠르다. • 값이 싸다. • 저온이나 pH변화에 의한 영향이 적다. • 알칼리도가 높은 고탁도의 원수에 사용이 가능하다.	• 산화할 필요가 있다. • 철이온이 잔류한다. • 소석회와 함께 사용해야 한다. • 부식성이 강하다.	9~11

■ PAC
① 성능이 좋다.
② 고가이다.

품명	장점	단점	응집 적정 pH
염화 제2철	• 응집pH범위가 넓다(pH3.5 이상). • 플록이 무겁고 침강이 빠르다. • 소석회의 사용이 필요 없다.	• 부식성이 강하다. • 더운 물로 용해시켜야 한다.	4~12

※ PAC는 pH에 대한 응집범위가 넓어 따로 정해져 있지 않음

2) 응집보조제

응집보조제는 보다 무겁고 신속히 침강하는 플록을 만들며 플록의 강도를 증가시키는 목적으로 사용한다.

(1) 무기성 보조응집제

① 점토 : 응결물을 크게 하여 침전을 쉽게 하는 것 외에 응결물의 형성을 촉진시키는 흡착작용도 한다. 이때 가장 많이 사용되는 것은 벤토나이트(bentonite)이다.

② 활성규산 : 특별한 방법으로 활성화된 sodium silicate로서 물에서는 전하를 띤 솔(sol ; 우유상태)을 형성한다. 즉, 응집제로부터 생긴 양전하의 금속 수산화물과 결합하여 쉽게 제거될 수 있는 플록을 형성한다.

(2) 유기성 보조응집제

한천, 전분, 젤라틴 등의 천연적인 것과 poly-electrolytes 등과 같은 유기 고분자 응집제가 있으나, 천연적인 것은 가격이 비싸 비경제적이므로 잘 사용되지 않고 주로 응집력이 크고 pH나 공존물질의 영향을 잘 받지 않는 유기 고분자 응집제를 사용한다.

3) Jar-test(약품교반시험, 응집교반시험)

(1) 개요

응집제 및 응집보조제의 적정량 및 알맞은 농도를 결정할 때에는 그 대상이 되는 수질에 대하여 미리 실험실에서 응집시험을 하여 플록의 생성이 빠르고 가장 응집상태가 좋으며 경제적인 응집제나 조건을 찾아내야 하는데, 이때 수행하는 시험을 말한다.

응집반응에 영향을 미치는 인자는 pH, 응집제 선택, 수온, 물의 전해질 농도, 콜로이드의 종류와 농도 등이 있으나, 현장 적용 시에는 Jar-test를 행하여 효과적으로 처리하기 위한 최적 pH나 응집제량을 조절해주는 것이 좋다. Jar-test는 각각의 폐수에 맞는 응집제와 응집보조제를 선택한 후 **적정 pH를 찾고, 그 pH치에서 최적 주입량을 결정**하는 조작이다.

(2) Jar-test시험방법

① 6개의 비커에 처리하려는 물을 동일량(500mL 또는 1L)으로 채운다.
② 교반기로 최대속도(120~140rpm)로 15~90초간 급속교반시킨다.
③ pH 조정을 위한 약품과 응집제를 짧은 시간 내에 주입한다. 응집제는 왼쪽에서 오른쪽으로 증가시켜 각각 다르게 주입한다.

출제 POINT

■ 응집보조제 → 알칼리제
① 생석회(CaO, 산화칼슘)
② 소다회(Na_2CO_3, 무수탄산나트륨)
③ 가성소다(NaOH, 수산화나트륨)
④ 활성규산(Na_2SiO_3, 활성실리카)
⑤ 소석회($Ca(OH)_2$, 수산화칼슘)

■ 급속교반 후 완속교반을 하는 이유
플록을 깨뜨리지 않고 크기를 증가시키기 위해

출제 POINT

④ 교반기의 회전속도를 20~70rpm으로 감소시키고 20분~1시간 완속교반한다(플록 생성). 그리고 플록이 생기는 시간을 기록한다.
⑤ 약 30~60분간 침전시킨 후 상등수를 분석한다.

③ 여과(filtration)

여과란 다공질의 여층을 통해 현탁액을 유입시켜 부유물질을 제거하는 방법으로, 상수도에서 흔히 이용되는 여과법은 완속모래 여과법(slow sand filtration)과 급속모래 여과법(rapid sand filtration)이다. 여과는 부유물, 특히 침전으로 제거되지 않는 미세한 입자의 제거에 가장 효과적인 방법이다.

1) 여과방법의 분류

(1) 수류(흐름)방향에 의한 분류
① 하향류 여과(downflow filter)
② 상향류 여과(upflow filter)
③ 2방향 여과(biflow filter)

(2) 여상의 구성에 따른 분류
① 단층 여과
② 다층 여과

(3) 여상의 추진력에 의한 분류
① 중력식 여과
② 압력식 여과

(4) 유량조절방법에 따른 분류
① 일정 유량 여과
② 감소유량 여과

(5) 여과속도에 의한 분류
① 완속여과
② 급속여과

2) 입도와 여과면적

(1) 유효경과 균등계수
① 유효경(effective size) : 가적통과율 10%의 모래가 차지하는 입경을 말하는 것으로서, 여과사의 유효경은 완속여과 시 0.3~0.45mm, 급속여과 시 0.45~1.0mm 범위이다.
② 균등계수(uniformity coefficient) : 가적통과율 60%의 모래가 가지는 입경을 유효경으로 나눈 값으로 다음 식으로 나타낸다.

■여과모래 선정 시 고려사항
① 유효경
② 균등계수
③ 마멸률
④ 세척탁도
⑤ 강열감량
⑥ 비중
⑦ 염산가용률 등

$$C_u = \frac{D_{60}}{D_{10}}$$

여기서, C_u : 균등계수
        D_{10} : 가적통과율(중량백분율) 10%에 해당되는 입경
        D_{60} : 가적통과율(중량백분율) 60%에 해당되는 입경

> 출제 POINT
>
> ■ 균등계수(C_u)가 1에 가까울수록 입도 분포가 양호하다고 하며, 1을 넘으면 불량하다고 한다.

(2) 여과면적

여과속도와 계획정수량이 결정되면 다음 식으로 총여과면적을 구한다.

$$A = \frac{Q}{Vn}$$

여기서, A : 총여과면적(m^2)
        Q : 계획정수량(m^3/day)
        V : 여과속도(m/day)
        n : 여과지 수

3) 완속여과와 급속여과

(1) 완속여과(slow sand filtration)

모래 여과층 상부의 여재표면에 증식한 미생물군에 의하여 보통침전지를 통과한 침전수의 불순물을 체 거름(straining), 흡착 및 침전(sedimentation), 생물학적 작용(biological activity), 산화작용(oxid-ation) 등의 기능으로 제거, 분해하는 정수방법이다. 따라서 미생물이 생장할 조건만 형성되면 완속여과에서는 수중의 부유물질이나 세균을 고도로 처리할 수 있으며, 일부분의 암모니아성 질소, 철, 망간, 합성세제, 페놀 등을 제거할 수 있다.

(2) 급속여과(rapid sand filtration)

원수 중의 부유물질을 약품침전한 후에 분리하는 방법이다. 여상층에 빠른 유속으로 물을 통과시켜서 주로 여재의 부착, 거름작용으로 부유물질을 제거하는 것이므로, 제거대상인 부유물질은 미리 응집처리를 하여 부착이나 거름작용으로 분리되기 쉬운 상태의 플록으로 만들어야 한다.

[표 4-2] 완속여과와 급속여과의 제원 비교

구분	완속여과	급속여과
여과속도	4~5m/day	120~150m/day
모래층두께	70~90cm	60~70cm
세균 제거율	98~99.5%	95~98%
모래 유효경	0.3~0.45mm	0.45~1.0mm

■ 완속여과와 급속여과의 특징과 제원 비교

출제 POINT

구분	완속여과	급속여과
균등계수	2.0 이하	1.7 이하
여과율	3~6$m^3/m^2 \cdot$day	100~200$m^3/m^2 \cdot$day
사상(砂上) 수심	90~120cm	1m 이상
여과작용	여과, 흡착, 생물학적 응결작용	여과, 응결, 침전

[표 4-3] 완속여과와 급속여과의 특징 비교

구분	완속여과	급속여과
용지면적	크다	작다
세균 제거	좋다	나쁘다
수질	양호	–
약품처리	불필요	필요
손실수두	작다	크다
건설비	많다	적다
유지관리비	적다	많다
원수수질	저탁도	고탁도
여재 세척법	많이 소요	적게 소요
관리기술	불필요	필요

※ 급속여과는 변법에 따라 수질이 다양하므로 정량화하지 못함

(3) 급속여과의 변법

① 다층 여과법

보통의 천연규사로 된 여과층은 역세척에 의해서 성층화되어 위에서 아래로 갈수록 입도가 커지며, 따라서 여과손실수두가 커지고 폐쇄가 빨리 일어나 여과지속시간이 단축되는 결점이 있는데, 이러한 결점을 보완한 것이 다층 여과법(multilayer filtration)이다.

② 상향류 여과법

보통 여과법은 위에서 아래로 물이 흐르는 데 반해, 상향류 여과법(upflow filter)은 밑에서 위로 여과하는 방법으로 하층에 조립, 상층으로 갈수록 세사가 분포되므로 다층 여과법과 같은 이점이 있으나 여과수가 표면에 나오므로 오염 방지책이 필요하다. 여과층의 두께는 약 2m로 여과속도 260~360m/day의 고속여과가 가능하다.

③ 감쇠여과법

급속여과는 일정 유량을 여과하는 정속여과임에 비하여, 감쇠여과는 정압여과로 여과지 수위가 일정하므로 정압을 가하지만 유량조절기가 없으므로 여과지가 점차 폐쇄됨에 따라 여과수량이 감소하는 여과법이다. 이 방식은 공업용수의 여과에 널리 이용되며, 초기 속도는 140~150m/day 정도이다.

■ 감쇠여과가 정속여과보다 유리한 점
① 복잡한 유량조절장치가 제수밸브로 대용된다.
② 정상적인 응집이 이루어졌을 경우 여과수가 보다 청정하다.
③ 응집 불량으로 인한 탁질누출현상이 적다.
④ 여과지속시간이 길다.
⑤ 소요손실수두가 작다.

④ 2방향류 여과법

여층 중에 집수 strainer를 설치하고 상하 양방향에서 원수를 동시에 유입시켜 여과하는 방식이다. 상향류 여과의 장점인 여과지속시간의 연장과 단점인 모래층의 팽창에 따른 여과기능의 상실 등을 방지할 목적으로 하향류의 양 여과를 하나의 조합여상으로 하여 동시에 여과할 수 있도록 만든 것으로 여층이 상하 모두 역입도로 구성되어 있다. 이것을 상·하향류라고도 한다.

⑤ Micro floc여과법

직접 여과법으로 응집침전을 행하지 않고 원수에 약품을 직접 주입한 후 곧 급속여과를 행하는 것이 특징이다. 그러나 원수의 탁도가 100도 이하인 저탁도에는 micro floc여과로 정수되지만, 100도 이상이면 침전지에서 어느 정도 탁도를 제거할 필요가 있다. 여과층은 다층 여과와 같은 무연탄, 천연규사, 석류석의 3층 여과를 사용하여 230~290m/day의 여과속도를 낼 수 있다.

4 소독(살균 ; disinfection)

살균(殺菌)은 소독과 같은 의미로 사용되며 수중의 세균, 바이러스, 원생동물 등의 단세포 미생물을 죽여 무해화하는 것을 의미한다.

1) 전염소처리(prechlorination)

염소는 소독을 목적으로 여과 후에 주입되는 것이지만, 전염소처리는 원수가 심하게 오염되어 세균, 암모니아성 질소(NH_3-N)와 각종 유기물을 포함하여 침전, 여과의 정수만으로는 제거되지 않는 경우에 침전지 이전에 주입하는 것으로 **소독작용이 아닌 산화·분해작용이 주목적**이다. 염소는 주로 착수정, 혼화지, 침전지, 유출수 등의 혼화가 잘 되는 곳에 주입한다.

(1) 전염소처리의 목적

① **색도를 제거하기 위해**
② 철(Fe), 망간(Mn)을 제거하기 위해
③ 암모니아성 질소(NH_3-N)를 제거하기 위해
④ 조류, 세균을 제거하기 위해
⑤ 각종 유기물을 제거하기 위해
⑥ 맛, 냄새를 제거하기 위해

(2) 전염소처리의 장단점

① 일반세균이 1mL 중 5,000마리 이상 또는 대장균군이 100mL 중 2,500마리 이상 존재할 때 물의 세균을 감소시켜서 안정성을 높이며 침전지나 여과지의 내부를 위생적으로 유지한다.

출제 POINT

■ 2방향류 여과의 특징

① 정여층의 여과기능 발휘에 따른 여과지속시간이 연장된다.
② 2방향 동시여과로 여과면적이 적어진다.
③ 상하 양방향 여과의 손실수두가 동일하도록 여과유량이 자동적으로 조절된다.
④ 고탁도 원수의 탁질을 직접적으로 신속히 제거할 수 있다.

■ 전염소처리와 염소소독 비교

구분	전염소처리	염소소독
잔류염소	X	발생
색도	제거	X
THM	발생	발생

■ 전염소처리
① 살균이 목적이 아님
② 산화·분해작용이 목적임

② 조류, 세균 등이 다수 서식하고 있을 때 사멸시키고 번식을 방지한다.
③ 원수 중에 용존하고 있는 철, 망간을 산화시켜 제거할 수 있다.
④ 암모니아성 질소, 황화수소(H_2S), 아질산성 질소, 페놀류, 유기물을 산화시켜 제거할 수 있다.
⑤ 잔류염소가 생기지 않는다.
⑥ THM의 발생은 억제하지 못한다.

2) 염소소독(후염소처리)

(1) 염소(chlorine)
① 강력한 살균제로 상수의 정수처리에 가장 많이 사용된다.
② 가격이 저렴하며 주입방법이 비교적 간단하다.
③ 용해도는 1기압 20℃에서 7,169mg/L이다.
④ 과량의 염소 주입은 THM을 생성한다.
⑤ 급수관에서의 잔류염소농도는 0.2mg/L를 유지하게 한다.
⑥ 소화기계통의 전염병 유행 시, 정수작업에 이상이 있을 때, 단수 후 또는 수압이 감소할 때는 0.4mg/L 이상으로 유지한다.
⑦ 색도는 제거하지 못한다.
⑧ 살균에 지속성이 있으며 살균력이 강하다.
⑨ 염소의 소독효과는 반응시간, 온도 및 염소를 소비하는 물질의 양에 따라 좌우된다.
⑩ 수중에서 유리잔류염소와 결합잔류염소의 형태로 존재한다.
⑪ Cloramine은 살균력은 약하나, 소독 후 물에 이취미가 없고 살균작용이 오래 지속하는 장점이 있다.
⑫ 식물성 냄새, 생선 비린내, 황화수소 냄새, 부패한 냄새의 제거에 효과가 있지만, 곰팡이 냄새 제거에는 효과가 없다.
⑬ 박테리아에 대해서는 효과적이나, 바이러스에 대해서는 별로 효과적이지 못하다.

(2) 트리할로메탄(trihalomethane ; THM)

Humic물질인 유기물이 함유된 원수를 염소소독하는 경우에 생성($CHCl_3$(chloroform), $CHCl_2Br$, $CHBr_3$ 등)된다.

■ THM의 생성과 조건
① 수온이 올라가면 THM이 많이 발생한다.
② pH가 증가하면 THM이 많이 발생한다.
③ 염소 주입률이 증가하면 THM이 많이 발생한다.
④ 염소접촉시간이 길면 THM이 많이 발생한다.
⑤ 물속에 전구(前驅)물질이 많이 존재하면 THM이 많이 발생한다.

3) 잔류염소

(1) 유리잔류염소
염소가 물에 용해되었을 때는 다음과 같이 가수분해된다.

$$Cl_2 + H_2O \rightleftarrows HOCl + H^+ + Cl^- \text{ (낮은 pH)}$$

염소산은 다시 OCl⁻(차아염소산기)와 H⁺로 해리(解離)한다.

$$HOCl \rightleftarrows H^+ + OCl^-$$

① 수중의 염소는 물의 pH에 따라 HOCl이나 OCl⁻를 생성하는데, 이와 같이 수중에서 HOCl, OCl⁻의 형태로 존재하는 염소를 유리잔류염소라 한다.
② 유리잔류염소의 특징
㉠ pH5 이하에서는 염소분자로 존재한다.
㉡ HOCl이 OCl⁻보다 살균력이 약 80배 정도 강하다.
㉢ 대장균의 살균을 위한 필요농도는 HOCl이 0.02ppm, OCl⁻가 2ppm 정도가 필요하다.
㉣ HOCl의 살균력은 pH5.5에서, OCl⁻의 살균력은 pH10.5 정도에서 최대가 된다.

(2) 결합잔류염소

염소가 수중의 NH_3 또는 유기성 질소화합물과 반응하여 존재하는 것으로 chloramine이 대표적이며, 암모니아성 질소(NH_3-N)가 많으면 형성된다. 이때 생성되는 클로라민의 종류는 물의 pH, 암모니아의 양, 온도의 영향을 받는다. 수중에 존재하는 암모니아와 염소의 반응식을 보면 다음과 같다.

$Cl_2 + H_2O \rightleftarrows HOCl + H_2O$
$HOCl + NH_3 \rightleftarrows H_2O + NH_2Cl(monochloramine)$: pH8.5 이상
$HOCl + NH_2Cl \rightarrow H_2O + NH_2Cl(dichloramine)$: pH4.5 이상
$HOCl + NHCl \rightarrow H_2O + NCl_3(trichloramine)$: pH4.4 이하

① 결합잔류염소의 특징
㉠ 살균 후 냄새와 맛을 나타내지 않는다.
㉡ 살균에 지속성이 있다.
㉢ 유리잔류염소에 비해 살균력이 약하다.
② 염소의 살균력 : HOCl > OCl⁻ → chloramines, 온도가 높을수록, 반응시간이 길수록, 염소농도가 높을수록, pH가 낮을수록(산성) 살균력은 증가한다. 염기성 세균에 대하여는 효력이 없다. 또한 산도는 살균효과를 증대시키고, 알칼리도는 살균효과를 감소시킨다.

(3) 잔류염소와 염소요구량

염소 주입량이 많으면 다시 특이한 잔류염소로 변화하는데, 염소 주입량과 잔류염소의 관계는 [그림 4-4]와 같으며 Ⅰ형, Ⅱ형, Ⅲ형은 각각 다른 수질이다.
① AB구간 : 염소가 수중의 환원제와 결합하므로 잔류염소의 양이 없거나 극히 적다.

출제 POINT

■ 살균력
오존(O_3) > HOCl > OCl⁻ > 클로라민

■ 잔류염소는 급수관에서 0.2ppm 이상 유지되어야 한다.

출제 POINT

② BC구간 : 계속 염소를 주입함에 따라 클로라민이 형성되어 잔류염소의 양이 증가한다.
③ CD구간 : 주입된 염소는 클로라민을 NO, N_2 등으로 분해시키는 데 소모되므로 잔류염소량은 급격히 떨어진다.
④ D점(break point) : 파괴점을 지나 염소를 계속 주입하면 더 이상 염소와 결합할 물질이 없어 주입된 염소량만큼 잔류염소량으로 남게 된다.
⑤ DE구간 : 유리잔류염소가 수중에 지속되는 구간
  ㉠ Ⅰ형 : 증류수에 염소를 주입할 때 염소요구량이 0일 경우이며, 주입량에 비례해서 주입량과 같은 잔류염소가 생긴다.
  ㉡ Ⅱ형 : 물이 어느 정도의 유기물이나 산화되는 무기물을 포함하는 경우 즉, 염소요구량이 있는 경우로서 일반적으로 수돗물은 이 경우에 속한다.
  ㉢ Ⅲ형 : 전염소처리 시에 나타나는 유형으로, 유기 및 무기성분과 함께 암모니아화합물을 많이 포함한 물에서 볼 수 있다.
  ㉣ **염소요구량**
    • 염소요구(량)농도＝염소 주입량농도－잔류염소량(유리 및 결합잔류염소량)농도
    • 염소요구량＝(염소 주입량농도－잔류염소량농도)×$Q \times \dfrac{1}{순도}$

■ 염소요구량
① 염소요구량농도(C[mg/L])
＝염소 주입량농도－잔류염소량농도
② 염소요구량(kg/day)
＝$CQ \times \dfrac{1}{순도}$

■ 파괴점
염소요구량이 가장 높은 점

[그림 4-1] 염소 주입과 잔류염소의 관계

4) 염소살균 이외의 살균법

(1) 오존(O_3)

고도정수처리방법으로 여과수에 가하는 오존의 주입량은 2~3mg/L 이하이고, O_3은 쉽게 분리되어 발생기 산소가 되며, 이 산소가 소독작용을 한다. 오존처리대상으로는 색, 냄새, 맛, 철, 망간, 유해한 유기물, 세균, 바이러스 등이 있다.

[표 4-4] 오존처리의 장단점

장점	단점
• 물에 화학물질이 남지 않는다. • 물에 염소와 같은 이취미를 남기지 않는다. • 유기물 특유의 이취미가 제거된다. • 철, 망간의 제거능력이 좋다. • 색도 제거효과가 크다. • 페놀류 등을 제거하는 데 효과적이다. • 자체의 높은 산화력으로 염소에 비하여 높은 살균력을 가지고 있다.	• 경제성이 없다. • 소독의 잔류효과(지속성)가 없다. • 복잡한 배오존처리설비가 필요하다. • 수온이 높아지면 오존소비량이 많아진다. • 암모니아는 제거 불가능하다.

(2) 활성탄처리법

활성탄처리법은 고도정수처리방법의 하나로 통상의 정수처리방법으로 제거되지 않는 **이취미, 페놀류, 유기물, 합성세제의 제거 등에 사용**되며, 분말활성탄처리법과 입상활성탄처리법으로 구분된다.

① 분말활성탄처리법

응집처리 전에 주입시켜 혼화접촉시키므로 흡착처리를 한 뒤 침전여과한다. 이는 응급처리이며, 단시간 사용 시 적합하고 겨울철 저온수에는 응집효과가 저하되므로 PAC이나 응집보조제를 사용하여 응집효과를 높여야 한다.

② 입상활성탄처리법

입상활성탄처리는 통상 **여과와 염소소독의 중간에서 실시**하며 연속처리 또는 비교적 장기간 공용 시 적용된다. 기존 여과지를 이용, 다층 여과지에 적용시켜 처리하는 경우도 있다.

(3) Micro-strainer법

영국에서 처음으로 개발된 것으로, 완속여과 전처리법으로서 수중에 부유하는 현탁물, 플랑크톤, 조류 등의 미세 부유물 등을 여과하는 장치이다. Micro-strainer법은 상수도 공업용수의 정수과정에 있어 **조류 등을 제거하는 데 많이 이용**된다.

출제 POINT

■ 조류 제거는 Micro-strainer법으로 한다.

■ Micro-strainer법의 특징
① 부유생물의 크기에 따라 망눈을 바꿀 수 있다.
② 처리용 수량이 매우 소량이다.
③ 생물 발생상황에 따라서 적선(適宜)으로 운전된다.
④ 소요부지가 협소하다.

Engineering of Water Supply Sewerage

출제 POINT

학습 POINT
- 배출수처리순서
- 조정시설의 기능
- 농축시설의 역할

SECTION 3 배출수처리시설

[그림 4-2] 배출수처리시설의 계통도

1) 조정시설

여과지 및 침전슬러지에서 나오는 세척배출수와 침전슬러지는 양과 질이 일정하지 않고 간헐적으로 배출되므로, 이를 저류시켜 **슬러지를 균등화시키는 시설**을 조정시설이라 한다.

2) 농축시설

배출수의 농도를 높여 배출수의 **부피를 감소시키기 위한 시설**을 농축시설이라 한다.

■ 조정시설
슬러지 균등화시설, 상수배출수처리시설에만 있다.

■ 농축시설
부피 감소시설에 해당한다.

 참고

농축조
① 용량 : 계획슬러지양의 24~48시간분
② 고형물부하 : 10~20kg/m² · day
③ 유효수심 : 3.5~4.0m
④ 여유고 : 30cm 이상
⑤ 바닥경사 : 1/10 이상
⑥ 슬러지관 및 배출관경 : 200mm 이상

3) 건조시설

① 천일 건조상

② 라군(lagoon) : 침전슬러지를 직접 받아들여 탈수 가능한 정도까지 건조 1지당 용량을 1회 배슬러지양 이상으로 하고 2지 이상 설치한다.

4) 탈수시설

농축슬러지의 함수량을 감소시켜 체적을 줄이면서 운반·최종 처분을 쉽게 하기 위한 시설이다.

5) 최종 처분

탈수 완료 후에 발생한 케이크를 위생매립(침출수 등에 의한 2차 오염 방지 고려), 해양투기, 토지 살포, 소각재 이용 등에 사용하는 것이다.

출제 POINT

■ 탈수·건조시설
함수율 감소시설에 해당한다.

■ 탈수기
진공여과기, 가압탈수기, 원심탈수기, 조립탈수기, 벨트프레스탈수기 등이 있으며, 이 중 가압탈수기는 슬러지 함수율이 55~70%으로 가장 널리 사용한다.

CHAPTER 04 기출문제

1. 개론

01 정수방법 선정 시 고려사항(선정조건)으로 가장 거리가 먼 것은?
① 원수의 수질
② 도시발전상황과 물 사용량
③ 정수수질의 관리목표
④ 정수시설의 규모

> **해설** 정수방법의 선정 시 고려사항은 수질목표를 달성하는 것으로, 도시의 발전상황과 물 사용량의 고려는 배수시설과 보다 연관성이 있다.

02 원수수질상황과 정수수질관리목표를 중심으로 정수방법을 선정할 때 종합적으로 검토하여야 할 사항으로 틀린 것은?
① 원수수질   ② 원수시설의 규모
③ 정수시설의 규모   ④ 정수수질의 관리목표

> **해설** 정수방법의 선정을 위한 사항에 원수시설의 규모는 관련 없다.

03 다음의 정수처리공정별 설명으로 틀린 것은?
① 침전지는 응집된 플록을 침전시키는 시설이다.
② 여과지는 침전지에서 처리된 물을 여재를 통하여 여과하는 시설이다.
③ 플록형성지는 플록 형성을 위해 응집제를 주입하는 시설이다.
④ 소독의 주목적은 미생물의 사멸이다.

> **해설** 응집지에서 응집제를 주입하며, 플록형성지는 플록이 깨지지 않고 강도를 갖을 수 있도록 하는 곳이다.

04 정수장의 입지조건으로 고려할 사항이 아닌 것은?
① 시설 및 약품 등의 반입을 위하여 교통이 발달한 곳
② 건설 및 유지관리에 유리한 곳
③ 충분한 면적의 용지를 확보할 수 있는 곳
④ 재해를 받을 염려가 적고 위생적인 환경을 가질 수 있는 곳

> **해설** 정수장 입지계획조사 시 유의사항
> ㉠ 상수도시설 전체에 대한 배치계획을 고려한다.
> ㉡ 위생적인 환경이어야 한다.
> ㉢ 재해 염려가 적고 배수하기 좋은 환경이어야 한다.
> ㉣ 충분한 면적을 확보해야 한다.
> ㉤ 유지관리가 유리하고 장래 확장이 유리한 곳이어야 한다.

05 정수시설의 계획정수량은 무엇을 기준으로 하는 것인가?
① 계획 1일 최대급수량
② 계획 1일 평균급수량
③ 계획시간 평균급수량
④ 계획취수량

> **해설** 계획정수량은 계획 1일 최대급수량을 기준으로 한다.

06 ★ 정수시설에 관한 사항으로 틀린 것은?
① 착수정의 용량은 체류시간을 5분 이상으로 한다.
② 고속응집침전지의 용량은 계획정수량의 1.5~2.0시간분으로 한다.
③ 정수지의 용량은 첨두수요대처용량과 소독접촉시간용량을 고려하여 최소 2시간분 이상을 표준으로 한다.
④ 플록형성지에서 플록 형성시간은 계획정수량에 대하여 20~40분간을 표준으로 한다.

> **해설** 착수정의 체류시간은 1.5분 이상으로 한다.

정답 1.② 2.② 3.③ 4.① 5.① 6.①

07 정수지에 대한 설명으로 틀린 것은?
① 정수지 상부는 반드시 복개해야 한다.
② 정수지의 유효수심은 3~6m를 표준으로 한다.
③ 정수지의 바닥은 저수위보다 1m 이상 낮게 해야 한다.
④ 정수지란 정수를 저류하는 탱크로 정수시설로는 최종 단계의 시설이다.

> 해설 정수지의 바닥은 저수위보다 15cm 이상 낮게 해야 한다.

08 일반적인 정수과정으로 가장 타당한 것은 어느 것인가?
① 스크린 – 응집·침전 – 여과 – 살균
② 이온교환 – 응집·침전 – 스크린 – 살균
③ 응집·침전 – 이온교환 – 살균 – 스크린
④ 스크린 – 살균 – 이온교환 – 응집·침전

> 해설 일반적인 정수과정은 응집–침전–여과–소독이다.

09 정수방법에 관한 설명으로 옳은 것은?
① 응집·침전은 용해성 물질의 제거에 적합하다.
② 이온교환은 콜로이드의 제거에 주로 사용된다.
③ 활성탄 흡착은 용해성 유기물의 제거에 적합하다.
④ 역삼투는 부유물질의 제거에 주로 사용된다.

> 해설 ① 응집·침전은 콜로이드성 현탁물질의 제거에 적합하다.
> ② 이온교환은 질산성 질소나 경수의 연화법에 적합하다.
> ④ 역삼투는 해수의 담수화에 이용된다.

10 다음은 정수장시설의 착수정에 관한 설명이다. 틀린 것은?
① 2 이상으로 분할하는 것이 원칙이다.
② 체류시간은 1.5분 이상으로 한다.
③ 수심은 3~5m 정도로 한다.
④ 고수위와 주변 벽체 상단 간에는 30cm 이상의 여유고를 두어야 한다.

> 해설 **착수정의 제원**
> ㉠ 고수위와 주변 벽체 상단 간의 여유고는 60cm 이상이다.
> ㉡ 착수정은 2지 이상 분할하는 것이 원칙이다.
> ㉢ 착수정의 용량은 체류시간을 1.5분 이상으로 한다.
> ㉣ 수심은 3~5m 정도로 한다.

11 정수시설의 적절한 배치를 위해 고려할 사항으로 옳지 않은 것은?
① 처리계열은 시설규모 등에 따라 가능한 한 독립된 2계열 이상으로 분할하는 것이 바람직하다.
② 응집, 플록 형성, 침전공정의 시설은 각기 분리하여 배치하는 것이 바람직하다.
③ 고도정수시설은 어떤 방식을 채택하느냐에 따라 정수처리공정에서 고도정수공정의 배치가 다르게 된다.
④ 소독은 여과지 유입 전과 후에 물이 모이는 곳에 접촉지를 설치하여 염소제 등 소독제를 주입한다.

> 해설 약품침전지는 급속여과의 전 단계로서 응집제를 이용하여 응집·침전을 유도하므로 가급적 '응집 → 플록 형성 → 침전'이 순차적으로 이루어질 수 있도록 하는 것이 바람직하다.

2. 정수방법

12 다음 중 저농도 현탁입자의 침전형태는?
① 단독침전   ② 응집침전
③ 지역침전   ④ 압밀침전

> 해설 저농도 현탁입자의 경우 중력에 의한 침전이 합당하므로 1차 침전 또는 자유침전, 독립침전, 단독침전, 보통침전의 형태이다.

13 다음 중 침사지의 침사현상을 가장 잘 설명할 수 있는 것은?
① 독립침전   ② 지역침전
③ 압밀침전   ④ 응집침전

정답 7. ③ 8. ① 9. ③ 10. ④ 11. ② 12. ① 13. ①

Engineering of Water Supply Sewerage

해설 침사현상은 독립침전으로 중력에 의한 침전이다.

14 다음 중 Stokes법칙이 가장 잘 적용되는 침전형태는?
① 응집침전 ② 단독침전
③ 지역침전 ④ 압축침전

해설 Stokes법칙이 가장 잘 적용되는 침전형태는 I형 침전인 단독침전이다.

15 다음 중 Stokes법칙의 기본가정이 아닌 것은 어느 것인가?
① 입자의 크기가 일정하다.
② 입자 간 응집성을 고려한다.
③ 물의 흐름은 층류상태이다.
④ 입자의 형상은 구형이다.

해설 Stokes법칙의 기본가정
㉠ 입자의 크기는 일정하다.
㉡ 입자의 형상은 구형이다.
㉢ 물의 흐름은 층류상태이다.

16 침전에 관한 Stokes의 법칙에 대한 설명으로 잘못된 것은?
① 침강속도는 입자와 액체의 밀도차에 비례한다.
② 침강속도는 겨울철이 여름철보다 크다.
③ 침강속도는 입자의 크기가 클수록 크다.
④ 침강속도는 중력가속도에 비례한다.

해설 Stokes의 법칙
$$V_s = \frac{(\rho_s - \rho_w)gD^2}{18\mu} = \frac{(s-1)gD^2}{18\nu}$$
여기서, V_s : 입자의 침강속도(cm/s)
ρ_s : 입자의 밀도(g/cm³)
ρ_w : 물의 밀도(g/cm³)
g : 중력가속도
D : 입자의 직경(cm)
μ : 물의 점성계수(g/cm·s)
s : 비중
ν : 물의 동점성계수

17 다음 중 입자의 침강속도에 대한 설명으로 맞는 것은?
① 수온이 높을수록 침강속도가 느리다.
② 침강속도는 입자의 직경에 비례한다.
③ 입자의 밀도가 클수록 침강속도는 느려진다.
④ 점성도가 낮을수록 침강속도는 빨라진다.

해설 입자의 침강속도는 수온이 높을수록, 점성이 낮을수록, 입자의 밀도가 클수록 빨라지며, 입자직경의 제곱에 비례한다.

18 침사지 내에서 다른 모든 조건이 동일할 때 비중이 1.8인 입자는 비중이 1.2인 입자에 비하여 침강속도가 얼마나 큰가?
① 동일하다.   ② 1.5배 크다.
③ 2배 크다.   ④ 4배 크다.

해설 Stokes법칙
$$V_s = \frac{(\rho_s - \rho_w)gD^2}{18\mu} = \frac{(s-1)gD^2}{18\nu}$$에서
$V_s \propto (s-1)$이므로
$$\therefore \frac{V_1}{V_2} = \frac{1.8-1}{1.2-1} = 4$$

19 비중이 2.0인 모래입자의 침전속도를 V라 할 때 비중이 2.6인 입자의 침전속도는?
① 1.0 V ② 1.3 V
③ 1.6 V ④ 2.6 V

해설 Stokes법칙
$$V_s = \frac{(\rho_s - \rho_w)gD^2}{18\mu} = \frac{(s-1)gD^2}{18\nu}$$에서
$V_s \propto (s-1)$이므로
$$\therefore \frac{V_1}{V_2} = \frac{2.6-1}{2.0-1} = 1.6\,V$$

20 침사지의 직경 0.01mm인 토립자의 침강속도가 0.008cm/s일 때 같은 침사지에 밀도가 같고 직경이 0.02mm인 토립자의 침강속도는?
① 0.032cm/s   ② 0.016cm/s
③ 0.008cm/s   ④ 0.064cm/s

정답 14. ② 15. ② 16. ② 17. ④ 18. ④ 19. ③ 20. ①

해설 Stokes법칙

$$V_s = \frac{(\rho_s - \rho_w)gD^2}{18\mu} = \frac{(s-1)gD^2}{18\nu}$$ 에서 침강속도는 토립자 직경의 제곱에 비례한다.

$$V_1 : D_1^2 = V_2 : D_2^2$$

$$\therefore V_2 = \left(\frac{D_2}{D_1}\right)^2 V_1 = \left(\frac{0.02}{0.01}\right)^2 \times 0.008 = 0.032 \text{cm/s}$$

21 ★ 침사지의 용량은 계획취수량을 몇 분간 저류시킬 수 있어야 하는가?

① 10~20분 ② 20~30분
③ 30~40분 ④ 40~50분

해설 상수침사지의 설계기준
㉠ 체류시간 : 계획취수량의 10~20분
㉡ 평균유속 : 2~7cm/s
㉢ 유효수심 : 3~4m

22 ★ 침전지의 침전효율을 증가시키기 위한 설명으로 옳지 않은 것은?

① 표면부하율을 작게 하여야 한다.
② 침전지의 표면적을 크게 하여야 한다.
③ 유량을 작게 하여야 한다.
④ 지내 수평속도를 크게 하여야 한다.

해설 침전효율

$$E = \frac{V_s}{V_0} \times 100\% = \frac{V_s t}{h} \times 100\% = \frac{V_s A}{Q} \times 100\%$$

이므로 표면부하율은 작게, 표면적은 크게, 유량은 작게, 침강속도는 크게 할 때 증가된다. 이때 수평속도는 관계없다.

23 ★ 침전지에서 침전효율을 크게 하기 위한 조건으로서 옳은 것은?

① 유량을 적게 하거나, 표면적을 크게 한다.
② 유량을 많게 하거나, 표면적을 크게 한다.
③ 유량을 적게 하거나, 표면적을 적게 한다.
④ 유량을 많게 하거나, 표면적을 적게 한다.

해설 침전효율

$$E = \frac{V_s}{V_0} \times 100\% = \frac{V_s t}{h} \times 100\% = \frac{V_s A}{Q} \times 100\%$$

이므로 표면부하율은 작게, 표면적은 크게, 유량은 작게, 침강속도는 크게 할 때 증가된다.

24 ★★ 깊이 3m, 표면적 500m²인 어떤 수평류 침전지에 1,000m³/hr의 유량이 유입된다. 독립침전임을 가정할 때 100% 제거할 수 있는 입자의 최소침강속도는?

① 0.5m/hr ② 1.0m/hr
③ 2.0m/hr ④ 2.5m/hr

해설 최소침강속도

$$V_0 = \frac{Q}{A} = \frac{1,000}{500} = 2.0 \text{m/hr}$$

25 ★★ 침전지의 유효수심이 5m, 1일 최대사용수량 500m³, 침전시간을 8시간으로 할 때 침전지의 소요수면적은 얼마인가?

① 24m² ② 34m²
③ 44m² ④ 54m²

해설 수면적부하(표면부하율)

$$\frac{Q}{A} = \frac{h}{t}$$

$$\frac{500\text{m}^3/\text{day}}{A} = \frac{5\text{m}}{8\text{hr} \times \frac{1}{24}\text{day}}$$

$$\therefore A ≒ 34\text{m}^2$$

26 ★★ 침전지의 수심이 4m이고 체류시간이 2시간일 때 이 침전지의 표면부하율은?

① 12m³/m²·day ② 24m³/m²·day
③ 36m³/m²·day ④ 48m³/m²·day

해설 표면부하율(수면적부하)

$$\frac{Q}{A} = \frac{h}{t} = \frac{4\text{m}}{2\text{hr} \times \frac{1}{24}\text{day}} = 48\text{m}^3/\text{m}^2 \cdot \text{day}$$

정답 21. ① 22. ④ 23. ① 24. ③ 25. ② 26. ④

27 침전지의 유효수심이 2m이고 1일 최대사용수량이 240m³이며 침전시간이 6시간일 경우 침전지의 수면적은?

① 30m² ② 50m²
③ 80m² ④ 110m²

> **해설** 수면적부하(표면부하율)
> ㉠ $Q = \dfrac{240\text{m}^3/\text{day}}{24\text{hr}/\text{day}} = 10\text{m}^3/\text{hr}$
> ㉡ $\dfrac{Q}{A} = \dfrac{h}{t}$
> $\dfrac{10\text{m}^3/\text{hr}}{A} = \dfrac{2\text{m}}{6\text{hr}}$
> $\therefore A = 30\text{m}^2$

28 유효수심 3.5m, 체류시간 3시간의 최종 침전지의 수면적부하는 얼마인가?

① $10.5\text{m}^3/\text{m}^2 \cdot \text{day}$
② $28.0\text{m}^3/\text{m}^2 \cdot \text{day}$
③ $56.0\text{m}^3/\text{m}^2 \cdot \text{day}$
④ $105.0\text{m}^3/\text{m}^2 \cdot \text{day}$

> **해설** 수면적부하(표면부하율)
> $\dfrac{Q}{A} = \dfrac{h}{t} = \dfrac{3.5\text{m}}{3\text{hr} \times \frac{1}{24}\text{day}} = 28\text{m}^3/\text{m}^2 \cdot \text{day}$

29 유입수량 100m³/min, 침전지 용량 4,000m³, 폭 20m, 길이 50m, 수심 4m인 경우의 수면적부하는?

① $720\text{m}^3/\text{m}^2 \cdot \text{day}$
② $144\text{m}^3/\text{m}^2 \cdot \text{day}$
③ $1,800\text{m}^3/\text{m}^2 \cdot \text{day}$
④ $6\text{m}^3/\text{m}^2 \cdot \text{day}$

> **해설** 수면적부하(표면부하율)
> $Q = 100\text{m}^3/\text{min} = \dfrac{100\text{m}^3}{1,440^{-1}\text{day}}$
> $= 144,000\text{m}^3/\text{day}$
> $\therefore V_o = \dfrac{Q}{A} = \dfrac{144,000}{20 \times 50} = 144\text{m}^3/\text{m}^2 \cdot \text{day}$

30 처리수량이 10,000m³/day인 보통침전지의 크기가 폭 20m, 길이 60m, 유효깊이 4m이다. 이 침전지의 표면부하율은 얼마인가?

① 8.3m/day ② 125m/day
③ 41.7m/day ④ 12.5m/day

> **해설** 표면부하율(수면적부하)
> $V_o = \dfrac{Q}{A} = \dfrac{10,000}{20 \times 60} = 8.33\text{m/day}$

31 어느 도시의 1인당 하수량이 300L/day이고, 인구는 100,000명이다. 침전지의 유효수심을 3m, 침전시간을 1.5시간으로 설계하고자 할 때 침전지면적은 얼마가 되어야 하는가?

① 450m² ② 625m²
③ 875m² ④ 900m²

> **해설** 수면적부하(표면부하율)
> $\dfrac{Q}{A} = \dfrac{h}{t}$
> $\dfrac{100,000 \times 300 \times 10^{-3}/24}{A} = \dfrac{3}{1.5}$
> $\therefore A = 625\text{m}^2$

32 침전시간 1시간, 침전지의 깊이 3m, 침강입자의 침전속도가 0.027m/min일 때 침전효과는?

① 48% ② 52%
③ 54% ④ 58%

> **해설** 침전효과
> $V_o = \dfrac{h}{t} = \dfrac{3}{60} = 0.05\text{m/min}$
> $\therefore E = \dfrac{V_s}{V_o} \times 100\% = \dfrac{0.027}{0.05} \times 100\% = 54\%$

33 폭 10m, 길이 25m인 장방형 침전조에 넓이 80m²인 경사판 1개를 침전조 바닥에 대하여 10°의 경사로 설치하였다면 이론적으로 침전효율은 몇 % 증가하겠는가?

① 약 5%   ② 약 10%
③ 약 20% ④ 약 30%

> [해설] 보통침전지의 구조에서 유효수심이 4.5~5.5m라는 것과 경사판의 구조를 이용한다. 경사판의 경우 80m²인데, 경사판은 폭에 맞추므로 폭 10m×길이 8m임을 생각할 수 있다. 또 경사가 10°이므로 경사높이를 구할 수 있다. 경사높이 $h = 8m \times \sin 10° ≒ 1.4m$ 즉, 경사판 때문에 침전물질이 바닥에 떨어지는 거리가 약 1.4m가 줄어드는 셈이 된다. 따라서 1.4m 줄어든 길이를 최소유효수심 4.5m 대비 백분율로 환산하면 침전효율 = $\frac{1.4}{4.5} \times 100\% = 31.1\%$ 가 증가한다.

34 깊이 3m, 길이 24m, 폭 10m인 장방형 침전조에서 시간당 360m³의 유입수를 처리하고 있다. 이 침전조에서 침전속도가 1m/hr인 입자의 평균 제거율은?
① 45% ② 53%
③ 67% ④ 74%

> [해설] **평균 제거율(침전효율)**
> $$E = \frac{V_s}{V_o} \times 100\% = \frac{V_s}{\frac{Q}{A}} \times 100\%$$
> $$= \frac{1}{\frac{360}{24 \times 10}} \times 100\% = 67\%$$

35 응집처리를 위한 응집제가 아닌 것은?
① 황산알루미늄($Al_2(SO_4)_3$)
② 염화 제2철($FeCl_3$)
③ 황산 제2철($Fe_2(SO_4)_3$)
④ 황화수소(H_2S)

> [해설] 황화수소가스는 관정부식의 원인물질이다.

36 정수처리 시 약품응집침전의 원리로 타당하지 않은 것은?
① 콜로이드의 전기적 특성을 변화시킨다.
② 물에 대한 표면적의 비율을 감소시킨다.
③ 입자의 표면적 전하를 증가시킨다.
④ 응집제는 2가 양이온보다 3가 양이온을 사용하는 것이 효과적이다.

> [해설] 약품응집친전은 입자의 표면적 전하를 감소시킨다.

37 알칼리도가 부족한 원수의 응집을 위하여 주입하는 약품은? (단, 정수의 경도 증가는 피한다.)
① $Al_2(SO_4)_3 + CaO$ ② $Al_2(SO_4)_3 + Na_2CO_3$
③ $Al_2(SO_4)_3$ ④ $FeCl_3$

> [해설] 알칼리도가 부족한 원수의 응집을 위하여 주입하는 약품은 $Al_2(SO_4)_3 + Na_2CO_3$(황산알루미늄+소다회)이다.

38 정수시설의 응집용 약품에 대한 설명이다. 틀린 것은?
① 응집제로는 명반 등이 있다.
② 알칼리제로는 소다회 등이 있다.
③ 보조제로는 활성규산 등이 있다.
④ 첨가제로는 소금 등이 있다.

> [해설] 소금은 응집용 약품이 아니다.

39 응집제로서 가격이 저렴하고 탁도, 세균, 조류 등의 거의 모든 현탁성 물질 또는 부유물의 제거에 유효하며 무독성 때문에 대량으로 주입할 수 있으며 부식성이 없는 결정을 갖는 응집제는?
① 황산알루미늄 ② 암모늄명반
③ 황산 제1철 ④ 폴리염화알루미늄

> [해설] 응집제로 가장 많이 쓰는 것은 명반(황산반토, 황산알루미늄)이다.

40 상수도에 널리 사용하는 응집제인 황산알루미늄($Al_2(SO_4) \cdot 18H_2O$)에 대한 설명으로 옳지 않은 것은 어느 것인가?
① 저렴, 무독성
② 수중 탁질에 적합
③ 부식성, 자극성이 없음
④ 적정 pH는 3.5~5.0일 것

> 정답 34.③ 35.④ 36.③ 37.② 38.④ 39.① 40.④

[해설] 황산알루미늄의 적정 pH는 5.5~8.5 범위이다.

41 원수의 알칼리도가 50ppm, 탁도가 500ppm일 때 황산알루미늄의 소비량은 60ppm이다. 이때 수량이 48,000m³/day라면 5% 용액의 황산알루미늄은 1일에 얼마나 필요한가? (단, 액체의 비중은 1로 본다.)

① 40.6m³/day ② 47.6m³/day
③ 50.6m³/day ④ 57.6m³/day

[해설] 황산알루미늄 1일 사용량
$= C[\text{mg/L, ppm}] \times Q[\text{m}^3/\text{day}] \times \dfrac{1}{\text{순도}}$
$= 60 \times 10^{-3} \text{kg/m}^3 \times 48,000 \text{m}^3/\text{day} \times \dfrac{1}{0.05}$
$= 57.6\text{t/day} = 57.6\text{m}^3/\text{day}$

42 응집침전 시 황산반토 최적 주입량이 20ppm, 유량이 500m³/hr에 필요한 5% 황산반토용액의 주입량은 얼마인가?

① 20L/hr ② 100L/hr
③ 150L/hr ④ 200L/hr

[해설] 주입량 $= C[\text{mg/L, ppm}] \times Q[\text{m}^3/\text{day}] \times \dfrac{1}{\text{순도}}$
$= 20 \times 10^{-3} \times 500 \times \dfrac{1}{0.05} = 200\text{L/hr}$

43 어떤 상수원수의 Jar-test실험결과 원수시료 200mL에 대해 0.1% PAC용액 12mL를 첨가하는 것이 가장 응집효율이 좋았다. 이 경우 상수원수에 대해 PAC용액의 사용량은 몇 mg/L인가?

① 40mg/L ② 50mg/L
③ 60mg/L ④ 70mg/L

[해설] 원수시료 200mL에 대하여 최적 주입량이 PAC 0.1%에 해당하는 12mL이므로 $\dfrac{12\text{mL}}{200\text{mL}} = 0.06$이다. 단위mL당 0.06이므로 단위L당으로 바꾸면 0.06×1,000=60mg/L가 된다.

44 응집처리공정에서 원수의 특성에 알맞게 최적의 응집제 주입량과 최적의 pH를 주입하기 위해 일반적으로 실시하는 시험은?

① BOD시험
② COD시험
③ Jar-test
④ 탁도시험

[해설] Jar-test는 적정 응집제 주입량 및 최적 pH 결정을 위한 시험이다.

45 다음 중 Jar-test와 관계가 있는 것은?

① 흡착제   ② 응집제
③ 알칼리도 ④ 경도

[해설] Jar-test는 적정 응집제 주입량을 결정하기 위한 시험이다.

46 Jar-test의 시험목적으로 옳은 것은?

① 응집제 주입량 및 최적 pH 결정
② 염소 주입량 결정
③ 염소접촉시간 결정
④ 홍수처리시간 결정

[해설] Jar-test는 적정 응집제 주입량 및 최적 pH 결정을 위한 시험이다.

47 Jar-test는 적정 응집제의 주입량과 적정 pH를 결정하기 위한 시험이다. Jar-test 시 응집제를 주입한 다음 급속교반 후 완속교반을 하는 이유는?

① 응집제를 용해시키기 위해서
② 응집제를 고르게 섞기 위해서
③ 플록이 고르게 퍼지게 하기 위해서
④ 플록을 깨뜨리지 않고 성장시키기 위해서

[해설] Jar-test 시 응집제를 주입한 다음 급속교반 후 완속교반을 하는 이유는 플록을 깨뜨리지 않고 성장시키기 위해서이다.

정답 41. ④ 42. ④ 43. ③ 44. ③ 45. ② 46. ① 47. ④

48 명반(alum)을 사용하여 상수를 침전처리하는 경우 약품 주입 후 응집조에서 완속교반을 하는 이유는?
① 명반을 용해시키기 위하여
② 플록(floc)을 공기와 접촉시키기 위하여
③ 플록이 잘 부서지도록 하기 위하여
④ 플록의 크기를 증가시키기 위하여

해설 완속교반을 하는 이유는 플록의 크기를 증가시키기 위해서이다.

49 화학적 응집침전으로 정수처리에 오히려 역효과를 유발시킬 수 있는 것은?
① 색도 제거 ② 세균 제거
③ 탁도 제거 ④ 경도 제거

해설 경도 제거는 Ca, Mg의 제거로 플록 형성을 막아 정수 처리에 역효과를 유발한다.

50 정수시설의 응집제 중 액체로서 액체 자체가 가수분해되어 중합체로 되어 있으므로 일반적으로 황산알루미늄보다 적정 주입 pH의 범위가 넓으며 알칼리도의 감소가 적은 것은?
① 폴리염화알루미늄 ② 황산반토
③ 분말활성탄 ④ 황산 제1철

해설 PAC(폴리염화알루미늄)의 pH, 알칼리도의 저하는 황산반토의 1/2 이하이며, 과잉 주입하여도 효과가 떨어지지 않는다.

51 ★ 응집제의 하나인 황산알루미늄의 장점이라 볼 수 없는 것은?
① 다른 응집제에 비해 가격이 저렴하다.
② 독성이 없으므로 다량으로 주입할 수 있다.
③ 결정은 부식성이 없어 취급이 용이하다.
④ 플록 생성 시 적정 pH폭이 넓다.

해설 황산알루미늄은 플록 생성 시 적정 pH폭이 좁다.

52 응집침전에 주로 사용되는 응집제가 아닌 것은?
① 황산알루미늄(aluminium sulfate)
② 염화 제2철(ferric chloride)
③ 황산 제1철(ferrous sulfate)
④ 벤토나이트(bentonite)

해설 벤토나이트는 응집보조제이다.

53 급속여과방식의 정수방법에서는 전처리로서 응집제의 투입이 불가피하다. 다음 중 응집제로 적절하지 않은 것은?
① 염화 제2철 ② 황산알루미늄
③ 수산화나트륨 ④ 황산 제1철

해설 응집제는 황산알루미늄과 철염류이다.

54 탁질을 제거하기 위한 응집제로서 정수처리공정에서 사용되지 않는 약품은?
① PAC(폴리염화알루미늄)
② 황산반토
③ 활성탄
④ 황산철

해설 활성탄은 이취미를 제거한다.

55 다음 정수에 주입되는 약품 중 응집제가 아닌 것은?
① 소석회 ② PAC
③ 액체 황산알루미늄 ④ 고형 황산알루미늄

해설 소석회는 응집보조제이다.

56 ★ 상수처리 시 혼화지 다음의 설비로 완속교반을 행하는 설비를 무엇이라고 하는가?
① 여과지 ② 침전지
③ 침사지 ④ 플록형성지

정답 48. ④ 49. ④ 50. ① 51. ④ 52. ④ 53. ③ 54. ③ 55. ① 56. ④

해설 플록형성지는 완속교반시설이다.

해설 고속응집침전법은 기존의 플록이 존재하면서 새로운 플록을 형성시키는 것으로, 최고탁도는 1,000NTU 이하인 것이 바람직하다.

57 정수장에서 혼화, 플록 형성, 침전이 하나의 반응조 내에서 이루어지는 침전지는?
① 고속응집침전지
② 약품침전지
③ 보통침전지
④ 경사판침전지

해설 응집과 침전이 하나의 반응조에서 이루어지는 침전은 고속응집침전이다.

58 다음 중 상수도의 침전에 관한 설명으로 옳은 것은?
① 플록형성지는 여러 구간으로 나누며 교반속도를 점차 빠르게 한다.
② Jar-test는 종침강속도를 구하는 장치이다.
③ 고분자 응집제는 응집속도가 빠르나 pH에 의한 영향을 크게 받는다.
④ 정류벽은 난류, 밀도류의 억제에 효과가 있다.

해설 정류벽은 난류와 밀도류를 방지하는 목적으로 설치한다.

59 다음 중 응집반응을 지배하는 인자로 볼 수 없는 것은?
① 수온
② 맛
③ pH
④ 알칼리도

해설 맛은 응집이 아닌 흡착과 관련이 있다.

60 고속응집침전지를 선택할 때 고려하여야 할 사항으로 옳지 않은 것은?
① 원수탁도는 10NTU 이상이어야 한다.
② 최고탁도는 10,000NTU 이하인 것이 바람직하다.
③ 탁도와 수온의 변동이 적어야 한다.
④ 처리수량의 변동이 적어야 한다.

61 다음 중 완속여과의 효과와 거리가 가장 먼 것은?
① 철의 제거
② 경도 제거
③ 색도 제거
④ 망간의 제거

해설 경도는 물의 세기를 나타내므로 완속여과의 효과와 거리가 가장 멀다.

62 다음 중 상수도의 여과에 관한 설명으로 옳은 것은?
① 완속여과에서 여과기능은 주로 모래층 내부에서 일어난다.
② 여과사의 유효지름이 작을수록 여과수의 수질은 나빠진다.
③ 여과지속기간은 손실수두 또는 여과수의 수질에 의해 결정된다.
④ 세균 제거효과는 완속여과에서는 기대할 수 없다.

해설 ① 완속여과에서 여과기능은 주로 모래층 표면에서 일어난다.
② 여과사의 유효지름이 작을수록 여과수의 수질은 좋아진다.
④ 세균 제거효과는 급속여과에서는 기대할 수 없다.

63 완속여과에 대한 설명으로 틀린 것은?
① 부유물질 외에 세균도 제거가 가능하다.
② 급속여과에 비해 일반적으로 수질이 좋다.
③ 여과속도는 4~5m/day를 표준으로 한다.
④ 전처리로서 응집침전과 같은 약품처리가 필수적이다.

해설 전처리로서 응집침전과 같은 약품처리가 필수적인 것은 급속여과이다.

정답 57.① 58.④ 59.② 60.② 61.② 62.③ 63.④

64 완속여과지에 관한 설명이 아닌 것은?

① 세균 제거도 어느 정도 기대할 수 있다.
② 응집제를 필수적으로 투입해야 한다.
③ 원수의 탁도가 비교적 낮은 경우에 적합하다.
④ 여과속도를 4m/day 정도로 유지한다.

> 해설 완속여과지는 응집제를 필요로 하지 않는다.

65 상수도시설 중 완속여과지에 대한 설명으로 옳지 않은 것은?

① 완속여과지의 여과속도는 보통 120m/day로 한다.
② 여과사의 균등계수는 2.0 이하, 유효경은 0.3~0.45mm가 일반적이다.
③ 완속여과지의 모래층의 두께는 70~90cm로 한다.
④ 완속여과지의 형상은 직사각형을 표준으로 한다.

> 해설 완속여과지의 여과속도는 보통 4~5m/day로 한다.

66 완속여과와 급속여과를 비교하여 설명한 것으로 옳지 않은 것은?

① 세균 제거면에서는 완속여과가 더 효과적이다.
② 용지면적에서는 급속여과가 더 적게 소요된다.
③ 완속여과는 약품처리를 필요로 하지 않는다.
④ 급속여과는 비교적 양호한 원수에 알맞은 방법이다.

> 해설 급속여과는 약품처리를 통하여 빠르게 처리하는 시설로서 고탁도 원수에 적용하며, 처리수의 수질은 완속여과에 비하여 좋지는 않다.

67 상수도의 완속여과지에 관한 설명으로 틀린 것은?

① 균등계수는 2 이하, 유효입경은 0.3~0.45mm이어야 한다.
② 모래의 최대입경은 5.0mm를 초과하지 않아야 한다.
③ 모래층의 두께는 70~90cm를 표준으로 한다.
④ 여과속도는 보통 4~5m/day를 표준으로 한다.

> 해설 **완속여과지 제원**
> ㉠ 여과속도 : 4~5m/day
> ㉡ 모래층두께 : 70~90cm
> ㉢ 균등계수 : 2.0 이하
> ㉣ 모래 유효경 : 0.3~0.45mm이므로 모래의 최대 입경은 0.45mm를 초과하지 않을 것

68 상수도 정수처리의 응집-침전에 관한 설명으로 옳은 것은?

① Floc형성지는 여러 구간으로 나누며 후반으로 갈수록 교반속도를 점차 크게 한다.
② Jar-tester는 종침강속도(terminal velocity)를 구하는 장치이다.
③ 고분자 응집제는 응집속도는 크나 pH에 의한 영향을 크게 받는다.
④ 정류벽은 난류의 억제에 효과가 있다.

> 해설 ① Floc형성지는 여러 구간으로 나누며 후반으로 갈수록 교반속도를 점차 작게 한다.
> ② Jar-tester는 최적 응집제 주입량을 결정하는 장치이다.
> ③ 고분자 응집제는 응집속도가 빠르며 pH나 다른 불순물에 의한 영향을 거의 받지 않는다.

69 급속여과에서 탁질누출현상이 일어나기까지의 순서로 옳은 것은?

① air binding-부수압-scour-탁질누출현상
② air binding-scour-부수압-탁질누출현상
③ 부수압-scour-air binding-탁질누출현상
④ 부수압-air binding-scour-탁질누출현상

> 해설 급속여과에서 탁질누출현상은 부압이 발생하여 공기장애(air binding)가 되면 여재층에 균열(scour)이 생겨 그 틈으로 탁질이 누출된다.

70 여과공정을 감시할 때 사용되는 가장 중요한 수질인자는?

① 대장균 ② 손실수두
③ 철, 망간 ④ 탁도

> **해설** 여과공정의 감시에서 가장 중요한 수질인자는 손실수두이다.

71 모래 여과지에서 손실수두에 영향을 주는 인자 중 가장 관계가 먼 것은?

① 공극률 ② 여과층의 깊이
③ 여과속도 ④ 여과지 표면적

> **해설** 손실수두에 영향을 주는 인자
> ㉠ 공극률
> ㉡ 여과층의 깊이
> ㉢ 여과속도
> ㉣ 물의 점성도

72 여과사의 입도분석결과가 다음과 같을 때 이 여과사의 균등계수는?

체통과율 (%)	5	10	20	40	60	80
입경 (mm)	0.2	0.3	0.38	0.6	0.85	1.30

① 1.7 ② 2.8
③ 3.2 ④ 3.5

> **해설** 균등계수
> $$C_u = \frac{D_{60}}{D_{10}} = \frac{0.85}{0.3} = 2.83$$

73 급속여과지에서 여과사의 균등계수에 관한 설명으로 틀린 것은?

① 균등계수의 상한은 1.7이다.
② 입경분포의 균일한 정도를 나타낸다.
③ 균등계수가 1에 가까울수록 탁질 억류 가능량은 증가한다.
④ 입도가적곡선의 50% 통과직경과 5% 통과직경에 의해 구한다.

> **해설** 균등계수
> $$C_u = \frac{D_{60}}{D_{10}}$$

74 처리수량 40,500m³/day의 급속여과지의 최소여과면적은? (단, 여과속도=150m/day, 총급속여과지수=6개)

① 39m² ② 42m²
③ 45m² ④ 48m²

> **해설** 여과면적
> $$A = \frac{Q}{Vn} = \frac{40{,}500\text{m}^3/\text{day}}{150\text{m/day} \times 6} = 45\text{m}^2$$

75 계획급수인구가 5,000명이고, 1인 1일 최대급수량이 200L이며, 여과속도는 130m/day인 급속여과지의 면적은?

① 7.69m² ② 15.38m²
③ 30.76m² ④ 76.92m²

> **해설** 여과면적
> $$A = \frac{Q}{V} = \frac{5{,}000 \times 200 \times 10^{-3}}{130} = 7.69\text{m}^2$$

76 계획정수량 40,000m³/day인 정수장에서 5개의 여과지를 설치하여 여과속도를 1.5×10⁻³m/s로 할 경우 여과지 1개당 면적은 얼마로 하여야 하는가?

① 30m² ② 62m²
③ 309m² ④ 1,481m²

> **해설** 여과면적
> $$V = \frac{1.5 \times 10^{-3}\text{m}}{86{,}400^{-1}\text{day}} = 129.6\text{m/day}$$
> $$\therefore A = \frac{Q}{Vn} = \frac{40{,}000\text{m}^3/\text{day}}{129.6\text{m/day} \times 5} = 62\text{m}^2$$

정답 70. ② 71. ④ 72. ② 73. ④ 74. ③ 75. ① 76. ②

77 어떤 도시의 계획 1일 최대급수량이 90,000m³일 때 여과속도가 150m/day인 여과지를 설계하고자 한다. 여과지를 폭 8m, 길이 10m의 장방형으로 하면 여과지의 수는 몇 개가 필요한가? (단, 예비지는 고려하지 않는다.)

① 4개
② 6개
③ 8개
④ 10개

> **해설** 여과지 수
> $$A = \frac{Q}{nV}$$
> $$\therefore n = \frac{Q}{VA} = \frac{90,000}{150 \times (8 \times 10)} = 7.5 ≒ 8개$$

78 어떤 도시의 계획급수인구는 200,000명이며, 계획 1일 최대급수량이 60,000m³이고, 여과속도를 4m/day로 할 때 여과지의 소요면적과 여과지를 폭 30m, 길이 50m의 장방형으로 할 경우 여과지의 수로 옳은 것은?

① $A = 35,000\text{m}^2$, $n = 12$개
② $A = 50,000\text{m}^2$, $n = 11$개
③ $A = 44\text{m}^2$, $n = 10$개
④ $A = 15,000\text{m}^2$, $n = 10$개

> **해설** ㉠ 여과면적
> $$A = \frac{Q}{V} = \frac{60,000}{4} = 15,000\text{m}^2$$
> ㉡ 여과지 수
> $$n = \frac{A}{bl} = \frac{15,000}{30 \times 50} = 10개$$

79 다음과 같은 조건에서의 급속여과지의 면적은?

- 계획급수인구 : 5,000인
- 1인 1일 최대급수량 : 200L
- 여과속도 : 120m/일

① 5.0m^2
② 8.33m^2
③ 12.5m^2
④ 14.58m^2

> **해설** 여과면적
> $Q = 200\text{L/인} \cdot \text{day} \times 5,000\text{인}$
> $\quad = 1,000,000\text{L/day}$
> $\quad = 1,000\text{m}^3/\text{day}$
> $$\therefore A = \frac{Q}{V} = \frac{1,000\text{m}^3/\text{day}}{120\text{m/day}} = 8.33\text{m}^2$$
> **참고** $1\text{m}^3 = 1,000\text{L}$

80 다층 여과지에 대한 설명으로 옳지 않은 것은?

① 모래 단층 여과지에 비하여 여과속도를 크게 할 수 있다.
② 탁질 억류량에 대한 손실수두가 적어서 여과 지속시간이 길어진다.
③ 표면여과의 경향이 강하므로 여과층의 단위 체적당 탁질 억류량이 작다.
④ 수류방향에서 여재의 입경이 큰 것으로부터 작은 것으로 역입도의 여과층을 구성한다.

> **해설** 다층 여과지는 여재층이 여러 겹으로 되어 있어 탁질 억류량을 증대할 수 있다.

81 전염소처리의 목적 중 틀린 것은?

① 세균을 제거한다.
② 암모니아성 질소와 유기물 등을 제거한다.
③ 철, 망간 등을 제거한다.
④ 수중의 불순물을 침전시킨다.

> **해설** 전염소처리는 침전작용을 하지 않다.

82 전염소처리로 제거할 수 없는 것은?

① 철(Fe)
② 조류
③ 암모니아성 질소
④ 트리할로메탄

> **해설** 전염소처리를 하여도 THM(트리할로메탄)은 발생한다.

83 정수장에서 전염소처리설비의 목적과 관계없는 것은?

① 철, 망간의 제거
② 맛, 냄새의 제거
③ 트리할로메탄의 제거
④ 암모니아성 질소, 유기물의 처리

해설 전염소처리를 하여도 THM(트리할로메탄)은 발생한다.

84 정수처리 시 트리할로메탄 및 곰팡이 냄새의 생성을 최소화하기 위해 침전지와 여과지 사이에 염소제를 주입하는 방법은?

① 전염소처리
② 중간염소처리
③ 후염소처리
④ 이중염소처리

해설 침전지와 여과지 사이에 염소제를 주입하는 방법은 중간염소처리이다.

85 다음 중 염소소독 시 소독력에 가장 큰 영향을 미치는 수질인자는?

① pH
② 탁도
③ 총경도
④ 알칼리도

해설 pH는 염소소독에 큰 영향을 미친다.

86 염소소독에 대한 설명으로 옳지 않은 것은?

① 염소소독에 의해 THM(trihalomethane)의 생성을 촉진시키는 것이 좋다.
② 온도가 높을수록 살균력이 증가한다.
③ 수중에 암모니아화합물이 많으면 결합염소가 생성된다.
④ 살균능력은 $HOCl > OCl^- > NH_2Cl$이다.

해설 THM(트리할로메탄)은 염소 과다 주입 시 발생하는 발암성 물질이므로 자제하는 것이 좋다.

87 다음 중 유리잔류염소에 해당되는 것은?

① HOCl
② $NHCl_2$
③ ClO_2
④ Cl^-

해설 유리잔류염소는 HOCl과 OCl^-의 형태로 존재한다.

88 염소소독 시 생성되는 염소성분 중 살균력이 가장 강한 것은?

① OCl^-
② HOCl
③ $NHCl_2$
④ NH_2Cl

해설 염소살균력이 강한 순서는 $HOCl > OCl^-$ > 클로라민 순서이며, 특히 HOCl은 OCl^-에 비하여 살균력이 80배 강하다.

89 염소의 살균능력을 순서대로 표시한 것으로 옳은 것은?

① $HOCl > OCl^-$ > 클로라민
② 클로라민 > OCl^- > HOCl
③ 클로라민 > HOCl > OCl^-
④ OCl^- > 클로라민 > HOCl

해설 **염소의 살균력 세기**
$HOCl > OCl^-$ > 클로라민

90 상수도의 정수공정에서 염소소독에 대한 설명으로 틀린 것은?

① 염소살균은 오존살균에 비해 가격이 저렴하다.
② 염소소독의 부산물로 생성되는 THM은 발암성이 있다.
③ 암모니아성 질소가 많은 경우에는 클로라민이 형성된다.
④ 염소요구량은 주입염소량과 유리 및 결합잔류염소량의 합이다.

해설 염소요구량=주입염소농도−잔류염소농도

정답 83. ③ 84. ② 85. ① 86. ① 87. ① 88. ② 89. ① 90. ④

91 염소살균의 장점이 아닌 것은?

① 살균력이 뛰어나다.
② 설비 및 주입방법이 비교적 간단하다.
③ THM이 발생된다.
④ 비용이 비교적 저렴하다.

> 해설 THM의 발생은 염소살균의 단점이다.

92 염소소독에 관한 설명 중 옳은 것은?

① 살균능력은 클로라민 > OCl^- > HOCl 순이다.
② 암모니아 질소가 있으면 클로라민이 형성된다.
③ 살균능력은 온도가 낮고 pH가 높을수록 강하다.
④ 배수지에서의 잔류염소는 0.5ppm 이상을 유지하도록 한다.

> 해설 ① 살균능력은 HOCl > OCl^- > 클로라민 순이다.
> ③ 살균능력은 온도가 높을수록, pH가 낮을수록(산성) 강하다.
> ④ 배수지에서의 잔류염소는 0.5ppm 이하로 유지해야 한다.

93 pH 및 수온이 어떠할 때 염소살균효과가 높아지는가?

① pH가 낮고, 수온이 높을 때
② pH가 낮고, 수온이 낮을 때
③ pH가 높고, 수온이 낮을 때
④ pH가 높고, 수온이 높을 때

> 해설 pH가 낮고, 수온이 높을 때 염소의 살균효과가 높다.

94 다음 수돗물의 염소처리에서 잔류염소농도를 0.4ppm 이상으로 강화해야 할 경우에 해당하지 않는 것은?

① 소화기계통의 전염병이 유행할 때
② 정수작업에 이상이 있을 때
③ 단수 후 또는 수압이 감소할 때
④ 철, 망간의 성분이 함유되어 있을 때

> 해설 철, 망간의 성분이 함유되어 있을 때는 전염소처리를 실시한다.
> 참고 잔류염소는 소독의 지속성과 관련 있으며, 수질이 악화될 때(비상시) 잔류염소농도를 0.4ppm 이상으로 강화한다.

95 정수처리에서 염소소독을 실시할 경우 물이 산성일수록 살균력이 커지는 이유는?

① 수중의 OCl 증가
② 수중의 OCl 감소
③ 수중의 HOCl 증가
④ 수중의 HOCl 감소

> 해설 차아염소산(HOCl)도 pH6~9에서 가수분해반응이 일어나므로 산성일수록 증가하고, 알칼리성일 때는 OCl가 증가한다.

96 정수 중 암모니아성 질소가 있으면 염소소독처리 시 클로라민이란 화합물이 생긴다. 이에 대한 설명으로 옳은 것은?

① 소독력이 떨어져 다량의 염소가 요구된다.
② 소독력이 증가하여 소량의 염소가 요구된다.
③ 소독력에는 거의 영향을 주지 않는다.
④ 경제적인 소독효과를 기대할 수 있다.

> 해설 클로라민은 살균력이 가장 약한 상태이므로 소독력이 떨어져 다량의 염소가 요구된다. 따라서 경제적으로 좋지 않다.

97 전형적인 상수처리과정에서 제거되지 않는 물질은?

① 병원균
② 탁도
③ 암모니아성 질소
④ 질산성 질소

> 해설 상수처리과정에서 병원균, 탁도, 암모니아성 질소, 색도 등은 제거할 수 있다.

정답 91. ③ 92. ② 93. ① 94. ④ 95. ③ 96. ① 97. ④

98 상수의 정수방법 중 염소살균과 오존살균의 장단점을 잘못 설명한 것은?

① 염소살균은 발암물질인 트리할로메탄(THM)을 생성시킬 가능성이 있다.
② 오존살균은 염소살균에 비해 잔류성이 약하다.
③ 염소살균은 살균력의 지속성이 우수하다.
④ 오존살균은 염소살균에 비해 경제적이다.

해설 오존살균은 염소살균에 비해 훨씬 비싸므로 비경제적이다.

99 물에 가한 일정량의 염소와 일정한 기간이 지난 후에 남아 있는 유리 및 결합잔류염소와의 차를 무엇이라 하는가?

① 유리잔류염소   ② 결합유효염소
③ 결합잔류염소   ④ 염소요구량

해설 염소요구량=염소 주입량농도-잔류염소농도

100 염소소독을 위한 주입량시험결과는 다음 그림과 같다. 유리잔류염소가 수중에 지속되는 구간과 파괴점은?

① AB, C   ② BC, C
③ CD, E   ④ DE, D

해설 파괴점(D점)은 염소요구량이 가장 낮은 상태이다.

101 다음 중 맛과 냄새를 제거하는 데에 주로 사용되는 것은?

① 황산반토   ② PAC
③ 활성탄   ④ $CuSO_4$

해설 활성탄은 이취미(맛, 냄새) 제거에 사용된다.

102 염소요구량(A), 필요잔류염소량(B), 염소 주입량(C)과의 관계로 옳은 것은?

① A=B+C   ② C=A+B
③ A=B-C   ④ C=A×B

해설 염소요구량(A)=주입염소량(C)-잔류염소량(B)

103 유량이 3,000m³/day인 처리수에 7.0mg/L의 비율로 염소를 주입시켰더니 잔류염소량이 0.2mg/L였다. 이 처리수의 염소요구량은?

① 19.4kg/day
② 20.4kg/day
③ 21.4kg/day
④ 22.4kg/day

해설 염소요구량
$= (주입염소량 - 잔류염소량) \times Q \times \dfrac{1}{순도}$
$= (7-0.2) \times 10^{-3} kg/m^3 \times 3,000 m^3/day$
$= 20.4 kg/day$

104 상수원수에 포함된 암모니아성 질소를 파괴점 염소 주입법에 의하여 제거할 때 이론적으로 암모니아성 질소 1ppm에 대하여 염소가 7.6ppm이 필요한 것으로 알려져 있다. 만약 암모니아성 질소의 농도가 5ppm이고 유량이 1,000m³/day인 원수를 처리하려면 얼마만큼의 염소가 필요한가?

① 25kg/day   ② 38kg/day
③ 45kg/day   ④ 51kg/day

해설 암모니아성 질소가 5ppm 있으므로 염소가 필요한 양은 $5 \times 7.6 = 38 ppm$
∴ 염소요구량 $= QC = 1,000 m^3/day \times 38 ppm$
$= 1,000 m^3/day \times 38 mg/L$
$= 38 kg/day$

105 200,000m³/day의 상수를 살균하기 위하여 100kg/day의 염소가 사용되고 있는데 15분 접촉 후 잔류염소는 0.2mg/L이었다. 이때 염소 주입량과 염소요구량의 농도는 얼마인가?

① 0.5mg/L, 0.3mg/L
② 0.2mg/L, 0.4mg/L
③ 0.3mg/L, 0.5mg/L
④ 0.4mg/L, 0.2mg/L

[해설] ㉠ 염소 주입량농도 $= \dfrac{100\text{kg/day}}{200,000\text{m}^3/\text{day}}$
$= \dfrac{1}{2,000}\text{kg/m}^3$
$= 0.5\text{mg/L}$

[별해] 염소 주입량농도
$= \dfrac{1 \times 10^6}{2,000 \times 10^3}\text{mg/L} = 0.5\text{mg/L}$

㉡ 염소요구량농도
= 주입염소량농도 − 잔류염소량농도
= 0.5 − 0.2
= 0.3mg/L

106 유량이 3,000m³/day인 처리수에 5.0mg/L의 비율로 염소를 주입시켰더니 잔류염소량이 0.2mg/L이었다. 이 처리수의 염소요구량은?

① 14.4kg/day ② 19.4kg/day
③ 20.4kg/day ④ 24.4kg/day

[해설] 염소요구량 $= CQ \times \dfrac{1}{\text{순도}}$
$= (5-0.2) \times 10^{-6} \times 3,000$
$\times 10^3 \text{kg/day}$
$= 14.4\text{kg/day}$

107 종말침전지에서 유출되는 수량이 5,000m³/day이다. 여기에 염소처리를 하기 위하여 유출수에 100kg/day의 염소를 주입한 후 잔류염소의 농도를 측정하였더니 0.5mg/L이었다면 염소요구량은? (단, 염소는 Cl₂기준)

① 16.5mg/L ② 17.5mg/L
③ 18.5mg/L ④ 19.5mg/L

[해설] 염소요구량농도이므로 kg은 mg으로, m³은 L로 전환한다.
주입염소농도 $= \dfrac{100\text{kg/day}}{5,000\text{m}^3/\text{day}}$
$= \dfrac{100 \times 10^6}{5,000 \times 10^3}\text{mg/L} = 20\text{mg/L}$
∴ 염소요구량농도 = 주입염소농도 − 잔류염소농도
= 20 − 0.5
= 19.5mg/L

108 다음 중 고도처리방법의 하나인 암모니아스트리핑법을 이용하여 제거하는 물질은?

① 모래 ② 부유물질
③ 유기물질 ④ 질소

[해설] 암모니아스트리핑법으로 질소를 제거한다.

109 정수처리과정의 소독방법 중 오존살균의 장점에 해당하지 않는 것은?

① 물에 있어서 이상한 맛, 냄새, 색을 효과적으로 감소시킨다.
② 살균력이 강력해서 살균속도가 크다.
③ 염소살균에 비해서 잔류효과가 크다.
④ 소독의 과정 및 그 후에 취기물질이 더 이상 발생하지 않는다.

[해설] 오존살균은 소독의 지속성을 의미하는 잔류효과가 없다.

110 오존을 사용하여 살균처리를 할 경우의 장점에 대한 설명 중 틀린 것은?

① 살균효과가 염소보다 뛰어나다.
② 유기물질의 생분해성을 증가시킨다.
③ 맛, 냄새물질과 색도 제거효과가 우수하다.
④ 오존이 수중 유기물과 작용하여 다른 물질로 잔류하게 되므로 잔류효과가 크다.

[해설] 오존은 소독의 지속성을 의미하는 잔류효과가 없다.

정답 105. ① 106. ① 107. ④ 108. ④ 109. ③ 110. ④

111 다음 중 오존처리법의 특성에 대한 설명으로 틀린 것은?
① 자체의 높은 산화력으로 염소에 비하여 높은 살균력을 가지고 있다.
② 유기물질의 생분해성을 증가시킨다.
③ 철·망간의 산화능력이 크다.
④ 소독의 잔류효과가 크다.

해설 오존처리는 소독의 잔류효과가 없다.

112 정수처리의 단위조작으로 사용되는 오존처리에 관한 설명으로 틀린 것은?
① 유기물질의 생분해성을 증가시킨다.
② 염소 주입에 앞서 오존을 주입하면 염소의 소비량을 감소시킨다.
③ 오존은 자체의 높은 산화력으로 염소에 비하여 높은 살균력을 가지고 있다.
④ 인의 제거능력이 뛰어나고 수온이 높아져도 오존소비량은 일정하게 유지된다.

해설 수온이 높아지면 용해도가 감소하고 분해가 빨라져 오존소비량이 급격히 높아진다.

113 정수처리에서 쓰이는 입상활성탄처리를 분말활성탄처리와 비교할 때 입상활성탄처리에 대한 설명으로 옳지 않은 것은?
① 장기간 처리 시 탄층을 두껍게 할 수 있으며 재생할 수 있어 경제적이다.
② 원생동물이 번식할 우려가 있다.
③ 여과지를 만들 필요가 있다.
④ 겨울에 누출에 의한 흑수현상 우려가 있다.

해설 입상활성탄은 고형물 자체이므로 흑수현상이 일어나지 않는다.

114 염소소독과 비교한 자외선소독의 장점이 아닌 것은?
① 인체에 위해성이 없다.
② 잔류효과가 크다.

③ 화학적 부작용이 적어 안전하다.
④ 접촉시간이 짧다.

해설 자외선소독은 소독의 지속성인 잔류효과가 없다.

115 물의 맛, 냄새를 제거하기 위하여 주로 활용되지 않는 처리공정은?
① 폭기
② 급속여과
③ 오존처리
④ 분말 또는 입상활성탄처리

해설 급속여과는 원수 중의 부유물질을 약품침전한 후에 분리하는 방법이다.

3 정수시설 및 배출수처리시설

116 상수슬러지처리시설로 가장 거리가 먼 것은?
① 탈수기 ② 소독조
③ 건조상 ④ 소화조

해설 소화조는 하수슬러지처리 중 유기물을 무기물로 바꾸는 안정화방식이다.

117 상수도시설인 착수정에 대한 설명으로 옳지 않은 것은?
① 착수정은 2지 이상으로 분할하는 것이 원칙이다.
② 부유물이나 조류 등을 제거할 필요가 있는 장소에는 스크린을 설치한다.
③ 착수정의 고수위와 주변 벽체 상단 간의 여유고는 30cm 이하로 한다.
④ 착수정에는 수위와 수량의 급변에 대처하기 위하여 월류위어를 설치하여야 한다.

해설 착수정의 고수위와 주변 벽체 상단 간의 여유고는 60cm 이상으로 한다.

정답 111. ④ 112. ④ 113. ④ 114. ② 115. ② 116. ④ 117. ③

118 정수시설 중에서 여과수량과 송수량의 불균형을 일식하고 고장에 대응, 시설의 점검 등에 대비하여 정수를 저류하는 시설은?
① 침사지 ② 침전지
③ 여과지 ④ 정수지

> 해설 정수지는 여과수량과 송수량의 불균형을 일식하고 고장에 대응, 시설의 점검 등에 대비하여 정수를 저류하는 시설이다.

119 다음 일반적인 배출수처리단계에 속하지 않는 것은?
① 사여과시설 ② 조정시설
③ 농축시설 ④ 탈수시설

> 해설 사여과시설은 정수과정이다.

120 다음 배출수처리단계 중 제일 처음 단계에 속하는 것은?
① 처분시설 ② 농축시설
③ 조정단계 ④ 탈수단계

> 해설 배출수처리단계
> 조정-농축-탈수-건조-최종 처분

121 정수장의 슬러지처리과정을 순서대로 열거한 것은?
① 조정-농축-탈수-건조-반출
② 농축-조정-탈수-건조-반출
③ 탈수-조정-농축-건조-반출
④ 농축-탈수-조정-건조-반출

> 해설 배출수처리단계
> 조정-농축-탈수-건조-최종 처분

122 정수장의 배출수처리에 관한 다음 내용 중 틀린 것은?
① 배출수는 약품침전지의 청소수로 구성된다.
② 조정·농축시설은 반드시 시설되어야 한다.
③ 배출수 중에 가장 주요한 성분은 투입한 응집제이다.
④ 처리공정은 조정, 농축, 탈수시설로 구성된다.

> 해설 정수장 배출수는 비용 대 효과가 최적이며 실행 가능한 처분방법을 상황에 따라 선택하기 때문에 조정·농축시설을 반드시 시설하지는 않는다.

123 정수시설 중 배출수 및 슬러지처리시설의 설명이다. ㉠, ㉡에 알맞은 것은?

> 농축조의 용량은 계획슬러지양의 (㉠)시간분, 고형물부하는 (㉡)kg/m² · day을 표준으로 하되, 원수의 종류에 따라 슬러지의 농축특성에 큰 차이가 발생할 수 있으므로 처리대상 슬러지의 농축특성을 조사하여 결정한다.

① ㉠ 12~24, ㉡ 5~10
② ㉠ 12~24, ㉡ 10~20
③ ㉠ 24~48, ㉡ 5~10
④ ㉠ 24~48, ㉡ 10~20

> 해설 농축조
> ㉠ 용량 : 계획슬러지양의 24~48시간분
> ㉡ 고형물부하 : 10~20kg/m² · day
> ㉢ 유효수심 : 3.5~4.0m
> ㉣ 여유고 : 30cm 이상
> ㉤ 바닥경사 : 1/10 이상
> ㉥ 슬러지관 및 배출관경 : 200mm 이상

124 다음의 소독방법 중 발암물질인 THM 발생가능성이 가장 높은 것은?
① 염소소독 ② 오존소독
③ 이산화염소소독 ④ 자외선소독

> 해설 소독을 위한 염소의 과다 투입은 발암성 물질인 THM을 발생시킨다.

125 THM은 발암물질로 알려져 있어서 음용수의 수질기준에 의하여 규제하고 있다. 음용수에서 트리할로메탄의 기준농도는 얼마인가?
① 0.01ppm 이하 ② 0.05ppm 이하
③ 0.1ppm 이하 ④ 1.0ppm 이하

정답 118. ④ 119. ① 120. ③ 121. ① 122. ② 123. ④ 124. ① 125. ③

해설 THM의 음용수 수질기준은 0.1ppm 이하이다.

126. 트리할로메탄(THM)의 발생을 억제하는 방법이 아닌 것은?

① 전염소처리
② 오존소독
③ 이산화염소 사용
④ 활성탄 사용

해설 전염소처리는 잔류염소가 발생하지 않으며 THM 발생을 억제하지 못한다.

127. 트리할로메탄(trihalomethane ; THM)에 대한 설명으로 옳지 않은 것은?

① 전염소처리로 제거할 수 있다.
② 현탁성 THM 전구물질의 제거는 응집침전에 의한다.
③ 발암성 물질이므로 규제하고 있다.
④ 생성된 THM은 활성탄 흡착으로 어느 정도 제거가 가능하다.

해설 전염소처리는 원수의 수질이 나쁠 때 침전지 이전에 주입하는 것으로 산화·분해작용이 주목적이고, THM의 발생을 억제하지 못하며 잔류염소가 발생하지 않는다.

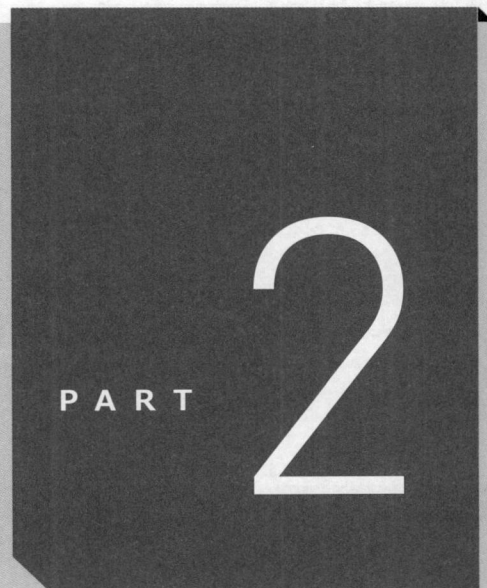

PART 2

하수도공학

CHAPTER 5 | **하수도시설 계획**

CHAPTER 6 | **하수관로시설**

CHAPTER 7 | **하수처리장시설**

CHAPTER 8 | **펌프장시설**

CHAPTER 05 하수도시설 계획

최근 10년간 출제분석표

2015	2016	2017	2018	2019	2020	2021	2022	2023	2024
13.3%	18.3%	23.3%	16.7%	13.2%	20.0%	18.3%	15.0%	15.0%	13.3%

출제 POINT

학습 POINT
- 하수도의 목적
- 하수도의 효과
- 하수도 기본계획 시 조사사항

■ 하수와 하수량
① 하수=오수+우수
② 하수량=오수량+우수량
  └ 농작물의 경작으로 인한 하수 제외

■ 하수의 종류
① 오수(sanitary sewage)
② 우수(storm sewage)
③ 공장폐수(industrial waste)

SECTION 1 하수도의 개요

1 하수도

하수도란 하수 즉, 오수 및 우수를 배제 또는 처리하기 위하여 설치되는 도관, 기타 공작물과 시설의 총체(단, 농작물의 경작으로 인한 하수는 제외 - 지하 침투 간주)를 말한다.

2 하수도의 목적과 효과

1) 하수도의 설치목적

① 도시의 오수 및 우수를 배제, 쾌적한 생활환경 개선 도모
② 오·탁수의 처리
③ 하천의 수질오염으로부터 보호
④ 우수의 신속한 배제로 침수에 의한 재해 방지

2) 하수도의 효과

① 보건위생상의 효과
② 하천의 수질보전
③ 우수에 의한 범람수의 방지
④ 토지 이용의 증대(지하수위를 저하시켜 양호한 토지로 개량)
⑤ 도로 및 하천유지비의 감소
⑥ 분뇨처리의 해결
⑦ 도시 미관 증대

3) 하수도 기본계획 시 조사사항

① 하수도 계획구역 및 배수계통(관거배치방식)
② 주요 간선펌프장 및 하수종말처리장의 위치 및 방식
③ 하수의 배제방식
④ 계획인구 및 포화인구의 밀도
⑤ 오수량, 지하수량 및 우수유출량조사
⑥ 지형 및 지질조사

4) 하수처리장의 구성 및 계통

① 집·배수시설 → 하수처리시설 → 방류 및 처분시설
② 가정 → 지선 하수관거 → 연결 하수관거 → 부간선 하수관거 → 간선 하수관거 → 차집관거 → 종말 하수관거 → 하수처리장

[표 5-1] 오수의 이송방법 비교

구분	자연유하식	압력식(다중압송)	진공식
개요도			
장점	• 기기류가 적어 유지관리 용이 • 신규 개발지역 오수 유입 용이 • 유량변동에 따른 대응 가능 • 기술수준의 제한이 없음	• 지형변화에 대응 용이 • 공사점용면적 최소화 가능 • 공사기간 및 민원의 최소화 • 최소유속 확보	• 지형변화에 대응 용이 • 다수의 중계펌프장을 1개의 진공펌프장으로 축소 가능 • 최소유속 확보
단점	• 평탄지는 매설심도가 깊어짐 • 지장물에 대한 대응 곤란 • 최소유속 확보의 어려움	• 저지대가 많은 경우 시설 복잡 • 지속적인 유지관리 필요 • 정전 등 비상대책 필요	• 실양정이 4m 이상일 경우 추가적인 장치가 필요함 • 국내 적용 실적이 다른 시스템에 비해 적음 • 일반관리자의 초기 교육이 필요함

5) 간이공공하수처리시설

공공하수처리시설에 유입되는 하수가 일시적으로 늘어날 경우 하수를 신속히 처리하여 하천·바다, 그 밖의 공유수면에 방류하기 위하여 **지방자치단체가 설치 또는 관리하는 처리시설과 이를 보완하는 시설**을 말한다. 간이공공하수처리시설의 계획 수립 시 다음 사항을 고려한다.

출제 POINT

■ 차집관거
합류식에서 청천 시 하수나 우천 시 일정량의 하수를 차집하여 하수종말처리장으로 운송하기 위한 관거

■ 유입시간 표준치
① 간선 오수관거 : 5분
② 지선 오수관거 : 7~10분

Engineering of Water Supply Sewerage

출제 POINT

① 기초조사를 위해 배수구역 내 강우현황 및 하수도시설현황 등을 조사한다.
② 설치타당성 검토를 위해 유량 및 수질조사를 실시하고, 강우 시 공공하수처리시설 운영자료 등을 종합 검토하여 강우 시 하수처리의 문제점을 분석하고 기존 처리시설의 용량 등을 검증한다.
③ 강우 시 미처리 하수의 처리방안을 결정하기 위하여 기존 처리공법의 운전 개선, 기존 처리공법의 시설 개량, 새로운 간이공공하수처리시설 설치 등에 대한 장단점, 경제성, 환경성 등을 비교하여 가장 효율적인 방안을 결정한다.
④ 도심지 기존 처리장의 외곽 이전 및 재설치 등을 계획 시 고도처리공법 등으로 인한 용량 감소로 강우 시 우수처리에 문제가 발생할 수 있으므로 강우 시 3Q 처리가 가능하도록 계획하여야 한다.

SECTION 2 계획하수량의 산정

학습 POINT
- 하수도계획의 목표연도
- 계획오수량 산정
- 관거별 계획하수량
- 계획우수량 산정, 계산

1 하수도계획의 절차

■ 상수도시설 계획연차 : 5~15년

하수도계획의 목표연도는 원칙적으로 20년 후로 한다.

2 계획오수량

계획오수량은 생활오수량(가정오수량 및 영업오수량), 공장폐수량 및 지하수량으로 구분한다.

1) 생활오수량

생활오수량의 1인 1일 최대오수량은 계획목표연도에서 계획지역 내 상수도 계획상의 1인 1일 최대급수량을 감안하여 결정하며, 용수지역별로 가정오수량과 영업오수량의 비율을 고려해야 한다.

2) 공장폐수량

공장폐수 및 지하수 등을 사용하는 공장 및 사업소 중 폐수량이 많은 업체에 대해서는 개개의 폐수량조사를 기초로 장래의 확장이나 신설을 고려하며, 그 밖의 업체에 대해서는 출하액당 용수량 또는 부지면적당 용수량을 기초로 결정한다.

3) 지하수량

지하수량은 1인 1일 최대오수량의 10~20%로 가정한다.

> **참고**
>
> **지하수 침투량 결정방법**
> ① 하수관의 길이 1km당 0.2~0.4L/s
> ② 1인 1일 최대오수량의 10~20%이고 평균 15%로 가정
> ③ 1인 1일당 17~25L로 가정
> ④ 배수면적당 17,500~36,300L/ha·day로 가정

4) 계획 1일 최대오수량

① 1년을 통하여 가장 많은 오수가 유출되는 날의 오수량을 말한다.
② **하수처리시설의 처리용량을 결정하는 기준**이 되는 수량이다.
③ 하수처리장의 설계기준이 되는 수량이다.
④ 계획 1일 최대오수량은 1인 1일 최대오수량에 계획인구를 곱한 후, 여기에 공장폐수량, 지하수량 및 기타 배수량을 더한 것으로 한다.

5) 계획 1일 평균오수량

① 1년 동안 유출되는 총오수량으로부터 1일당의 평균값을 나타낸 것이다.
② 계획 1일 평균오수량은 **계획 1일 최대오수량의 70~80%를 표준**으로 한다.

6) 계획시간 최대오수량

① 계획시간 최대오수량은 계획 1일 최대오수량의 1시간당 수량의 1.3~1.8배를 표준으로 한다.

출제 POINT

■ 계획 1인 최대오수량
= (1인 1일 최대오수량 × 계획인구) + 공장폐수량 + 지하수량 + 기타 배수량

■ 계획 1일 평균오수량
= 계획 1일 최대오수량 × $\begin{cases} 0.7(\text{중소도시}) \\ 0.8(\text{대도시, 공업도시}) \end{cases}$

■ 계획시간 최대오수량
= $\dfrac{1일\ 최대오수량}{24}$ × $\begin{cases} 1.3(\text{대도시 및 공업도시}) \\ 1.5(\text{중소도시}) \\ 1.8(\text{농촌, 주택단지}) \end{cases}$

② 오수관거의 계획하수량을 결정하거나 오수펌프의 용량을 결정하는 기준이 된다.

7) 각 시설의 계획하수량

■ 계획하수량
① 오수관 : 계획시간 최대오수량
② 우수관 : 계획우수량
③ 합류관 : 계획시간 최대오수량+계획우수량
④ 차집관 : 우천 시 계획오수량 or 계획시간 최대오수량의 3배

구분		계획하수량	
		분류식 하수도	합류식 하수도
1차 처리 (1차 침전지까지)	처리시설 (소독시설 포함)	계획 1일 최대오수량	우천 시 계획오수량
	처리장 내 연결관로	계획시간 최대오수량	
2차 처리	처리시설	계획 1일 최대오수량	
	처리장 내 연결관로	계획시간 최대오수량	
고도처리 및 3차 처리	처리시설	계획 1일 최대오수량	
	처리장 내 연결관로	계획시간 최대오수량	

(1) 분류식
① 오수관거 : 계획시간 최대오수량
② 우수관거 : 계획우수량

(2) 합류식
① 합류관거 : 계획시간 최대오수량+계획우수량
② 차집관거 : 우천 시 계획오수량 또는 계획시간 최대오수량의 3배

8) 첨두율(peak factor)

① 평균하수량에 대한 실제 하수량과의 비로 나타낸다.

$$첨두율 = \frac{실제\ 하수량}{평균하수량}$$

② 대구경 하수관거인 경우 1.3 이하이고, 지선일 경우 2.0 이상이 되기도 한다.
③ 첨두율은 소구경 관거에서는 높고, 대구경 관거일수록 낮다.
④ 인구와 첨두율의 관계도면으로부터 최대, 최소첨두율을 구할 수 있다.

3 계획우수량

1) 우수유출량

최대계획우수유출량의 산정은 합리식과 경험식이 있지만 원칙적으로 합리식에 의하는 것으로 한다(단, 충분한 실측자료에 의한 검토를 한 경우에는 경험식에 의해도 좋다).

① $A[\text{km}^2]$일 경우 $Q = \dfrac{1}{3.6} CIA$

② $A[\text{ha}]$일 경우 $Q = \dfrac{1}{360} CIA$

여기서, Q : 최대계획우수유출량(m^3/s)
 C : 유출계수
 I : 유달시간(T) 내의 평균강우강도(mm/hr)
 A : 배수면적(m^2)

출제 POINT

■ 면적단위
① 1ha=10,000m^2
② 1ar=100m^2
③ 1ha=100ar
④ 1km^2=100ha

2) 강우강도(intensity of rainfall)

단위시간당 내린 비의 깊이(mm/hr)로, 강우강도공식은 Talbot형, Sherman형, Japanese형 등이 있다.

① Talbot형 : $I = \dfrac{a}{t+b}$

② Sherman형 : $I = \dfrac{c}{t^n}$

③ Japanese형 : $I = \dfrac{d}{\sqrt{t}+e}$

여기서, I : 강우강도(mm/hr)
 t : 지속시간(min)
 a, b, c, d, e, n : 상수

3) 유출계수

유역에 내린 전체 강우량에 대한 하수관거에 유입된 실제 우수유출량의 비율을 말한다.

$$C = \dfrac{Q}{IA}$$

여기서, C : 유출계수
 Q : 최대우수유출량(m^3/s)
 I : 유달시간 내 평균강우강도(mm/hr)
 A : 배수면적(집수면적)(m^2)

■ 유출계수
기후, 지세, 지질, 지표상황, 강우강도, 강우지속시간, 배수면적, 배수시설, 주거형태 등의 영향을 받으며, 이에 따라 유출계수 산출에 현저하게 영향을 미친다.

4) 유달시간(time of concentration)

우수가 배수유역의 최원격지점에서 유역의 출구까지 도달하는 데 걸리는 시간으로, 유입시간과 유하시간의 합으로 정의한다.

$$T = t_1 + t_2 = t_1 + \dfrac{L}{V}$$

■ 유달시간=유입시간+유하시간

CHAPTER 05 하수도시설 계획

출제 POINT

여기서, T : 유달시간(min)
t_1 : 유입시간(min)
t_2 : 유하시간(min)
L : 하수관거의 길이(m)
V : 관 내의 평균유속(m/min)

(1) 유입시간(t_1)

우수가 배수유역의 최원격지점에서 하수관거의 입구까지 유입되는 데 걸리는 시간

(2) 유하시간(t_2)

하수관거 내에 유입된 우수가 하수관거 내를 흘러 유역의 출구까지 유하하는 데 걸리는 시간

(3) 유달시간의 특성

① 유역면적이 작을수록 짧다.
② 형상계수가 작을수록 짧다.
③ 경사가 급할수록 짧다.
④ 비투수성 지표일수록 짧다.

■ 형상계수
① $K = \dfrac{\text{유역면적}}{\text{주하천길이의 제곱값}}$
② K가 작으면 좁고 긴 유역이다.

> **☑ 참고**
>
> **지체현상(retardation)**
> ① H에서 가장 먼 곳인 A에 내린 우수가 H에 도달할 때까지 강우가 계속되지 않는 한 각 유역의 물이 동시에 H에 모이는 일이 없다. 이와 같은 현상을 지체현상이라 한다.
> ② 형상계수가 작을수록 지체현상은 커진다.
> ③ 강우지속시간이 유달시간보다 길 경우($T<t$)에는 전 배수구역에서 강우에 의한 유출이 동시에 H에 모인다.
> ④ 유달시간이 강우지속시간보다 길 경우($T>t$)에는 지체현상이 발생한다.
>
>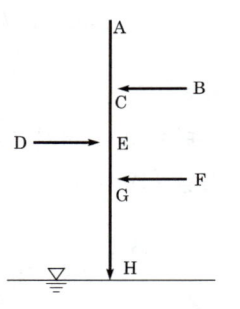

SECTION 3 하수배제방식

학습 POINT
• 분류식과 합류식의 특징

1 분류식(separate system)

- 위생적인 관점에서 유리

오수와 우수를 별도로 설치하여 오수만을 처리장으로 이송하는 방식으로 강우 시 오수가 방류되는 일이 없어 수계의 수질오염 방지에 효과적이다.

1) 장점
   ① 하수에 우수가 포함되지 않으므로 하수처리장의 부하를 경감시키고 처리비용을 절감할 수 있다.
   ② 유량이 일정하며 유속이 빨라 관 내에 침전물이 생기지 않는다.
   ③ 위생상 관점에서 분류식이 바람직하다.
   ④ 오수의 완전처리가 가능하다(강우 시 오수처리에 유리).
   ⑤ 유량 및 유속의 변동폭이 작다.
   ⑥ 처리장에 유입되는 토사유입량이 적다.

2) 단점
   ① 관로의 직경이 작지만 관거의 공사비가 많이 든다.
   ② 강우 초기에는 도로나 관로 내에 퇴적된 오염물질이 그대로 강으로 합류된다.
   ③ 오수관거는 소구경이기 때문에 합류식에 비해 경사가 급해지고 매설깊이가 깊어진다.
   ④ 우천 시 우수가 미처리되어 전부 공공수역에 방류되기 때문에 수질오탁의 문제가 발생한다.
   ⑤ 지하수의 유입량을 고려해야 한다.

2 합류식(conbined system)

– 경제적인 관점에서 유리

단일 관거로 오수와 우수를 한꺼번에 배제하는 방식으로 침수피해가 빈번한 지역에 효과적인 방법이다.

1) 장점
   ① 전 우수량을 처리장으로 도달시켜 완전처리가 가능하다.
   ② 강우 시 수세(水洗)효과를 기대할 수 있다.
   ③ 관거의 부설비가 적게 든다.
   ④ 침수피해다발지역이나 우수배제시설이 정비되지 않은 지역에서 유리하다.
   ⑤ 단면적이 크기 때문에 폐쇄의 염려가 없고 관의 검사에 편리하다.
   ⑥ 관거의 단면이 크기 때문에 경사가 완만하다.

2) 단점
   ① 우천 시 유량이 일정 이상이 되면 오수의 월류현상이 발생한다.
   ② 우천 시 처리장으로 다량의 토사가 유입되어 침전지에 퇴적된다.

■ 하수배제방식
① 분류식

③ 강우 시 비점오염원이 하수처리장에 유입되어 이에 따른 대책이 필요하다.
④ 청천 시 수위가 낮고 유속이 느려 오물이 침전하기 쉽다.
⑤ 하수관거 내의 유속변화폭이 크다.
⑥ 하수처리장에 유입하는 하수의 수질변동이 크다.

[그림 5-1] 분류식과 합류식의 하수도

SECTION 4 하수관거배치방식(배수계통)

1 직각식(수직식 ; perpendicular system)

① 하수관거를 방류수면에 직각으로 배치하는 방식으로 **하천유량이 풍부할 때** 하수배제가 가장 신속하며 경제적이다.
② 관거 연장이 짧아지나 토구수가 많아서 시내 하천의 수질오염이 일어나기 쉽고 **하천이 도시의 중심을 지나갈 때** 적당한 방식이다.
③ 방류수면의 수위가 높은 곳, 간만의 차가 심한 곳에는 역류를 막기 위해 방수, 방조문을 설치해야 한다.

2 차집식(intercepting system)

직각식을 개량한 것으로, 오염을 막기 위해서 하천, 호수, 바다 등에 나란히 차집거를 설치하여 차집간선에 따라 방류하는 방식이다. 그러므로 맑은 날씨에는 하수를 차집거에 의해 처리장으로 보내 그곳에서 일단 처리 후에 방류하고, 비가 올 때는 하수가 빗물로 충분히 희석되면 바로 방류한다.

학습 POINT
• 하수관거배치방식(직각식, 선형식)

■ 직각식
① 하천유량이 풍부할 때
② 하천이 도시의 중심을 지나갈 때

③ 선형식(선상식 ; fan system)

지형이 한쪽 방향으로 경사져 있을 때 하수관을 수지상(나뭇가지)으로 배치하여 전 하수를 1개의 간선으로 모아 배제하는 방식이다. 이 방식은 지세가 단순하여 쉽게 한 지점으로 하수를 집결할 수 있을 경우는 경제적이나, 시가지 중심의 밀집지역에 하수간선이나 펌프장이 집중된 대도시에서는 부적당하다.

④ 방사식(radial system)

지역이 광대해서 하수를 한 곳으로 배수하기 곤란할 때 배수지역을 여러 개 또는 그 이상으로 구분해서 중앙으로부터 방사형으로 배관하여 각 개별로 배제하는 방식이다. 이 방식은 관저의 연장이 짧고 단면은 작아도 되나 하수처리장의 수가 많아지는 결점이 있다.

⑤ 평행식(평형식 ; parallel system or zone system)

광대한 대도시에 합리적이며 배수구역의 고저차가 심할 때 고부, 중부, 저부로 각각 독립된 배수계통을 만들어 배수한다.

⑥ 집중식(centralization system)

사방에서 1개소로 향해 집중유하시켜 펌프로 양수하는 방법이다.

[그림 5-2] 관거의 배치방식

> **출제 POINT**
>
> ■ 선형식
> ① 지형이 한쪽 방향으로 경사져 있을 때
> ② 전 하수를 1개의 간선으로 모아 배제하는 방식

CHAPTER 05 기출문제

1. 하수도의 개요

01 하수도시설을 계획할 때 일반적으로 목표연도는 몇 년 후로 하는가?
① 10년 ② 20년
③ 30년 ④ 40년

해설 하수도시설의 목표연도는 20년 후이다.

02 계획우수량 산정에 있어서 하수관거의 확률연수는 원칙적으로 몇 년으로 하는가?
① 2~3년 ② 3~5년
③ 10~30년 ④ 30~50년

해설 계획하수량은 20년을 원칙으로 하므로 계획우수량 산정에 있어 하수관거의 확률연수는 10~30년으로 보는 것이 합리적이다.

03 하수도 기본계획에서 계획목표연도의 인구추정방법이 아닌 것은?
① Stevens모형에 의한 방법
② Logistic곡선식에 의한 방법
③ 지수함수곡선식에 의한 방법
④ 생잔모형에 의한 조성법(Cohorot method)

해설 Stevens모형은 수문학의 수위-유량관계곡선의 연장방법 중 하나이다.

04 하수도의 목적에서 하수도에 요구하는 기본적인 요건이 아닌 것은?
① 오수의 배제 ② 우수의 배제
③ 유량 공급 ④ 오탁수의 처리

해설 하수도의 목적은 기본적으로 오수와 우수를 배제하는 오탁수의 처리이다.

05 하수도의 효과에 대한 내용으로 틀린 것은?
① 공중위생상의 효과 ② 도시환경의 개선
③ 하천의 수질보전 ④ 토지이용의 감소

해설 하수도의 효과로 토지이용이 증대된다.

06 다음 중 일반적인 하수도 설치의 궁극적인 목적이 아닌 것은?
① 침수재해 방지 ② 하천 수질 보호
③ 생활환경 개선 ④ 생태계 보호

해설 하수도 설치의 궁극적인 목적은 생활환경 개선, 침수 방지, 수질 보전이다.

07 다음 중 하수도시설의 역할(목적)과 거리가 먼 것은?
① 생활환경의 개선 ② 공공수역의 확대
③ 수질 보전기능 ④ 침수 방지

해설 하수도 설치의 궁극적인 목적은 생활환경 개선, 침수 방지, 수질 보전이다.

08 하수처리장 부지 선정에 관한 설명으로 옳지 않은 것은?
① 홍수로 인한 침수위험이 없어야 한다.
② 방류수가 충분히 희석, 혼합되어야 하며, 상수도 수원 등에 오염되지 않은 곳을 선택한다.
③ 처리장의 부지는 장래 확장을 고려해서 넓게 하며, 주거 및 상업지구에 인접한 곳이어야 한다.
④ 오수 또는 폐수가 하수처리장까지 가급적 자연유하식으로 유입하고, 또한 자연유하로 방류하는 곳이 좋다.

정답 1.② 2.③ 3.① 4.③ 5.④ 6.④ 7.② 8.③

해설 하수처리장시설은 현재 혐오시설로 주민의 반감이 있을 수 있기 때문에 주거 및 상업지구는 피해야 한다.

09 하수도계획을 위한 관련 계획의 조사에서 토지이용계획의 조사목적은?

① 하수도계획구역 설정
② 하수도매설계획
③ 하수도시설의 규모 및 배치
④ 펌프의 양정 결정

해설 하수도계획을 위한 관련 계획의 조사에서 토지이용계획의 조사목적은 하수도시설의 규모 및 배치를 결정하기 위함이다.

10 ★ 하수도의 기본계획 수립 시 조사사항으로 가장 거리가 먼 것은?

① 하수배제방식
② 계획인구 및 포화인구밀도
③ 오수량
④ 배수지의 크기 및 계통

해설 배수지는 상수도시설이다.

11 하수도계획에서 수질환경기준에 준하는 배제방식, 처리방법, 시설의 위치 결정에 활용하는 데 필요한 조사는?

① 상수도 급수현황
② 방류수역의 허용부하량
③ 음용수의 수질기준
④ 공업용 수도의 현황

해설 방류수역의 허용부하량은 수질환경기준에 준하는 배제방식, 처리방법, 시설의 위치 결정에 필요한 조사사항이다.

12 ★ 하수도계획의 기본적 사항에 관한 설명으로 옳지 않은 것은?

① 하수도계획의 목표연도는 시설의 내용연수, 건설기간 등을 고려하여 10~15년 범위로 한다.
② 계획구역은 계획목표연도에 시가화예상구역까지 포함하여 광역적으로 정하는 것이 좋다.
③ 신시가지 하수도계획의 수립 시에는 기존 시가지 및 신시가지를 합하여 종합적으로 고려해야 한다.
④ 공공수역의 수질 보전 및 자연환경 보전을 위하여 하수도 정비가 필요한 지역을 계획구역으로 한다.

해설 하수도계획의 목표연도는 원칙적으로 20년 후로 한다.

13 하수처리장계획 시 고려할 사항으로 맞지 않는 것은?

① 처리장의 부지면적은 확장 및 향후 고도처리계획을 예상하여 계획한다.
② 처리장의 위치는 방류수역의 이수상황 및 주변의 환경조건을 고려하여 정한다.
③ 처리시설은 계획시간 최대오수량을 기준으로 하여 계획한다.
④ 처리시설은 이상수위에도 침수되지 않는 지반고에 설치한다.

해설 하수처리시설은 계획 1일 최대오수량을 기준으로 하여 계획한다.

14 하수에 관련된 사항 중 옳지 않은 것은?

① 하수란 생활이나 산업활동 등에 의하여 배출되는 오수와 우수를 말한다.
② 하수도라 함은 농작물의 경작하수를 포함하는 모든 하수를 배제 또는 처리하기 위한 시설이다.
③ 종말처리장이라 함은 하수를 최종적으로 처리하여 방류하기 위한 시설을 말한다.
④ 공공하수도시설의 규모 및 배치는 계획한 수량을 배제할 수 있어야 한다.

정답 9. ③ 10. ④ 11. ② 12. ① 13. ③ 14. ②

해설 하수도는 농작물의 경작으로 인한 하수는 제외(지하 침투 간주)한다.

15 하수도의 구성에 대한 설명으로 옳지 않은 것은?
① 배제방식은 합류식과 분류식으로 대별할 수 있다.
② 지역이 광대한 대도시에서는 배수계통형식 중 선형식이 가장 적합하다.
③ 처리시설은 물리적, 생물학적, 화학적 시설로 대별할 수 있다.
④ 집·배수시설은 자연유하식이 원칙이나 펌프시설도 필요하다.

해설 선형식은 지형이 한쪽 방향으로 경사져 있을 때 전 하수를 1개의 간선으로 모아 배제하는 방식으로 대도시에는 부적당하다.

16 하수도시설에 관한 설명으로 옳지 않은 것은?
① 하수도시설은 크게 관거시설, 펌프장시설 및 처리장시설로 구별한다.
② 하수배제는 자연유하를 원칙으로 하고 있으며 펌프시설도 사용할 수 있다.
③ 하수처리장시설은 물리적 처리시설을 제외한 생물학적, 화학적 처리시설을 의미한다.
④ 하수배제방식은 합류식과 분류식으로 대별할 수 있다.

해설 하수처리장시설은 물리적, 생물학적, 화학적 처리시설을 의미한다.

2. 계획하수량의 산정

17 계획하수량의 산정방법으로 틀린 것은?
① 오수관거 : 계획 1일 최대오수량+계획우수량
② 우수관거 : 계획우수량
③ 합류식 관거 : 계획시간 최대오수량+계획우수량
④ 차집관거 : 우천 시 계획오수량

해설 오수관거는 계획시간 최대오수량으로 한다.

18 다음 중 하수처리시설의 용량을 결정하는 데 기초가 되는 것은?
① 계획 1일 평균오수량
② 계획 1일 최대오수량
③ 계획 1시간 평균오수량
④ 계획 1시간 최대오수량

해설 계획 1일 최대오수량은 하수처리시설의 용량을 결정하는 기준이 된다.

19 합류식에서 하수차집관거의 계획하수량기준으로 옳은 것은?
① 계획시간 최대오수량 이상
② 계획시간 최대오수량의 3배 이상
③ 계획시간 최대오수량과 계획시간 최대우수량의 합 이상
④ 계획우수량과 계획시간 최대오수량의 합의 2배 이상

해설 차집관거의 계획하수량기준은 우천 시 계획오수량 또는 계획시간 최대오수량의 3배 이상이다.

20 하수의 계획 1일 최대오수량을 구하는 방법으로 맞는 것은?
① 1인 1일 평균오수량×계획인구+공장폐수
② 1인 1일 최대오수량×계획인구+공장폐수
③ 1인 1일 평균오수량×계획인구+공장폐수+지하수량+기타 배수량
④ 1인 1일 최대오수량×계획인구+공장폐수+지하수량+기타 배수량

해설 계획 1일 최대오수량=1인 1일 최대오수량×계획인구+공장폐수+지하수량+기타 배수량

정답 15.② 16.③ 17.① 18.② 19.② 20.④

21 관거별 계획하수량에 대한 설명으로 옳지 않은 것은?

① 오수관거의 계획오수량은 계획 1일 최대오수량으로 한다.
② 우수관거에서는 계획우수량으로 한다.
③ 합류식 관거에서는 계획시간 최대오수량에 계획우수량을 합한 것으로 한다.
④ 차집관거는 우천 시 계획오수량으로 한다.

> 해설 오수관거의 계획오수량은 계획시간 최대오수량으로 한다.

22 고도처리 및 3차 처리시설의 계획하수량 표준에 관한 다음 표에서 빈칸에 알맞은 것으로 짝지어진 것은?

구분		계획하수량 합류식 하수도
고도처리 및 3차 처리	처리시설	(가)
	처리장 내 연결관거	(나)

① (가) 계획시간 최대오수량, (나) 계획 1일 최대오수량
② (가) 계획시간 최대오수량, (나) 우천 시 계획오수량
③ (가) 계획 1일 최대오수량, (나) 계획시간 최대오수량
④ (가) 계획 1일 최대오수량, (나) 우천 시 계획오수량

> 해설 고도처리 및 3차 처리시설의 계획하수량은 계획 1일 최대오수량이며, 처리장 내 연결관거는 계획시간 최대오수량이다.

23 우리나라에서 간선 오수관거의 설계에 일반적으로 사용하고 있는 유입시간의 표준치는 얼마나 되는가?

① 1분 ② 5분
③ 15분 ④ 30분

> 해설 간선 오수관거의 설계에 일반적으로 사용하고 있는 유입시간의 표준치는 5분이다.

24 합류식 하수관거의 설계 시 사용하는 유량은?

① 계획우수량+계획시간 최대오수량의 3배
② 계획우수량+계획시간 최대오수량
③ 계획시간 최대오수량의 3배
④ 계획 1일 최대오수량

> 해설 합류식 하수관거의 설계 시에는 오수와 우수를 함께 배제하므로 '계획우수량+계획시간 최대오수량'을 기준으로 한다.

25 계획오수량 중 지하수량에 대한 설명으로 옳은 것은?

① 계획 1일 최대오수량의 70~80%를 표준으로 한다.
② 1인 1일 최대오수량의 10~20%로 한다.
③ 계획 1일 최대오수량의 1시간당 수량의 1.3~1.8배를 표준으로 한다.
④ 계획시간 최대오수량의 3배 이상으로 한다.

> 해설 ① 계획 1일 평균오수량
> ③ 계획시간 최대오수량
> ④ 차집관거의 설계기준

26 계획 1일 최대오수량과 계획 1일 평균오수량 사이에는 일정한 관계가 있다. 계획 1일 평균오수량은 대체로 계획 1일 최대오수량의 몇 %를 표준으로 하는가?

① 45~60% ② 60~75%
③ 70~80% ④ 80~90%

> 해설 계획 1일 평균오수량은 대체로 계획 1일 최대오수량의 70~80%이다.

27 우리나라 대도시의 경우 하수로 방출되는 하수량은 급수량의 약 몇 %인가?

① 60~70% ② 70~80%
③ 80~90% ④ 90~95%

정답 21. ① 22. ③ 23. ② 24. ② 25. ② 26. ③ 27. ①

해설 대도시의 경우 하수량은 급수량의 60~70%로 본다.
참고 우리나라 급수량은 300~400lpcd(=L/인·일)이다.

해설 ① 오수관거의 계획하수량
② 차집관거의 계획하수량
③ 합류식 관거의 계획하수량

28 대도시의 경우 하수도계획에 있어서 1인 1일당 오수량은?
① 10~15L
② 50~100L
③ 100~180L
④ 180~250L

해설 대도시의 경우 하수량은 급수량의 60~70%이므로 1인 1일당 오수량은 180~280L이다.

32 계획오수량 산정에서 고려되는 것이 아닌 것은?
① 생활오수량
② 공장폐수량
③ 지하수량
④ 차집하수량

해설 계획오수량=생활오수량(가정오수량, 영업오수량)+공장폐수량+지하수량

29 대도시나 공업도시의 계획 1일 평균오수량은 계획 1일 최대오수량의 몇 %로 하는가?
① 70%
② 75%
③ 50%
④ 85%

해설 계획 1일 평균오수량은 계획 1일 최대오수량의 70~80%를 표준으로 한다.

33 계획오수량 산정 시 고려하는 사항에 대한 설명으로 옳지 않은 것은?
① 지하수량은 1인 1일 최대오수량의 10~20%로 한다.
② 계획 1일 평균오수량은 계획 1일 최대오수량의 70~80%를 표준으로 한다.
③ 계획시간 최대오수량은 계획 1일 평균오수량의 1시간당 수량의 0.9~1.2배를 표준으로 한다.
④ 계획 1일 최대오수량은 1인 1일 최대오수량에 계획인구를 곱한 후 공장폐수량, 지하수량 및 기타 배수량을 더한 값으로 한다.

해설 계획시간 최대오수량은 계획 1일 평균오수량의 1시간당 수량의 1.3~1.8배를 표준으로 한다.

30 하수관거 중 개인주택에서 하수처리장까지 가정하수를 운반하는 데 사용되지 않는 관거는?
① 지선 하수거
② 간선 하수거
③ 우수거
④ 차집 하수거

해설 가정하수는 일반적으로 '가정-지선 하수거-간선 하수거-차집거-하수처리장' 순으로 운반되며, 우수거는 하천으로 바로 배출된다.

34 다음 중 계획오수량에 포함되지 않는 것은 어느 것인가?
① 농업용수량
② 지하수량
③ 공장폐수량
④ 생활오수량

해설 상수도와 하수도에서 농업용수는 취급되지 않는다.

31 분류식 우수관거의 계획하수량에 대한 설명으로 옳은 것은?
① 계획시간 최대오수량으로 한다.
② 계획시간 최대우수량의 3배 이상으로 한다.
③ 계획시간 최대오수량에 계획우수량을 합한 것으로 한다.
④ 계획우수량으로 한다.

정답 28. ④ 29. ② 30. ③ 31. ④ 32. ④ 33. ③ 34. ①

35 분류식 하수관거에서 펌프장 용량 설계의 기준이 되는 것은?

① 계획 1일 평균오수량
② 계획 1일 최대오수량
③ 계획시간 최대오수량
④ 계획 순간 최대오수량

> 해설 분류식 하수관거의 펌프장 용량 설계기준은 계획시간 최대오수량이다.

36 다음 중 하수도계획에서 우수량 산정과 관계없는 것은?

① 강우강도
② 유출계수
③ 유역면적
④ 집수관거

> 해설 우수량은 합리식인 $Q = CIA$로 산정하므로 유출계수, 강우강도, 유역면적과 관계있다.

37 계획우수량 산정 시 유입시간을 산정하는 일반적인 Kerby식과 스에이지식에서 각 계수와 유입시간의 관계로 틀린 것은?

① 유입시간과 지표면의 거리는 비례관계이다.
② 유입시간과 지체계수는 반비례관계이다.
③ 유입시간과 지표면의 평균경사는 반비례관계이다.
④ 유입시간과 설계강우강도는 반비례관계이다.

> 해설 유입시간과 지체계수는 비례관계이다.

38 하수도시설 설계 시 우수유출량의 산정을 합리식으로 할 때 토지이용도별 기초유출계수의 표준값이 가장 작은 것은?

① 지붕
② 수면
③ 경사가 급한 산지
④ 잔디, 수목이 많은 공원

> 해설 유출계수가 작다는 것은 흐르지 않고 지체된다는 것이다.

★ 39 우수량을 산정하는 합리식의 공식이 다음과 같을 때 각각의 단위로 틀린 것은?

$$Q = \frac{1}{360} CIA$$

① Q : m³/s
② C : 단위 없음
③ I : mm/hr
④ A : km²

> 해설 이 공식의 A의 단위는 ha이다.
> 참고 합리식 : A의 단위가 km²이면 $Q = \frac{1}{3.6} CIA$

★ 40 우수량 계산 시 이용하는 합리식에 대한 설명 중 틀린 것은? (단, $Q = \frac{1}{360} CIA$)

① Q는 유량을 나타내며 단위는 m³/s이다.
② C는 유출계수를 나타낸다.
③ I는 지표의 경사를 나타내며 유입속도를 결정한다.
④ A는 배수면적을 나타낸다.

> 해설 I는 강우강도이다.

41 지역 내 강우량과 실제 우수유출량의 비율을 나타낸 것은?

① 확률강우
② 재현시간
③ 강우강도
④ 유출계수

> 해설 유출계수 = 실제 우수유출량 / 총강우량

정답 35. ③ 36. ④ 37. ② 38. ④ 39. ④ 40. ③ 41. ④

42 우수량에 대한 설명으로 틀린 것은?

① 유달시간은 유입시간과 유하시간을 합한 것과 같다.
② 강우강도는 단위시간에 내린 강우의 깊이로 단위는 mm/hr이다.
③ 유달시간이 강우지속시간보다 작을 때 지체현상이 일어난다.
④ 유출계수는 유출량과 강우량의 비이다.

> 해설 유달시간이 강우지속시간보다 클 때 지체현상이 발생한다.

43 유역의 가장 먼 곳에 내린 빗물이 유역의 유출구 또는 문제의 지점에 도달하는 데 소요되는 시간을 무엇이라고 하는가?

① 도달시간 ② 유하시간
③ 유입시간 ④ 지체시간

> 해설 유달시간(도달시간)은 유역의 가장 먼 곳에 내린 빗물이 유역의 유출구 또는 문제의 지점에 도달하는 데 소요되는 시간을 말한다.

44 우수유출량의 유달시간에 관한 사항 중 가장 옳은 것은?

① 유역면적이 클수록 짧다.
② 형상계수가 클수록 짧다.
③ 경사가 급할수록 짧다.
④ 투수성의 지표일수록 짧다.

> 해설 유달시간은 경사가 급할수록, 면적이 작을수록, 형상계수가 작을수록, 비투수성 지표일수록 짧다.

45 유달시간 T가 강우지속시간 t보다 작을 때 생기는 현상은?

① 지체현상이 일어난다.
② 유출계수에 따라 다르다.
③ 일부 유역의 강우만 하수관 관측지점을 통과한다.
④ 전 유역의 강우에 의한 유출이 하수관 관측지점을 통과한다.

> 해설 ⊙ $T < t$: 전 배수면적에서의 우수가 동시에 하수관 관측지점을 통과한다.
> ⓒ $T > t$: 지체현상이 발생된다.

46 어느 지역에 비가 내려 배수구역 내 최원점에서 하수거의 입구까지 빗물이 유하하는 데 5분이 소요되었다. 하수거의 길이가 1,200m, 관 내 유속이 2m/s일 때 유달시간은?

① 5분   ② 11분
③ 15분 ④ 20분

> 해설 유달시간
> $T = t_1 + \dfrac{L}{V} = 5\min + \dfrac{1,200\text{m}}{2\text{m/s}}$
> $= 5\min + \dfrac{1,200\text{m}}{2 \times 60\text{m/min}}$
> $= 15\min$

47 어떤 지역의 강우지속시간(t)과 강우강도의 역수($1/I$)와의 관계를 구해보니 다음 그림과 같이 기울기가 1/3,000, 절편이 1/150이 되었다. 이 지역의 강우강도를 Talbot형 $\left(I = \dfrac{a}{t+b}\right)$으로 표시한 것으로 옳은 것은?

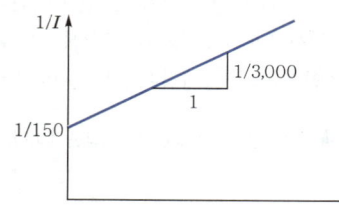

① $\dfrac{3,000}{t+20}$ ② $\dfrac{20}{t+3,000}$
③ $\dfrac{10}{t+1,500}$ ④ $\dfrac{1,500}{t+10}$

> 해설 Talbot형 강우강도
> $a = \dfrac{1}{\text{기울기}} = \dfrac{1}{1/3,000} = 3,000$
> $b = \dfrac{\text{절편}}{\text{기울기}} = \dfrac{1/150}{1/3,000} = 20$
> ∴ $I = \dfrac{a}{t+b} = \dfrac{3,000}{t+20}$

> 정답 42. ③ 43. ① 44. ③ 45. ④ 46. ③ 47. ①

48 유출계수 0.8, 강우강도 80mm/hr, 유역면적 5km²인 지역의 우수량을 합리식으로 구하면?

① 0.89m³/s
② 8.9m³/s
③ 88.9m³/s
④ 888.9m³/s

해설 합리식
$$Q = \frac{1}{3.6}CIA = \frac{1}{3.6} \times 0.8 \times 80 \times 5 = 88.89 \text{m}^3/\text{s}$$

49 유출계수 0.6, 강우강도 2mm/min, 유역면적 2km²인 지역의 우수량을 합리식으로 구하면?

① 0.007m³/s
② 0.4m³/s
③ 0.667m³/s
④ 40m³/s

해설 합리식
$$I = 2\text{mm/min} = 2\text{mm} \times 60/\text{hr} = 120\text{mm/hr}$$
$$\therefore Q = \frac{1}{3.6}CIA = \frac{1}{3.6} \times 0.6 \times 120 \times 2 = 40 \text{m}^3/\text{s}$$

50 어느 유역의 강우강도는 $I = \frac{3,300}{t+17}$ [mm/hr]로 표시할 수 있고 유역면적 200ha, 유입시간 5분, 유출계수 0.9, 관 내 유속이 1m/s이다. 600m의 하수관에서 흘러나오는 우수량은 얼마인가?

① 5.25m³/s
② 2.65m³/s
③ 51.56m³/s
④ 102.65m³/s

해설 합리식
$$t = t_1 + \frac{L}{V} = 5 + \frac{600}{1 \times 60} = 15\text{min}$$
$$\therefore Q = \frac{1}{360}CIA = \frac{1}{360} \times 0.9 \times \frac{3,300}{15+17} \times 200 = 51.56 \text{m}^3/\text{s}$$

51 어떤 도시에서 재현기간 5년의 강우강도식이 $I = \frac{225}{t^{0.393}}$ [mm/hr]이고 배수면적은 0.04km²이며 유출계수는 0.6이다. 유역경계에서 우수거 입구까지 유입시간이 7분이고, 우수거 하단까지의 유하시간이 9분이었다. 합리식에 의하여 우수거 하단에서의 최대계획우수유출량은?

① 0.504m³/s
② 5.04m³/s
③ 50.4m³/s
④ 504m³/s

해설 합리식
$$t = t_1 + t_2 = 7 + 9 = 16\text{min}$$
$$I = \frac{225}{t^{0.393}} = \frac{225}{16^{0.393}} = 75.6\text{mm/hr}$$
$$\therefore Q = \frac{1}{3.6}CIA = \frac{1}{3.6} \times 0.6 \times 75.6 \times 0.04 = 0.504 \text{m}^3/\text{s}$$

52 강우강도 $I = \frac{3,500}{t[\text{분}]+10}$ [mm/hr], 유역면적 2km², 유입시간 7분, 유출계수 $C = 0.7$, 관 내 유속이 1m/s인 경우 관의 길이가 500m인 하수관에서 흘러나오는 우수량은?

① 53.7m³/s
② 35.8m³/s
③ 48.9m³/s
④ 45.7m³/s

해설 합리식
$$t = t_1 + \frac{L}{60V} = 7 + \frac{500}{60 \times 1} = 15.33\text{min}$$
$$I = \frac{3,500}{t[\text{분}]+10} = \frac{3,500}{15.33+10} = 138.18\text{mm/hr}$$
$$\therefore Q = \frac{1}{3.6}CIA = \frac{1}{3.6} \times 0.7 \times 138.18 \times 2 = 53.7 \text{m}^3/\text{s}$$

53 강우강도 $I = \frac{2,347}{t+41}$ [mm/hr], 유역면적 5km², 유입시간 4분, 유출계수 0.85, 하수관거 내 유속 40m/min인 경우 1km의 하수관거 내 우수량은?

① 22.5m³/s
② 24.7m³/s
③ 35.6m³/s
④ 39.6m³/s

정답 48. ③ 49. ④ 50. ③ 51. ① 52. ① 53. ④

[해설] **합리식**

$$t = t_1 + \frac{L}{V} = 4 + \frac{1,000}{40} = 29\text{min}$$

$$I = \frac{2,347}{t+41} = \frac{2,347}{29+41} = 33.53\text{mm/hr}$$

$$\therefore Q = \frac{1}{3.6}CIA = \frac{1}{3.6} \times 0.85 \times 33.53 \times 5 = 39.6\text{m}^3/\text{s}$$

54 주거지역(면적 3ha, 유출계수 0.5), 상업지역(면적 2ha, 유출계수 0.7), 녹지(면적 1ha, 유출계수 0.1)로 구성된 구역의 평균(총괄)유출계수는?

① 0.43
② 0.50
③ 0.60
④ 1.30

[해설] **유출계수**

$$C = \frac{A_1 C_1 + A_2 C_2 + A_3 C_3}{A_1 + A_2 + A_3}$$

$$= \frac{3 \times 0.5 + 2 \times 0.7 + 1 \times 0.1}{3 + 2 + 1} = 0.5$$

55 첨두율(peak factor)에 관한 설명 중 옳지 않은 것은?

① 첨두율이란 실제 하수량과 평균하수량의 비로 나타낸다.
② 첨두율은 소구경 관거에서는 낮고 대구경일수록 높다.
③ 인구와 첨두율의 관계도면으로 최대, 최소첨두율을 구할 수 있다.
④ 대구경의 하수거인 경우 첨두율이 1.3 이하이고, 지선일 경우 2.0이 넘을 수도 있다.

[해설] 첨두율은 소구경 관거에서 높고 대구경일수록 낮다.

3. 하수배제방식

56 다음은 하수관거별 계획하수량을 나타낸 것이다. 틀린 것은?

① 오수관거 : 계획시간 최대오수량
② 우수관거 : 계획시간 최대우수량
③ 합류관거 : 계획시간 최대오수량+계획우수량
④ 차집관거 : 우천 시 계획오수량

[해설] 우수관거는 계획우수량이다.

57 하수도시설의 계통 선정 시 우선적으로 결정하여야 할 사항은?

① 합류식 또는 분류식
② 직각식 또는 차집식
③ 우수토실의 설치
④ 선형식 또는 방사식

[해설] ① 하수배제방식
② , ④ 하수관거배치방식
③ 부대시설 설치

[참고] **하수도시설의 계통순서** : 하수배제방식 → 하수관거배치방식 → 부대시설 설치

58 하수의 배제방식 중 분류식 하수관거의 특징이 아닌 것은?

① 처리장 유입하수의 부하농도를 줄일 수 있다.
② 우천 시 월류의 위험이 없다.
③ 처리장으로의 토사 유입이 적다.
④ 처리장으로 유입되는 하수량이 비교적 일정하다.

[해설] 분류식 하수관거의 처리장 유입하수의 부하농도는 합류식에 비해 비교적 일정하다.

[정답] 54.② 55.② 56.② 57.① 58.①

59 하수배수방법인 분류식과 합류식의 장단점에 대하여 기술한 내용 중 옳지 않은 것은?

① 분류식은 우수관과 오수관을 별도로 매설하므로 비용이 많이 든다.
② 분류식의 경우 처리장에 유입하는 하수의 수질변동이 비교적 적다.
③ 분류식은 전 우수량을 처리장으로 도달시켜 완전처리가 가능하다.
④ 합류식은 대량의 우수로 관 내 자연세정이 가능하다.

해설 합류식은 전 우수량을 처리장으로 도달시켜 완전처리가 가능하다.

60 분류식의 오수관거 설계 시 하수량 결정에 고려하여야 하는 것은?

① 계획평균오수량
② 계획우수량
③ 계획시간 최대오수량
④ 계획시간 최대오수량에 우수량을 더한 값

해설 분류식의 오수관거는 오수만 유하하므로 계획시간 최대오수량으로 설계한다.

61 분류식 하수관거계통(separated system)의 특징에 대한 설명으로 틀린 것은?

① 오수는 처리장으로 도달, 처리된다.
② 우수관과 오수관이 잘못 연결될 가능성이 있다.
③ 관거매설비가 큰 것이 단점이다.
④ 강우 시 오수가 처리되지 않은 채 방류되는 단점이 있다.

해설 합류식은 강우 시 우수가 처리되지 않은 채 방류되는 단점이 있다.

62 하수관거의 배제방식에 대한 설명으로 옳지 않은 것은?

① 합류식은 청천 시 관 내 오물이 침전하기 쉽다.
② 분류식은 합류식에 비해 부설비용이 많이 든다.
③ 분류식은 일정량 이상이 되면 우천 시 오수가 월류한다.
④ 합류식 관거는 단면이 커서 환기가 잘 되고 검사에 편리하다.

해설 합류식은 일정량 이상이 되면 우천 시 오수가 월류한다.

63 분류식 하수배제방식에 해당하는 것은 어느 것인가?

① 관거의 부설비가 적게 든다.
② 강우 시의 오수처리에 유리하다.
③ 관거의 단면적이 커서 관거 내의 검사가 용이하다.
④ 하수 중의 고형물이 관거에 퇴적하기 쉽다.

해설 ①, ③, ④는 합류식 하수배제방식의 특징이다.

64 합류식 하수도에 대한 설명이 아닌 것은?

① 청천 시에는 수위가 낮고 유속이 적어 오물이 침전하기 쉽다.
② 우천 시에는 처리장으로 다량의 토사가 유입되어 침전지에 퇴적된다.
③ 단일 관로로 오수와 우수를 배제하기 때문에 침수피해다발지역이나 우수배제시설이 정비되지 않은 지역에서 유리한 방식이다.
④ 소규모 강우 시 강우 초기에 도로나 관로 내에 퇴적된 오염물이 그대로 강으로 월류할 수 있다.

해설 합류식은 소규모 강우 시 강우 초기에 수세효과가 있다.

정답 59. ③ 60. ③ 61. ④ 62. ③ 63. ② 64. ④

65 합류식 하수관거에 대한 설명 중 옳지 않은 것은?

① 초기 우수에 포함되어 있는 지상의 먼지나 지면상의 오염물질을 운반하여 처리장에서 처리할 수 있다.
② 대구경 관거가 되면 1계통으로 건설되어 오수관거와 우수관거의 2계통을 건설하는 것보다는 적게 든다.
③ 우천 시의 월류의 위험이 없고 하수처리장에 유입하는 하수 수질변동이 비교적 낮다.
④ 관지름이 크므로 관 폐쇄의 염려가 없고 검사 및 청소가 비교적 용이하다.

> 해설 합류식은 강우 시와 청천 시 하수처리장에 유입되는 하수의 수질변동이 크다.

66 A도시는 하수의 배제방식으로서 분류식을 선택하였다. 하수처리장의 가동 후 계획된 오수량에 비해 유입 오수량이 적으며 공공수역의 오염이 해결되지 않았다면 다음 중 이 문제에 대한 가장 큰 원인으로 생각할 수 있는 것은?

① 우수관의 잘못된 관종 선택
② 우수관의 지하수 침투
③ 오수관의 우수관으로의 오접
④ 하수배제지역의 강우 빈발

> 해설 분류식 배제방식은 오수관의 우수관으로의 오접 우려가 있다.

67 하수의 배제방식의 분류식과 합류식에 대한 설명으로 옳지 않은 것은?

① 분류식은 오수만을 처리장으로 수송하는 방식으로 우천 시에 오수를 수역으로 방류하는 일이 없으므로 수질오염 방지상 유리하다.
② 분류식의 오수관거는 소구경이기 때문에 합류식에 비해 경사가 완만하고 매설깊이가 적어지는 장점이 있다.
③ 합류식은 단일 관거로 오수와 우수를 배제하기 때문에 침수피해다발지역이나 우수배제시설이 정비되어 있지 않은 지역에서 유리하다.
④ 합류식은 분류식에 비해 시공이 용이하나 우천 시에 관거 내의 침전물이 일시에 유출되어 처리장에 큰 부담을 줄 수 있다.

> 해설 분류식 오수관의 구경이 작으면 경사가 급해지고 매설깊이가 증대된다.

68 하수배제방식의 합류식과 분류식에 관한 설명으로 옳지 않은 것은?

① 분류식이 합류식에 비하여 일반적으로 관거의 부설비가 적게 든다.
② 분류식은 강우 초기에 비교적 오염된 노면배수가 직접 공공수역에 방류될 우려가 있다.
③ 하수관거 내의 유속의 변화폭은 합류식이 분류식보다 크다.
④ 합류식 하수관거는 단면이 커서 관거 내 유지관리가 분류식보다 쉽다.

> 해설 분류식이 합류식에 비하여 일반적으로 관거의 부설비가 많이 든다.

69 하천우량이 풍부할 때 하수를 신속히 배제할 수 있는 가장 경제적인 방법은?

① 직각식   ② 선형식
③ 방사식   ④ 집중식

> 해설 직각식은 하천유량이 풍부하고 도시의 중심을 지날 때 적합한 방식이다.

70 하수도의 관거배치방식에서 지역이 광대하여 하수를 한 곳으로 모으기 힘들 때 채용되는 형식은 어느 것인가?

① 직각식   ② 선형식
③ 방사식   ④ 집중식

정답 65. ③ 66. ③ 67. ② 68. ① 69. ① 70. ③

해설 방사식은 지역이 광대하여 하수를 한 곳으로 모으기 힘들 때 채용되는 형식이다.

71 지형이 한쪽 방향으로 경사져 있을 때 그 고저에 따라 하수관을 배치하여 1개의 간선으로 모아 배제하는 방식은?

① 직각식　　② 차집식
③ 방사식　　④ 선상식

해설 선상식은 지형이 한쪽 방향으로 경사져 있을 때 그 고저에 따라 하수관을 배치하여 1개의 간선으로 모아 배제하는 방식이다.

72 전체 구역에서 발생하는 하수를 특정 장소로 집중시키고자 한다. 구역 내 지형구조가 한 방향으로 일정한 경사를 이루고 있을 때 이용할 수 있는 하수배제방식은?

① 선형식　　② 차집식
③ 직교식　　④ 방사식

해설 선형식(선상식)은 구역 내 지형구조가 한 방향으로 일정한 경사를 이루고 있을 때 이용할 수 있는 하수배제방식이다.

73 다음 중 배수계통의 특징이 잘못 서술된 것은 어느 것인가?

① 직각식 : 도시 중앙에 큰 강이 관통할 때 적합하다.
② 차집식 : 하수방류수가 많아지는 단점이 있다.
③ 선형식 : 한 방향으로 규칙적인 경사가 진 지역에 알맞다.
④ 방사식 : 중앙이 고지대인 지역에 적합하다.

해설 방사식은 하수방류수가 많아지는 단점이 있다.

74 하수관거의 배치방식에 관한 설명 중 잘못된 것은?

① 방사식은 대도시와 같은 하수를 한 곳으로 모으기가 곤란할 때 채용된다.
② 선상식은 지역 내에 고저차가 심할 때 고부, 중부, 저부로 각각 독립된 배수계통을 만들어 배수한다.
③ 직각식은 하수관거의 연장이 짧아지고 토구수가 많아진다.
④ 토구수가 많다는 단점을 가진 직각식을 계량한 것이 차집식이다.

해설 평형식은 지역 내에 고저차가 심할 때 고부, 중부, 저부로 각각 독립된 배수계통을 만들어 배수한다.

75 다음 하수의 배수계통 중 선형식의 특징으로 틀린 것은?

① 나뭇가지형태와 비슷한 모양으로 배치된다.
② 소도시보다 대도시에 적합하다.
③ 한 방향으로 경사진 지역에 적합하다.
④ 하수를 한 지점으로 집중시킬 수 있을 때 적합하다.

해설 선형식은 산지마을형으로 소도시에 적합하다.

정답 71. ④　72. ①　73. ②　74. ②　75. ②

CHAPTER 06 하수관로시설

회독 체크표
1회독	월	일
2회독	월	일
3회독	월	일

최근 10년간 출제분석표
2015	2016	2017	2018	2019	2020	2021	2022	2023	2024
8.3%	10.0%	8.3%	8.3%	5.0%	3.3%	8.3%	7.5%	11.7%	8.3%

출제 POINT

학습 POINT
- 하수관거의 유속과 경사
- 관수로 계산
- 최소관경과 최소토피

SECTION 1 하수관로 계획

1 유속 및 경사

유속은 저유속인 경우 관로 내 입자물질의 침전과 이로 인한 통수능 부족과 준설 등의 유지관리가 요구되고, 그유속인 경우 관로 손상, 내용연수 감소 등을 유발하므로 중력식인 경우 하류방향의 흐름에 따라 관경이 점차 커지고, 관로경사는 점차 작아지도록 다음 사항들을 고려하여 유속과 경사를 결정한다.

1) 조건
① 관거 내에 토사 등이 침전, 정체하지 않는 유속일 것
② 하류관거의 유속은 상류보다 빠르게 할 것
③ 경사는 하류에 갈수록 완만하게 할 것
④ 급류는 관거에 손상을 주므로 피할 것

 일반적으로 이상적인 유속은 1.0~1.8m/s이다.

2) 유속

관거	최소유속	최대유속
오수관거, 차집관거	0.6m/s	3.0m/s
우수관거, 합류관거	0.8m/s	3.0m/s

※ 우수관거의 최저유속이 큰 이유는 침전물의 비중이 오수관거보다 크기 때문이다.

3) 하수관거의 경사
① 하수관거의 일반적인 평탄지 경사 : $\dfrac{1}{관경(\mathrm{mm})}$

② 적당한 경사의 토지 : $\dfrac{1}{관경(mm)} \times 1.5$

③ 급경사의 토지 : $\dfrac{1}{관경(mm)} \times 2.0$

2 관수로 관련 공식

① 관마찰손실수두 : $h_L = f \dfrac{l}{d} \dfrac{v^2}{2g}$

② 마찰손실계수

　㉠ 층류일 때 $f = \dfrac{64}{Re}$

　㉡ Manning공식에서 n을 알 때 $f = \dfrac{124.5 n^2}{D^{1/3}}$

③ Manning공식 : $V = \dfrac{1}{n} R_h^{\frac{2}{3}} I^{\frac{1}{2}}$

④ 경심(동수반경)

　㉠ 직사각형관일 경우 $R_h = \dfrac{bh}{b+2h}$

　㉡ 원형관일 경우 $R_h = \dfrac{D}{4}$

⑤ 하상경사 : $I = \dfrac{h_L}{l}$

3 최소관경과 매설위치

1) 최소관경과 최소토피

구분	최소관경	최소토피
오수관거, 차집관거	200mm	• 관거의 최소토피 1.0m
우수관거, 합류관거	250mm	• 차도에서는 1.2m • 보도에서는 1.0m 이상 • 보통은 1.5~2.0m 정도로 매설

2) 매설깊이 결정 시 고려사항

① 도로계획상 최소요구피복두께
② 가정배수설비와 연결을 위한 최소심도
③ 상수관 등 지하매설물과의 횡단문제
④ 지하수위와 지반의 토질조건

■ 출제 POINT

■ 관련 공식
① 하수관거 : Manning공식과 Kutter공식
② 상수도관 : Hazen-Williams공식

■ 경심(동수반경)
$R_h = \dfrac{A(유수단면적)}{P(윤변)}$

■ 하수관의 매설위치 및 깊이는 지하매설물, 구조물 등을 고려하여 도로, 하천, 철도 등의 관리자와 협의하여 결정한다.

출제 POINT

4 관거가 받는 하중

1) 직토압공식

흙의 마찰력을 전혀 고려하지 않고 단순히 관상부 매설토의 중량이 관에 직접 작용하는 것으로 가정해서 구하는 공식이다.

$$W_d = \gamma H$$

여기서, W_d : 매설토에 의한 연직토압(kgf/cm² 또는 N/m²)
γ : 매설토의 단위중량(tf/m³ 또는 N/m³)
H : 토피(m)

2) Marston공식

토압 계산에 가장 널리 이용되는 공식으로, 연직토압은 굴착도랑 바로 위의 흙기둥중량의 전체가 관에 전달되지 않고 굴착면에 인접하는 흙기둥 사이의 전단마찰력을 상쇄한 하중이 관에 작용하는 것으로 하여 구한다.

$$W = C_1 \gamma B^2$$

여기서, W : 관이 받는 하중(tf/m 또는 N/m)
C_1 : 토피의 깊이와 토양의 종류에 따른 상수
γ : 매설토의 단위중량(tf/m³ 또는 kN/m³)
B : 폭의 요소(도랑의 폭)$\left(= \dfrac{3}{2}D + 0.3\right)$(m)
D : 관의 외경(m)

SECTION 2 하수관거의 종류

학습 POINT
- 흄관의 특성
- 하수관거의 특성

1 도관

① 가볍고, 산 및 알칼리성에 견디는 힘이 강하며 변형된 형태의 관 제작이 쉽다.
② 건물 연결관 등의 40cm 이하의 소구경 관거에 많이 쓰인다.
③ 충격에 약하므로 운반 및 시공 시 주의해야 한다.

2 흄관(원심력 철근콘크리트관)

① 가장 많이 사용되는 하수관거로서 수밀성과 외압에 대한 강도가 크다.
② 산 및 알칼리성에 약하다.
③ 통수능력의 변동이 적다.

■ 흄관(원심력 철근콘크리트관)
① 상·하수도용으로 범용적으로 사용됨
② 유속범위도 흄관의 기준임
③ 신축성이 높을 것

③ 경질염화비닐관(PVC)

최근에 사용이 증가하는 추세이나, 시공방법 및 재질상 파열과 처짐의 문제점이 있다.

④ 하수관거의 특성

① 외압에 대한 강도가 충분하고 파괴에 대한 저항력이 커야 한다.
② 관거 내면이 매끈하여 **조도계수가 작아야 한다.**
③ 유량의 변동에 대해 유속의 변동이 적은 수리특성을 가진 단면형이다.
④ 접속(이음) 시공이 용이하고 **수밀성과 신축성이 높아야 한다.**
⑤ 산 및 알칼리에 대한 **부식성과 내구성이 강해야 한다.**
⑥ 경제성이 있도록 **가격이 저렴해야 한다.**

출제 POINT

■ 하수거관의 특성
① 조도계수가 작을 것
② 수밀성이 높을 것
③ 신축성이 높을 것

SECTION 3 하수관거의 단면 형상

① 관거단면의 종류

(a) 원형　　(b) 직사각형　　(c) 마제형　　(d) 계란형

학습 POINT
- 하수관거의 단면 형상별 특성

■ 하수관거의 단면 형상 선정 시 고려사항
① 수리학적으로 유리할 것
② 하중에 대해 안전할 것
③ 시공비가 저렴할 것
④ 유지관리가 용이할 것
⑤ 시공장소의 상황에 잘 적응할 것

② 단면 형상별 관거의 장단점

구분	장점	단점
원형	• 수리학적으로 유리함 • 내경 3m 정도까지 공장제품을 사용할 수 있어 공기가 단축됨 • 역학 계산이 간단함	• 지질에 따라 특별기초 필요함 • 연결 부분이 많아 지하수 침투량이 많음 • 대구경인 경우 운반비가 많이 듦
직사각형	• 토피 및 폭원의 제약이 있는 장소에 유리함 • 역학 계산이 간단함 • 대규모 공사에 가장 많이 이용됨	• 철근 부식 시 상부하중에 대해 불안함 • 만류의 경우 유속·유량 감소됨
마제형	• 수리학적으로 유리함 • 대구경 관거에 유리, 경제적임 • 상부의 아치작용으로 역학적으로 유리함	• 시공성이 열악함 • 현장 타설의 경우 공기가 긺 • 구조 계산이 복잡함

구분	장점	단점
계란형	• 우량이 적은 경우 원형보다 유리함 • 수직방향의 토압에 유리함(원형 관보다 관의 폭이 작아도 됨)	• 재질에 따라 제조비가 증가되는 경우도 있음 • 수직방향의 시공에 정확도가 요구되므로 면밀한 시공이 필요함

SECTION 4 하수관거의 접합

학습 POINT
• 수면접합, 관정접합, 관저접합의 특성

1 수면접합

① 관의 수위를 에너지경사선이나 계획수위와 일치되도록 접하는 방법이다.
② 수리학적으로 가장 유리한 방법으로 수위 계산이 필요하다.

2 관정접합

① 접속하는 관거의 내면 상단부를 일치시키는 방법이다.
② 만류 시에도 단면의 이용이 유효하다.
③ 수면접합보다는 못하나 비교적 정류를 얻을 수 있다.
④ 지세가 급하여 수위차가 많이 발생하는 곳에 적합하다.
⑤ 평탄한 지형은 낙차가 많이 발생하여 관거의 매설깊이가 증대된다.
⑥ 굴착깊이가 커서 토공비가 많이 들고 펌프배수 시 양정이 증가한다.

3 관중심접합

① 관거의 내면 중심부를 일치시키는 방법이다.
② 수면접합과 관정접합의 중간 방법이다.

4 관저접합

■ 관저접합
① 가장 나쁜 시공법
② 가장 많이 사용
③ 굴착깊이가 줄고 토공량이 작음
④ 공사비가 적게 듦

① 관거의 내면 하부를 일치시킨다.
② 수리학적으로 가장 불리한 방법으로 하수관거접합방식 중 가장 부적절하다.
③ 상류의 굴착깊이를 줄이기 위해 사용하며 공사비가 적게 든다.
④ 평탄한 지역에서 토공량을 줄이기 위해 사용한다.
⑤ 수위 상승을 방지하고 양정고를 줄일 수 있어 펌프를 이용한 하수배제 시 적합하다.

5 계단접합

① 지세가 아주 급한 경우 관거의 기울기와 토공량 감소를 목적으로 사용한다.
② 통상 대구경 관거 또는 현장 타설 관거에 설치한다.
③ 계단의 높이는 1단당 0.3m 이내이다.

6 단차접합

① 지세가 급한 급경사지의 경우 관거의 기울기와 토공량 감소를 목적으로 사용한다.
② 지표의 경사에 따라 적당한 간격으로 맨홀에 설치한다.
③ 맨홀 1개당 단차는 1.5m 이내이다

> **출제 POINT**

SECTION 5 관정부식

1 개요

하수 내 유기물, 단백질, 기타 황화합물이 혐기성 상태에서 분해되어 생성되는 황화수소(H_2S)가 하수관 내의 공기 중으로 솟아오르면 호기성 미생물에 의해서 SO_2나 SO_3가 된다. 이들이 관정부의 물방울에 녹으면 황산(H_2SO_4)이 되는데, 이 황산이 콘크리트관에 함유되어 있는 철(Fe), 칼슘(Ca), 알루미늄(Al) 등과 반응하여 황산염이 되어 콘크리트관을 부식파괴하는 현상을 관정부식(crown corrosion)이라고 한다.

> **학습 POINT**
> • 관정부식의 원인물질
> • 관정부식의 원리
> • 관정부식의 방지대책
>
> ■ 관정부식의 원인물질 : S(황)

2 관정부식 발생

① 황화합물+혐기성 미생물 → H_2S(황화수소가스)
  　　　　　　　환원작용
② H_2S+호기성 미생물 → H_2SO_4(황산)
  　　　　　　산화작용
③ H_2SO_4+Fe, Al, Ca, Mg 등 → 관정부식

3 관정부식의 방지대책

① 하수의 유속을 증가시켜 유기물질의 퇴적을 방지한다.
② DO를 증가시켜 하수 내 생성된 황화합물질을 감소시킨다.
③ 염소 등의 소독제를 주입하여 관 내의 미생물을 제거한다.

> ■ 관정부식 방지대책
> ① 유속 증가
> ② 폭기장치 설치
> ③ 염소소독
> ④ 관 내부 피복

④ 관 내부를 PVC나 기타 물질로 피복하여 내산성이 있게 한다.

[그림 6-1] 관정부식

SECTION 6 하수관거의 부대시설

학습 POINT
- 직선부에서의 맨홀 설치간격
- 역사이펀의 정의와 유의사항

1 맨홀(manhole)

1) 설치목적

맨홀은 하수관거의 청소, 점검, 장애물 제거, 보수를 위한 사람 및 기계의 출입을 가능하게 하고 악취나 부식성 가스의 통풍 및 환기, 관거의 접합을 위한 시설이다.

2) 설치장소

① 맨홀은 관거의 기점, 방향, 경사 및 관의 직경 등이 변하는 곳, 단차가 발생하는 곳, 관거가 합류하는 곳에 설치하며, 가능한 한 많이 설치하는 것이 관거의 유지관리상 유리하다.

② 맨홀은 관거의 직선부에서도 관경에 따라 [표 6-1]과 같은 범위 내의 간격으로 설치한다.

[표 6-1] 맨홀의 관경별 최대간격

관경(mm)	300 이하	600 이하	1,000 이하	1,500 이하	1,650 이하
최대간격(m)	50	75	100	150	200

■ 맨홀의 직선부 설치간격
① 관경 300mm 이하 : 50m
② 관경 600mm 이하 : 75m
③ 관경 1,000mm 이하 : 100m
④ 관경 1,500mm 이하 : 150m
⑤ 관경 1,500mm 이하 : 200m

3) 부속물

① 인버트(invert)
  ㉠ 인버트는 하류관로의 관경 및 경사와 동일하게 한다.
  ㉡ 인버트의 발디딤부는 10~20%의 횡단경사를 둔다.

ⓒ 인버트의 폭은 하류측 폭을 상류까지 같은 넓이로 연장한다.
ⓓ 상류관과 인버트 저부는 3~10cm 정도의 단차를 두는 것이 바람직하다.
ⓔ 인버트는 중간맨홀, 합류맨홀의 합류 및 흐름방향에 적합하게 설치하여 하수의 흐름이 원활하도록 하여야 한다.

② 발디딤부 및 중간슬래브
㉠ 발디딤부 및 중간슬래브는 부식이 발생하지 않는 재질을 사용한다.
㉡ 발디딤부는 폭 30cm를 표준으로 이용하기에 편리하도록 설치하여야 하며, 맨홀깊이가 3m 이상인 경우 2열로 설치하여야 한다.
㉢ 깊은 맨홀의 유지관리는 필요시 이동용 사다리를 이용하고, 진출입이 빈번한 깊이 4m 이상에서는 중간슬래브를 설치한다.

2 받이

1) 우수받이(빗물받이 ; street inlet)
① 우수 내의 부유물이 하수관거 내에 침전하여 일어나는 부작용을 방지하기 위해서 우수받이를 설치하며, 저부에는 깊이 15cm 이상의 **니토실(토사받이)을 반드시 설치한다.**
② 노면배수용 빗물받이의 간격은 20~30cm 정도로 하며, 빗물받이의 규격은 내폭 30~50cm, 깊이 80~100cm 정도로 한다.

2) 오수받이(collecting sewer)
① 오수를 받는 시설로서 공공도로와 사유지 경계면에 유지관리가 편리한 곳에 설치한다.
② 오수받이 저부에는 다른 받이와는 달리 **인버트를 설치한다.**

3 우수토실

① **합류식 하수관거에** 있어서 우수유출량의 전부를 처리장으로 보내 처리하는 것은 막대한 비용이 필요하다. 그러므로 적당한 방류수역이 있는 경우에는 하수량이 우천 시의 계획하수량에 도달하면 그 이상의 우수를 하천이나 해안으로 방류되도록 **관거의 도중에 우수토실을 설치한다.**

② 우수토실 결정 시 고려사항
㉠ 우수토실에서 우수월류량은 계획하수량에서 우천 시 계획오수량을 뺀 양으로 한다.
㉡ 우수월류위어의 위어길이를 계산할 때는 다음 식에 의한다.

$$L = \frac{Q}{1.8H^{3/2}}$$

여기서, L : 위어(weir)길이(m)
Q : 우수월류량(m^3/s)
H : 월류수심(위어길이 간의 평균값)(m)

4 토구(out fall)

토구는 하수도시설로부터 하수를 공공수역에 방류하는 시설을 말한다. 위치 및 구조는 방류수역의 위치, 수량, 물 이용상황, 수질환경기준의 설정상황 및 하천개수계획 등을 충분히 조사한 후 결정하며, 외수의 역류를 방지할 수 있도록 하고 방류수역의 수질 및 수량에 대하여 지장이 없도록 한다. 토구는 다음 세 가지로 분류된다.
① 하수처리장에서 처리수의 토구
② 분류식에서의 우수토구 및 펌프장의 토구
③ 합류식에서 우수토실 및 펌프장의 토구

5 환기장치(ventilation)

환기장치는 하수관거 내에서 발생하는 메탄(CH_4), 황화수소(H_2S), 탄산(CO_2) 등 폭발성 또는 유독성 기체를 제거할 뿐만 아니라 기압이 축적되는 것을 방지하기 위해 설치하는 장치를 말한다.

6 역사이펀(inverted siphon)

1) 정의 및 개요

① 역사이펀은 **하수관거 시공 중 장애물 횡단방법**으로 하수관거가 하천, 철도, 지하철 등 평면통과가 불가능한 지하매설물을 횡단하는 경우 평면교차가 불가능하여 동수경사선 이하로 매설하는 하수관거시설이다.
② 매설깊이가 깊어 큰 하중을 받으므로 균열, 파손이 생기기 쉬우므로 견고한 구조물로 해야 한다.
③ 내부검사 및 보수가 곤란하므로 가급적 피하는 것이 좋다.

2) 설계 시 고려사항

① 역사이펀 관거 내의 유속은 토사가 침전되는 것을 방지하기 위해 **상류측 관거 내의 유속보다 20~30% 증가시킨다.**
② 역사이펀 부분은 계획하저면보다 1m 정도 깊게 매설하며, 관경은 최소 250mm 이상으로 한다.

③ 입구와 출구 형상은 손실수두를 적게 하기 위해 종구(bell mouth)형으로 한다.
④ V자형 역사이펀에서는 청소 등을 위해 필요한 wire rope를 설치한다.
⑤ 역사이펀의 깊이가 5m 이상인 경우 배수펌프 설치대를 둔다.
⑥ 역사이펀 관거의 설치위치는 교대, 교각 등의 바로 밑은 피한다.

7 간선 및 지선

간선(main sewer)은 하수의 종말처리장지점에 연결 도입되는 모든 노선이고, 지선(branch sewer)은 준간선 또는 간선하수관거와 연결되어 있는 것으로 각 건물로부터 배수와 노면배수를 원활하게 하기 위하여 설치된 하수관이다.

SECTION 7 우수조정지(유수지)

1 개요

우천 시 배수구역으로부터 방류되는 초기 우수의 오염부하량을 감소시키고 우수량이 많아서 펌프에 의한 양수가 곤란한 경우에는 우수를 임시로 저장하여 유량을 조절함으로써 하류지역의 우수유출이나 침수를 방지하는 시설이다.

2 설치장소

① 하수관거의 유하능력(용량)이 부족한 곳
② 하류지역의 펌프장능력이 부족한 곳
③ 방류수역의 유하능력이 부족한 곳

3 설치목적

① 시가지의 침수 방지
② 유출계수의 감소
③ 첨두유량의 감소
④ 유달시간의 증대

학습 POINT
- 유수지의 정의
- 유수지의 설치장소
- 유수지의 구조형식

■ 우수조정지(유수지)
① 우수 일시 저류
② 침수 방지

■ 유수지 설치장소
① 하수관거의 유하능력(용량)이 부족한 곳
② 하류지역의 펌프장능력이 부족한 곳
③ 방류수역의 유하능력이 부족한 곳

출제 POINT

4 설계 시 고려사항

① 합리식에 의해서 설계한다.
② 우수의 방류방식은 자연유하를 원칙으로 한다.
③ 효율을 높이기 위해 다목적으로 계획한다.
④ 방류관거는 하천의 유하능력을 고려하고 계획방류량을 방류시킬 수 있어야 한다.
⑤ 유역의 강우강도식을 필요로 하며 설계강우조건, 물의 이용분배조건, 유역의 면적조건 등을 고려해야 한다.
⑥ 첨두유입량은 첨두유출량에 비하여 크게 한다.

5 구조 및 형식

■ 우수조정지의 형식
① 댐식
② 굴착식
③ 지하식
④ 현지 저류식

형식	내용	방류(조절) 방식
댐식	흙댐 또는 콘크리트댐에 의해서 하수를 저류하는 방식	자연유하식
굴착식	평지를 파서 하수를 저류하는 방식	자연유하식 펌프배수, 수문조작
지하식	일시적으로 지하의 저류조, 관거 등에 하수를 저류하여 양수조정지로서의 기능을 갖도록 하는 방식	저류수심이 크지 않아 펌프배수가 일반적
현지 저류식	공원, 교정, 건물 사이, 지붕 등을 이용하여 양수를 저류하는 시설로 보통 현지에 내린 비만을 대상으로 하기 때문에 관거의 상류측에 설치	자연유하식

SECTION 8 우수저류지

1 개요

우천 시에 우수가 오수와 더불어 무처리상태로 공공수역에 합류되는 합류식 하수도의 결점을 개선하기 위한 방법이다. 초기 우수의 방류부하량을 감소시키는 시설로서 저류된 하수는 강우 종료 후에 하수처리장으로 수송하여 처리한다.

2 우수저류지의 효과

① 우천 시 방류부하량의 감소
② 우천 시 합류식 하수의 침전
③ 우천 시 합류식 하수의 일시 저류

출제 POINT

학습 POINT
• 우수저류지의 효과

■ 우수저류시설
주차장, 운동장, 단지 내 공원, 녹지, 공장 저류, 우수조정지, 우수저류관, 우수체수지, 홍수조절지 등

기출문제

1. 하수관로 계획

01 하수관거계획 시 고려사항에 대한 설명으로 옳지 않은 것은?
① 오수관거의 계획하수량은 계획시간 최대오수량을 기준으로 한다.
② 관거는 원칙적으로 암거로 하며 수밀한 구조로 하여야 한다.
③ 합류식에서 하수의 차집관거는 우천 시 계획오수량을 기준으로 계획한다.
④ 오수관거와 우수관거가 교차하여 역사이펀을 피할 수 없는 경우에는 우수관거를 역사이펀으로 하는 것이 바람직하다.

[해설] 교차연결을 피할 수 없을 경우에는 우수관거를 오수관거 위에 배치한다.

02 하수관거의 단면 형상 선정 시 고려할 사항으로 가장 거리가 먼 것은?
① 수리학적으로 유리할 것
② 하중에 대해 경제적일 것
③ 시공이 간편하고 비용이 저렴할 것
④ 역학 계산이 간단할 것

[해설] 마제형의 경우 역학 계산이 복잡하다.

03 하수관로계획에 대한 설명으로 틀린 것은?
① 단면 형상은 수리학적으로 유리하며 경제적인 것이 바람직하다.
② 관거부설비의 견지에서 보면 합류식이 분류식보다 유리하다.
③ 유속은 하류부가 상류부보다 느린 것이 좋다.
④ 경사는 하류로 갈수록 완만하게 하는 것이 좋다.

[해설] 하수관로의 유속은 하류부로 갈수록 빠르게 설계한다.

04 하수관로에 관한 설명 중 틀린 것은?
① 대부분의 하수관거는 수리학적으로 관수로이다.
② 단면형은 재료의 구득이 쉽고 시공이 간편하며 건설비가 저렴한 것 등을 고려하여야 한다.
③ 최저유속은 하수부유물의 침전이나 정체 등이 생기지 않는 유속이어야 한다.
④ 하수도 맨홀은 구경이 다른 관의 접합목적도 있다.

[해설] 대부분의 하수관거는 수리학적으로 개수로이다.

05 하수관거의 유속과 경사는 하류로 갈수록 어떻게 되도록 설계하여야 하는가?
① 유속 : 증가, 경사 : 감소
② 유속 : 증가, 경사 : 증가
③ 유속 : 감소, 경사 : 증가
④ 유속 : 감소, 경사 : 감소

[해설] 하류로 갈수록 유속은 빠르게, 경사는 완만하게 설계한다.

06 하수관망 설계기준에 대한 설명으로 옳지 않은 것은?
① 관경은 하류로 갈수록 크게 한다.
② 오수관거의 유속은 0.6~3m/s가 적당하다.
③ 유속은 하류로 갈수록 작게 한다.
④ 경사는 하류로 갈수록 완만하게 한다.

[해설] 하류로 갈수록 유속은 빠르게, 경사는 완만하게 설계한다.

정답 1.④ 2.④ 3.③ 4.① 5.① 6.③

07 우수관과 오수관의 최소유속을 비교한 설명으로 옳은 것은?

① 우수관의 최소유속이 오수관의 최소유속보다 크다.
② 오수관의 최소유속이 우수관의 최소유속보다 크다.
③ 세척방법에 따라 최소유속은 달라진다.
④ 최소유속에는 차이가 없다.

해설 하수관 설계 시 유속범위
  ㉠ 오수관, 차집관 : 0.6~3m/s
  ㉡ 우수관, 합류관 : 0.8~3m/s

08 하수관의 설계 시 알맞은 유속범위는?

① 우수관 : 1.0~5.0m/s, 오수관 : 0.6~5.0m/s
② 우수관 : 0.1~1.0m/s, 오수관 : 0.2~1.2m/s
③ 우수관 : 0.6~3.0m/s, 오수관 : 0.8~3.0m/s
④ 우수관 : 0.8~3.0m/s, 오수관 : 0.6~3.0m/s

해설 하수관 설계 시 유속범위
  ㉠ 오수관, 차집관 : 0.6~3m/s
  ㉡ 우수관, 합류관 : 0.8~3m/s

09 하수관거 내의 이상적인 유속은?

① 0.1~0.9m/s ② 1.0~1.8m/s
③ 2.0~3.5m/s ④ 2.5m/s 이상

해설 하수관거 내의 이상적인 유속은 1.0~1.8m/s이다.

10 합류관거나 우수관거가 오수관거보다 최저유속이 높게 규정되어 있다. 다음 중 그 이유로 가장 타당한 것은?

① 배수를 더 빨리 하기 위해서
② 경사가 크기 때문에
③ 유량이 더 많기 때문에
④ 침전물의 비중이 더 높기 때문에

해설 합류관거나 우수관거의 최저유속이 큰 이유는 침전물의 비중이 오수관거나 차집관거보다 크기 때문이다.

11 계획하수량을 수용하기 위한 관거의 단면과 경사를 결정함에 있어 고려할 사항으로 틀린 것은?

① 관거의 경사는 일반적으로 지표경사에 따라 결정하며 경제성 등을 고려하여 적당한 경사를 정한다.
② 오수관거의 최소관경은 200mm를 표준으로 한다.
③ 관거의 단면은 수리학적으로 유리하도록 결정한다.
④ 경사를 하류로 갈수록 점차 급해지도록 한다.

해설 하류로 갈수록 관로의 경사는 완만하게, 유속은 빠르게 설계한다.

12 오수 및 우수관거의 설계에 대한 설명으로 옳지 않은 것은?

① 오수관거의 최소관경은 200mm를 표준으로 한다.
② 우수관경의 결정을 위해서는 합리식을 적용한다.
③ 우수관거 내의 유속은 가능한 한 사류상태가 되도록 한다.
④ 오수관거의 계획하수량은 계획시간 최대오수량으로 한다.

해설 우수관거는 우수로 인한 침수 방지를 위하여 유달시간이 긴 것이 좋으므로 상류상태가 되도록 한다.

13 우수관거 및 합류관거의 최소관경에 대한 표준크기는?

① 350mm ② 250mm
③ 200mm ④ 150mm

해설 하수관거의 최소직경
  ㉠ 오수관거, 차집관거 : 200mm
  ㉡ 우수관거, 합류관거 : 250mm

정답 7.① 8.④ 9.② 10.④ 11.④ 12.③ 13.②

14 하수시설 중 연결관의 최소관경은 얼마인가?
① 100mm ② 150mm
③ 200mm ④ 250mm

해설 연결관의 내경은 150~250mm 정도를 사용하고, 일반적으로 우수받이의 경우 L형 측구의 폭이 30cm일 경우에는 150mm의 관을, 35cm일 경우에는 250mm의 관을 사용한다. 오수연결하수관은 유출하수량에 따라 적당한 관경을 선택한다.

15 평탄한 지형에서 가정하수관거의 직경이 0.5m일 경우 관거의 경사는 어느 것이 적당한가?
① $\frac{1}{50}$ ② $\frac{1}{100}$
③ $\frac{1}{500}$ ④ $\frac{1}{1,000}$

해설 평탄한 지형에서의 경사 = $\frac{1}{관경(mm)} = \frac{1}{500}$

16 지반고가 50m인 지역에 하수관을 매설하려고 한다. 하수관의 지름이 300mm일 때 최소흙두께를 고려한 관로시점부의 관저고(관 하단부의 표고)는?
① 49.7m ② 49.5m
③ 49.0m ④ 48.7m

해설 ㉠ 하수관거의 경사 = $\frac{1}{관경(mm)} = \frac{1}{300} = 0.003$
㉡ 최소흙두께 1.2m를 고려하면
고저차 = 50×0.003 = 0.15m
∴ 관저고 = 50 - 1.2 - 0.15 = 48.65m

17 하수도시설기준에 의한 하수관의 최소매설깊이는 몇 m인가?
① 0.5m ② 1.0m
③ 1.5m ④ 2.0m

해설 하수관의 최소매설깊이는 1m이다.

18 대규모 공사에서 가장 많이 이용되는 하수관거의 단면 형상은?
① 원형 ② 장방형
③ 마제형 ④ 계란형

해설 직사각형(장방형) 하수관거는 대규모 공사에 가장 많이 이용된다.

19 하수관거의 단면 형상은 원형, 직사각형, 말굽형, 계란형 등이 있다. 다음 중 말굽형의 장점이 아닌 것은?
① 수리학적으로 유리하다.
② 대구경 관거에 유리하며 경제적이다.
③ 현장 타설의 경우 공사기간이 단축된다.
④ 상반부의 아치작용에 의해 역학적으로 유리하다.

해설 현장 타설의 경우 말굽형은 공사기간이 길어진다.

20 대구경 관거에 유리하며 경제적이고 상반부의 아치작용에 의해 역학적으로 유리한 하수관거의 단면 형상은?
① ㅅ-다리꼴형 ② 직사각형
③ 말굽형 ④ 계란형

해설 하수관거 중에서 수리학적으로 경제적이고, 역학적으로 가장 튼튼한 하수관거는 마제형(말굽형) 하수관거이다.

21 다음 중 하수관거의 단면에 대한 설명으로 옳지 않은 것은?
① 계란형은 유량이 적은 경우 원형 관거에 비해 수리학적으로 유리하다.
② 말굽형은 상반부의 아치작용에 의해 역학적으로 유리하다.
③ 원형, 직사각형은 역학 계산이 비교적 간단하다.
④ 원형은 주로 공장제품이므로 지하수의 침투를 최소화할 수 있다.

정답 14. ② 15. ③ 16. ④ 17. ② 18. ② 19. ③ 20. ③ 21. ④

해설 원형 관거는 이음 부분이 많아 지하수의 침투가 우려된다.

22 하수관거의 단면에 대한 설명으로 ㉠과 ㉡에 알맞은 것은?

> 관거의 단면 형상에는 (㉠)을 표준으로 하고, 소규모 하수도에서는 (㉡)을 표준으로 한다.

① ㉠ 원형 또는 계란형 ㉡ 원형 또는 직사각형
② ㉠ 원형 ㉡ 직사각형
③ ㉠ 계란형 ㉡ 원형
④ ㉠ 원형 또는 직사각형 ㉡ 원형 또는 계란형

해설 관거의 단면 형상에는 원형 또는 직사각형을 표준으로 하고, 소규모 하수도에서는 원형 또는 계란형을 표준으로 한다.

23 재질은 철근콘크리트관과 유사하며 원심력에 의해 굳혀 강도가 뛰어나므로 하수관거용으로 가장 많이 사용되는 하수관은?

① 도관
② 흄(hume)관
③ PC관
④ VR관

해설 원심력에 의해 굳혀 강도가 뛰어나므로 하수관거용으로 가장 많이 사용되는 하수관은 흄관(원심력 철근콘크리트관)이다.

24 하수관으로 이용되는 도관에 관한 설명 중 틀린 것은?

① 다른 관종에 비해 가볍고 시공이 쉽다.
② 화학변화에 대해 비교적 저항이 강하다.
③ 보통 내경 40cm 이하의 소형관에 사용된다.
④ 충격에 강하다.

해설 도관은 충격에 약하다.

25 하수관거가 갖추어야 할 특성에 대한 설명으로 옳지 않은 것은?

① 관 내의 내면이 매끈하고 조도계수가 클 것
② 경제성이 있도록 가격이 저렴할 것
③ 산·알칼리에 대한 내구성이 양호할 것
④ 외압에 대한 강도가 높고 파괴에 대한 저항력이 클 것

해설 하수관거는 관 내의 내면이 매끈하고 조도계수가 작아야된다.

26 하수관거의 특성이 아닌 것은?

① 외압에 대한 강도가 충분하고 파괴에 대한 저항이 커야 한다.
② 유량의 변동에 대해서 유속의 변동이 큰 수리특성을 지닌 단면형이어야 한다.
③ 산 및 알칼리의 부식성에 대해서 강해야 한다.
④ 이음의 시공이 용이하고 그 수밀성과 신축성이 높아야 한다.

해설 하수관거는 유량의 변동에 대해서 유속의 변동이 작은 수리특성을 지닌 단면형이어야 한다.

27 하수관거의 단면 형상에 대한 설명으로 옳지 않은 것은?

① 하수관거의 단면 형상은 수리학적으로 유리하며 하수량의 변동에 대해서 유속변동이 적어야 한다.
② 관거의 단면 형상은 원형, 장방형 또는 마제형을 표준으로 한다.
③ 장방형 단면은 피복두께, 폭원에 제한을 받는 경우에 유리하고 역학상의 계산이 간단하다.
④ 원형 관거는 수리학적으로 유리한 것이 장점이고, 특히 공장제품을 사용할 때 지하수 침입량이 없다.

해설 원형 관거는 이음 부분이 많아 지하수가 침입할 가능성이 높다.

정답 22. ④ 23. ② 24. ④ 25. ① 26. ② 27. ④

28 하수관거가 합류하는 지점의 하수흐름을 원활하게 하기 위한 2관의 중심교각으로 맞는 것은?

① 30~45°이며 최대 60° 이하
② 30~45°이며 최대 50° 이하
③ 25~50°이며 최대 60° 이하
④ 25~45°이며 최대 50° 이하

> 해설 하수관거가 합류하는 지점의 하수흐름을 원활하게 하기 위한 2관의 중심교각은 30~45°이며 최대 60° 이하이다.

29 Marston방법을 이용하여 직경 1,000mm의 하수관을 매설할 때 요구되는 폭은?

① 150cm   ② 180cm
③ 210cm   ④ 250cm

> 해설 Marston공식
> $B = \frac{3}{2}D + 30 = \frac{3}{2} \times 100 + 30 = 180cm$

30 관경이 다른 하수관의 접합방법 중 시공 시 사후의 흐름은 원활하나 굴착깊이가 커지는 접합방법은?

① 수면접합   ② 관정접합
③ 관중심접합   ④ 관저접합

> 해설 시공 시 사후의 흐름은 원활하나 굴착깊이가 커지는 접합방법은 관정접합이다.

31 관거의 접합방법 중에서 유수는 원활하지만 관거의 매설깊이가 증가하여 토공비가 많이 들고 펌프배수 시 펌프양정을 증가시키는 단점이 있는 것은 어느 것인가?

① 수면접합   ② 관저접합
③ 관중심접합   ④ 관정접합

> 해설 유수는 원활하지만 관거의 매설깊이가 증가하여 토공비가 많이 들고 펌프배수 시 펌프양정을 증가시키는 방법은 관정접합이다.

32 하수관거의 접합방법 중에서 수리학적으로 가장 유리한 방법은?

① 관정접합   ② 관저접합
③ 관중심접합   ④ 수면접합

> 해설 수면접합은 수리학적으로 가장 유리한 방법이다.

33 다음 중 관거의 관경이 변화하는 경우 또는 2개의 관거가 합류하는 경우에 가장 적합한 접합방법은?

① 관중심접합   ② 관저접합
③ 수권접합   ④ 단차접합

> 해설 수면접합은 관거의 관경이 변화하는 경우 또는 2개의 관거가 합류하는 경우에 가장 적합한 접합방법이다.

34 급경사지에서 관 내의 유속 조정과 최소토피를 유지하며 상류측의 굴착깊이를 줄일 수 있는 관접합은?

① 단차접합   ② 소켓접합
③ 관저접합   ④ 수면접합

> 해설 관저접합은 급경사지에서 관 내의 유속 조정과 최소토피를 유지하며 상류측의 굴착깊이를 줄여 공사비가 적게 든다.

35 다음 중 관거의 접합방법 중에서 관의 매설깊이가 얕아서 공사비가 줄고 펌프의 배수에도 유리한 방법은?

① 수면접합   ② 관정접합
③ 관중심접합   ④ 관저접합

> 해설 관의 매설깊이가 얕아서 공사비가 줄고 펌프의 배수에도 유리한 방법은 관저접합이다.

정답 28. ① 29. ② 30. ② 31. ④ 32. ④ 33. ③ 34. ③ 35. ④

36 하수관의 접합방식 중 수리학적으로 가장 좋지 않은 방식은?

① 수면접합 ② 관정접합
③ 관저접합 ④ 관중심접합

해설 관저접합은 수리학적으로 가장 좋지 않은 방식이다.

37 하수관거의 접합에 있어서 경사가 급한 경우에 원칙적으로 적용 가능한 접합방법은?

① 관정접합 ② 수면접합
③ 단차접합 ④ 관저접합

해설 단차접합은 경사가 급한 경우에 원칙적으로 적용 가능한 접합방법이다.

38 다음 중 하수관의 접합방법에 관한 설명으로 틀린 것은?

① 관정접합은 토공량을 줄이기 위하여 평탄한 지형에 많이 이용되는 방법이다.
② 관저접합은 관의 내면 하부를 일치시키는 방법이다.
③ 단차접합은 아주 심한 급경사지에 이용되는 방법이다.
④ 관중심접합은 관의 중심을 일치시키는 방법이다.

해설 관저접합은 토공량을 줄이기 위하여 평탄한 지형에 많이 이용되는 방법이다.
참고 관정접합은 굴착깊이가 커지고 토공량이 증가하며, 평탄한 지형에서는 낙차가 많이 발생하여 관거의 매설깊이가 증가한다.

39 관거접합에 대한 설명으로 옳지 않은 것은?

① 관거의 관경이 변화하는 경우 또는 2개의 관거가 합류하는 경우의 접합방법은 원칙적으로 수면접합 또는 관정접합으로 한다.
② 2개의 관거가 곡선을 갖고 합류하는 경우의 곡률반경은 내경의 3배 이하로 한다.
③ 2개의 관거가 합류하는 경우의 중심교각은 되도록 60° 이하로 한다.
④ 지표의 경사가 급한 경우에는 관경변화에 대한 유무에 관계없이 원칙적으로 지표의 경사에 따라 단차접합 또는 계단접합으로 한다.

해설 2개의 관거가 곡선을 갖고 합류하는 경우의 곡률반경은 내경의 5배 이상으로 한다.

40 하수관거접합에 관한 설명으로 옳지 않은 것은?

① 2개의 관거가 합류하는 경우 두 관의 중심교각은 가급적 60° 이하로 한다.
② 접속관거의 계획수위를 일치시켜 접속하는 방법을 수면접합이라 한다.
③ 2개의 관거가 곡선을 갖고 접하는 경우에는 곡률반지름은 내경의 5배 이상으로 하는 것이 바람직하다.
④ 2개의 관거접합 시 관저접합을 원칙으로 한다.

해설 ⊙ 관저접합은 가장 부적절한 접합방식이지만 토공량을 줄일 수 있고 하수펌프배제에 적합하다.
ⓒ 2개의 관거접합 시 수면접합 또는 관정접합을 원칙으로 한다.

41 다음 이음방법 중 하수도용 주철관 연결에 적합하지 않은 것은?

① 소켓이음 ② 용접이음
③ 볼트이음 ④ 플랜지이음

해설 소켓이음은 도관, 흄관 등의 연결에 주로 이용되며, 주철관 연결에 부적합하다.

42 하수관의 관정부식을 일으키는 황화수소(H_2S)가 발생하는 이유는?

① 황화합물은 하수관에 유입되면 메탄가스에 의해 환원되기 때문이다.
② 용존산소가 부족해서 황화합물을 산화시키기 때문이다.
③ 용존산소가 풍부해서 황화합물을 산화시키기 때문이다.
④ 용존산소가 없으면 혐기성 세균이 황화합물을 분해하여 환원시키기 때문이다.

정답 36. ③ 37. ③ 38. ① 39. ② 40. ④ 41. ① 42. ④

[해설] 용존산소 부족 시 '황화합물+혐기성 세균'으로 환원되면 황화수소(H_2S)가 발생한다.

43 하수관거의 관정부식(crown corrosion)이 되는 주요 원인물질은?

① 황화합물 ② 질소화합물
③ 칼슘화합물 ④ 염소화합물

[해설] 관정부식의 주원인물질은 황화수소를 포함한 황화합물이다.

44 하수관거의 관정부식에 관한 설명 중 틀린 것은 어느 것인가?

① 수온이 비교적 높고 관 내에 오수가 정체될 때 발생하기 쉽다.
② 오수가 혐기성 상태에서 황화수소를 발생할 때 일어난다.
③ 황화수소는 공기 중의 분압에 의해 관벽이나 관정의 습기 속에 용해된다.
④ 황화수소는 혐기성 미생물에 의해 황산으로 변화하여 관을 침식시킨다.

[해설] 황화수소는 호기성 미생물에 의해 황산으로 변화하여 관을 침식시킨다.

45 하수관거 내에 황화수소(H_2S)가 통상 존재하는 이유는 무엇인가?

① 용존산소로 인해 유황이 산화하기 때문이다.
② 용존산소의 결핍으로 박테리아가 메탄가스를 환원시키기 때문이다.
③ 용존산소의 결핍으로 박테리아가 황산염을 환원시키기 때문이다.
④ 용존산소로 인해 박테리아가 메탄가스를 환원시키기 때문이다.

[해설] 용존산소의 결핍으로 혐기성 미생물에 의해 황화합물(황산염)을 환원시켜 황화수소가 존재한다.

46 콘크리트하수관의 내부천정이 부식되는 현상에 대한 대응책이다. 틀린 것은?

① 하수 중의 유기물농도를 낮춘다.
② 하수 중의 유황함유량을 낮춘다.
③ 관 내의 유속을 감소시킨다.
④ 하수에 염소를 주입한다.

[해설] 관 내의 유속을 증가시켜야 내부천정의 부식을 방지한다.

47 관의 갱생공법으로 기존관 내의 세척(cleaning)을 수행하는 일반적인 공법이 아닌 것은?

① 제트(jet)공법
② 로커리(rotary)공법
③ 스크레이퍼(scraper)공법
④ 실드(shield)공법

[해설] 실드공법이란 연약지반이나 대수지반에 터널을 만들 때 사용되는 굴착공법이다.

2. 하수관거의 부대시설

48 하수역 맨홀 내에 존재하며 인체에 가장 해로운 기체는?

① 메탄가스 ② 탄산가스
③ 황화수소 ④ 암모니아

[해설] 황화수소가스는 인체에 가장 해로운 기체이다.

49 맨홀어 인버트를 설치하지 않았을 때의 문제점이 아닌 것은?

① 맨홀 내에 퇴적물이 쌓이게 된다.
② 맨홀 내에 물기가 있어 작업이 불편하다.
③ 환기가 되지 않아 냄새가 발생한다.
④ 토적물이 부패되어 악취가 발생한다.

정답 43.① 44.④ 45.③ 46.③ 47.④ 48.③ 49.③

해설 맨홀 내 인버트는 관의 저부에 연결시켜 하수의 흐름을 원활하게 하고 부패와 악취가 발생하지 않도록 하는 부속시설이다.

50 하수관거 맨홀의 관경별 최대간격을 연결한 것으로 적합하지 않은 것은?

① 관경 600mm 이하, 최대간격 50m
② 관경 1,000mm 이하, 최대간격 100m
③ 관경 1,500mm 이하, 최대간격 150m
④ 관경 1,650mm 이상, 최대간격 200m

해설 관경 600mm 이하인 경우 맨홀의 최대간격은 75m이다.

51 하수도 맨홀 설치 시 관경별 최대간격에 차이가 있다. 관거 직선부에서 관경 600mm 초과 1,000mm 이하에서 맨홀의 최대간격은?

① 60m ② 75m
③ 90m ④ 100m

해설 관경 600mm 이하일 경우는 75m당, 관경 600mm 초과 1,000mm 이하일 때는 100m당 하나씩 맨홀을 설치한다.

52 인버트를 두지 않아도 되는 것은?

① 오수받이 ② 맨홀
③ 합류식 받이 ④ 우수받이

해설 우수받이에는 니토실(토사받이)이 설치된다.

53 부관(bypass)을 설치하는 것이 가장 바람직한 맨홀은?

① 표준맨홀 ② 측면맨홀
③ 계단맨홀 ④ 낙하맨홀

해설 낙하맨홀에 부관(bypass)을 설치하는 것이 가장 바람직하다.

54 맨홀의 설치장소로 타당하지 않은 곳은 어느 것인가?

① 하수관의 방향이 바뀌는 곳
② 하수관의 관경이 변하는 곳
③ 하수관의 경사가 변하는 곳
④ 하수관 내 수량변화가 적은 곳

해설 맨홀은 하수관의 방향, 관경, 경사가 변하는 곳에 설치한다.

55 다음은 하수관의 맨홀(manhole) 설치에 관한 사항이다. 틀린 것은?

① 맨홀의 설치간격은 관의 직경에 따라 다르다.
② 관거의 기점 및 방향이 변화하는 곳에 설치한다.
③ 관이 합류하는 곳은 피하여 설치한다.
④ 맨홀은 가능한 한 많이 설치하는 것이 관거의 유지관리에 유리하다.

해설 맨홀은 관이 합쳐지거나 분기되는 곳에 설치한다.

56 하수관거시설 중 맨홀의 설치를 위하여 고려하여야 할 사항에 대한 설명으로 옳지 않은 것은?

① 일반적으로 최대거리가 100m를 넘지 않게 한다.
② 관거의 방향이 바뀌는 지점에 설치한다.
③ 두 관거의 단차가 발생하는 곳에 설치한다.
④ 관거가 합류하는 곳에 설치한다.

해설 **맨홀의 설치**
㉠ 관거의 기점, 방향, 경사, 관경이 변하는 곳
㉡ 관거의 단차가 발생하는 곳
㉢ 관거가 합류하는 곳
㉣ 직선부도 관경에 따라 최대 50~200m 간격으로 설치

57 다음 하수관거의 시공 중 장애물 횡단방법으로 적합한 것은?

① 등공 ② 역사이펀
③ 토구 ④ 맨홀

정답 50. ① 51. ④ 52. ④ 53. ④ 54. ④ 55. ③ 56. ① 57. ②

Engineering of Water Supply Sewerage

해설 역사이펀은 하수관거 시공 중 장애물 횡단방법이다.

58 하수관거가 하천, 지하철, 기타 이설 불가능한 지하매설물을 횡단하는 경우에는 역사이펀공법을 사용하는데, 역사이펀 설계 시의 주의사항으로 가장 거리가 먼 것은?

① 역사이펀의 관 내 유속은 상류측 관거의 유속보다 낮게 한다.
② 상하류 역사이펀실에는 깊이 0.5m 이상의 진흙받이를 설치한다.
③ 양측 끝 역사이펀실에는 물막이용 수문 또는 이토실을 설비한다.
④ 역사이펀의 입구, 출구는 손실수두를 적게 하기 위해 bell mouth형으로 한다.

해설 역사이펀 관거의 관 내 유속은 상류관거의 관 내 유속보다 20~30% 증가시킨다.

59 역사이펀(inverted syphon)에 관한 설명으로 옳지 않은 것은?

① 역사이펀 관거의 유입구와 유출구에는 손실수두를 적게 하기 위하여 종모양형으로 한다.
② 역사이펀의 구조는 장애물 양측의 역사이펀실을 설치하고, 이것을 역사이펀 관거로 연결한다.
③ 역사이펀 관거의 관 내 유속은 상류관거의 관 내 유속보다 20~30% 증가시킨다.
④ 하류관거 유하능력이 부족한 곳, 하류지역 펌프장능력이 부족한 곳 등에 설치한다.

해설 우수조정지(유수지) 설치장소
㉠ 하류관거의 유하능력이 부족한 곳
㉡ 하류지역의 펌프장능력이 부족한 곳
㉢ 방류수로의 유하능력이 부족한 곳

60 다음 중 역사이펀의 설계 시 주의할 사항으로 적합지 않은 것은?

① 역사이펀의 관 내 유속은 상류측 관거의 유속보다 20~30% 증가시킨다.
② 역사이펀의 입구와 출구 형상은 손실수두와 관계가 없으므로 어떤 형상으로 해도 좋다.
③ 역사이펀관은 일반적으로 복수관으로 한다.
④ 수조의 깊이가 5m 이상일 때는 중간단에 배수펌프 설치대를 장치한다.

해설 역사이펀의 입구와 출구 형상은 bell mouth형으로 하여 손실수두를 작게 한다.

61 다음 중 하수관거의 부속시설에 대한 설명으로 틀린 것은?

① 우수유입구는 측구에 흐르는 우수를 우수받이로 유입시키는 시설이다.
② 받이는 오수받이와 우수받이로 대별할 수 있다.
③ 연결관은 하수본관의 중심선보다 아래쪽에 연결시킨다.
④ 계단맨홀의 1단 높이는 30cm 정도이다.

해설 연결관의 경사는 1% 이상으로 하고, 연결위치는 하수본관의 중심선보다 위쪽으로 한다.

62 우수가 하수관거에 유입되기 전에 우수받이를 설치하는 주목적은 무엇인가?

① 하수거의 용량 이상으로 우수가 유입되는 것을 차단하기 위하여
② 하수관에서 유속을 증가시키는 수두를 조절하기 위하여
③ 하수에서 발생하는 악취를 제거하기 위하여
④ 우수 내 부유물이 하수거 내에 침전하는 것을 방지하기 위하여

해설 우수 내 부유물이 하수거 내에 침전하는 것을 방지하기 위하여 우수받이를 설치한다.

정답 58.① 59.④ 60.② 61.③ 62.④

63 합류식 하수도에서, 강우 시 하수관거의 도중에서 우수를 배제하거나 분류시키는 시설물을 무엇이라 하는가?

① 우수토실   ② 역사이펀
③ 연결관   ④ 토구

> **해설** 우수토실은 합류식 하수도에서, 강우 시 하수관거의 도중에서 우수를 배제하거나 분류시키는 시설이다.

64 받이와 하수관거를 연결해서 하수를 본관에 유집시키기 위하여 도로를 횡단하여 매설하는 것은 어느 것인가?

① 오수받이   ② 우수받이
③ 우수 유입구 ④ 연결관

> **해설** 연결관은 받이와 하수관거를 연결해서 하수를 본관에 유집시키기 위하여 도로를 횡단하여 매설하는 시설이다.

65 옥내의 배수설비와 관계없는 설비는?

① 트랩   ② 유지차단장치
③ 위생기구   ④ 우수배출실

> **해설** 우수배출실은 옥외의 배수설비이다.

3. 우수조정지

66 하수침사지에 대한 설명 중 틀린 것은?

① 수밀성이 있는 철근콘크리트구조로 한다.
② 유입부는 편류를 방지하도록 고려한다.
③ 합류식의 침사지에서 부패의 우려는 없다.
④ 체류시간은 30~60초를 표준으로 한다.

> **해설** 합류식 침사지에서는 부패 우려가 있다.

67 펌프장시설 중 오수침사지의 평균유속과 표면부하율의 설계기준은?

① 0.6m/s, 1,800$m^3/m^2 \cdot$ day
② 0.6m/s, 3,600$m^3/m^2 \cdot$ day
③ 0.3m/s, 1,800$m^3/m^2 \cdot$ day
④ 0.3m/s, 3,600$m^3/m^2 \cdot$ day

> **해설** 오수침사지
> ㉠ 평균유속 : 0.3m/s
> ㉡ 표면부하율 : 1,800$m^3/m^2 \cdot$ day

68 우수조정지를 설치하여야 하는 곳과 가장 거리가 먼 것은?

① 하류관거의 유하능력이 부족한 곳에 설치한다.
② 하수처리장이 설치되지 않은 곳에 설치한다.
③ 하류지역의 펌프장능력이 부족한 곳에 설치한다.
④ 방류수로의 유하능력이 부족한 곳에 설치한다.

> **해설** 우수조정지(유수지) 설치장소
> ㉠ 하류관거의 유하능력이 부족한 곳
> ㉡ 하류지역의 펌프장능력이 부족한 곳
> ㉢ 방류수로의 유하능력이 부족한 곳

69 우수조정지를 설치하고자 할 때 효과적인 기능을 발휘할 수 있는 위치로 적당하지 않은 것은 어느 것인가?

① 하수관거의 용량이 부족한 곳
② 하류지역의 배수펌프장능력이 부족한 곳
③ 인구밀집현상이 심화된 고지대
④ 방류수로의 유하능력이 부족한 곳

> **해설** 우수조정지(유수지) 설치장소
> ㉠ 하류관거의 유하능력이 부족한 곳
> ㉡ 하류지역의 펌프장능력이 부족한 곳
> ㉢ 방류수로의 유하능력이 부족한 곳

정답 63. ① 64. ④ 65. ④ 66. ③ 67. ③ 68. ② 69. ③

70 우수조정지의 일반적인 설치위치로 옳지 않은 것은?

① 지하수에 의한 오염의 우려가 있는 곳
② 하류관거 유하능력이 부족한 곳
③ 펌프장능력이 부족한 곳
④ 방류수로 유하능력이 부족한 곳

> [해설] 우수조정지(유수지) 설치장소
> ㉠ 하류관거의 유하능력이 부족한 곳
> ㉡ 하류지역의 펌프장능력이 부족한 곳
> ㉢ 방류수로의 유하능력이 부족한 곳

71 우수저류지의 설치목적에 대한 설명 중 거리가 가장 먼 것은?

① 우천 시 방류부하량의 감소
② 우천 시 합류식 하수의 침전
③ 우천 시 합류식 하수의 일시 저류
④ 우천 시 처리장으로 유입되는 하수의 부하농도 감소

> [해설] 우수저류지의 효과
> ㉠ 우천 시 방류부하량의 감소
> ㉡ 우천 시 합류식 하수의 침전
> ㉢ 우천 시 합류식 하수의 일시 저류

72 우수량이 많아서 일시에 펌프에 의한 양수가 곤란한 경우 우수를 일시 저류하는 시설은?

① 흡입조 ② 토출조
③ 우수조정지 ④ 침사조

> [해설] 우수를 일시 저류하는 시설은 우수조정지(유수지)이다.

73 도시화에 의한 우수유출량의 증대로 하수관거 및 방류수로의 유하능력이 부족한 곳에 설치하여 하류지역의 우수유출이나 침수 방지에 효과적인 기능을 발휘하는 시설은?

① 토구 ② 침사지
③ 우수받이 ④ 유수지

> [해설] 우수조정지(유수지)는 하수관거 및 방류수로의 유하능력이 부족한 곳에 설치하여 하류지역의 우수유출이나 침수 방지에 효과적인 기능을 발휘하는 시설이다.

74 다음 우수저류시설 중에서 지역 내 저류시설이 아닌 것은?

① 주차장 저류 ② 운동장 저류
③ 단지 내 저류 ④ 우수조정지

> [해설] 우수조정지는 지역 외 저류시설이다.

75 우수조정지의 구조형식으로 거리가 먼 것은?

① 댐식(제방높이 15m 미만)
② 월류식
③ 지하식
④ 굴착식

> [해설] 우수조정지시설은 우수의 일시 저류를 목적으로 하기 때문에 월류식은 합당하지 않다.

76 다음 중 우수조정지의 구조형식이 아닌 것은?

① 댐식 ② 굴착식
③ 계단식 ④ 지하식

> [해설] 우수조정지는 우수를 일시 저류시키는 시설로서 댐식, 굴착식, 지하식, 현지 저류식 등이 있다.

77 다음은 우수조정지를 설치하는 목적이다. 틀린 것은?

① 시가지의 침수 방지 ② 유출계수의 증대
③ 첨두유량의 감소 ④ 유달시간의 증대

> [해설] 우수조정지 설치로 유출계수는 감소된다.

정답 70.① 71.④ 72.③ 73.④ 74.④ 75.② 76.③ 77.②

78 우천 시에 우수가 오수와 더불어 무처리상태로 공공수역으로 합류되는 합류식 하수도의 결점을 개선하기 위한 방법으로 가장 좋은 것은?

① 우수저류지를 설치한다.
② 관거의 형상이나 크기를 작게 한다.
③ 사이펀 등을 많이 설치한다.
④ 관 경사를 완만히 한다.

> 해설 우수저류지는 우천 시에 우수가 오수와 더불어 무처리상태로 공공수역으로 합류되는 합류식 하수도의 결점을 개선하기 위한 방법이다.

79 우수저류지에 대한 설명으로 가장 거리가 먼 것은?

① 우천 시 방류부하량을 줄인다.
② 지상형과 지하형 또는 병설형과 독립형으로 나눈다.
③ 하수처리장의 부하농도를 줄이기 위한 것이다.
④ 크게 우수저류형과 우수침투형으로 분류할 수 있다.

> 해설 우수저류지는 우수를 임시 저류하여 방류하는 시설이므로 하수처리장의 부하농도를 줄이는 것과는 관련 없다.

80 우수조정지에 대한 설명으로 옳지 않은 것은?

① Ripple식에 의해 설계한다.
② 하수관거 유하능력이 부족한 곳에는 우수조정지를 설치한다.
③ 우수의 방류방식은 자연유하를 원칙으로 한다.
④ 우수조정지의 구조형식은 댐식(제방높이 15m 미만), 굴착식 및 지하식으로 한다.

> 해설 Ripple식은 저수지의 용량을 결정하는 방법이다.

정답 78. ① 79. ③ 80. ①

CHAPTER 07 하수처리장시설

최근 10년간 출제분석표

2015	2016	2017	2018	2019	2020	2021	2022	2023	2024
21.7%	16.7%	11.7%	15.0%	16.7%	16.7%	18.3%	15.0%	15.0%	23.3%

출제 POINT

학습 POINT
- 하수처리 계통도
- 하수처리방법의 종류
- 하수침사지의 제원
- 1차 침전지, 2차 침전지의 제원
- 질소 제거방법
- 인 제거방법
- 질소와 인 동시 제거방법
- 탈질산화과정
- 활성슬러지법의 운영방법

■1차 처리=물리적 처리

■2차 처리=생물·화학적 처리

■3차 처리=고도처리

SECTION 1 하수처리방법

1 하수처리장의 개요

1) 하수처리의 개념

하수관거를 통해 배제된 하수를 인공적으로 처리하여 무해화·안정화시키는 공정으로서 하수의 주성분인 유기물의 제거가 확실하고 경제적인 생물학적 처리를 주로 이용한다.

2) 하수처리방법의 종류

(1) 1차 처리

1차 처리는 수중의 부유물질 제거를 위한 것으로 예비처리라고 할 수 있으며, 부유물의 제거와 아울러 BOD의 일부도 제거된다. 일반적으로 스크린, 분쇄기, 침사지, 침전지 등으로 이루어지고 물리적 처리가 그 주체이다.

(2) 2차 처리

수중의 용해성 유기 및 무기물의 처리공정으로 활성슬러지법, 살수여상 등의 생물학적 처리와 산화, 환원, 소독, 흡착, 응집 등의 화학적 처리를 병용하거나 단독으로 이용한다.

(3) 3차 처리

3차 처리는 2차 처리수를 다시 고도의 수질로 하기 위하여 행하는 처리방법의 총칭으로 제거해야 할 물질의 종류에 따라 각기 다른 방법이 적용되며, 제거해야 할 물질에는 질소나 인, 미분해된 유기 및 무기물, 중금속, 바이러스 등이 있다.

2 물리적 처리

처리조작, 공정 및 보조설비에 유지관리문제를 일으키는 하수성분(굵은 부유물, 부상 고형물)을 제거(고체와 액체로 분리)하는 것이다.

1) 하수침사지

비중 2.65 이상, 직경 0.2mm 이상의 비부패성 무기물 및 입자가 큰 부유물을 제거한다.

(1) 평균유속

0.3m/s의 독립입자 침전

(2) 형상

직사각형과 정사각형

(3) 설치목적
① 토사류 등에 의한 펌프 손상 방지
② 관, 밸브 등의 폐색, 마모 방지
③ 슬러지 생성량 감소
④ 화학적 처리, 생물학적 처리의 부하 감소

(4) 설계이론
① 침사지의 수 : 2지 이상
② 통과유속 : 0.15~0.3m/s
③ 체류시간 : 30~60초
④ 깊이 : 1.5~2m
⑤ 침사량 : 하수량 1,000m³당 0.05~0.2m³ 정도

2) 유량조정조

유량조정조는 유입하수의 유량과 수질의 변동을 흡수해서 균등화함으로써 충격부하에 대비하며 처리시설의 처리효율을 높이고 처리수량의 향상을 도모할 목적으로 설치하는 시설이다. 소규모 도시의 처리장의 경우 유입수량과 수질의 변동이 크므로 필요시 설치할 수 있다.

3) 침전지(clarifier)

(1) 최초 침전지(1차 침전지)

구분		설계기준
표면부하율	분류식	35~70m³/m²·day
	합류식	25~50m³/m²·day

■ 출제 POINT

■ 하수침사지
① 유속 : 0.3m/s
② 체류시간 : 30~60초
③ 오수의 수면적부하 : 1,800m³/m²·day
④ 설치위치 : 하수처리장 앞부분에 설치

■ 유량조정조＝착수정
　　(하수도)　(상수도)
① 수량 조절
② 수위 안정

구분	설계기준
침전시간	계획 1일 최대오수량에 대하여 표면부하율과 유효수심을 고려하여 정하며, 일반적으로 2~4시간으로 한다.
유효수심	2.5~4m
침전지 형상	원형, 직사각형, 정사각형
장폭비	• 직사각형=1 : 3(폭 : 길이) • 원형 및 정사각형=6 : 1~12 : 1(폭 : 깊이)
바닥경사	• 직사각형=1 : 100~1 : 50 • 원형=1 : 20~1 : 10
침전지 수면여유고	40~60cm
월류weir부하	250m³/m·day 이하

(2) 최종 침전지(2차 침전지)

구분	설계기준
표면부하율	• 20~30m³/m²·day • SRT가 길고 MLSS농도가 높은 고도처리의 경우 15~25m³/m²·day
고형물부하율	40~125kg/m²·day
침전시간	계획 1일 최대오수량에 따라 정하며, 일반적으로 3~5시간으로 한다
유효수심	2.5~4m
침전지 형상	원형, 직사각형, 정사각형
장폭비	• 직사각형=1 : 3(폭 : 길이) • 원형 및 정사각형=6 : 1~12 : 1(폭 : 깊이)
바닥경사	• 직사각형=1 : 100~1 : 50 • 원형=1 : 20~1 : 10
침전지 수면여유고	40~60cm
월류weir부하	190m³/m·day 이하

(3) 부상 분리(flotation)

유지류, 지방류, 섬유질 등 밀도가 낮은 고형물의 분리 제거

① 부상속도 : Stokes의 법칙 응용

$$V_s = \frac{(\rho_w - \rho_s)gD^2}{18\mu}$$

② A/S비 : $\dfrac{공기(air)}{고형물(solid)}$ 의 비

$$A/S비 = \frac{주입\ 또는\ 감압에\ 의한\ 공기량(mg/L)}{폐수\ 내\ 고형물농도(mg/L)}$$
$$= \frac{1.3S_a(f_p - 1)}{S}\left(\frac{R}{Q}\right)$$

■ 부상 분리

Stokes의 법칙 응용

$V_s = \dfrac{(\rho_w - \rho_s)gD^2}{18\mu}$

여기서, S : 폐수 내 고형물농도(mg/L)
1.3 : 공기의 비중량
S_a : 공기용해도(mg/L)
f_p : 상수(=0.5)
p : 작용압력
R/Q : 반송률

③ 화학적 처리

1) 중화(pH 조절)

공장폐수 중에는 공정에 따라 강산성 또는 강알칼리성의 폐수가 발생하는데, 중화는 이러한 과잉의 산과 알칼리를 제거하여 pH를 중성으로 조정하는 공정이다.
① 산성 폐수 중화 : 가성소다, 소다회, 생석회, 소석회 이용
② 염기성 폐수 중화 : 황산, 염산, 탄산가스(CO_2) 이용

2) 산화(oxidation)와 환원(reduction)

산화·환원의 조작은 폐수처리에 있어서도 중요한 방법이며 폭넓게 이용되고 있다. 일반적으로 원자 또는 원자단이 전자를 상실하는 반응을 산화, 전자를 받게 되는 반응을 환원이라 한다. 일반적으로 중금속의 제거 시 이용한다.

3) 화학적 응집

콜로이드입자는 수중에서 전기적 반발력, 전기력, 인력, 중력에 의해서 전기역학적으로 평형이 되어 안정된 상태로 분산하고 있다. 이를 그대로 고액 분리하는 것은 어려우므로 콜로이드를 서로 맞붙여서 입자를 크게 할 필요가 있다. 화학적 응집은 이러한 입자의 제타전위를 화학약품 첨가로 전기적 중화에 의한 반발력을 감소시키고 입자를 충돌시켜 입자끼리 크게 뭉치게 하여 침전시키는 방법이다. 일반적으로 용해성 물질(콜로이드)의 제거 시 이용한다.

4) 흡착(adsorption)

(1) 개요

흡착은 용액 중의 분자가 물리적 또는 화학적 결합력에 의해서 고체의 표면에 달라붙는 현상을 말하며, 이때 흡착되는 분자를 피흡착제, 분자가 흡착될 수 있도록 표면을 제공하는 물질을 흡착제라고 한다. 일반적으로 가장 많이 사용하는 흡착제는 활성탄소(활성탄)이다.

■ 하수의 화학적 처리방법
중화, 산화, 환원 등

출제 POINT

(2) 흡착의 3단계
① 흡착제 주위의 막을 통해서 피흡착제의 분자가 이동하는 단계
② 공극을 통해서 피흡착제가 확산되는 단계
③ 흡착제와 피흡착제 사이에 결합이 이루어지는 단계

(3) 흡착에 관련된 기본식
활성탄 흡착에는 보통 Freundrich공식을 이용한다.

$$\frac{X}{M} = KC^{\frac{1}{n}}$$

여기서, X : 흡착된 용질의 양
M : 흡착제의 중량
X/M : 흡착제의 단위중량당 흡착량
K, n : 경험적 상수
C : 평형상태 후 남은 피흡착제의 농도

④ 3차 고도처리

하수는 2차 처리인 생물학적 처리(활성슬러지법, 살수여상법 등)를 거친 후에도 오염물질의 완전한 제거가 어려우므로 물을 원래의 수질로 환원시키기 위하여 실시하는 처리단계로, 주요 제거대상은 영양염류이다.

■ 3차 고도처리대상
영양염류(N, P)

1) 질소 제거법

(1) 물리적 질소 제거법
① 암모니아탈기법(air stripping)
② 여과, 응집침전법
③ 증류(distillation)
④ 부상(flotation)법
⑤ 역삼투법
⑥ 활성탄 흡착법

■ 질소 제거법
① 생물학적 질소 제거법이 중요
② A/O법(무산소호기법)

(2) 화학적 질소 제거법
① 이온교환법
② 전기투석법
③ 산화·환원법
④ Break point 염소 주입법(돌연속점 염소처리법)

(3) 생물학적 질소 제거법

① 폐수 중의 질소는 유기성 질소, 암모니아성 질소의 형태로 존재하기 때문에 호기성 조건과 혐기성 조건에 의하여 질산화 또는 탈질산화반응을 통하여 질소가스(N_2)로 대기 중에 방출된다.

㉠ 호기성 조건(질산화반응)

$NH_3^- - N \rightarrow NO_2^- - N \rightarrow NO_3^- - N$

㉡ 혐기성 조건(탈질산화반응)

$NO_3^- - N \rightarrow NO_2^- - N \rightarrow N_2$(대기 중으로 방출)

㉢ 암모니아성 질소는 NH_4-N(암모니아이온), NH_3-N(암모니아가스)의 두 가지 형태가 있다.

[그림 7-1] 질소의 변화

② A/O법(Anoxic Oxic, 무산소호기법)

■ 탈질산화과정

$NH_4-N \rightarrow NO_3^- -N \rightarrow NO_2^- -N \rightarrow N_2$

① NH_4-N : 암모니아이온 ┐ 암모니아성
② NH_3-N : 암모니아가스 ┘ 질소
③ $NO_2^- -N$: 아질산성 질소
④ $NO_3^- -N$: 질산성 질소

2) 인 제거법

(1) 물리·화학적 인 제거법

① 응집침전법 : Al, Fe계통의 응집제를 투입하여 인산염을 응집, 침전시켜 제거하는 방법

② 정석탈인법 : Ca^{2+}, OH^-을 주입시켜 인산염과 반응시켜 불용성 아파타이트를 생성시켜 침전시키는 방법

(2) 생물학적 인 제거법

무산소상태에서 인을 방출하고 산소상태에서 인을 과잉 섭취하는 미생물(Acinetobator ; 인 축적 미생물)에 의해 인 제거

① A/O법(Anaerobic Oxic, 혐기호기법)

[그림 7-2] 혐기호기법의 처리계통도

② Phostrip법

■ 인 제거법

생물학적 인 제거법 중 A/O법(혐기호기법)

[그림 7-3] 생물학적 인 제거의 원리

3) 질소, 인 동시 제거법

(1) A2/O법(Anaerobic Anoxic Oxic, 혐기무산소호기법)

A/O공법의 전단에 Anaerobic조를 추가하여 인 제거효율을 상승시킨 방법

[그림 7-4] A2/O법(혐기무산소호기법)의 처리계통도

(2) 기타 방법

수정바덴포공법(수정Bardenpho법), SBR법, UCT법, VIP법, 수정 Phostrip법 등

5 생물학적 처리

1) 생물학적 처리의 기본

(1) 생물학적 하수처리의 방법

① 호기성 처리법 : 활성슬러지법, 살수여상법, 회전원판법, 산화지법
② 임의성 처리법 : 살수여상법, 산화지법
③ 혐기성 처리법 : 소화, 임호프(imhoff)조, 부패조, 산화지법

(2) 생물학적 처리를 위한 운영조건(호기성 처리 시)

① 영양물질 : BOD : N : P의 농도비가 100 : 5 : 1이 되도록 조정
② 용존산소 : 최저DO는 0.5~2.0mg/L로 유지
③ pH : 6.5~8.5로 유지(최적 pH6.8~7.2)
④ 수온 : 20~40℃로 높게 유지

⑤ 독성물질 : 일반적으로 Cu, Cd, Cr, CN, Cl, Hg, Phenol 등이 포함되면 안 됨
⑥ 혐기성 처리 시 : 중온소화는 30~35℃, 고온소화는 50~55℃로 유지하여야 하며, 알칼리도는 2,000mg/L 이상 유지

(3) 미생물의 성장과 먹이의 관계

[그림 7-5] 미생물의 성장곡선

① 대수성장단계 : 유기물의 분해속도가 가장 빠른 성장단계
② 감소성장단계 : 침전성이 양호해지는 단계(플록 형성 시작)
③ 내생호흡단계 : 침전효율이 가장 양호한 단계

2) 활성슬러지법(활성오니법)

(1) 개요
① 포기조(폭기조)에 유입되는 하수에 산소를 공급하여 호기성 미생물의 대사작용에 의해 유기물을 제거하는 원리를 이용한 방법
② 우리나라 하수처리장에서 가장 많이 이용하는 방법

(2) 활성슬러지법과 관련된 기본공식
① BOD용적부하
  ㉠ 포기조 단위용적당 제거되는 BOD양
  ㉡ 활성슬러지법의 설계나 유지관리의 기본적 지표

$$BOD용적부하 = \frac{1일\ BOD유입량(kgBOD/day)}{포기조용적(m^3)}$$
$$= \frac{하수의\ BOD \times 하수량}{포기조용적(m^3)}$$
$$= \frac{BOD \cdot Q}{V} = \frac{BOD \cdot Q}{Ah} = \frac{BOD \cdot Q}{Qt}$$
$$= \frac{BOD}{t} [kgBOD/m^3 \cdot day]$$

■ BOD용적부하 $= \frac{BOD \cdot Q}{V}$
$= \frac{BOD}{t}$

출제 POINT

■ BOD슬러지부하 $= \dfrac{BOD \cdot Q}{MLSS \cdot V}$
$= \dfrac{BOD}{MLSS \cdot t}$

② BOD슬러지부하(MLSS부하, F/M비)
  ㉠ 포기조 내 슬러지(MLSS) 1kg당 1일에 가해지는 BOD무게
  ㉡ MLSS : 포기조 중의 부유물질로서 포기조 내의 미생물을 의미

$$BOD슬러지부하 = \dfrac{1일 \ BOD유입량(kgBOD/day)}{MLSS농도(kg)}$$
$$= \dfrac{BOD \cdot Q}{MLSS \cdot V} = \dfrac{BOD \cdot Q}{MLSS \cdot Ah}$$
$$= \dfrac{BOD \cdot Q}{MLSS \cdot Qt}$$
$$= \dfrac{BOD}{MLSS \cdot t} \ [kgBOD/kgMLSS \cdot day]$$

③ 폭기시간 및 체류시간 : 원폐수가 포기조 내에 머무르는 시간

  ㉠ 폭기시간 : $t = \dfrac{포기조의 \ 용적}{유입수량} = \dfrac{V[m^3]}{Q[m^3/day]} \times 24 [hr]$

  ㉡ 체류시간 : $t' = \dfrac{포기조의 \ 용적}{유입수량 \times (1+반송비)} = \dfrac{V}{Q(1+r)} = \dfrac{t}{1+r} [hr]$

  여기서, V : 포기조의 용적(m^3)
  Q : 유입하수량(m^3/day)
  r : 반송비($= Q_r/Q$)
  Q_r : 반송슬러지양

④ 수리학적 체류시간(HRT : Hydraulic Retention Time)

$$HRT = \dfrac{V}{Q}$$

⑤ 고형물 체류시간(SRT : Solid Retention Time)

$$SRT = \dfrac{XV}{X_r Q_w + (Q-Q_w)X_e} ≒ \dfrac{XV}{X_r Q_w}$$

  여기서, X : 포기조 내의 MLSS농도
  X_r : 반송슬러지의 SS농도
  Q_w : 폐슬러지양
  X_e : 유출수 내의 SS농도(≒ 0)

■ 슬러지용량(SV)

포기조의 혼합액 1L를 30분간 침전시켰을 때 침전된 슬러지부피(mL)

$SV = \dfrac{30분간 \ 침전된 \ 슬러지 \ 부피(mL)}{혼합액양(mL)} \times 100 [mg/L]$

(3) 슬러지용적지수(SVI : Sludge Volume Index)

① 포기조의 혼합액(MLSS) 1L를 30분간 침전시킨 후 1g의 MLSS가 슬러지로 형성될 때 차지하는 부피를 단위부피(mL)당으로 나타낸 값을 말한다.
② 슬러지의 침강농축성을 나타내는 지표이다.
③ SVI는 슬러지팽화 발생 여부를 확인하는 지표이다.

④ SVI가 50~150일 때 침전성은 양호하고, 200 이상이면 슬러지팽화가 발생한다.
⑤ SVI가 작을수록 농축성이 좋다.

$$\text{SVI} = \frac{30분간\ 침전\ 후\ 슬러지부피(\text{mL/L})}{\text{MLSS농도}(\text{mg/L})} \times 1,000$$

$$= \frac{\text{SV}[\%]}{\text{MLSS농도}(\text{mg/L})} \times 10,000$$

⑥ 슬러지밀도지수(SDI : Sludge Density Index)

$$\text{SDI} = \frac{100}{\text{SVI}} \ \text{또는}\ \text{SDI} \times \text{SVI} = 100$$

(4) 슬러지반송률

① 포기조 내의 **MLSS농도를 일정하게 유지하기 위해서는** 침강슬러지의 일부를 다시 포기조에 반송해야 하는데, 이를 슬러지반송이라 한다.

② $X(Q+Q_r) = X_r Q_r$에서 $X(1+r) = X_r r$이므로 $X = \dfrac{X_r r}{1+r}$이고, r에 대해서 정리하면

$$r = \frac{\text{MLSS농도} - \text{유입수의 SS}}{\text{반송슬러지의 SS} - \text{MLSS농도}} \times 100$$

$$= \frac{X - \text{SS}}{X_r - X} \times 100\,[\%]$$

또는 $r = \dfrac{X - \text{SS}}{\dfrac{10^6}{\text{SVI}} - X} \times 100\,[\%]$

여기서, X : 포기조 내의 MLSS농도
SS : 유입수의 SS농도
X_r : 반송슬러지의 SS농도

(5) 활성슬러지 운전상 유의점

① 슬러지팽화현상(sludge bulking)

슬러지팽화란 일반적으로 **사상균의 과도한 성장**으로 SVI가 현저하게 증가하고 응집성이 나빠져 포기조 내에서 처리수의 분리가 곤란하게 되어 활성슬러지가 최종 침전지로 넘어갈 때 잘 침전되지 않고 부풀어 오르는 현상

㉠ 원인
• 유입수 및 수질의 과도한 변동
• 유기물의 과도한 부하

■ 슬러지반송비

$r = \dfrac{M}{S-M}$

■ 슬러지팽화의 원인

사상균의 과도한 성장

출제 POINT

- 용존산소의 부족
- 영양염류의 부족
- MLSS농도의 저하
- pH값의 저하
- 슬러지배출량의 조절 불량
- 높은 C/N비

■ 높은 C/N비는 과도한 탄산화를 유발한다.

ⓒ 방지대책
- 포기조 내의 체류시간을 30분 이내로 제한한다.
- 염소를 희석수에 살수한다.
- MLSS의 농도를 증가시켜 F/M비를 낮춘다.
- BOD부하를 반감시킨다.
- 하수를 단계적으로 유입한다.
- 슬러지반송률을 증가시킨다.
- 용존산소를 높이기 위하여 포기를 증가시킨다.

② 슬러지부상현상

포기조에서 질산화에 의해 생성된 NO_3^-로 인해 2차 침전지에서 탈질소화가 발생하여 N_2가스가 생성되어 슬러지플록에 부착되어 침전된 슬러지를 부상시키는 현상

㉠ 원인
- 최종 침전지에서의 슬러지의 체류시간이 길 때
- 폭기시간이 너무 길어 질산화가 발생한 경우
- 최종 침전지의 설계 불량

ⓒ 방지대책
- 최종 침전지에 침전된 슬러지를 빠르게 제거한다.
- 반송슬러지의 양수율을 증가시키거나 포기량을 감소시킨다.
- 침전을 개선한다.

(6) 활성슬러지법의 변법

① 표준활성슬러지법

가장 일반적으로 이용되고 있는 처리방법으로 유입수를 포기조 내에서 일정 시간 폭기하여 활성슬러지와 혼합시킨 후 혼합액을 최종 침전지로 이송해서 활성슬러지를 침전 분리한다.

㉠ 포기조의 MLSS농도 : 1,500∼3,000mg/L
㉡ 폭기시간 : 6∼8시간
㉢ F/M비 : 0.2∼0.4
㉣ 슬러지반송률 : 20∼50%

㉤ SRT : 3~6일 정도

[그림 7-6] 표준활성슬러지법

② 계단식 폭기법

반송슬러지를 포기조의 유입구에 전량 반송하지만 유입수는 포기조의 길이에 걸쳐 골고루 하수를 분할해서 유입시키는 방법이다. **포기조 내 산소이용률을 균등화**시키며, 유입하수의 BOD부하량이 높아져도 F/M비를 적정한 범위로 유지하기 쉽고 포기조 내에서 **유출하는 MLSS농도를 낮출 수 있으므로 SVI가 높아져도 그 대응이 쉬운 방법**이다.

■ 계단식 폭기법
① 포기조 내 산소이용률을 균등화시킨다.
② SVI가 높아져도 그 대응이 쉽다.

[그림 7-7] 계단식 폭기법

③ 접촉안정법

포기조에서 유입폐수와 포기조 MLSS를 30분 동안 접촉시킨 후 플록 내에 유기물을 흡착시킨다. 그 다음 안정조에서는 침전지에서 반송된 슬러지를 폭기시키며 흡착된 유기물을 산화시킨다. 대량의 폐수를 폭기시키는 대신에 소량의 반송슬러지를 폭기시키는 방법으로 유기물의 상당량이 콜로이드상태로 존재하는 **도시하수를 처리하기 위해 개발되었다.** 일반적으로 최초 침전지를 생략한다.

■ 접촉안정법
도시하수를 처리하기 위해 개발

출제 POINT

[그림 7-8] 접촉안정법

④ 장시간 폭기법

소규모의 가정하수를 처리하기 위한 것으로 포기조에서 활성슬러지를 **오랜 시간 폭기함으로써 세포가 내생호흡기에서 유기물질이 제거되도록 설계된 것**이다. SRT는 15일 이상, F/M비는 0.03~0.05 이하, MLSS는 4,000mg/L 정도, 반송률 50~150%로 적용되고, 폭기시간이 16~24시간으로 **낮은 BOD-SS부하로 운전하는 방식**이며, **잉여슬러지양을 최대한 감소시키기 위한 방법**으로 한다. 일반적으로 최초 침전지는 생략하며, **표준활성슬러지법과 흐름도가 기본적으로 같다**.

■ 장시간 폭기법
① 소규모 하수처리시설에 주로 이용
② 낮은 BOD-SS부하로 운전하는 방식
③ 잉여슬러지양을 최대한 감소시키기 위한 방법
④ 표준활성슬러지법과 흐름도가 기본적으로 같음

[그림 7-9] 장시간 폭기법

⑤ 산화구법

타원모양의 유로를 갖는 형상으로 유속은 대체로 0.25~0.35m/s로 유지되게 설계한다. 포기조는 [그림 7-8]과 같이 일정 지역에서 수행되어 질화와 탈질이 1개의 포기조 내에서 진행된다는 장점을 가지고 있다.

[그림 7-10] 산화구법

⑥ 순산소식 활성슬러지법

포기조 내의 미생물을 위하여 공기를 주입시키는 대신에 순산소를 주입시키는 방법으로 뚜껑이 덮힌 포기조를 사용한다. 이 방법의 장점은 용존산소의 공급에 따른 전력소모가 적고, 활성슬러지의 반응상태가 양호하여 반응시간을 줄일 수 있고, 잉여슬러지의 양을 감소시키며, 슬러지 침전특성을 양호하게 하고, 처리장의 부지요구량이 적다는 점이다.

⑦ 점강식 폭기법

산기식 포기장치를 사용하며 유입부에 많은 산기기(산기장치)를 설치하고 포기조의 말단부에는 적은 수의 산기기를 설치하여 포기조위치에 따른 산소요구의 변화에 적합하도록 포기하는 방법이다.

⑧ 기타 활성슬러지변법

호기성 소화법, 수정식 포기조, 크라우스(Kraus)공법, 고속폭기식 침전법, 연속 회분식 활성슬러지법(SBR)

3) 살수여상법(trickling filter)

(1) 개요

살수여상법은 보통 도시하수의 2차 처리를 위하여 사용되며, 최초 침전지의 유출수를 미생물 점막으로 덮인 여재 위에 뿌려서 미생물막과 폐수 중의 유기물을 접촉시켜 처리하는 방법으로 침사지, 침전지, **활성슬러지보다 손실수두가 큰 시설**이다.

(2) 살수여상의 구조

[그림 7-11] 살수여상의 구조

① 여상
  ㉠ 형상 : 원형, 장방형
  ㉡ 지름 : 50m 이하

■ 살수여상법
① 활성슬러지에 대한 막여과법
② 살수여상법, 회전원판법의 비교

특징	활성슬러지법	살수여상법	회전원판법
슬러지 팽화	O	X	X
폭기 장치	O	X	X
슬러지 반송	O	X	X

출제 POINT

■ 살수여상법의 특징
① 슬러지팽화 ×
② 슬러지반송 ×
③ 폭기조 ×
④ 건설비 ↓
⑤ 냄새 ↑

　　　ⓒ 깊이 : 2m 이하
　　　ⓓ 바닥경사 : 1/100~2/100
　② 여재
　　　㉠ 여재의 종류 : 쇄석, 플라스틱여재, 자갈, 광재
　　　㉡ 여재의 크기 : 30~50mm(저율여상), 50~60mm(고율여상)

(3) 살수여상의 장단점(활성슬러지법과 비교해서)
① 장점
　㉠ 건설비와 유지비가 적게 든다.
　㉡ 폭기에 동력이 필요 없다.
　㉢ 운전이 간편하며 폐수의 수질이나 수량변동에 덜 민감하다.
　㉣ 슬러지팽화문제가 없다.
　㉤ 슬러지반송이 필요 없다.
② 단점
　㉠ 연못화현상으로 인한 여상의 폐색이 잘 일어난다.
　㉡ 냄새를 유발하기 쉽다.
　㉢ 여름철에 여상 파리가 발생할 우려가 있으며, 겨울철에 동결문제가 있다.
　㉣ 미생물의 탈락으로 처리수가 악화되는 일이 있다.
　㉤ 수두손실이 크다.
　㉥ 활성슬러지법에 비해 처리효율이 낮다.

[표 7-1] 저율살수여상과 고율살수여상의 비교

구분	저율살수여상(표준살수여상법)	고율살수여상(고속살수여상법)
여재의 크기	30~50mm	50~60mm
BOD부하	$0.3 kgBOD/m^3 \cdot day$	$1.2 kgBOD/m^3 \cdot day$
살수부하율	$1~3 m^3/m^2 \cdot day$	$15~25 m^3/m^2 \cdot day$
BOD 제거율	75~80%	• 1단 : 65~75% • 2단 : 90~95%
SS 제거율	70~80%	65~75%
특징	• 구조가 간단하고 운전이 쉽다. • 에너지비용이 적게 소요된다. • 부지면적이 넓게 소요된다. • 소규모 처리장에 적합하다. • Psychoda종류의 파리가 번식하기 용이하다. • 과부하에 민감하다.	• 살수기의 자동운전이 용이하다. • 유입하수의 유량, 온도, 유독물질의 영향이 적다. • 대규모 처리장에 적합하다. • 여상 파리의 발생·비산이 적다. • 악취 발생이 적다.

4) 회전원판법(RBC : Rotating Biological Contactor)

(1) 개요

회전원판법은 원관들을 연결하여 수평회전축을 중심으로 회전시키며 수평축 아래의 원판을 하수에 잠기게 하여 원판에 부착되어 번식한 미생물군을 이용하여 하수 중의 유기물질을 흡착·산화 제거하여 하수를 정화하는 방법이다.

[그림 7-12] 회전원판법

(2) 장단점

① 장점
  ㉠ 별도의 폭기장치와 슬러지반송이 필요 없고 유지비가 적게 들며 관리가 용이하다.
  ㉡ **고농도부터 저농도 하수까지 처리가 가능**하다.
  ㉢ 다단식을 취하므로 BOD부하변동에 강하다.
  ㉣ **슬러지 발생량이 적다.**
  ㉤ 질소와 인의 제거가 가능하며 pH변화에 비교적 잘 적응한다.
  ㉥ 충분한 난류에 의하여 하수가 적절히 혼합된다.
  ㉦ **수리학적 부하변동에 강하다.**

출제 POINT

■ 회전원판법의 특징
① 슬러지팽화 ×
② 슬러지반송 ×
③ 폭기조 ×
④ 슬러지 발생량 ↓
⑤ 온도영향 ↑

② 단점
  ㉠ 정화기구가 복잡하여 해석이 어렵고 인위적으로 제어할 수 없다.
  ㉡ 폐수의 성상에 따라 처리효율이 크게 좌우된다.
  ㉢ 온도의 영향을 크게 받으므로 저온 시의 대책이 필요하다.
  ㉣ 운전이 원활하지 못할 경우 원판면상에서 심한 혐기성 냄새가 난다.
  ㉤ 회전축의 파손이 발생하기 쉽다.
  ㉥ 일광에 의한 조류 번식과 강우에 의한 미생물막의 탈리가 생긴다.
  ㉦ 슬러지배출시설이 필요하다.

> **참고**
>
> **생물막법**
> 원판이나 침지상 등에 미생물을 부착·고정시켜 생물막을 형성하게 하고, 폐수가 그 생물막에 자주 접촉하게 함으로써 폐수를 정화시키는 방법으로 살수여상법과 회전원판법을 뜻한다.

5) 산화지법(oxidation pond)

(1) 개요

산화지법은 얕은 연못에서 박테리아와 조류 사이의 공생관계에 의해 유기물을 분해·처리하는 방법이다.

(2) 산화지의 구조
① 형상 : 원형, 정사각형, 직사각형
② 수위 : 최저 0.3m, 최고 1.5m

■ 산화지법의 장점
자연정화기능을 이용한 에너지 절약형 처리방법(폭기시설이 필요 없음)

(3) 장단점
① 장점
  ㉠ 최초의 투자비 및 시공비, 운영비가 적게 든다.
  ㉡ 하천의 유량이 적은 경우 산화지의 방류를 억제하고, 유량이 많은 경우 방류할 수 있다.
  ㉢ 하수관거의 지하수 또는 우수의 유입이 많더라도 큰 영향을 받지 않는다.
② 단점
  ㉠ 체류시간이 길고 소요부지가 많이 필요하다.
  ㉡ 겨울철에는 처리효율이 50% 정도로 낮다.
  ㉢ 냄새를 유발한다.
  ㉣ 산화지의 유출수가 방류될 경우 하천오염을 유발할 우려가 있다.

SECTION 2 슬러지처리방법

1 슬러지처리의 목적

① 슬러지 중의 **유기물을 무기물로 바꾸어** 생화학적으로 안정화
② **병원균을 제거**함으로써 위생적으로 안정화
③ 슬러지의 처분량을 줄이는 **부피의 감량화**
④ **부패와 악취의 감소 및 제거**
⑤ 슬러지를 처분함에 있어서의 편리, 안전(처분의 확실성)

2 계획슬러지양

계획슬러지양은 계획 1일 최대오수량을 기준으로 하여 하수처리장의 부유물 제거율과 유기물의 고형물로서 전환, 슬러지의 함수율 등을 정하여 산정한다.

① 슬러지함수율과 고형물함량의 관계

$$\text{고형물함량} = 1 - \text{함수율}$$

② 슬러지함수율과 부피의 관계

$$\frac{V_2}{V_1} = \frac{100 - W_1}{100 - W_2}$$
$$V_2(100 - W_2) = V_1(100 - W_1)$$

여기서, V_1 : 수분 $W_1[\%]$일 때 슬러지부피
V_2 : 수분 $W_2[\%]$일 때 슬러지부피

3 슬러지처리계통

슬러지는 '**슬러지농축 – 소화 – 개량 – 탈수 – 소각 – 최종 처분**'의 과정을 거쳐 처리한다.

[그림 7-13] 슬러지처리계통도

> **출제 POINT**
>
> 😊 **학습 POINT**
> • 슬러지처리의 목적
> • 슬러지부피와 함수율관계 계산
> • 슬러지처리순서
> • 호기성 소화와 혐기성 소화의 특징
>
> ■ 슬러지처리의 목적
> ① 안정화
>   • 생화학적 : 유기물 → 무기물
>   • 위생적 : 병원균 제거
> ② 부피 감량화
> ③ 악취 및 부패 감소

1) 농축(sludge thickening)

슬러지부피를 감소시켜 후속공정의 규모를 줄이고 처리효율을 향상시키기 위한 목적을 가지고 있으며, 최초 침전지에서 발생하는 슬러지는 농축과정을 생략하고 바로 소화과정으로 이송한다.

[표 7-2] 슬러지농축방법의 비교

구분	장점	단점
중력식 농축조	• 간단한 구조, 유지관리가 용이하다. • 1차 슬러지에 적합하다. • 저장과 농축이 동시에 가능하다. • 약품이 소요되지 않는다. • 동력비의 소요가 적다.	• 악취문제가 발생한다. • 잉여슬러지의 농축에 부적합하다. • 잉여슬러지 농축소요면적이 크다.
부상식 농축조	• 잉여슬러지에 효과적이다. • 고형물 회수율이 비교적 높다. • 약품 주입이 없어도 운전이 가능하다.	• 동력비가 많이 소요된다. • 악취문제가 발생한다. • 다른 방법보다 소요부지가 크다. • 유지관리가 어렵고 부식이 유발된다.
원심 농축조	• 소요부지가 적다. • 잉여슬러지에 효과적이다 • 악취문제가 적다. • 약품 주입이 없어도 운전이 가능하다. • 고농도로 농축이 가능하다.	• 시설비와 유지비가 고가이다. • 유지관리가 어렵다. • 연속운전이 필수이다.

2) 소화(안정화 ; sludge digestion)

슬러지탈수 및 최종 처분을 용이하게 하기 위하여 슬러지 내 유기물을 분해해서 부패성을 감소시키고 병원균 등을 사멸시켜 위생적으로 안전하게 만드는 안정화방식이다.

(1) 호기성 소화

호기성 및 임의성 미생물이 산소를 이용하여 분해 가능한 유기물과 세포질을 분해시켜 무기물화하는 방식으로 반응이 빠르고 생물의 에너지효율이 높다.

(2) 혐기성 소화

① 유기물이 혐기성 세균의 활동에 의해 무기물로 분해되어 안정화하는 방식으로 슬러지의 무게와 부피가 감소되며 메탄과 같은 유용한 가스를 얻는다.
② 1단계인 유기산 생성단계와 2단계인 메탄 생성단계로 구성되는 2단계 소화방식이다.
③ 2단계에서 소화가스 발생량은 메탄(CH_4)이 2/3, CO_2가 1/3의 비율로 생성되며, 기타 H_2S, NH_3, SO_2(가장 적게 발생) 등이 생성된다.

출제 POINT

■ 겨울에 비하여 여름에 농축이 어렵다.

■ 소화
생물학적 방법으로서 유기물을 무기물로 바꿔 안정화시키는 과정이다.

■ 임호프탱크(imhoff tank)
① 부유물의 침전과 침전물의 혐기성 소화가 하나의 탱크 내에서 이루어지는 처리시설이다.
② 2개의 층으로 구성되어 있어 상부에서 침전이 진행되고, 하부에서는 슬러지의 혐기성 소화가 이루어진다.

> **참고**
>
> 소화조의 작동이 정상인지 알아보는 방법
> ① 주입된 슬러지양에 대한 가스의 1일 발생량 확인
> ② 소화가스 내의 CO_2가 차지하는 비율 확인
> ③ 소화 중인 슬러지의 휘발성산 함유도 확인

[표 7-3] 슬러지소화방법별 비교

구분	호기성 소화	혐기성 소화
BOD	처리수의 BOD가 낮다.	처리수의 BOD가 높다.
동력	동력이 소요된다.	동력시설 없이 연속처리가 가능하다.
냄새	없다.	많이 난다.
비료	비료가치가 높다.	비료가치가 낮다.
부산물	가치 있는 부산물이 생성 안 된다.	유효자원인 메탄이 생성된다.
시설비	적게 든다.	많이 든다.
운전	운전이 쉽다.	운전이 까다롭다.
질소	질소가 산화되어 NO_2, NO_3로 방출한다.	질소가 NH_3-N으로 방출된다.
규모	소규모 시설에 좋다.	대규모 시설에 적합하다.
적용	2차 슬러지에 적용하는 것이 가능하다.	1차 슬러지에 보다 적합하다.
병원균	사멸률이 낮다.	사멸률이 높다.
최초 시설비	적게 든다.	많이 든다.

3) 개량(sludge conditioning)

후속되는 탈수공정을 용이하게 할 목적으로 시행한다.

슬러지 개량 → 물리적·화학적 특성변화 → 탈수량 및 탈수율 증가

(1) 세정(elutriation)
① 소화슬러지의 알칼리도 감소로 슬러지개량 시 약품요구량이 절감된다.
② 비료가치가 낮아진다.

(2) 약품처리(chemical conditioning)
① 응집제 사용으로 탈수성이 증가한다.
② 응집제로는 명반, 철염, 고분자 응집제를 사용한다.

(3) 열처리
① 슬러지를 140℃까지 가열한 후 냉각시킨다.
② 세포 내 수분분리로 탈수성이 증가한다.

> **출제 POINT**
>
> ■ 개량
> ① 세정
> ② 약품처리
> ③ 열처리
> ④ 동결·융해

(4) 동결·융해
① 20℃까지 동결 후 융해시킨다.
② 설비의 유지관리비가 비싸 적용이 곤란하다.

4) 탈수(dewatering)
① 슬러지의 부피 감소가 목적이다.
② 진공여과법, 원심탈수법, 가압탈수법이 있다.

■ 탈수
가압탈수법이 가장 탈수율이 좋다.

[표 7-4] 탈수법의 특징

구분	진공여과법	가압탈수법	원심탈수법
함수율	72~80%	55~70%	75~80%
소요면적	넓다.	넓다.	작다.
여포세척 소요수량 (세척압력)	많다. ($2\sim3kgf/cm^2$)	보통 ($6\sim8kgf/cm^2$)	적다.
특징	• 슬러지의 종류와 무관하게 탈수가 가능하다. • 고형물의 회수율이 높다. • 유지·운전비가 비싸다.	• 저압에서 운전하기 때문에 운전에 무리가 적다. • 연속운전이 안 된다. • 인건비가 많이 소요된다.	• 시설비가 진공여과보다 저렴하다. • 슬러지 개량이 불필요한 경우가 대부분이다. • 진공여과보다 고형물의 회수율이 적다.

5) 소각(inceneration)
① 위생적으로 가장 안전하다.
② 부패성이 없다.
③ 탈수케이크에 비해 혐오감이 적다.
④ 슬러지용적이 1/50~1/100로 감소된다.
⑤ 다른 처리법에 비해 필요부지면적이 적다.
⑥ 대기오염 방지를 위한 대책이 필요하다.
⑦ 다단로, flash drying, 유동층 연소, atomized spray, 습식 연소법이 있다.

6) 최종 처분

■ 최종 처분
① 소각 : 가장 안전한 방법
② 퇴비화 : 가장 바람직한 방법

① 토지 살포법
② 늪 처리법
③ 퇴비화(경비가 적게 소요되고 가장 바람직한 방법)
④ 매립 및 해양투기법

[표 7-5] 잉여슬러지의 부피 감소율

처리공정	조건	부피감소율 전체[1]	부피감소율 DS[2]	비고
잉여 슬러지	• 함수율 99%	100 (1)	1	
농축	• 농축 후의 함수율 97%	33 (1/3)	1	• 농축 후의 부피 $= \dfrac{DS}{(100-\text{함수율}) \times \dfrac{1}{100}}$ $= \dfrac{1}{0.03} = 33$
소화	• VSS 60% • 소화율 50% • 소화 후의 함수율 96%	18 (1/6)	0.7	• 소화 후의 DS $=1.0 \times 0.6 \times 0.5 + 1.0 \times 0.4$ $=0.7$ • 소화 후의 부피 $=\dfrac{0.7}{0.04} ≒ 18$
탈수	• 약품 주입률 30% • 탈수 후의 함수율 78%	4 (1/25)	0.9	• 탈수 후의 DS $=0.7 \times 1.3 ≒ 0.9$ • 탈수 후의 부피 $=\dfrac{0.9}{0.22} ≒ 4$
소각	• 외관비중 0.8	0.8 (1/125)	0.6	• 소각 감량분 $=$케이크 중의 유기성분 $=1.0 \times 0.6 \times 0.5 = 0.3$ • 소각 후의 무게 $=0.9-0.3=0.6$ • 소각 후의 부피 $=\dfrac{0.6}{0.8} ≒ 0.8$

주 1) 잉여슬러지 전체 부피에 대한 부피 감소율, ( )는 분수표시
2) DS : 건조슬러지

출제 POINT

■ 전체에 대한 부피 감소율

① 농축 : $\dfrac{1}{3}$

② 소화 : $\dfrac{1}{6}$

③ 탈수 : $\dfrac{1}{25}$

④ 소각 : $\dfrac{1}{125}$

CHAPTER 07 기출문제

1. 하수처리방법

01 다음 하수도의 구성 및 계통에 관한 설명 중 틀린 것은?
① 하수도의 계통은 일반적으로 집·배수시설, 처리시설, 방류 또는 처분시설로 구성된다.
② 하수의 집·배수시설은 자연유하식이 원칙으로 펌프시설도 사용할 수 있다.
③ 하수처리시설은 물리적, 생물학적 처리시설을 말하는 것으로 화학적 처리시설은 제외한다.
④ 하수배제방식은 합류식과 분류식으로 대별할 수 있다.

해설 하수처리시설은 물리적, 화학적, 생물학적 처리시설을 말한다.

02 하수처리방법에 관한 설명 중 틀린 것은?
① 하수의 예비처리란 처리조작, 공정 및 보조설비에 유지관리문제를 일으키는 하수성분을 제거하는 것이다.
② 하수의 1차 처리란 부유물질과 유기물질의 일부를 화학적 조작으로 제거하는 것이다.
③ 하수의 2차 처리는 생물학적으로 분해 가능한 유기물질과 부유물질을 제거하는 데 그 목적이 있다.
④ 하수처리 중 영양소의 제거와 관리는 부영양화 방지와 밀접한 관계가 있다.

해설 하수의 1차 처리란 부유물질과 BOD의 일부가 제거되는 물리적 처리를 말한다.

03 하수처리방법의 선택 시 고려해야 할 사항과 거리가 먼 것은?
① 처리수의 목표수질
② 송수량과 관종
③ 처리장의 입지조건
④ 방류수역의 현재 및 장래 이용상황

해설 송수량은 상수처리와 관련된 것이다.

04 관거 내의 침입수(infiltration) 산정방법 중에서 주요 인자로서 일평균하수량, 상수사용량, 지하수사용량, 오수전환율 등을 이용하여 산정하는 방법은?
① 물 사용량평가법
② 일 최대유량평가법
③ 야간 생활하수평가법
④ 일 최대─최소유량평가법

해설 물 사용량평가법의 주요 인자는 일평균하수량, 상수사용량, 지하수사용량, 오수전환율 등이다.

05 하수도시설에 손상을 주지 않기 위하여 설치되는 전처리공정이 필요하지 않은 폐수는?
① 다량 부유물질만을 함유하는 폐수
② 아주 미세한 부유물질만을 함유하는 폐수
③ 침전성 물질을 다량으로 함유하는 폐수
④ 산성 또는 알칼리성이 강한 폐수

해설 미세한 부유물질만을 함유하는 폐수는 전처리공정을 필요로 하지 않는다.

06 하수처리에 사용되는 화학적 단위공정으로 일반적인 화학적, 생물학적 처리방법으로 제거되지 않는 유기물질의 제거에 적합한 방법은?
① 탈염소공정
② 회전원판공법
③ 혼합공정
④ 흡착공정

정답 1.③ 2.② 3.② 4.① 5.② 6.④

해설 흡착공정은 화학적 처리방법 중 일반적인 화학적, 생물학적 처리방법으로 제거되지 않는 유기물질을 제거하는 방법이다.

해설 생물학적 처리는 수온을 높게(20~40℃) 유지시켜야 한다.

07 하수처리과정 중 3차 처리의 주 제거대상이 되는 것은?
① 부유물질 ② 유기물질
③ 발암물질 ④ 영양염류

해설 3차 고도처리는 영양염류(N, P)를 주로 제거한다.

08 다음 하수처리방법 중 물리적 처리방법이 아닌 것은?
① 침전 ② 여과
③ 흡착 ④ 환원

해설 환원은 화학적 처리방법이다.

09 생물학적 처리를 위한 영양조건으로 하수의 일반적인 BOD : N : P의 비는?
① BOD : N : P=100 : 50 : 10
② BOD : N : P=100 : 10 : 1
③ BOD : N : P=100 : 10 : 5
④ BOD : N : P=100 : 5 : 1

해설 생물학적 처리를 위한 영양조건은 BOD : N : P= 100 : 5 : 10이다.

11 활성슬러지 미생물의 대수증식기에 대한 설명으로 옳지 않은 것은?
① 물질대사활동이 최대속도에 이른다.
② 미생물의 수가 비교적 균일하다.
③ F/M비가 클 때 일어난다.
④ 침전성이 없거나 극소하다.

해설 미생물의 대수성장단계는 미생물의 수가 대수적으로 증가하며, 유기물의 분해속도가 가장 빠른 단계로 침전성이 나쁘므로 BOD 제거율이 낮다.

12 생물학적 폐수처리의 유기물분해속도가 가장 빠른 성장단계와 침전성이 가장 양호한 단계를 각각 맞게 선택한 것은?
① 대수성장단계, 내호흡단계
② 내호흡단계, 대수성장단계
③ 감소성장단계, 내호흡단계
④ 대수성장단계, 감소성장의 중간 단계

해설 생물학적 폐수처리의 유기물분해속도가 가장 빠른 성장단계는 대수성장단계이며, 침전성이 가장 양호한 단계는 내호흡단계이다.
참고 감소성장단계 : 침전성이 양호해지는 단계(플록 형성 시작)

10 생물학적 처리방법으로 하수를 처리하고자 한다. 이를 위한 운영조건으로 틀린 것은?
① 영양물질인 BOD : N : P의 농도비가 100 : 5 : 1이 되도록 조절한다.
② 포기조 내 용존산소는 통상 2mg/L로 유지한다.
③ pH의 최적 조건은 6.8~7.2로서, 이때 미생물이 활발하게 활동한다.
④ 수온은 낮게 유지할수록 경제적이다.

13 하수처리시설의 침사지에 대한 설명으로 옳지 않은 것은?
① 평균유속은 1.5m/s를 표준으로 한다.
② 체류시간은 30~60초를 표준으로 한다.
③ 수심은 유효수심에 모래퇴적부의 깊이를 더한 것으로 한다.
④ 오수침사지의 표면부하율은 1,800m³/m² · day 정도로 한다.

정답 7.④ 8.④ 9.④ 10.④ 11.② 12.① 13.①

해설 하수처리시설 침사지의 평균유속은 0.3m/s를 표준으로 한다.

해설 펌프장시설 침사지의 지수는 최소 2지 이상을 원칙으로 한다.

14 다음 하수도의 침사지에 대한 설명으로 옳지 않은 것은?
① 침사지의 평균유속은 0.3m/s를 표준으로 한다.
② 침사지의 체류시간은 30~60초를 표준으로 한다.
③ 침사량은 일반적으로 하수량 1,000m³당 0.05~0.2m² 정도이다.
④ 유효수심은 유입관거의 침전효율에 따르는 것을 원칙으로 한다.

해설 유효수심은 침전효율과 관계없으며, 표면부하율, 평균유속, 체류시간에 따라 달라진다.

15 하수처리시설의 펌프장시설에 설치되는 침사지에 대한 설명 중 틀린 것은?
① 견고하고 수밀성 있는 철근콘크리트구조로 한다.
② 유입부는 편류를 방지하도록 고려한다.
③ 침사지의 평균유속은 3.0m/s를 표준으로 한다.
④ 체류시간은 30~60초를 표준으로 한다.

해설 하수처리시설 침사지의 평균유속은 0.3m/s를 표준으로 한다.

16 하수도시설 중 펌프장시설의 침사지에 대한 설명으로 틀린 것은?
① 일반적으로 하수 중의 지름 0.2mm 이상의 비부패성 무기물 및 입자가 큰 부유물을 제거하기 위한 것이다.
② 침사지의 지수는 단일지수를 원칙으로 한다.
③ 펌프 및 처리시설의 파손을 방지하도록 펌프 및 처리시설의 앞에 설치한다.
④ 합류식에서는 우천 시 계획하수량을 처리할 수 있는 용량이 확보되어야 한다.

17 하수시설 중 펌프장에 설치하는 침사지에 대한 설명으로 적합하지 않은 것은?
① 침사지의 체류시간은 10분이 일반적이다.
② 일반적으로 직경 0.2mm 이상의 비부패성 무기물 및 입자가 큰 부유물질을 제거하는 것이 목표이다.
③ 합류식 관거에서는 청천 시와 우천 시에 따라 오수 전용과 우수 전용으로 구별하여 설치하는 것이 좋다.
④ 침사지의 평균유속은 0.3m/s를 표준으로 한다.

해설 펌프장 침사지의 체류시간은 30~60초를 표준으로 한다.

18 하수시설 중 펌프장에 설치하는 중력식 침사지에 대한 설명으로 옳지 않은 것은?
① 침사지의 체류시간은 5~10분을 표준으로 한다.
② 침사지의 형상은 직사각형이나 정사각형 등으로 하고, 지수는 2지 이상으로 하는 것을 원칙으로 한다.
③ 합류식 관거에서는 청천 시와 우천 시에 따라 오수 전용과 우수 전용으로 구별하여 설치하는 것이 좋다.
④ 침사지의 평균유속은 0.3m/s를 표준으로 한다.

해설 펌프장 중력식 침사지의 체류시간은 30~60초를 표준으로 한다.

19 하수처리장의 최초 침전지에 대한 설명 중 틀린 것은?
① 장방형 침전지의 경우 폭과 길이의 비는 1:3~1:5 정도로 한다.
② 표면부하율은 계획 1일 최대오수량에 대하여 25~40m³/m²·day로 한다.
③ 월류위어의 부하율은 일반적으로 200m³/m·day 이상으로 한다.
④ 침전지의 유효수심은 2.5~4m를 표준으로 한다.

정답 14. ④ 15. ③ 16. ② 17. ① 18. ① 19. ③

> **해설** 최초 침전지의 월류위어부하율은 일반적으로 250m³/m · day로 한다.

20 다음은 하수도시설 중 최초 침전지에 대한 설명이다. 틀린 것은?
① 슬러지 제거기 설치의 경우 침전지 바닥의 경사는 장방형에 있어 1 : 100~1 : 50의 경사이다.
② 표면부하율은 계획 1일 최대오수량을 기준으로 25~40m³/m² · day 이내로 하여야 한다.
③ 유효수심은 2.5~4m를 표준으로 한다.
④ 침전지의 수면여유고는 20~30cm 정도를 두어야 한다.

> **해설** 최초 침전지의 수면여유고는 40~60cm이다.

21 하수도시설의 1차 침전지에 대한 설명으로 옳지 않은 것은?
① 침전지 형상은 원형, 직사각형 또는 정사각형으로 한다.
② 직사각형 침전지의 폭과 길이의 비는 1 : 3 이상으로 한다.
③ 유효수심은 2.5~4m를 표준으로 한다.
④ 침전시간은 계획 1일 최대오수량에 대하여 일반적으로 12시간 정도로 한다.

> **해설** 1차 침전지의 시간은 계획 1일 최대오수량에 대하여 일반적으로 2~4시간 정도이다.

22 하수처리시설의 2차 침전지에 대한 내용으로 틀린 것은?
① 유효수심은 2.5~4m를 표준으로 한다.
② 침전지 수면의 여유고는 40~60cm 정도로 한다.
③ 직사각형인 경우 길이와 폭의 비는 3 : 1 이상으로 한다.
④ 표면부하율은 계획 1일 최대오수량에 대하여 25~40m³/m² · day로 한다.

> **해설** 2차 침전지에서 제거되는 SS는 주로 미생물 응결물(floc)이므로 1차 침전지의 SS에 비해 침강속도가 느리고, 표면부하율은 1차 침전지보다 작아야 하므로 계획 1일 최대오수량에 대하여 20~30m³/m² · day로 하되, SRT가 길고 MLSS농도가 높은 고도처리의 경우 표면부하율은 15~25m³/m² · day로 할 수 있다.

23 하수처리장의 2차 침전지 설계 시 고려해야 할 사항이 아닌 것은?
① 표면부하율   ② 고형물부하율
③ 유기물질부하율 ④ 침전시간

> **해설** 유기물질부하율은 1차 침전지와 관련 있다.

24 하수처리장 침전지의 수심이 3m이고 표면부하율이 36m³/m² · day일 때 침전지에서의 체류시간은 얼마인가?
① 30분   ② 1시간
③ 2시간   ④ 3시간

> **해설 침전지 체류시간**
> $$V = \frac{Q}{A} = \frac{h}{t}$$
> $$\frac{36}{24} = \frac{3}{t}$$
> $$\therefore t = 2\text{hr}$$
> **별해** $t = \dfrac{h}{V} = \dfrac{3}{36/24} = 2\text{hr}$

25 유입량 1.2m³/s인 하수를 침전속도 120m/hr인 정방형 침사지로 처리하고자 한다. 침사지 한 변의 길이는?
① 5m   ② 6m
③ 7m   ④ 8m

> **해설 침사지 면적**
> $$A = \frac{Q}{V} = \frac{1.2 \times 3{,}600}{120} = 36\text{m}^2$$
> 따라서 정방형이므로 침사지 규격은 6m×6m이다.

정답 20. ④ 21. ④ 22. ④ 23. ③ 24. ③ 25. ②

26 하수처리장 2차 침전지에서 슬러지부상이 일어날 경우 관계되는 작용은?

① 질산화반응
② 탈질반응
③ 핀플록반응
④ 미생물 플록이 형성되지 않음

해설 탈질반응에 의하여 슬러지가 부상된다.

27 유효폭과 길이가 각각 20m 및 30m인 침전지에서 하루에 10,000m³의 하수를 처리할 경우 표면부하율은 얼마인가?

① 5.0m³/m² · day
② 15.0m³/m² · day
③ 16.7m³/m² · day
④ 33.3m³/m² · day

해설 표면부하율(수면적부하)
$V = \dfrac{Q}{A} = \dfrac{10,000}{20 \times 30} = 16.7 \text{m}^3/\text{m}^2 \cdot \text{day}$

28 최초 침전지의 표면적이 250m², 깊이가 3m인 직사각형 침전지가 있다. 하수 350m³/hr가 유입할 때 수면적부하는?

① 30.5m³/m² · day
② 33.6m³/m² · day
③ 36.7m³/m² · day
④ 39.6m³/m² · day

해설 수면적부하(표면부하율)
$V = \dfrac{Q}{A} = \dfrac{350\text{m}^3/\text{hr} \times 24\text{hr}/\text{day}}{250\text{m}^2}$
$= 33.6 \text{m}^3/\text{m}^2 \cdot \text{day}$

29 인구가 100,000명인 A도시의 1일 1인당 오수량이 250L이다. 하수를 처리하기 위해 유효수심 3m, 침전시간 2시간으로 설계하려면 침전지의 면적은 얼마가 적당한가?

① 347m²
② 521m²
③ 694m²
④ 1,563m²

해설 수면적부하(표면적부하율)
㉠ $Q = 100,000$명 $\times 250\text{L}/$인$\cdot \text{day} \times 10^{-3} \text{m}^3/\text{L}$
$= 25,000 \text{m}^3/\text{day}$
㉡ $\dfrac{Q}{A} = \dfrac{h}{t}$
$\therefore A = \dfrac{tQ}{h} = \dfrac{2\text{hr} \times 25,000\text{m}^3/\text{day}}{3\text{m}}$
$= \dfrac{2 \times \frac{1}{24}\text{day} \times 25,000\text{m}^3/\text{day}}{3\text{m}}$
$= 694.4 \text{m}^2$

30 하수처리법 중 활성슬러지법에 대한 설명으로 옳은 것은?

① 세균을 제거함으로써 슬러지를 정화한다.
② 부유물을 활성화시켜 침전·부착시킨다.
③ 1가지 미생물군에 의해서만 처리가 이루어진다.
④ 호기성 미생물의 대사작용에 의하여 유기물을 저거한다.

해설 ①, ② 세균을 제거하는 것이 아니라 호기성 미생물에 의하여 유기물을 분해함으로써 정화하는 과정이다.
③ 다양한 미생물군에 의해서 처리가 이루어진다.

31 우리나라 하수종말처리장에서 가장 많이 이용되고 있는 처리방법은?

① 활성슬러지법
② 살수여상법
③ 접촉폭기법
④ 회전원판접촉법

해설 활성슬러지법(활성오니법)은 우리나라 하수종말처리장에서 가장 많이 이용되고 있는 처리방법이다.

32 다음의 처리방법 중 일반적으로 BOD 제거율이 가장 좋은 처리방법은?

① 혐기성 소화법
② 살수여상법
③ 회전원판법
④ 활성슬러지법

해설 일반적으로 BOD 제거율이 가장 좋은 처리방법은 활성슬러지법(활성오니법)이다.

정답 26. ② 27. ③ 28. ② 29. ③ 30. ④ 31. ① 32. ④

33 하수의 예비폭기효과와 관계가 없는 것은?
① 하수가 혐기성 상태로 되는 것을 방지
② 펌프 양수 시 흡수정 바닥에 부유물의 침전 방지
③ 부유물질의 플록 형성
④ 비교적 큰 부유협잡물의 제거

> 해설 용존산소량을 증가시키기 위한 절차인 폭기는 부유물 제거가 목적이 아니다.

34 활성슬러지법의 관리요인으로 옳지 않은 것은?
① 활성슬러지의 슬러지용량지표(SVI)는 활성슬러지의 침강성을 나타내는 자료로 활용된다.
② 활성슬러지의 부유물질농도 측정법으로 MLSS는 활성슬러지 안의 강열감량을 의미한다.
③ 수리학적 체류시간(HRT)은 유입오수의 반응탱크에 유입부터 유출까지의 시간을 의미한다.
④ 고형물 체류시간(SRT)은 처리시스템에 체류하는 활성슬러지의 평균체류시간을 의미한다.

> 해설 MLSS는 활성슬러지 안의 포기조 중의 부유물질을 의미한다.

35 표준활성슬러지법의 공정도로 옳은 것은?
① 1차 침전지 → 소독조 → 침사지 → 2차 침전지 → 포기조 → 방류
② 침사지 → 1차 침전지 → 2차 침전지 → 소독조 → 포기조 → 방류
③ 포기조 → 1차 침전지 → 침사지 → 2차 침전지 → 소독조 → 방류
④ 침사지 → 1차 침전지 → 포기조 → 2차 침전지 → 소독조 → 방류

> 해설 일반적인 활성슬러지법의 처리순서
> 침사지 → 유량조정조 → 1차 침전지 → 포기조 → 2차 침전지 → 소독조 → 토구

36 활성슬러지법의 변법이 아닌 것은?
① 호기성 산화지   ② 장시간 폭기법
③ 산화구법   ④ 계단식 폭기법

> 해설 호기성 산화지는 산화지법으로 호기성 처리방법의 하나이다.

37 산화구(oxidation ditch)법은 생물학적 처리법 중 어디에 속하는가?
① 산화지법   ② 살수여상법
③ 회전원판법   ④ 활성슬러지법

> 해설 산화구법은 활성슬러지법의 변법이고, 산화지법, 살수여상법, 회전원판법은 통칭해서 생물막법이라고 부른다.

38 활성슬러지법 중에서 슬러지 발생량이 가장 적은 방식은?
① 계단식 폭기법   ② 표준폭기법
③ 접촉안정법   ④ 장기폭기법

> 해설 장기폭기법
> ㉠ 슬러지양이 크게 감소한다.
> ㉡ 폭기시간은 18~24시간이다.
> ㉢ 초기 시설비가 크다.
> ㉣ 최초 침전지가 없다.

39 활성슬러지법 중 다음과 같은 특징을 갖는 방법은?
- 1차 침전지를 생략하고 유기물부하를 낮게 하여 잉여슬러지의 발생을 제한하는 방법으로, 잉여슬러지의 발생량이 표준활성슬러지법에 비해 적다.
- 질산화가 진행되면서 pH의 저하가 발생한다.

① 계단식 폭기법   ② 심층폭기법
③ 장기폭기법   ④ 산화구법

> 해설 장기폭기법
> ㉠ 낮은 BOD-SS부하로 운전하는 방식
> ㉡ 잉여슬러지양을 최대한 감소시키기 위한 방법

정답 33.④ 34.② 35.④ 36.① 37.④ 38.④ 39.③

40 하수처리방법 중 표준활성슬러지법과 그 흐름도가 기본적으로 같은 것은?

① 산화구법 ② 접촉안정화법
③ 장기폭기법 ④ 계단식 폭기법

> 해설 장기폭기법은 표준활성슬러지법과 그 흐름도가 기본적으로 같다.

41 잉여슬러지양을 크게 감소시키기 위한 방법으로 BOD−SS부하를 아주 작게, 폭기시간을 길게 하여 내생호흡상으로 유지되도록 하는 활성슬러지의 변법은?

① 계단식 폭기법 ② 심층폭기법
③ 완전혼합폭기법 ④ 장기폭기법

> 해설 장기폭기법은 잉여슬러지양을 크게 감소시키기 위한 방법으로 BOD−SS부하를 아주 작게, 폭기시간을 길게 하여 내생호흡상으로 유지되도록 하는 활성슬러지의 변법이다.

42 계단식 폭기법의 특징에 대한 다음 설명 중 적합하지 않은 것은?

① 유입수를 분할해서 유입시키도록 포기조 내 산소이용률을 균등화시킨다.
② 유입수의 BOD부하량이 높아져도 F/M비를 적정한 범위로 유지하기 쉽다.
③ 포기조 내에서 유출하는 혼합액의 MLSS농도를 낮출 수 있으므로 SVI가 높아져도 그 대응이 쉽다.
④ 폭기시간이 길므로 포기조의 미생물은 내생호흡율단계에 있으므로 슬러지생산량이 매우 적다.

> 해설 장기폭기법은 폭기시간이 길므로 포기조의 미생물은 내생호흡율단계에 있으므로 슬러지생산량이 매우 적다.

43 다음 그림은 어떤 처리방식을 나타낸 것인가?

① 표준활성슬러지법 ② 계단식 폭기법
③ 접촉안정법 ④ 산화구법

> 해설 유입하수가 포기조의 길이에 걸쳐 분할해서 유입되고 있으므로 계단식 폭기법이라고 할 수 있다.

44 산기식 포기장치를 사용하며 유입부에는 산기기를 많이 설치하고, 포기조의 말단부에는 산기기를 적게 설치하는 활성슬러지의 변법은?

① 점감식 포기법(tapered aeration)
② 계단식 포기법(step aeration)
③ 장기포기법(extended aeration)
④ 수정식 포기법(modified aeration)

> 해설 점감식 포기법은 산기식 포기장치를 사용하며 유입부에는 산기기를 많이 설치하고, 포기조의 말단부에는 산기기를 적게 설치하는 활성슬러지의 변법이다.

45 접촉산화법의 특징으로 옳은 것은?

① 미생물양과 영향인자를 정상상태로 유지하기 위한 조작이 비교적 쉽다.
② 초기 건설비가 적다.
③ 대규모 시설에 적합하다.
④ 분해속도가 낮은 기질 제거에 효과적이다.

> 해설 ① 미생물양과 영향인자를 정상상태로 유지하기 위한 조작이 비교적 어렵다.
> ② 초기 건설비가 많다.
> ③ 소규모 시설에 적합하다.

정답 40. ③ 41. ④ 42. ④ 43. ② 44. ① 45. ④

46 접촉산화법의 특징에 대한 설명으로 틀린 것은?

① 생물상이 다양하여 처리효과가 안정적이다.
② 유입기질의 변동에 유연한 대처가 곤란하다.
③ 반송슬러지가 필요하지 않으므로 운전관리가 용이하다.
④ 고부하에서 운전하면 생물막이 비대화되어 접촉제가 막히는 경우가 발생한다.

해설 접촉산화법은 처리수를 촉매나 특수한 여지 또는 생물막에 접촉시켜 산화하는 방법으로, 유입기질의 변동에 따른 대처가 쉽다.

47 활성슬러지법에 있어서 MLSS란 무엇을 의미하는가?

① 방류수 중의 부유물질
② 반송슬러지 중의 부유물질
③ 하수 중의 용존물질
④ 포기조 중의 부유물질

해설 MLSS는 포기조 중의 부유물질을 의미한다.

48 포기조 내에서 MLSS를 일정하게 유지하기 위한 방법으로 가장 적절한 것은?

① 폭기율을 조정한다.
② 슬러지반송률을 조정한다.
③ 하수 유입량을 조정한다.
④ 슬러지를 바닥에 침전시킨다.

해설 포기조 내의 MLSS농도를 일정하게 유지하기 위해서는 침강슬러지의 일부를 다시 포기조에 반송하는데, 이 슬러지를 반송슬러지라고 한다.

49 활성슬러지법에서 반송슬러지를 포기조로 다시 보내는 목적으로 옳은 것은?

① 용존산소의 증가   ② 희석효과 증가
③ 응집 촉진   ④ 포기조의 농도 유지

해설 포기조의 농도를 일정하게 유지하기 위해 슬러지반송을 한다.

50 활성슬러지법에서 최종 침전지의 슬러지를 포기조로 반송하는 이유는?

① 포기조의 산소농도를 일정하게 유지하기 위하여
② 포기조 내의 미생물의 양을 일정하게 유지하기 위하여
③ 최종 침전지 내의 침전성을 향상시키기 위하여
④ 최종 침전지 내의 미생물의 양을 일정하게 유지하기 위하여

해설 포기조 내의 미생물의 양을 일정하게 유지하기 위하여 슬러지반송을 한다.

51 활성슬러지법에서 BOD용적부하는?

① $\dfrac{하수량 \times 하수의\ BOD}{포기조부피}$

② $\dfrac{하수량 \times 하수의\ BOD}{포기조부피 \times 부유물}$

③ $\dfrac{포기조부피}{하수량 \times 하수의\ BOD}$

④ $\dfrac{포기조부피 \times 부유물}{하수량 \times 하수의\ BOD}$

해설 BOD용적부하 $= \dfrac{BOD \cdot Q}{V}$

52 포기조부피 5,000m³, 유입유량 25,000m³/day, BOD농도 120mg/L일 때 BOD용적부하는?

① 0.6kg/m³ · day   ② 0.9kg/m³ · day
③ 6kg/m³ · day   ④ 9kg/m³ · day

해설 BOD용적부하
$= \dfrac{BOD \cdot Q}{V}$
$= \dfrac{120 \times 10^{-3} \text{kg/m}^3 \times 25,000 \text{m}^3/\text{day}}{5,000 \text{m}^3}$
$= 0.6 \text{kg/m}^3 \cdot \text{day}$

정답 46. ② 47. ④ 48. ② 49. ④ 50. ② 51. ① 52. ①

53 유량 3,000m³/day, BOD농도 200mg/L인 하수를 용량 500m³인 포기조로 처리할 때 BOD용적부하는 얼마인가?

① $0.12 \text{kg/m}^3 \cdot \text{day}$
② $0.30 \text{kg/m}^3 \cdot \text{day}$
③ $1.20 \text{kg/m}^3 \cdot \text{day}$
④ $3.00 \text{kg/m}^3 \cdot \text{day}$

해설 BOD용적부하
$$= \frac{BOD \cdot Q}{V}$$
$$= \frac{200 \times 10^{-3} \text{kg/m}^3 \times 3,000 \text{m}^3/\text{day}}{500 \text{m}^3}$$
$$= 1.2 \text{kg/m}^3 \cdot \text{day}$$

54 하수종말처리장 유입수의 평균 BOD 1,800mg/L, 평균유량 2,000m³/day, 포기조의 MLSS 2,500mg/L, 포기조의 부피 14,000m³일 때 F/M비는?

① $0.08 \text{kgBOD/kgMLSS} \cdot \text{day}$
② $0.10 \text{kgBOD/kgMLSS} \cdot \text{day}$
③ $0.18 \text{kgBOD/kgMLSS} \cdot \text{day}$
④ $0.21 \text{kgBOD/kgMLSS} \cdot \text{day}$

해설 $F/M비 = \frac{BOD \cdot Q}{MLSS \cdot V}$
$$= \frac{1,800 \times 2,000}{2,500 \times 14,000}$$
$$= 0.10 \text{kgBOD/kgMLSS} \cdot \text{day}$$

55 포기조에 유입하수량이 4,000m³/day, 유입 BOD가 150mg/L, 미생물의 농도(MLSS)가 2,000mg/L일 때 유기물질부하율 $0.6 \text{kgBOD/m}^3 \cdot \text{day}$로 설계하는 활성슬러지공정의 F/M비(kgBOD/kgMLSS · day)는?

① 0.3 ② 0.6
③ 1.0 ④ 1.5

해설 유기물질부하율 = BOD용적부하 = $\frac{BOD \cdot Q}{V}$
$$V = \frac{BOD \cdot Q}{\text{BOD용적부하}}$$
$$= \frac{150 \text{mg/L} \times 4,000 \text{m}^3/\text{day}}{0.6 \text{kgBOD/m}^3 \cdot \text{day}}$$
$$= \frac{150 \times 10^{-3} \text{kg/m}^3 \times 4,000 \text{m}^3/\text{day}}{0.6 \text{kgBOD/m}^3 \cdot \text{day}}$$
$$= 10^3 \text{m}^3$$
$$\therefore F/M비 = \frac{BOD \cdot Q}{MLSS \cdot V}$$
$$= \frac{150 \text{mg/L} \times 4,000 \text{m}^3/\text{day}}{2,000 \text{mg/L} \times 10^3 \text{m}^3} = 0.3$$

56 활성슬러지공정의 설계에 있어 F/M비는 매우 유용하게 사용된다. 만일 유입수의 BOD가 2배 증가하고 반응조의 체류시간을 1.5배로 증가시키면 F/M비는?

① 50% 증가 ② 33% 증가
③ 25% 감소 ④ 33% 감소

해설 $F/M비 = \frac{BOD \cdot Q}{MLSS \cdot V} = \frac{BOD}{MLSS \cdot t}$
$$= \frac{2}{1.5} \times 100 = 133.3\% 이므로 33\% 증가$$

57 표준활성슬러지법에서 F/M비 $0.3 \text{kgBOD/kgMLSS} \cdot \text{day}$, 포기조 유입 BOD 200mg/L인 경우에 폭기시간을 8시간으로 하려면 MLSS농도를 얼마로 유지하여야 하는가?

① 500mg/L ② 1,000mg/L
③ 1,500mg/L ④ 2,000mg/L

해설 F/M비
㉠ 포기조 유입 BOD가 200mg/L인 경우에 폭기시간을 8시간으로 하려면 1일 BOD 유입량 $t = 8/24 \text{hr}$
㉡ $F/M비 = \frac{\text{1일 BOD 유입량}}{MLSS \cdot t}$
$$0.3 = \frac{200}{MLSS \times 8/24}$$
$$\therefore MLSS = 2,000 \text{mg/L}$$

정답 53. ③ 54. ② 55. ① 56. ② 57. ④

58 다음의 유입하수 10,000m³/day, 유입 BOD농도 120mg/L, 포기조 내 MLSS농도 2,000mg/L, BOD슬러지부하 0.3kgBOD/kgMLSS·day일 때 포기조의 용적은?

① 600m³ ② 1,200m³
③ 2,000m³ ④ 2,500m³

> **해설** BOD슬러지부하 = $\dfrac{BOD \cdot Q}{MLSS \cdot V}$
> ∴ $V = \dfrac{BOD \cdot Q}{MLSS \cdot BOD슬러지부하}$
> $= \dfrac{120 \times 10,000}{2,000 \times 0.3}$
> $= 2,000 m^3$

59 하수의 유입량이 29,000m³/day, 포기조의 부피가 8,500m³, MLSS는 2,500mg/L일 때 폭기시간은 얼마인가?

① 약 5시간 ② 약 7시간
③ 약 9시간 ④ 약 12시간

> **해설** 폭기시간
> $t = \dfrac{V}{Q} = \dfrac{8,500}{29,000} ≒ 0.29\,day = 7\,hr$

60 최종 침전지의 규격이 5m×25m×2m이고 처리장의 유입량이 650m³/day일 경우 침전지의 체류시간은? (단, 슬러지의 반송률은 60%이다.)

① 3.57시간 ② 4.48시간
③ 5.76시간 ④ 6.59시간

> **해설** 체류시간
> $t = \dfrac{V}{Q(1+r)} = \dfrac{5 \times 25 \times 2}{650 \times (1+0.6)}$
> $≒ 0.24\,day = 5.76\,hr$

61 활성슬러지법에서 포기조용적이 500m³, 유입수량(Q)이 80m³/hr, 슬러지반송률이 0.25Q인 경우 폭기시간은?

① 4시간 ② 5시간
③ 6시간 ④ 7시간

> **해설** 폭기시간
> $t = \dfrac{V}{Q} = \dfrac{500m^3}{80m^3/hr + 0.25 \times 80m^3/hr} = 5\,hr$

62 포기조 내 MLSS가 3,000mg/L, 체류시간이 4시간, 포기조의 크기가 1,000m³인 활성슬러지공정에서 최종 유출수의 SS는 20mg/L일 때 매일 폐기되는 슬러지는 60m³이다. 폐슬러지의 농도가 10,000mg/L이라면 세포의 평균체류시간은?

① 4.2일 ② 8.2일
③ 10일 ④ 25일

> **해설** 고형물 체류시간
> ㉠ 1일 체류시간이 4시간이므로
> $Q = \dfrac{1,000m^3}{4/24\,day} = 1,000 \times 6\,m^3/day$
> ㉡ $SRT = \dfrac{XV}{X_r Q_w + (Q - Q_w)X_e}$
> $= \dfrac{3,000mg/L \times 1,000m^3}{\begin{pmatrix}60m^3/day \times 10^4 mg/L \\ +(1,000 \times 6\,m^3/day \\ -60m^3/day) \times 20mg/L\end{pmatrix}}$
> $= 4.17\,day$

63 인구 1인당 생활오수의 BOD오염부하원단위를 50g/인·일이라 할 때 인구가 10만명인 도시의 하수처리장에 유입되는 BOD부하는?

① 5,000kg/일 ② 500kg/일
③ 50kg/일 ④ 50ton/일

> **해설** BOD부하 = 100,000명 × 50g/인·일 × $\dfrac{1kg}{1,000g}$
> = 5,000kg/일

64 하수처리장에서 480,000L/day의 하수량을 처리한다. 펌프장의 습정(wet well)을 하수로 채우기 위하여 40분이 소요된다면 습정의 부피는 몇 m³인가?

① 12.3m³ ② 13.3m³
③ 14.3m³ ④ 15.3m³

정답 58. ③ 59. ② 60. ③ 61. ② 62. ① 63. ① 64. ②

해설 $Q = 480{,}000\text{L/day} = \dfrac{480{,}000\text{L}}{1{,}440\text{min}}$

∴ 습정부피 $= Qt = \dfrac{480{,}000\text{L}}{1{,}440\text{min}} \times 40\text{min}$
$= 13{,}333\text{L} = 13.3\text{m}^3$

65 유입하수량 20,000m³/day, 폭기조 유입수의 BOD농도를 140mg/L, BOD 제거율을 90%로 할 경우 공기량은? (단, 산소 1kg에 대해 필요한 공기량은 3.5m³이고, 생화학적 반응에 이용되는 공기량은 공급량의 7%로 가정한다.)

① 116,000m³/day   ② 126,000m³/day
③ 136,000m³/day   ④ 146,000m³/day

해설 ㉠ 유입 BOD량
$= CQ = 140\text{mg/L} \times 20{,}000\text{m}^3/\text{day}$
$= 140 \times 10^{-6}\text{kg}/10^{-3}\text{m}^3 \times 20{,}000\text{m}^3/\text{day}$
$= 2{,}800\text{kg/day}$
㉡ BOD 제거량 = 유입 BOD량 × BOD 제거율
$= 2{,}800\text{kg/day} \times 0.9$
$= 2{,}520\text{kg/day}$
㉢ 송기량
$= \dfrac{\text{BOD 제거량} \times \text{산소 1kg당 공기량}}{\text{생화학적 반응의 공기량비율}}$
$= \dfrac{2{,}520\text{kg/day} \times 3.5\text{m}^3/\text{kg}}{0.07}$
$= 126{,}000\text{m}^3/\text{day}$

66 슬러지용적지수(SVI)에 관한 설명 중 옳지 않은 것은?

① 포기조 내 혼합물을 30분간 정지한 후 침강한 1g의 슬러지가 차지하는 부피(mL)로 나타낸다.
② 정상적으로 운전되는 포기조의 SVI는 50 : 150 범위이다.
③ SVI는 슬러지밀도지수(SDI)에 100을 곱한 값을 의미한다.
④ SVI는 폭기시간, BOD농도, 수온 등에 영향을 받는다.

해설 $SDI \times SVI = 100$

67 슬러지부피지수(SVI)가 150인 활성슬러지법에 의한 처리조건에서 슬러지밀도지표(SDI)는?

① 0.67   ② 6.67
③ 66.67   ④ 666.67

해설 $SDI \times SVI = 100$
∴ $SDI = \dfrac{100}{SVI} = \dfrac{100}{150} = 0.67$

68 SVI(Sludge Volume Index)에 대한 설명으로 옳지 않은 것은?

① 측정시료는 2차 침전지에서 채취한다.
② 활성슬러지의 침강성을 나타내는 지표이다.
③ SVI는 50~150의 범위가 적당하다.
④ 활성슬러지의 팽화 여부를 확인하는 지표로 사용한다.

해설 SVI는 최초 침전지(1차 침전지)에서 채취하며 슬러지팽화의 지표가 된다.

69 슬러지밀도지표(SDI)와 슬러지용량지표(SVI)와의 관계로 옳은 것은?

① $SDI = \dfrac{10}{SVI}$ ② $SDI = \dfrac{100}{SVI}$
③ $SDI = \dfrac{SVI}{10}$ ④ $SDI = \dfrac{SVI}{100}$

해설 $SDI \times SVI = 100$

70 SVI에 대한 설명으로 옳지 않은 것은?

① 활성슬러지의 침강성을 나타내는 지표이다.
② SVI가 100 전후로 활성슬러지의 침강성이 양호한 경우에는 일반적으로 압밀침강에 해당된다.
③ SVI가 낮을수록 슬러지가 농축되기 쉽다.
④ SVI가 높아지면 MLSS도 상승한다.

정답 65. ② 66. ③ 67. ① 68. ① 69. ② 70. ④

해설 $SVI = \dfrac{SV[\%]}{MLSS[mg/L]} \times 10,000$ 이므로 SVI와 MLSS는 반비례관계이다.

71 활성슬러지법에 의한 하수처리 시 포기조의 MLSS를 2,400mg/L로 유지할 때 SVI가 120이면 반송률(R)은? (단, 유입수의 SS는 고려하지 않음)

① 24% ② 32%
③ 40% ④ 46%

해설 **슬러지반송률**
㉠ $SVI = \dfrac{SV[\%]}{MLSS[mg/L]} \times 10^4$
$120 = \dfrac{SV}{2,400} \times 10^4$
∴ $SV = 28.8$
㉡ $R = \dfrac{100 \times SV}{100 - SV} = \dfrac{100 \times 28.8}{100 - 28.8} = 40.4\%$

72 1L의 메스실린더에 활성슬러지를 채우고 30분간 침전시켰더니 침전된 슬러지의 부피가 180mL였다. 이때 MLSS가 2,000mg/L였다면 슬러지용적지표(SVI)는?

① 90 ② 100
③ 180 ④ 200

해설 $SVI = \dfrac{SV[mg/L]}{MLSS[mg/L]} \times 10^3$
$= \dfrac{180}{2,000} \times 10^3 = 90$

73 도시하수처리장에서 활성슬러지의 침전성을 알아보기 위해 포기조혼합액 1L를 30분간 침전시켰더니 침전물의 부피가 300mL이었다. SVI는 얼마인가? (단, 포기조 MLSS는 2,000mg/L)

① 150mg/L ② 150
③ 375mg/L ④ 375

해설 $SVI = \dfrac{30분 침강 후 슬러지부피(mL/L)}{MLSS농도(mg/L)} \times 1,000$
$= \dfrac{300mL/L}{2,000mg/L} \times 1,000 = 150$

74 활성슬러지공정에서 2차 침전지 반송슬러지의 농도가 16,000mg/L였다. 포기조의 MLSS농도를 2,500mg/L로 유지하기 위한 반송률은?

① 15.6% ② 18.5%
③ 31.2% ④ 37.0%

해설 **슬러지반송률**
$r = \dfrac{MLSS}{SS - MLSS} = \dfrac{2,500}{16,000 - 2,500}$
$= 0.185 = 18.5\%$

75 하수처리시설에서 포기조의 혼합액 중 부유물농도(MLSS)가 100g/m³, 반송슬러지 중의 부유물농도가 500g/m³일 때 슬러지반송비는?

① 15% ② 20%
③ 25% ④ 30%

해설 **슬러지반송비(반송률)**
$r = \dfrac{MLSS}{SS - MLSS} = \dfrac{100}{500 - 100} = 0.25 = 25\%$

76 슬러지반송비가 0.4, 반송슬러지의 농도가 1%일 때 포기조의 MLSS농도는?

① 1,234mg/L
② 2,857mg/L
③ 3,325mg/L
④ 4,023mg/L

해설 **슬러지반송률**
$r = \dfrac{X}{X_r - X}$
$0.4 = \dfrac{X}{0.01 - X}$
∴ $X = 0.002857$
여기서, r : 반송비, X_r : 반송슬러지의 농도, X : 포기조 내 MLSS농도
이때 농도는 ppm단위이므로 1,000,000을 곱해주면 포기조 내의 MLSS농도는 2,857mg/L가 된다.

정답 71. ③ 72. ① 73. ② 74. ② 75. ③ 76. ②

77 반송슬러지농도 X_R, 슬러지반송비 R일 때 반응조 내의 MLSS농도 X를 구하는 식은? (단, 유입수의 SS는 무시함)

① $X = R(X_R + 1)$
② $X = \dfrac{RX_R}{1-R}$
③ $X = \dfrac{R}{1-R}$
④ $X = \dfrac{RX_R}{1+R}$

> **해설** 슬러지반송비
> $R = \dfrac{X}{X_R - X}$
> $\therefore X = \dfrac{RX_R}{R+1}$

78 슬러지팽화(bulking)의 지표가 되는 것은?

① MLSS
② SVI
③ MLVSS
④ VSS

> **해설** SVI는 침강농축성(슬러지팽화) 여부를 확인하는 지표이다.

79 활성슬러지법의 최종 침전지에서 슬러지가 잘 침전되지 않고 부풀어 오르는 현상은?

① 벌킹(bulking)
② 질산화(nitrification)
③ 탈질산화(denitrification)
④ 소화(digestion)

> **해설** 슬러지팽화(bulking)는 최종 침전지에서 슬러지가 잘 침전되지 않고 부풀어 오르는 현상을 말한다.

80 활성슬러지법을 이용한 하수처리시스템에 5,000 m³/day의 하수가 유입되고 있다. 포기조의 MLSS를 2,000ppm, 반송슬러지의 농도를 10,000ppm으로 할 때 반송슬러지의 유량은 얼마인가? (단, 유입수의 고형물농도는 무시한다.)

① 1,000m³/day
② 1,250m³/day
③ 1,500m³/day
④ 1,750m³/day

> **해설** $X(Q + Q_r) = X_r Q_r$
> $\therefore Q_r = \dfrac{X(Q + Q_r)}{X_r}$
> $= \dfrac{2,000\text{ppm} \times 5,000\text{m}^3/\text{day}}{(10,000 - 2,000)\text{ppm}}$
> $= 1,250\text{m}^3/\text{day}$

81 활성슬러지공법에서 벌킹(bulking)현상의 원인이 아닌 것은?

① 유량, 수질의 과부하
② pH의 저하
③ 낮은 용존산소
④ 반송유량의 과다

> **해설** 슬러지팽화(bulking)의 원인은 반송유량의 저하이다.

82 슬러지팽화의 원인으로서 옳지 않은 것은 어느 것인가?

① 영양물질의 불균형
② 유기물의 과도한 부하
③ 용존산소량 불량
④ 과도한 질산화

> **해설** 슬러지팽화는 과도한 탄산화가 원인이다.

83 활성슬러지처리법에 의한 하수처리장의 운전 시 슬러지 팽화를 방지하기 위한 대책이 아닌 것은 어느 것인가?

① 염소를 희석수에 살수한다.
② BOD부하를 반감시킨다.
③ 포기조의 체류시간을 증대시킨다.
④ 슬러지의 반송률을 증가시킨다.

> **해설** 슬러지팽화는 포기조의 체류시간을 감소시켜야 한다(30분 이내).

정답 77. ④ 78. ② 79. ① 80. ② 81. ④ 82. ④ 83. ③

84 다음 처리시설 중에서 가장 손실수두가 큰 시설은 무엇인가?

① 침사지 ② 1차 침전지
③ 활성슬러지 ④ 살수여상

> 해설 살수여상은 손실수두가 가장 큰 시설이다.

85★ 활성슬러지법에 의한 하수처리 시 발생되는 사상균 벌킹을 유발하는 운전조건과 가장 거리가 먼 것은?

① 낮은 용존산소농도 ② 낮은 C/N비
③ 낮은 pH ④ 영양염류의 부족

> 해설 높은 C/N비일 때 슬러지팽화(bulking)가 발생한다.

86 회전원판법(rotating biological comtactors)에 대한 설명으로 옳은 것은?

① 수면에 일부가 잠겨 있는 원판을 설치하여 원판에 부착, 번식한 미생물군을 이용해서 하수를 정화한다.
② 보통 1차 침전지를 설치하지 않고 타원형 무한수로의 반응조를 이용하여 기계식 포기장치에 의해 포기를 행한다.
③ 산기장치 및 상징수배출장치를 설치한 회분조로 구성된다.
④ 여상에 살수되는 하수가 여재의 표면에 부착된 미생물군에 의해 유기물을 제거하는 방법이다.

> 해설 ② 산화구법
> ③ 연속 회분식 활성슬러지법
> ④ 살수여상법

87 회전원판법에 관한 사항 중 옳지 않은 것은 어느 것인가?

① 회전원판법은 원판표면에 부착, 번식한 미생물군을 이용해서 하수를 정화한다.
② 회전속도는 보통 주변 속도로 표시되고 일반적으로 15m/min 정도이다.
③ 일반적으로 40~50%의 침전율이 채택되고 있다.
④ 회전원판법도 생물학적 처리이므로 blower에 의한 강제폭기장치가 반드시 있어야 한다.

> 해설 회전원판법은 폭기장치가 필요하지 않다.

88 정수의 생물처리법인 회전원판방식에 대한 내용으로 틀린 것은?

① 체류시간 : 2시간 정도
② 처리수조의 깊이 : 3~4m
③ 폭기시설 : 용존산소 유지를 위해 필요함
④ 슬러지배출시설 : 필요하게 되는 경우가 많음

> 해설 회전원판법은 별도의 폭기장치와 슬러지반송이 필요 없다.

89★ 활성슬러지법과 비교하여 생물막법의 특징으로 옳지 않은 것은?

① 운전조작이 간단하다.
② 하수량 증가에 대응하기 쉽다.
③ 반응조를 다단화하여 반응효율과 처리안정성 향상이 도모된다.
④ 생물종분포가 단순하여 처리효율을 높일 수 있다.

> 해설 생물막법은 생물종분포가 다양하여 처리효율을 높일 수 있다.

90 생물막을 이용한 하수처리방법은?

① 산화구법
② 장기포기법
③ 살수여상법
④ 연속 회분식 반응조(SBR)

정답 84.④ 85.② 86.① 87.④ 88.③ 89.④ 90.③

해설 생물막법에는 살수여상법과 회전원판법이 있다.

91 다음 생물학적 처리방법 중 생물막공법은?
① 산화구법 ② 살수여상법
③ 접촉안정법 ④ 계단식 폭기법

해설 생물막법에는 살수여상법과 회전원판법이 있다.

92 하수처리장의 1차 처리시설인 침전지에서 BOD부하의 30%가 처리되고, 2차 처리시설에서 BOD부하의 90%가 처리된다면 전체 BOD 제거율은?
① 85% ② 89%
③ 93% ④ 97%

해설 ㉠ 1차 제거된 BOD=1×0.3=0.3
∴ 2차 처리로 가는 BOD=0.7
㉡ 2차 제거된 BOD=0.7×0.9=0.63
∴ 총BOD 제거율=1차 제거+2차 제거
=0.3+0.63=0.93

93 수중의 질소화합물의 질산화 진행과정으로 옳은 것은?
① $NH_3-N \to NO_2-N \to NO_3-N$
② $NH_3-N \to NO_3-N \to NO_2-N$
③ $NO_2-N \to NO_3-N \to NH_3-N$
④ $NO_3-N \to NO_2-N \to NH_3-N$

해설 질산화과정
$NH_3-N \to NO_2-N \to NO_3-N$

94 생하수 내에서 질소는 주로 어느 형태로 존재하는가?
① N_2와 NO_3
② N_2와 NH_3
③ 유기성 질소화합물과 N_2
④ 유기성 질소화합물과 NH_3

해설 생하수 내에서 질소는 주로 유기성 질소화합물과 NH_3형태로 존재한다.

95 일반적인 생물학적 질소 제거공정에 필요한 미생물의 환경조건으로 가장 옳은 것은?
① 혐기, 호기 ② 호기, 무산소
③ 무산소, 혐기 ④ 호기, 혐기, 무산소

해설 하수의 생물학적 처리방법
㉠ 질소 제거법 : 무산소호기법(anoxic oxic)
㉡ 인 제거법 : 혐기호기법(A/O법)
㉢ 질소와 인 동시 제거법 : 혐기무산소호기법(A2/O법)

96 질소, 인 제거와 같은 고도처리를 도입하는 이유로 틀린 것은?
① 폐쇄성 수역의 부영양화 방지
② 슬러지 발생량 저감
③ 처리수의 재이용
④ 수질환경기준 만족

해설 고도처리를 하면 슬러지 발생량은 증가한다.

97 하수 중의 질소 제거방법으로 적합하지 않은 것은?
① 생물학적 질화-탈질법
② 응집침전법
③ 이온교환법
④ break point 염소 주입법

해설 응집침전법은 물리적 방법으로 인 제거방법에도 해당된다.

98 일반적인 생물학적 인 제거공정에 필요한 미생물의 환경조건으로 가장 옳은 것은?
① 혐기, 호기 ② 호기, 무산소
③ 무산소, 혐기 ④ 호기, 혐기, 무산소

해설 하수의 생물학적 처리방법
㉠ 질소 제거법 : 무산소호기법(anoxic oxic)
㉡ 인 제거법 : 혐기호기법(A/O법)
㉢ 질소와 인 동시 제거법 : 혐기무산소호기법(A2/O법)

정답 91. ② 92. ③ 93. ① 94. ④ 95. ② 96. ② 97. ② 98. ①

99 하수고도처리방법으로 질소, 인 동시 제거공정은?

① 혐기무산소호기조합법
② 연속 회분식 활성슬러지법
③ 정석탈인법
④ 혐기호기활성슬러지법

> 해설 A2/O법(혐기무산소호기법)은 질소와 인을 동시에 제거하는 고도처리방법이다.

100 하수 중의 질소와 인을 동시에 제거하기 위해 이용될 수 있는 고도처리시스템은?

① anaerobic oxic법
② 3단 활성슬러지법
③ phostrip법
④ anaerobic anoxic oxic법

> 해설 A2/O법(anaerobic anoxic oxic)은 생물학적 처리로 질소와 인을 동시에 제거하는 고도처리방법이다.

2. 슬러지처리방법

101 슬러지처리의 목표가 아닌 것은?

① 슬러지의 생화학적 안정화
② 최종적인 슬러지의 감량화
③ 병원균의 처리
④ 중금속의 처리

> 해설 슬러지처리의 목적
> ㉠ 안정화(병원균 제거, 유기물의 무기물화)
> ㉡ 부피 감량
> ㉢ 부패와 악취 제거

102 일반적인 하수슬러지처리시스템이 바르게 구성된 것은?

① 슬러지-소화-농축-개량-탈수-건조-처분
② 슬러지-농축-개량-소화-탈수-건조-처분
③ 슬러지-농축-소화-개량-탈수-건조-처분
④ 슬러지-소화-개량-농축-탈수-건조-처분

> 해설 슬러지처리순서
> 슬러지-농축-소화-개량-탈수-건조-처분

103 슬러지처리방법 중 가장 최상적이고 안전한 방법은?

① 비료화법
② 해양투기법
③ 토지투기법
④ 소각법

> 해설 슬러지처리방법 중 가장 최상적이고 안전한 방법은 소각이다.

104 하수슬러지의 농축조에 대한 다음의 설명 중 틀린 것은?

① 슬러지 스크레이퍼를 설치할 경우 탱크 바닥면의 기울기는 5/100 이상이 좋다.
② 슬러지 스크레이퍼가 없는 경우 탱크 바닥의 중앙에 호퍼를 설치하되, 호퍼측 벽의 기울기는 수평에 60° 이상으로 한다.
③ 농축조의 용량은 계획슬러지양의 2일분 이하로 하며, 유효수심은 3~4m로 한다.
④ 고형물부하는 25~75kg/m² · 일을 기준으로 하나 슬러지의 특성에 따라 변경될 수 있다.

> 해설 농축조의 용량은 계획슬러지양의 18시간분 이하로 하며, 유효수심은 3~4m로 한다.

105 슬러지의 농축과 탈수에 대한 설명으로 틀린 것은?

① 탈수는 기계적 방법으로 진공여과, 가압여과 및 원심탈수법 등이 있다.
② 농축은 매립이나 해양투기를 하기 전에 슬러지용적을 감소시켜 준다.
③ 농축은 자연의 중력에 의한 방법이 가장 간단하며 경제적인 처리방법이다.
④ 중력식 농축조에 슬러지 제거기 설치 시 탱크 바닥의 기울기는 1/10 이상이 좋다.

> 해설 중력식 농축조에 찌꺼기(슬러지) 제거기(sludge scraper)를 설치할 경우 탱크 바닥의 기울기는 5/100 이상이 좋다.

정답 99. ① 100. ④ 101. ④ 102. ③ 103. ④ 104. ③ 105. ④

106 하수슬러지의 탈수성을 개선하기 위한 슬러지개량방법으로 이용되지 않는 것은?

① 오존처리 ② 세정
③ 열처리 ④ 약품 첨가

> 해설 슬러지개량방법은 세정, 약품처리, 열처리, 동결·융해가 있다.

107 슬러지를 혐기성 소화법으로 처리할 경우 호기성 소화법에 비하여 갖는 특징으로 틀린 것은 어느 것인가?

① 병원균의 사멸률이 낮다.
② 동력시설 없이 연속적인 처리가 가능하다.
③ 부산물로 유용한 메탄가스가 생산된다.
④ 유지관리비가 적게 소요된다.

> 해설 혐기성 소화법은 병원균을 사멸시키거나 통제가 가능하다.

108 하수처리에 있어 혐기성 소화법에 관한 설명 중 옳지 않은 것은?

① 슬러지의 양을 감소시킨다.
② 슬러지를 분해하여 안정화시킨다.
③ 부하나 pH의 변동이 클 때 유리하다.
④ 유효한 자원인 메탄을 얻을 수 있다.

> 해설 혐기성 미생물은 조건에 민감하므로 pH변동에 약하다.

109 하수처리장의 최초 침전지에서 제거되는 슬러지는 일반적으로 어디로 보내지는가?

① 포기조 ② 농축조
③ 소화조 ④ 탈수조

> 해설 최초 침전지에서 제거되는 슬러지는 일반적으로 소화조로 보내진다.

110 혐기성 소화조 운전 시 소화가스 발생량 저하의 원인과 가장 거리가 먼 것은?

① 소화슬러지의 과잉 배출
② 소화가스의 누출
③ 조 내 온도 상승
④ 과다한 산 생성

> 해설 혐기성 소화조 운전 시 조 내의 온도가 하강하면 소화가스량이 저하한다.

111 하수처리장의 소화조에 석회(lime)를 주입하는 이유는?

① pH를 높이기 위해
② 칼슘농도를 증가시키기 위해
③ 효소의 농도를 높이기 위해
④ 유기산균을 증가시키기 위해

> 해설 소화조에 석회를 주입하는 이유는 pH를 높이기 위해이다.

112 하수처리장의 슬러지처리공정 중 잉여슬러지를 1이라고 할 때 부피가 약 1/6로 감소되는 공정은 어느 것인가?

① 농축 ② 소화
③ 탈수 ④ 소각

> 해설 잉여슬러지의 부피 감소율
> ㉠ 농축 : $\frac{1}{3}$
> ㉡ 소화 : $\frac{1}{6}$
> ㉢ 탈수 : $\frac{1}{25}$
> ㉣ 소각 : $\frac{1}{125}$

113 하수슬러지 내의 유기물질을 분해시켜서 슬러지양을 감소시키는 시설물은?

① 농축조 ② 소화조
③ 탈수조 ④ 포기조

정답 106. ① 107. ① 108. ③ 109. ③ 110. ③ 111. ① 112. ② 113. ②

해설 소화조는 유기물을 분해하여 무기물로 전환해 슬러지양을 감소시키는 시설물이다.

114 슬러지처리과정 중 슬러지의 부피를 감소시키고 취급이 용이하도록 만들 목적으로 슬러지의 함수율을 감소시키는 과정은?

① 개량　　　　　　② 소화
③ 탈수　　　　　　④ 소각

해설 탈수 및 건조과정은 슬러지의 함수율을 감소시켜 취급이 용이하도록 한다.

115 생물학적 작용에서 호기성 분해로 인한 생성물이 아닌 것은?

① CO_2　　　　　② CH_4
③ NO_3　　　　　④ SO_4

해설 호기성 분해는 산화작용을 하며, CH_4는 환원작용에 의한 생성물이다.

116 혐기성 소화공정에서 소화가스 발생량이 저하될 때 그 원인으로 적합하지 않은 것은?

① 소화슬러지의 과잉 배출
② 조 내 퇴적토사의 배출
③ 소화조 내 온도의 저하
④ 소화가스의 누출

해설 조 내 퇴적토사를 배출하면 소화공정을 원활히 하기 때문에 소화가스 발생량이 증가된다.

117 ★ 혐기성 처리방법은 호기성 처리방법에 비해 다음의 특징을 갖고 있다. 틀린 것은?

① 슬러지 발생량이 적다.
② 유기물농도가 높은 하수의 처리에 적합하다.
③ 반응이 빠르고 생물의 에너지효율이 높다.
④ 메탄가스가 생성된다.

해설 반응이 빠르고 생물의 에너지효율이 높은 것은 호기성 처리방법의 특징이다.

118 ★★★ 호기성 소화와 혐기성 소화를 비교할 때 혐기성 소화에 대한 설명으로 틀린 것은?

① 높은 온도를 필요로 하지 않는다.
② 유효한 자원인 메탄이 생성된다.
③ 처리 후 슬러지 생성량이 적다.
④ 운전 시 체류시간, 온도, pH 등에 영향을 크게 받는다.

해설 혐기성 소화는 호기성 소화에 비해 높은 온도를 필요로 한다.

119 ★ 혐기성 소화법과 비교한 호기성 소화법의 장단점으로 옳지 않은 것은?

① 운전 용이
② 저온 시 효율 저하
③ 소화슬러지의 탈수 용이
④ 상징수의 수질 양호

해설 혐기성 소화법은 소화슬러지의 탈수가 용이하다.

120 ★★ 호기성 소화의 특징을 설명한 것으로 옳지 않은 것은?

① 처리된 소화슬러지에서 악취가 나지 않는다.
② 상징수의 BOD농도가 높다.
③ 폭기를 위한 동력 때문에 유지관리비가 많이 든다.
④ 수온이 낮은 때에는 처리효율이 떨어진다.

해설 호기성 소화는 상징수의 BOD농도가 낮다.

정답　114. ③　115. ②　116. ②　117. ③　118. ①　119. ③　120. ②

121 하수슬러지의 혐기성 소화가 호기성 소화에 비해 지닌 장점으로 옳은 것은?

① 유효한 자원인 메탄이 생성된다.
② 운전이 용이하다.
③ 악취 발생이 감소된다.
④ 상징수의 수질이 양호하다.

해설 슬러지처리방법의 비교

구분	호기성 소화	혐기성 소화
BOD	처리수의 BOD가 낮다.	처리수의 BOD가 높다.
냄새	없다.	많이 난다.
비료	비료가치가 높다.	비료가치가 낮다.
시설비	적게 든다.	많이 든다.
운전	쉽다.	까다롭다.
규모	소규모에 좋다.	대규모 시설에 적합하다.
질소	NO_3 방출	NH_3-N 방출

122 하수의 혐기성 소화에 의한 슬러지의 분해과정을 3단계로 나눌 때 포함되지 않는 것은?

① 가수분해단계 ② 유기화단계
③ 산 생성단계 ④ 메탄 생성단계

해설 혐기성 소화는 슬러지를 메탄가스, 탄산가스, 수소 등으로 단순 무해한 무기물로 변화시킨다.

123 혐기성 슬러지소화조를 설계할 경우 탱크의 크기를 결정하는 데 있어 고려할 사항에 해당되지 않는 것은?

① 소화조에 유입되는 슬러지의 양과 특성
② 고형물 체류시간 및 온도
③ 소화조의 운전방법
④ 소화조 표면부하율

해설 혐기성 소화조의 설계 시에 슬러지의 양, 특성, 체류시간, 온도, 운전방법 등을 고려하여 탱크의 크기를 결정한다.

124 혐기성 소화공정의 영향인자가 아닌 것은?

① 체류시간 ② 온도
③ 메탄함량 ④ 알칼리도

해설 메탄은 혐기성 소화공정으로 인하여 발생한다.

125 혐기성 소화에 의한 슬러지처리법에서 발생되는 가스 성분 중 가장 많이 차지하는 것은?

① 탄산가스 ② 메탄가스
③ 유화수소 ④ 황화수소

해설 혐기성 소화 시 가치 있는 부산물로서 메탄가스가 대부분 생성된다.

126 혐기성 소화에서 탄산염 완충시스템에 관여하는 알칼리도의 종류가 아닌 것은?

① HCO_3^- ② CO_3^{2-}
③ OH^- ④ HPO_4^-

해설 알칼리도의 종류로는 HCO_3^-, CO_3^{2-}, OH^- 등이 있다.

127 다음 슬러지탈수방법 중 슬러지케이크의 함수율을 55~70% 정도로 생산하는 탈수기는 어느 것인가?

① 진공여과법 ② 가압여과기
③ 원심분리기 ④ 슬러지건조상

해설 가압여과기(가압탈수기)는 탈수방법 중 슬러지케이크의 함수율을 55~70% 정도로 생산하는 탈수기로 가장 함수율이 적다.

128 슬러지의 중량(건조무게)이 3,000kg이고 비중이 1.05, 수분함량이 96%인 슬러지의 용적은?

① 71m³ ② 85m³
③ 101m³ ④ 115m³

해설 $s = \dfrac{W}{V}$

$1.05 \text{t/m}^3 = \dfrac{3\text{t}}{(1-0.96)V}$

$\therefore V = 71.43\text{m}^3$

정답 121.① 122.② 123.④ 124.③ 125.② 126.④ 127.② 128.①

129 함수율 98%인 슬러지를 농축하여 함수율 95%로 낮추었다. 이때 슬러지의 부피감소율은? (단, 슬러지의 비중은 1.0으로 가정함)

① 40% ② 50%
③ 60% ④ 70%

해설
$$\frac{V_1}{V_2} = \frac{100-W_2}{100-W_1}$$
$$\frac{1}{V_2} = \frac{100-95}{100-98}$$
∴ $V_2 = 0.4$이므로 60% 감소한다.

130 함수율 98%인 슬러지를 농축하여 함수율 96%로 낮추었다면 슬러지의 부피 감소율은?

① 40% ② 45%
③ 50% ④ 55%

해설
$$\frac{V_2}{V_1} = \frac{100-W_1}{100-W_2} = \frac{100-98}{100-96} = \frac{1}{2}$$
∴ 50% 감소한다.

131 슬러지의 함수율이 95%에서 90%로 저하되었다. 이때 전체 슬러지의 부피는 어떻게 되는가? (단, 슬러지의 비중은 1.0으로 한다.)

① 1/2로 감소한다. ② 1/3로 감소한다.
③ 1/4로 감소한다. ④ 1/5로 감소한다.

해설
$$\frac{V_1}{V_2} = \frac{1-0.95}{1-0.90} = \frac{1}{2}$$

132 다음 중 5%의 고형물을 함유하는 3,200L의 1차 슬러지를 고형물의 농도 8%가 되도록 농축시키면 농축된 슬러지의 부피는? (단, 슬러지의 비중은 1.0으로 가정)

① 1,500L ② 2,000L
③ 2,500L ④ 2,800L

해설

$$V_2 = \frac{V_1(100-W_1)}{100-W_2} = \frac{3,200 \times (100-95)}{100-92}$$
$$= 2,000L$$

133 함수율 95%인 슬러지를 농축시켰더니 최초 부피의 1/3이 되었다. 농축된 슬러지의 함수율(%)은?

① 65 ② 70
③ 85 ④ 90

해설
$$\frac{V_2}{V_1} = \frac{100-W_1}{100-W_2}$$
$$\frac{1/3 V_1}{V_1} = \frac{100-95}{100-W_2}$$
∴ $W_2 = 85\%$

134 다음의 슬러지처분방법 중 가장 경비가 적게 소요되고 바람직한 것은?

① 퇴비 활용 ② 매립 처분
③ 소각 ④ 해양투기

해설 슬러지처분방법 중 가장 경비가 적게 소요되고 바람직한 것은 퇴비 활용이다.

CHAPTER 08 펌프장시설

회독 체크표
- 1회독 월 일
- 2회독 월 일
- 3회독 월 일

최근 10년간 출제분석표

2015	2016	2017	2018	2019	2020	2021	2022	2023	2024
8.3%	6.7%	10.0%	11.7%	11.7%	8.3%	11.7%	12.5%	6.7%	8.3%

출제 POINT

학습 POINT
- 펌프의 결정기준
- 펌프의 종류
- 펌프의 특징

■ 펌프의 결정기준
① 대수는 줄일 것(단, 2지 이상)
② 동일 용량 선택
③ 대용량 선택

■ 펌프 결정 시 중요항목
① 펌프의 특성
② 펌프의 양정
③ 펌프의 효율
④ 펌프의 동력

■ 원심력펌프
① 상하수도에 주로 많이 사용
② 종류 : 와권펌프, 터빈펌프, 벌류트펌프

SECTION 1 펌프장시설 계획

1 펌프의 결정기준

① 펌프는 가능한 한 최대효율점 부근에서 운전할 수 있도록 용량 및 대수를 결정해야 한다.
② 유지관리를 위해 **펌프대수는 줄이고**, 여러 대를 설치하는 경우 **동일 용량의 것을 사용**한다.
③ 용량이 클수록 효율이 좋으므로 되도록 **대용량을 사용**한다.
④ 건설비 절감을 위해 예비대수는 가능한 한 적게 설치한다.
⑤ 수량이 적거나 수량변동이 클 경우 용량이 다른 펌프를 설치하거나 동일 용량의 펌프회전수를 변환할 수 있게 한다.
⑥ 양정의 변화가 심한 곳에서는 유지관리상의 경제성을 고려하여 고양정펌프와 저양정펌프로 분할한다.

2 펌프의 종류

1) 원심력펌프(centrifugal pump)

① **상하수도에 주로 많이 사용**하는 펌프로 임펠러(impeller)의 회전에 의하여 생기는 물의 회전력(수압력과 속도에너지)을 케이싱(casing)을 통하여 압력으로 바꾸는 펌프이다.
② 특징
 ㉠ 운전과 수리가 용이하다.
 ㉡ 왕복운동보다는 회전운동을 한다.
 ㉢ 임펠러의 교환에 따라 특성이 변한다.
 ㉣ 일반적으로 효율이 높고 적용범위가 넓다.

ⓜ 수중 베어링이 필요하지 않으므로 보수가 쉽다.
ⓑ 흡입성능이 우수하고 공동현상이 잘 발생하지 않는다.
ⓢ 적은 유량을 가감하는 경우 소요동력은 적어도 운전에 지장이 없다.
ⓞ 날개는 견고하지만 원심력이 크고 반경 및 축방향으로도 장소를 차지한다.
ⓩ 원심력펌프에서 요구되는 양정은 펌프의 특성에 따라 다르다.

2) 축류펌프(axial flow pump)

① 임펠러의 원심력에 의하지 않고 양력작용에 의해 물이 축방향으로 유입되어 축방향으로 토출되는 펌프를 말하며, 전양정이 4m 이하(2~3m)인 경우에 경제적으로 유리하다.
② 특징
　㉠ 크기가 작고 구조가 간단하며 임펠러의 회전수가 원심력펌프보다 1.5배 정도 빠르다.
　㉡ 양정변화에 대한 수량변화가 적고 효율 저하도 적어 **펌프 중 가장 저양정용이며 양정이 변하는 경우 적합하다.**
　㉢ 임펠러 및 나선케이싱은 물의 통로가 짧으며 심한 굴곡부가 있다.
　㉣ 흡입성능과 회전수가 사류펌프보다 우수하다.
　㉤ **비교회전도가 가장 커서** 저양정에서도 비교적 고속이고 원동기와 직결할 수 있다.

3) 사류펌프(mixed flow pump)

① 임펠러의 원심력과 양력에 의해 물이 축방향으로 유입되어 방사와 축의 중간 방향인 정사방향으로 토출하는 펌프로, 원심펌프와 축류펌프의 중간형으로서 양정은 3~12m 정도이다.
② 특징
　㉠ 운전 시 동력이 일정하며 **양정의 변화가 큰 곳에 적합**하다.
　㉡ 우수용 펌프 등 **수위변화가 큰 곳에 적합**하다.
　㉢ 원심력펌프보다 소형으로 설치면적도 작고 설치비가 절약된다.
　㉣ 축류펌프보다 공동현상이 적게 일어난다.
　㉤ 같은 양정일 경우 축류펌프보다 흡입양정을 크게 할 수 있다.

4) 스크루펌프(screw pump)

일반적으로 상하수도에서는 원심력펌프를 많이 사용하지만, 스크루펌프는 유지관리가 간단하여 하수도에 사용되는 펌프로 슬러지의 반송용으로 좋은 결과를 얻고 있으며 저양정에 적합한 펌프이다.

■ 축류펌프
저양정용이며 비교회전도가 가장 크다.

■ 사류펌프
수위변화가 큰 곳에 적합하다.

출제 POINT

■ 원심력펌프
효율이 가장 좋기 때문에 상·하수도용으로 범용적으로 사용한다.

[표 8-1] 각종 펌프의 성능 비교

항목	원심력펌프	축류펌프	사류펌프
임펠러 회전수	느리다	빠르다	중간
형태의 대소	크다	작다	중간
효율	좋다	약간 나쁘다	중간
양정변동에 의한 효율 저하	많다	적다	중간
양정의 변동률	규격의 0.6~1.2	규격의 0.6~1.5	-
흡수고	높다(약 6.8m)	낮다(약 3m)	약 4.5m
총양정	높다	낮다(약 3.5m 이내)	약 5m
구조	복잡하다	간단하다	-
기동력	작다	크다	-
자동운전	용이하다	곤란하다	약간 곤란하다

[표 8-2] 펌프의 설치대수

오수펌프		우수펌프	
계획오수량(m^3/s)	설치대수(대)	계획우수량(m^3/s)	설치대수(대)
0.5 이하	2~4 (예비 1대 포함)	3 이하	2~3
0.5~1.5	3~5 (예비 1대 포함)	3~5	3~4
1.5 이상	4~6 (예비 1대 포함)	5~10	4~6

※ 침수될 우려가 있는 곳이나 흡입실양정이 큰 경우에는 입축형 혹은 수중형으로 한다.

■ 축류펌프
가장 저양정펌프이다.

[표 8-3] 전양정에 대한 펌프의 형식

전양정(m)	형식	펌프구경(mm)
5 이하	축류펌프	400 이상
3~12	사류펌프	400 이상
5~20	원심·사류펌프	300 이상
4 이상	원심펌프	80 이상

SECTION 2 펌프의 계산

1 펌프의 구경

① 펌프의 크기는 보통 구경의 크기(mm)로 결정한다.
② 펌프의 구경은 흡입구경과 토출구경으로 표시되며, 흡입구경과 토출구경이 같은 경우에는 1개의 구경으로 표시한다.
③ 흡입구경은 토출량과 흡입구의 유속에 의해서 결정되며, 토출구경은 흡입구경, 전양정 및 비교회전도 등을 고려하여 결정한다.
④ **펌프 흡입구의 유속은 1.5~3.0m/s를 표준**으로 하며, 펌프의 회전수가 클 때는 유속을 빠르게 하고, 회전수가 적을 때는 유속을 느리게 취한다.
⑤ 펌프의 구경

$$Q = AV \text{에서 } A = \frac{\pi D^2}{4} = \frac{Q}{V} \text{이므로}$$

$$D = 146\sqrt{\frac{Q}{V}} \text{ [mm]}$$

여기서, D : 흡입관의 지름(mm)
Q : 펌프의 토출량, 양수량(m^3/min)
A : 토출구의 단면적(m^2)
V : 흡입구의 유속(m/s)(단, 유속은 약 1.5~3.0m/s로 한다.)

2 펌프의 축동력

펌프의 운전에 필요한 동력을 축동력이라 하며, 펌프의 위치는 가급적 저수조의 수면 가까이에 설치해야 한다. 수면과 펌프의 차가 8m 이상이 되면 물을 흡입하지 못한다.

$$P = \frac{1,000\,Q(H+\sum h_L)}{75\,\eta_1\,\eta_2} = \frac{13.33\,Q(H+\sum h_L)}{\eta_1\,\eta_2} \text{ [HP]}$$

$$= \frac{1,000\,Q(H+\sum h_L)}{102\,\eta_1\,\eta_2} = \frac{9.8\,Q(H+\sum h_L)}{\eta_1\,\eta_2} \text{ [kW]}$$

여기서, P : 축동력
Q : 양수량(m^3/s)
$\sum h_L$: 총손실수두(m)
H : 전양정(m)
η_1, η_2 : 원동기 및 펌프의 효율

출제 POINT

학습 POINT
- 펌프의 구경계산
- 펌프의 축동력계산
- 펌프의 비교회전도 계산 및 특징

■ 유량의 단위가 m^3/min임에 유의하자.

■ 동력단위
① 1HP=75kgf·m/s
② 1kW=102kgf·m/s

Engineering of Water Supply Sewerage

출제 POINT

■ 비교회전도
① 펌프의 최고성능을 나타내는 지표
② 임펠러가 1m³/min의 유량을 1m 양수하는 데 필요한 회전수

3 비교회전도(비속도, 비회전도 ; specific velocity)

1개의 임펠러를 대상으로 형상과 운전상태를 동일하게 유지하면서 그 크기를 바꾸고, 단위유량 1m³/min에서 단위양정 1m를 발생시킬 때 그 임펠러에 주어져야 하는 회전수(rpm)를 비교회전도 또는 비회전도, 비속도라고 한다.

$$N_s = N \frac{Q^{1/2}}{H^{3/4}}$$

여기서, N_s : 비교회전도
N : 펌프의 회전수(rpm)
Q : 최고효율 시의 양수량(m³/min)
H : 최고효율 시의 전양정(m)

① N_s가 작으면 토출량이 적은 고양정펌프, N_s가 크면 토출량이 많은 저양정펌프이다.
② 양수량과 전양정이 동일하면 회전수가 클수록 N_s가 커진다.
③ 양수량과 전양정이 동일하면 N_s가 커짐에 따라 펌프는 소형이 된다.
④ N_s가 같으면 펌프의 크기에 관계없이 모두 같은 형식이며 특성도 대체로 같다.
⑤ N_s가 클수록 흡입성능이 나쁘고 공동현상이 발생하기 쉽다.

SECTION 3 펌프의 특성곡선

학습 POINT

• 펌프특성곡선의 정의
• 펌프의 토출량 조절방법

■ 펌프의 특성곡선
토출량과 양정, 효율, 축동력과의 관계곡선

1 개요

펌프의 회전속도를 일정하게 고정하고 토출관의 밸브를 조절하여 펌프용량(Q)을 변화시킬 때 나타나는 양정(H), 효율(η), 축동력(P)이 변하는 관계를 나타낸 곡선을 펌프특성곡선(characteristic curve) 또는 펌프성능곡선(performance curve)이라 한다.

■ 양정과 효율의 특성곡선의 경향

[그림 8-1] 비교회전도 N_s에 따른 펌프의 특성곡선

2 펌프의 토출량(양수량) 조절방법

① 펌프의 회전수와 운전대수를 조절한다.
② 토출측 밸브의 개폐 정도를 변경한다.
③ 토출구로부터 흡입구로 일부를 변경한다.
④ 왕복펌프플랜지의 스트로크(stroke)를 변경한다.

SECTION 4 펌프운전방식의 특성

1대의 펌프로서 양수량 또는 양정이 부족한 경우 2대나 그 이상의 펌프를 병렬 또는 직렬로 운전한다.

1 직렬운전

① 특성이 같은 펌프를 직렬운전하면 단독운전 시보다 **양정이 2배 정도 증가**한다.

■ 학습 POINT
• 펌프의 운전방식
• 직렬운전
• 병렬운전

■ 펌프운전방식
① 직렬운전 : 양정이 2배 증가
② 병렬운전 : 양수량이 2배 증가

② 양수량의 변화가 적고 양정의 변화가 큰 경우에 실시한다.

2 병렬운전

① 특성이 같은 펌프를 병렬운전하면 단독운전 시보다 **양수량이 2배 정도 증가**한다.
② 양수량의 변화가 크고 양정의 변화가 적은 경우에 실시한다.

SECTION 5 수격작용

학습 POINT
- 수격작용의 방지대책

■ 수격작용
① 펌프 급정지 시 발생
② 서지(surge)현상 발생

1 개요

펌프의 급정지, 급가동 또는 토출밸브를 급폐쇄하면 관로 내 유속에 급격한 변화가 생기고 관로 내 압력이 급상승 또는 급강하하는 현상을 수격작용(water hammer)이라 한다. 상수도시스템에서는 펌프가압을 하는 긴 관에서 정전 등에 의해 펌프가 급정지하는 경우에 많이 일어난다.

2 수격작용의 발생순서

① 펌프가 정지하면 관로 중의 물이 관성력으로 계속 전진하여 펌프 부근에 거대한 부압이 발생한다.
② 정류벽에서 물이 역류해 다시 정압을 발생시키며 서지(surge)현상으로 부압과 정압의 진동이 발생한다(최초에 가장 큰 정·부압이 발생하고, 이후 급격히 감소).
③ 펌프 출구에 역지밸브가 없으면 물이 역류해서 수차를 역회전시킨다.

3 수격작용에 의한 피해

① 관 두께가 얇을 때는 압력강하에 의해 관이 찌그러진다.
② 수격 상승압에 의해 펌프, 게이트밸브, 관로 등이 파손된다.
③ 펌프 및 원동기의 역류에 대한 대비가 없을 경우 역회전 과속에 의한 사고를 일으킨다.
④ 압력강하에 의해 발생하는 부압이 물의 증기압 이하가 되면 공동부가 나타나고, 이 공동부가 물로 채워질 때 높은 충격압이 발생하여 관을 파손한다. 따라서 공기밸브가 필요하다.

4 수격작용의 방지대책

① 펌프의 급정지를 피할 것
② 관 내 유속을 저하시킬 것
③ 펌프의 토출구 부근에 공기밸브를 설치할 것
④ 정·부 양방향의 압력변화에 대응하기 위한 압력조정수조(surge tank)를 설치할 것

> **참고**
>
> **압력변화에 따라 설치되어야 할 밸브**
> ① 압력 저하에 따른 부압 방지
>   - 펌프에 플라이휠(flywheel)을 붙여 펌프의 관성을 증가시켜 압력강하를 완화시킨다.
>   - 펌프의 토출측 관로에 정·부 양방향의 압력변화에 대응하기 위한 압력조정수조(surge tank)를 설치한다.
>   - 펌프의 토출구 부근에 공기조(air chamber)와 공기밸브(air valve)를 설치한다.
> ② 압력 상승에 따른 고압 방지
>   - 펌프의 토출측 관로에 안전밸브(safety valve)를 설치한다.
>   - 토출구 부근에 완만히 닫을 수 있는 역지밸브(check valve)를 설치한다.

출제 POINT

■ 수격작용 방지책
유속을 저하시킨다.

SECTION 6 공동현상

1 개요

액체는 온도가 상승하거나 압력이 강하하면 증발하여 기화하는 현상이 발생하는데, 펌프에서는 임펠러 입구에서 회전에 의하여 압력이 가장 많이 저하된다. 이 압력의 저하가 포화증기압 이하로 하강하면 양수되는 액체가 기화하여 공동(cavitation)이 생기는 현상이다. 또한 흡입양정이 높거나 유속이 국부적으로 빠를 경우에도 공동현상이 발생한다.

2 공동현상의 발생조건

① 펌프가 흡수면으로부터 매우 높이 설치되어 있을 때(공기가 흡입됨)
② 펌프의 직경이 작고 유속이 빨라 유량이 증가할 때
③ 관 내 수온이 포화증기압 이상으로 증가할 때
④ 펌프의 회전수가 너무 빠를 때

학습 POINT
- 공동현상의 발생원인
- 공동현상의 방지대책

■ 공동현상 발생조건
① 유속이 빨라 유량이 증가할 때
② 펌프의 회전수가 너무 빠를 때

출제 POINT

■ 공동현상 방지책
① 펌프의 설치위치를 되도록 낮게 한다.
② 펌프의 회전수를 적게 한다.
③ 임펠러를 수중에 위치시켜 잠기도록 한다.
④ 유속을 느리게 한다.

3 공동현상의 방지대책

① 펌프의 설치위치를 되도록 낮게 하고, 흡입양정을 작게 한다.
② 흡입관의 길이를 짧게 하고, 흡입관의 직경을 크게 한다.
③ 흡입밸브에 의한 손실수두를 가능한 한 작게 한다.
④ 총양정은 실양정에 적합하도록 계획한다.
⑤ 펌프의 회전수를 적게 한다.
⑥ 임펠러를 수중에 위치시켜 잠기도록 한다.
⑦ 1단 흡입(single suction)이면 2단 흡입(double suction)펌프를 사용한다.
⑧ 2대 이상의 펌프를 사용한다.
⑨ 유효흡입수두를 필요흡입수두보다 크게 해야 한다.

$$H_{sv} > 1.3 h_{sv}$$

 참고

흡입수두(NPSH : Net Positive Suction Head)
① 이용 가능한 유효흡입수두(H_{sv}) : 펌프 날개바퀴 입구의 압력이 포화증기압에 대해서 어느 정도 여유를 갖고 있는가를 나타내는 양
② 펌프가 필요로 하는 흡입수두(h_{sv}) : 펌프가 공동현상을 일으키지 않고 물을 임펠러에 흡입하는 데 필요한 펌프의 흡입기준면에서의 최소수두

CHAPTER 08 기출문제

1. 펌프장시설 계획

01 펌프대수를 결정할 때 일반적인 고려사항에 대한 설명으로 옳지 않은 것은?

① 건설비를 절약하기 위해 예비는 가능한 한 대수를 적게 하고 소용량으로 한다.
② 펌프의 설치대수는 유지관리상 가능한 대수를 적게 하고 동일 용량의 것으로 한다.
③ 펌프는 가능한 한 최고효율점 부근에서 운전하도록 대수 및 용량을 정한다.
④ 펌프는 용량이 작을수록 효율이 높으므로 가능한 한 소용량의 것으로 한다.

> **해설** 펌프의 결정기준
> ㉠ 대수는 줄일 것(단, 2지 이상)
> ㉡ 동일 용량으로 사용할 것
> ㉢ 가급적 대용량으로 사용할 것

02 상수도시설에 설치되는 펌프에 대한 설명 중 옳지 않은 것은?

① 수량변화가 큰 경우 대·소 두 종류의 펌프를 설치하거나 또는 회전속도제어 등에 의하여 토출량을 제어한다.
② 펌프는 예비기를 설치하되, 펌프가 정지되더라도 급수에 지장이 없는 경우에는 생략할 수 있다.
③ 펌프는 용량이 클수록 효율이 낮으므로 가능한 한 소용량으로 한다.
④ 펌프는 가능한 한 동일 용량으로 하여 소모품이나 예비품의 호환성을 갖게 한다.

> **해설** 펌프의 결정기준
> ㉠ 대수는 줄일 것(단, 2지 이상)
> ㉡ 동일 용량으로 사용할 것
> ㉢ 가급적 대용량으로 사용할 것

03 하수도시설에서 펌프의 계획수량에 대한 설명으로 옳지 않은 것은?

① 오수펌프의 용량은 분류식의 경우 계획시간 최대오수량으로 계획한다.
② 펌프의 설치대수는 계획오수량과 계획우수량에 대하여 각 2대 이하를 표준으로 한다.
③ 합류식의 경우 오수펌프의 용량은 우천 시 계획오수량으로 계획한다.
④ 빗물펌프는 예비기를 설치하지 않는 것을 원칙으로 하지만 필요에 따라 설치를 검토한다.

> **해설** 펌프의 설치대수는 가능한 한 유지관리를 위해 줄이되 2대 이상을 표준으로 한다.
>
> **참고** 펌프의 설치대수
>
> | 오수펌프 | | 우수펌프 | |
> |---|---|---|---|
> | 계획오수량 (m^3/s) | 설치대수 (대) | 계획우수량 (m^3/s) | 설치대수 (대) |
> | 0.5 이하 | 2~4 (예비 1대 포함) | 3 이하 | 2~3 |
> | 0.5~1.5 | 3~5대 (예비 1대 포함) | 3~5 | 3~4 |
> | 1.5 이상 | 4~6대 (예비 1대 포함) | 5~10 | 4~6 |

04 펌프에 관한 설명 중 틀린 것은?

① 일반적으로 용량이 클수록 효율은 떨어진다.
② 흡입구경은 유량과 흡입구의 유속에 따라 결정한다.
③ 토출구경은 흡입구경, 전양정, 비교회전도 등을 고려하여 정한다.
④ 침수 우려가 있는 곳에는 입축형 또는 수중형을 설치한다.

> **해설** 대용량의 것을 사용하는 것을 원칙으로 한다.

정답 1.④ 2.③ 3.② 4.①

05 다음 중 펌프장의 위치에 대한 설명으로 적합하지 않은 것은?
① 용도에 적합한 수리조건, 입지조건 및 동력조건을 주는 위치이어야 한다.
② 방류수면의 넓이, 유량, 수질 및 유세(流勢)가 방류수의 질과 양에 상응한 위치이어야 한다.
③ 빗물펌프장은 펌프로부터 직접 또는 단거리 관거로 방류할 수 있는 위치가 유리하다.
④ 지하수위가 높고 지질이 양호하여 지진의 피해가 없는 위치이어야 한다.

해설 펌프장은 지하수위가 낮고 지질이 양호하여 지진의 피해가 없는 위치이어야 한다.

06 하수펌프장시설이 필요한 경우로 가장 거리가 먼 것은?
① 방류하수의 수위가 방류수면의 수위보다 항상 낮은 경우
② 종말처리장의 방류구 수면을 방류하는 하해(河海)의 고수위보다 높게 할 경우
③ 저지대에서 자연유하식을 취하면 공사비의 증대와 공사의 위험이 따르는 경우
④ 관거의 매설깊이가 낮고 유량조정이 필요 없는 경우

해설 관거의 매설깊이가 낮고 유량조정이 필요한 경우에 하수펌프장시설이 필요하다.

07 펌프에 대한 설명으로 틀린 것은?
① 수격현상은 펌프의 급정지 시 발생한다.
② 손실수두가 작을수록 실양정은 전양정과 비슷해진다.
③ 비속도(비교회전도)가 클수록 같은 시간에 많은 물을 송수할 수 있다.
④ 흡입구경은 토출량과 흡입구의 유속에 의해 결정된다.

해설 비교회전도(비속도, N_s)는 펌프의 성능 비교를 분당 회전수로 평가하는 것이므로, 비교회전도가 크다는 것은 펌프의 성능이 떨어진다는 것을 의미한다.

08 하수처리를 위한 펌프장시설에 파쇄장치를 설치하는 경우 유의사항에 대한 설명으로 틀린 것은?
① 파쇄장치에는 반드시 스크린이 설치된 바이패스(bypass)관을 설치하여야 한다.
② 파쇄장치는 침사지의 상류측 및 펌프설비의 하류측에 설치하는 것을 원칙으로 한다.
③ 파쇄장치는 유지관리를 고려하여 유입 및 유출측에 수물 또는 stoplog를 설치하는 것을 표준으로 한다.
④ 파쇄기는 원칙적으로 2대 이상으로 설치하며, 1대를 설치하는 경우 바이패스수로를 설치한다.

해설 파쇄장치는 분쇄기를 의미하며 펌프설비의 상류측에 설치한다.

09 펌프의 분류 중 원심펌프의 특징에 대한 설명으로 옳은 것은?
① 일반적으로 효율이 높고 적용범위가 넓으며 적은 유량을 가감하는 경우 소요동력이 적어도 운전에 지장이 없다.
② 양정변화에 대하여 수량의 변동이 적고, 또 수량변동에 대해 동력의 변화도 적으므로 우수용 펌프 등 수위변동이 큰 곳에 적합하다.
③ 높은 회전수가 가능하므로 펌프가 소형이 되며 전양정이 4m 이하인 경우에 경제적으로 유리하다.
④ 펌프와 전동기를 일체로 펌프 흡입실 내에 설치하며, 유입수량이 적은 경우 및 펌프장의 크기에 제한을 받는 경우 등에 사용한다.

해설 ② 축투펌프와 사류펌프
③ 축류펌프
④ 스크루펌프

★
10 펌프 선정 시의 고려사항으로 가장 거리가 먼 것은?
① 펌프의 특성 ② 펌프의 중량
③ 펌프의 동력 ④ 펌프의 효율

해설 펌프 선정 시 펌프의 무게(중량)는 고려하지 않는다.

정답 5.④ 6.④ 7.③ 8.② 9.① 10.②

11 펌프와 부속설비의 설치에 관한 설명으로 옳지 않은 것은?

① 펌프의 흡입관은 공기가 갇히지 않도록 배관한다.
② 필요에 따라 축봉용, 냉각용, 윤활용 등의 급수설비를 설치한다.
③ 펌프의 운전상태를 알기 위하여 펌프의 흡입측에는 압력계를, 토출측에는 진공계를 설치한다.
④ 흡상식 펌프에서 풋밸브(foot valve)를 설치하지 않을 경우에는 마중물용의 진공펌프를 설치한다.

> 해설 진공계는 펌프의 흡입측 전방에 설치하며, 압력계는 펌프의 토출측에 설치한다.

12 하수도에서 가장 일반적으로 사용하는 펌프의 형태는?

① 원심펌프　　② 용적식 펌프
③ 에어리조트펌프　　④ 수중모터펌프

> 해설 원심펌프는 상하수도의 양수에 가장 일반적으로 이용한다.

13 대구경(400mm 이상)관을 사용하여 저양정(5m 이하)으로 하수를 양수하는 데 가장 적합한 펌프형식은?

① 축류펌프　　② 원심펌프
③ 방사류펌프　　④ 정형펌프

> 해설 ㉠ 축류펌프 : 저양정용(2~3m인 경우 경제적으로 유리)이며 비교회전도가 가장 크다.
> ㉡ 원심펌프 : 상하수도에 주로 많이 사용하는 펌프이다.
> ㉢ 사류펌프 : 양정(수위)의 변화가 큰 곳에 적합하다.

★
14 양정변화에 대하여 수량의 변동이 적고, 또 수량변동에 대해 동력의 변화도 적으므로 우수용의 양수펌프 등 수위변동이 큰 곳에 적합한 펌프는?

① 왕복펌프　　② 사류펌프
③ 원심펌프　　④ 축류펌프

> 해설 사류펌프는 양정의 변화가 큰 곳이나 수위변화가 큰 곳에 적합하다.

★
15 펌프 중 양정높이가 가장 낮은 것은?

① 원심력펌프　　② 터빈펌프
③ 사류펌프　　④ 축류펌프

> 해설 축류펌프는 가장 저양정용이다.

16 임펠러의 회전에 의해서 물의 원심력을 발생시키고, 이것을 수압력 및 속도에너지로 전환해서 양수하는 펌프는?

① 와권펌프　　② 축류펌프
③ 사류펌프　　④ 횡류펌프

> 해설 물의 원심력에 의하여 양수하는 펌프는 원심력펌프로, 와권펌프, 터빈펌프, 벌류트펌프 등이 있다.

★
17 다음 펌프 중 가장 큰 비교회전도(N_s)를 나타내는 것은?

① 터빈펌프　　② 사류펌프
③ 축류펌프　　④ 원심펌프

> 해설 축류펌프는 저양정용이며 비교회전도가 가장 크다.

18 하수도시설에서 펌프의 산정기준 중 틀린 것은?

① 전양정이 5m 이하이고 구경이 400mm 이상인 경우는 축류펌프를 선정한다.
② 전양정이 4m 이상이고 구경이 80mm 이상인 경우는 원심펌프를 선정한다.
③ 전양정이 5~20m이고 구경이 300mm 이상인 경우 원심사류펌프로 한다.
④ 전양정이 3~12m이고 구경이 400mm 이상인 경우는 원심펌프로 한다.

> 해설 전양정이 3~12m이고 구경이 400mm 이상인 경우는 사류펌프로 한다.

정답 11.③　12.①　13.①　14.②　15.④　16.①　17.③　18.④

2. 펌프의 계산

19 펌프 흡입구의 표준유속은 얼마인가?
① 0.5~1.0m/s ② 1.0~1.5m/s
③ 1.5~3.0m/s ④ 3.0~4.0m/s

> 해설 펌프 흡입구의 표준유속은 1.5~3.0m/s이다.

20 수직형 펌프를 횡축형 펌프와 비교할 때의 특징이 아닌 것은?
① 설치면적을 작게 차지한다.
② 캐비테이션(cavitation)에 대해 안전하다.
③ 기동이 복잡하고 효율이 낮다.
④ 구조가 복잡하여 점검이 불편하다.

> 해설 수직형 펌프
> ㉠ 지상의 공간을 활용하여 설치면적이 작으며 기동이 간단하다.
> ㉡ 공동현상에 대하여 비교적 안전하다.
> ㉢ 구조가 복잡하여 점검이 불편하다.

21 운전 중에 있는 펌프의 토출량을 조절하는 방법으로 부적당한 것은?
① 펌프의 운전대수를 조절한다.
② 펌프의 흡입측 밸브를 조절한다.
③ 펌프의 회전수를 조절한다.
④ 펌프의 토출력을 조절한다.

> 해설 펌프의 토출량을 조절하는 방법
> ㉠ 펌프의 운전대수 조절
> ㉡ 토출밸브의 개도를 제어하여 토출력 조절
> ㉢ 펌프의 회전수 조절

22 펌프로 유속 1.81m/s, 양수량 0.85m³/min으로 양수할 때 토출관의 지름은?
① 100mm ② 180mm
③ 360mm ④ 480mm

> 해설 펌프의 구경
> $D = 146\sqrt{\dfrac{Q}{V}} = 146 \times \sqrt{\dfrac{0.85}{1.81}} ≒ 100\text{mm}$

23 펌프의 유입구 유량이 0.2m³/s이고 유속이 3m/s인 경우 흡입구경은?
① 150mm ② 228mm
③ 292mm ④ 367mm

> 해설 펌프의 구경
> $D = 146\sqrt{\dfrac{Q}{V}} = 146 \times \sqrt{\dfrac{0.2\text{m}^3/\text{s} \times \dfrac{60\text{s}}{1\text{min}}}{3\text{m/s}}}$
> $≒ 292\text{mm}$

24 펌프의 토출량이 0.94m³/min이고 흡입구의 유속이 2m/s라 가정할 때 펌프의 흡입구경은?
① 100mm ② 200mm
③ 250mm ④ 300mm

> 해설 펌프의 구경
> $D = 146\sqrt{\dfrac{Q}{V}} = 146 \times \sqrt{\dfrac{0.94}{2}} = 100.1\text{mm}$

25 송수펌프의 전양정을 H, 관로손실수두의 합을 $\sum h_f$, 실양정을 h_a, 관로 말단의 잔류속도수두를 h_0라 할 때 관계식으로 옳은 것은?
① $H = h_a + \sum h_f + h_0$ ② $H = h_a - \sum h_f - h_0$
③ $H = h_a - \sum h_f + h_0$ ④ $H = h_a + \sum h_f - h_0$

> 해설 전양정은 손실수두와 관 내의 유속에 의한 마찰손실 수두의 총합을 말한다.
> $H = h_a + \sum h_f + h_0$

26 펌프의 양정곡선과 관로저항곡선의 교점을 무엇이라 하는가?
① 펌프운전점 ② 득성점
③ 효율극대점 ④ 실양정점

정답 19. ③ 20. ③ 21. ② 22. ① 23. ③ 24. ① 25. ① 26. ①

해설 양정곡선과 저항곡선의 교차점은 펌프운전점이다.

27 펌프의 시스템수두곡선은 다음 중 어떤 항목의 관계를 나타내고 있는가?
① 총수두와 양수량   ② 총수두와 효율
③ 총수두와 동력   ④ 효율과 관경

해설 펌프의 시스템수두곡선은 총수두와 양수량의 관계를 나타낸 곡선이다.

28 다음 ( ) 안에 가장 알맞은 내용은?

펌프특성곡선이란 일정한 양수량에 대하여 펌프가 갖는 ( ), ( ) 및 ( )의 관계를 나타낸 그래프를 말하며 펌프 선정 시 이용된다.

① 구경, 효율, 양정   ② 유속, 양정, 동력
③ 양정, 동력, 회전수   ④ 양정, 효율, 동력

해설 펌프의 특성곡선은 양정, 효율, 축동력이 펌프용량의 변화에 따라 변하는 관계를 각각의 최대효율점에 대한 비율로 나타낸 곡선이다.

29 다음 ( ) 안에 적당한 용어가 순서대로 나열된 것은?

펌프를 선정하려면 먼저 필요한 ( ), ( )를(을) 결정한 다음, 특성곡선을 이용하여 ( )를(을) 정하고 가장 적당한 형식을 선정한다.

① 토출량, 전양정, 회전수
② 구경, 양정, 회전수
③ 동수두, 정수두, 토출량
④ 전양정, 회전수, 동수두

해설 펌프를 선정하려면 먼저 필요한 토출량, 전양정을 결정한 다음, 특성곡선을 이용하여 회전수를 정하고 가장 적당한 형식을 선정한다.

30 높이 25m인 고수조에서 매시간 20ton의 물을 양수하고자 한다. 이때 흡입양정이 5m이고 마찰손실수두가 10m라면 펌프의 전양정은 얼마인가?
① 20m   ② 30m
③ 40m   ④ 50m

해설 **펌프의 전양정**
전양정=실양정+손실수두의 합-흡입수두
=25+10-5
=30m

31 1일 28,800m³의 물을 8.8m의 높이로 양수하려고 한다. 펌프의 효율을 80%, 축동력에 15%의 여유를 둘 때 원동기의 소요동력은 몇 kW인가?
① 41.3   ② 35.9
③ 30.3   ④ 29.8

해설 **펌프의 전양정**
$Q = \dfrac{28,800}{24 \times 3,600} = 0.333 \text{m}^3/\text{s}$
$P_s = \dfrac{9.8QH}{\eta} = \dfrac{9.8 \times 0.333 \times 8.8}{0.8} = 35.897\text{kW}$
$\therefore P_m = P_s(1+\alpha) = 35.897 \times (1+0.15)$
$= 41.3\text{kW}$

32 유량이 0.1m³/s의 물을 30m 높이로 양수하려고 한다. 관로의 마찰에 의한 손실수두가 5m, 그 밖의 양수 시 발생되는 손실수두가 3m라면 이 펌프에 필요한 축동력은? (단, 펌프의 효율은 85%이다.)
① 43.8kW   ② 59.6kW
③ 65.4kW   ④ 70.3kW

해설 **펌프의 동력**
kW단위이므로
$P = \dfrac{9.8Q(H+\Sigma h_L)}{\eta}$
$= \dfrac{9.8 \times 0.1 \times (30+5+3)}{0.85}$
$= 43.8\text{kW}$

정답 27. ① 28. ④ 29. ① 30. ② 31. ① 32. ①

33 지름 300mm, 길이 100m인 주철관을 사용하여 0.15 m³/s의 물을 20m 높이에 양수하기 위한 펌프의 소요 동력은? (단, 펌프의 효율은 70%이다.)

① 21kW
② 42kW
③ 60kW
④ 86kW

해설 펌프의 동력
kW단위이므로
$$P = \frac{9.8Q(H+\Sigma h_L)}{\eta} = \frac{9.8 \times 0.15 \times 20}{0.7} = 42\text{kW}$$

34 80%의 전달효율을 가진 전동기에 의해서 가동되는 85% 효율의 펌프가 300L/s의 물을 25m 양수할 때 요구되는 전동기의 출력(kW)은? (단, 여유율 $\alpha = 0$으로 가정)

① 60.0kW
② 73.3kW
③ 86.3kW
④ 107.9kW

해설 펌프의 동력
kW일 경우
$$P = \frac{9.8QH}{\eta} = \frac{9.8 \times 300\text{L/s} \times 25\text{m}}{0.85 \times 0.8}$$
$$= \frac{9.8 \times 300 \times 10^{-3}\text{m}^3/\text{s} \times 25\text{m}}{0.85 \times 0.8} = 108.1\text{kW}$$

35 0.2m³/s의 물을 30m 높이에 양수하기 위한 펌프의 소요동력(HP)은 얼마인가? (단, 펌프의 효율=70%)

① 29HP
② 58HP
③ 114HP
④ 157HP

해설 펌프의 동력
HP단위이므로
$$P_s = \frac{13.33QH}{\eta} = \frac{13.33 \times 0.2 \times 30}{0.7} = 114\text{HP}$$

36 직경 300mm, 길이 100m인 주철관을 사용하여 0.15 m³/s의 물을 20m 높이에 양수하기 위한 펌프의 소요 동력은? (단, 마찰손실계수 $f = 0.0268$, 펌프의 효율 70%, 마찰손실 고려)

① 약 57HP(마력)
② 약 62HP(마력)
③ 약 72HP(마력)
④ 약 81HP(마력)

해설 펌프의 동력
$$h_L = f\frac{l}{D}\frac{V^2}{2g} = f\frac{l}{D}\frac{1}{2g}\left(\frac{4Q}{\pi D^2}\right)^2$$
$$= 0.0268 \times \frac{100}{0.3} \times \frac{1}{2 \times 9.8} \times \left(\frac{4 \times 0.15}{\pi \times 0.3^2}\right)^2$$
$$= 2.05\text{m}$$
$$\therefore P_s = \frac{13.3QH}{\eta} = \frac{13.3Q(h+h_L)}{\eta}$$
$$= \frac{13.3 \times 0.15 \times (20+2.05)}{0.7} = 62.84\text{HP}$$

37 펌프를 병렬로 연결시켜 사용해야 하는 경우는?

① 양수량이 일정한 경우
② 양정이 대단히 큰 경우
③ 양정이 낮은 경우
④ 양수량의 변화가 크고 양정변화가 작은 경우

해설 ㉠ 특성이 같은 펌프를 병렬로 연결하면 양수량을 증대시킬 수 있고, 직렬로 연결하면 양정고를 높일 수 있다.
㉡ 양수량의 변화가 크고, 양정변화가 작은 경우는 병렬연결로, 그 반대는 직렬연결로 사용한다.

38 최고효율점의 양수량 800m³/hr, 전양정 7m, 회전속도 1,500rpm인 취수펌프의 비속도(specific speed)는?

① 1,173
② 1,273
③ 1,373
④ 1,473

해설 펌프의 비속도(비교회전도)
$$Q = 800\text{m}^3/\text{hr} \times \frac{1\text{hr}}{60\text{min}} = 13.33\text{m}^3/\text{min}$$
$$\therefore N_s = N\frac{Q^{1/2}}{H^{3/4}} = 1,500 \times \frac{13.33^{1/2}}{7^{3/4}}$$
$$= 1,273$$

정답 33.② 34.④ 35.③ 36.② 37.④ 38.②

39 구경 400mm인 모터의 직렬펌프에서 양수량이 10m³/분, 전양정이 40m, 회전수가 1,050rpm일 때 비교회전도(N_s)는?

① 209 ② 189
③ 168 ④ 148

> **해설** 펌프의 비교회전도(비속도)
> $N_s = N\dfrac{Q^{1/2}}{H^{3/4}} = 1,050 \times \dfrac{\sqrt{10}}{40^{3/4}} = 208.8$

40 최고효율점의 양수량이 800m³/hr, 전양정이 7m, 회전속도가 1,500rpm인 취수펌프의 비교회전도는 얼마인가?

① 1,173 ② 1,273
③ 1,373 ④ 1,473

> **해설** 펌프의 비교회전도(비속도)
> $N_s = N\dfrac{Q^{1/2}}{H^{3/4}} = 1,500 \times \dfrac{\sqrt{800/60}}{7^{3/4}} = 1272.7$

41 펌프의 비교회전도(specific speed)에 대한 설명으로 옳은 것은?

① 임펠러(impeller)가 배출량 1m³/min을 전양정 1m로 운전 시 회전수
② 임펠러가 배출량 1m³/s을 전양정 1m로 운전 시 회전수
③ 작은 비회전도값에 대한 대유량, 저양정의 정도
④ 큰 비회전도값에 대한 소유량, 대양정의 정도

> **해설** 비교회전도는 임펠러가 1m³/min의 유량을 1m 양수하는 데 필요한 회전수이다.

42 다음 중 비교회전도에 대한 설명으로 옳은 것은 어느 것인가?

① 펌프 임펠러의 단위시간당의 회전수를 말한다.
② 펌프 임펠러의 회전날개의 길이와 속도와의 비이다.
③ 펌프의 동력사용량의 단위이다.
④ 펌프 임펠러의 회전속도와 토출량, 전양정으로 구한다.

> **해설** $N_s = N\dfrac{Q^{1/2}}{H^{3/4}}$ 이므로 회전속도와 토출량, 전양정으로 구한다.

43 펌프의 비속도에 대한 설명으로 옳은 것은 어느 것인가?

① N_s 값이 클수록 고양정펌프이다.
② N_s 값이 클수록 토출량이 많은 펌프가 된다.
③ N_s 와 펌프 임펠러의 형상 및 펌프의 형식은 관계없다.
④ 같은 토출량과 양정의 경우 N_s 값이 클수록 대형 펌프이다.

> **해설** ① N_s 값이 클수록 저양정펌프이다.
> ③ N_s 는 펌프 임펠러의 형상 및 펌프의 형식을 결정한다.
> ④ 같은 토출량과 양정의 경우 N_s 값이 클수록 소형 펌프이다.

44 하수용 펌프의 비교회전도(N_s)에 관한 설명으로 틀린 것은?

① 비교회전도가 크게 될수록 흡입성능이 나쁘고 공동현상이 발생하기 쉽다.
② 양수량 및 전양정이 같으면 회전수가 많을수록 비교회전도가 크게 된다.
③ 비교회전도가 작으면 유량이 많은 저양정펌프가 된다.
④ 펌프의 회전수, 양수량 및 전양정으로부터 비교회전도가 구해진다.

> **해설** 비교회전도가 작으면 유량이 적은 고양정펌프가 된다.

정답 39. ① 40. ② 41. ① 42. ④ 43. ② 44. ③

45 펌프의 비속도 N_s에 대한 설명으로 옳지 않은 것은?

① N_s가 작아짐에 따라 소형이 되어 펌프의 값이 저렴해진다.
② 유량과 양정이 동일하다면 회전속도가 클수록 N_s가 커진다.
③ N_s가 클수록 유량은 많고 양정은 작은 펌프를 의미한다.
④ N_s가 같으면 펌프의 크고 작은 것에 관계없이 모두 같은 형식으로 되며 특성도 대체로 같다.

> 해설 양수량과 전양정이 동일하면 N_s가 커짐에 따라 펌프는 소형이 된다.

46 다음은 상수도펌프에 관한 설명이다. 틀린 것은?

① 흡수정은 펌프의 바로 밑 또는 가까운 거리에 설치한다.
② 흡입구경은 토출량과 흡입구의 유속을 고려하여 정한다.
③ 효율은 일반적으로 토출량에 비례하여 낮아진다.
④ 흡입구의 유속은 1.5~3.0m/s를 표준으로 한다.

> 해설 펌프의 효율은 토출량에 비례하여 상승하다가 낮아진다.

47 다음 중 펌프의 흡입관에 대한 사항으로 틀린 것은?

① 충분한 흡입수두를 가질 수 있도록 한다.
② 흡입관은 가능하면 수평으로 설치되도록 한다.
③ 흡입관에는 공기가 혼입되지 않도록 한다.
④ 펌프 한 대에 하나의 흡입관을 설치한다.

> 해설 펌프의 흡입관은 수직으로 설치되도록 한다.

3. 수격작용

48 수격현상의 발생을 경감시킬 수 있는 방안이 아닌 것은?

① 펌프의 속도가 급격히 변화하는 것을 방지한다.
② 관 내의 유속을 크게 한다.
③ 밸브를 펌프 송출구 가까이에 설치한다.
④ 압력조정수조를 설치한다.

> 해설 관 내 유속을 저하시켜 수격현상을 방지한다.

49 관로유속의 급격한 변화로 인한 충격현상으로 관 내 압력이 급상승 또는 급하강하는 현상을 무엇이라 하는가?

① 공동현상
② 수격현상
③ 진공현상
④ 부압현상

> 해설 수격현상은 관로유속의 급격한 변화로 인한 충격현상으로 관 내 압력이 급상승 또는 급하강하는 현상이다.

50 수격현상(water hammer)의 방지대책으로 잘못된 것은?

① 펌프의 급정지를 피한다.
② 가능한 한 관 내 유속을 빠르게 한다.
③ 토출관 쪽에 압력조절용 수조(surge tank)를 설치한다.
④ 토출측 관로에 에어체임버(air chamber)를 설치한다.

> 해설 관 내 유속을 높이면 수격현상으로 인하여 관의 파열이 유발된다.

51 수격작용이 일어나기 쉬운 곳에 설치하여 배수관의 파열을 방지하기 위하여 사용하는 밸브는?

① 제수밸브(sluice valve)
② 공기밸브(air valve)
③ 안전밸브(safety valve)
④ 역지 또는 압력조정밸브(pressure reducing valve)

> **해설** 안전밸브는 수격작용이 일어나기 쉬운 곳에 설치하여 배수관의 파열을 방지하기 위해 사용한다.

52 수격 방지대책 중에서 압력 저하에 따른 부압 방지대책으로 설치하는 것이 아닌 것은?

① 조압수조(surge tank)
② 플라이휠(flywheel)
③ 안전밸브(safety valve)
④ 에어체임버(air chamber)

> **해설** 안전밸브는 압력 상승에 따른 수격작용 방지대책으로 설치한다.

53 펌프의 수격현상 발생을 최소화하기 위한 대책으로 옳지 않은 것은?

① 펌프에 플라이휠(flywheel)을 붙여 펌프의 관성을 증가시킨다.
② 관 내 유속을 증가시켜 신속히 유송한다.
③ 압력조정수조(surge tank)를 설치한다.
④ 펌프의 급정지를 피한다.

> **해설** 관 내 유속을 감소시켜 수격현상을 방지한다.

54 유속이 느릴 때 관 내에 발생하는 수리상의 내용으로 옳은 것은?

① 수격작용(water hammer)이 발생하기 쉽다.
② 공동현상(cavitation)이 발생하기 쉽다.
③ 체류에 의한 수질변화가 발생한다.
④ 벽면의 마찰이 커서 손실수두가 크다.

> **해설** ①, ②, ④는 유속이 빠를 때 발생한다.

55 펌프의 설비계획 시 수격작용을 방지하기 위한 방법으로 타당하지 않은 것은?

① 펌프에 플라이휠(flywheel)을 붙인다.
② 토출측 관로에 표준형 조압수조(surge tank)를 설치한다.
③ 압력수조(air-chamber)를 설치한다.
④ 펌프의 흡입측 관로에 완만한 폐쇄체크밸브를 설치한다.

> **해설** 수격작용의 방지대책
> ㉠ 펌프의 급정지를 피한다.
> ㉡ 관 내 유속을 저하시킨다.
> ㉢ 조압수조(surge tank)를 설치한다.
> ㉣ 압력수조(air chamber)를 설치한다.
> ㉤ 펌프에 플라이휠을 부착한다.

56 펌프에 연결된 관로에서 압력강하에 따른 부압 발생을 방지하기 위한 방법이 아닌 것은?

① 펌프 토출측 관로에 조압수조(conventional surge tank)를 설치한다.
② 압력수조(air chamber)를 설치한다.
③ 펌프에 플라이휠(flywheel)을 붙여 펌프의 관성을 증가시켜 급격한 압력강하를 완화한다.
④ 관 내 유속을 크게 한다.

> **해설** 관 내 유속을 작게 해야 수격작용이 방지된다.

4. 공동현상

57 펌프의 임펠러 입구에서 정압이 그 수온에 상당하는 포화증기압 이하가 되면 그 부분의 물이 증발해서 공동이 생기거나 흡입관으로부터 공기가 흡입되어 공동이 생기는 현상은?

① Characteristic Curves
② Specific Speed
③ Positive Head
④ Cavitation

정답 51. ③ 52. ③ 53. ② 54. ③ 55. ④ 56. ④ 57. ④

해설 Cavitation은 공동현상을 의미한다.

58 펌프의 공동현상(cavitation)에 관한 내용과 가장 거리가 먼 것은?
① 흡입양정이 클수록 발생하기 쉽다.
② 펌프의 급정지 시 발생하기 쉽다.
③ 회전날개의 파손 또는 소음, 진동의 원인이 된다.
④ 회전날개 입구의 압력이 포화증기압 이하일 때 발생한다.

해설 수격작용은 펌프의 급정지 시 발생된다.

59 공동현상(cavitation)의 방지책에 대한 설명으로 옳지 않은 것은?
① 마찰손실을 작게 한다.
② 펌프의 흡입관경을 작게 한다.
③ 임펠러(impeller)속도를 작게 한다.
④ 흡입수두를 작게 한다.

해설 펌프의 흡입관경을 크게 해야 공동현상을 방지한다.

60 다음 설명 중 공동현상의 방지책으로 틀린 것은?
① 펌프의 회전수를 높여준다.
② 손실수두를 작게 한다.
③ 펌프의 설치위치를 낮게 한다.
④ 흡입관의 손실을 작게 한다.

해설 펌프의 회전수를 낮춰줘야 공동현상을 방지한다.

61 펌프가 공동현상을 일으키지 않고 임펠러로 물을 흡입하는 데 필요한 흡입기준면으로부터의 최소한도수위를 무엇이라 하는가?
① 전양정
② 순양정
③ 유효NPSH
④ 필요NPSH

해설 ㉠ 필요NPSH : 펌프가 공동현상을 일으키지 않고 임펠러로 물을 흡입하는 데 필요한 흡입기준면으로부터의 최소한도수위
㉡ 유효NPSH : 펌프가 공동현상을 일으키지 않고 물을 임펠러에 흡입하는 데 필요한 펌프의 흡입기준면에서의 최소한도수위

62 다음 중 펌프의 공동현상에 대한 설명으로 잘못된 것은?
① 공동현상이 발생하면 소음이 발생한다.
② 공동현상을 방지하려면 펌프의 회전수를 높게 해야 한다.
③ 펌프의 흡입양정이 너무 적고 임펠러 회전속도가 빠를 때 공동현상이 발생한다.
④ 공동현상은 펌프의 성능 저하원인이 될 수 있다.

해설 공동현상을 방지하려면 펌프의 회전수를 낮춰야 한다.

63 펌프의 공동현상(cavitation)에 대한 설명으로 옳지 않은 것은?
① 펌프의 설치높이를 높이는 것이 방지책이 된다.
② 임펠러 입구에서 압력의 지나친 저하현상 때문에 발생한다.
③ 펌프의 양정곡선과 효율곡선이 저하된다.
④ 흡입양정을 짧게 하고 관로손실을 적게 하는 것이 방지책이 된다.

해설 펌프의 설치높이를 높이면 동수경사선이 높아지므로 오히려 공동현상이 발생한다. 따라서 펌프의 설치위치를 낮추고 흡입양정을 작게 해야 한다(흡입양정의 표준 : -5m까지).

64 펌프의 공동현상을 방지하기 위한 흡입양정의 표준은?
① -11m까지
② -9m까지
③ -7m까지
④ -5m까지

해설 펌프의 공동현상을 방지하기 위한 흡입양정의 표준은 -5m까지이다.

정답 58.② 59.② 60.① 61.④ 62.② 63.① 64.④

APPENDIX

부록

| Ⅰ. 최근 과년도 기출문제
| Ⅱ. CBT 실전 모의고사

2022년 3회 기출문제부터는 CBT 전면시행으로 시험문제가 공개되지 않아서 수험생의 기억을 토대로 복원된 문제를 수록했습니다. 문제는 수험생마다 차이가 있을 수 있습니다.

2018 제1회 토목기사 기출문제

📝 2018년 3월 4일 시행

01 일반적인 상수도계통도를 바르게 나열한 것은?
① 수원 및 저수시설 → 취수 → 배수 → 송수 → 정수 → 도수 → 급수
② 수원 및 저수시설 → 취수 → 도수 → 정수 → 급수 → 배수 → 송수
③ 수원 및 저수시설 → 취수 → 도수 → 정수 → 송수 → 배수 → 급수
④ 수원 및 저수시설 → 취수 → 배수 → 정수 → 급수 → 도수 → 송수

> **해설** 상수도계통도
> 수원 및 저수시설 → 취수 → 도수 → 정수 → 송수 → 배수 → 급수

02 하수도의 목적에 관한 설명으로 가장 거리가 먼 것은?
① 하수도는 도시의 건전한 발전을 도모하기 위한 필수시설이다.
② 하수도는 공중위생의 향상에 기여한다.
③ 하수도는 공공용 수역의 수질을 보전함으로써 국민의 건강보호에 기여한다.
④ 하수도는 경제발전과 산업기반의 정비를 위하여 건설된 시설이다.

> **해설** 하수도의 목적
> ㉠ 공공수역의 수질, 공중위생, 건전한 도시발전을 위한 것이다.
> ㉡ 하수도설비를 통하여 부차적으로 경제발전과 산업기반의 정비가 이루어지는 것이지, 정비를 위하여 하수도시설을 하는 것은 아니다.

03 고도처리를 도입하는 이유와 거리가 먼 것은?
① 잔류용존유기물의 제거
② 잔류염소의 제거
③ 질소의 제거
④ 인의 제거

> **해설** ㉠ 고도처리의 목적은 영양염류 제거이며, 영양염류는 질소와 인이다.
> ㉡ 잔류염소는 소독의 지속성과 관련이 있으므로 해당되지 않는다.

04 어느 도시의 인구가 200,000명, 상수보급률이 80%일 때 1인 1일 평균급수량이 380L/인·일이라면 연간 상수수요량은?
① $11.096 \times 10^6 m^3$/년
② $13.874 \times 10^6 m^3$/년
③ $22.192 \times 10^6 m^3$/년
④ $27.742 \times 10^6 m^3$/년

> **해설** 연간 상수수요량
> $= 200,000명 \times 380L/인·일 \times 0.8$
> $= 60,800,000 L/일$
> $= 60,800,000 \times 365 \times 10^{-3} m^3/년$
> $= 22.192 \times 10^6 m^3/년$

05 계획시간 최대배수량 $q = K\dfrac{Q}{24}$에 대한 설명으로 틀린 것은?
① 계획시간 최대배수량은 배수구역 내의 계획급수인구가 그 시간대에 최대량의 물을 사용한다고 가정하여 결정한다.
② Q는 계획 1일 평균급수량으로 단위는 m^3/day이다.
③ K는 시간계수로 주·야간의 인구변동, 공장, 사업소 등에 의한 사용형태, 관광지 등의 계절적 인구이동에 의하여 변한다.
④ 시간계수 K는 1일 최대급수량이 클수록 작아지는 경향이 있다.

> **해설** ㉠ Q는 계획 1일 최대급수량(m^3/day)이다.
> ㉡ K는 시간계수로써 계획시간 최대배수량의 시간평균배수량에 대한 비율이다.

정답 1. ③ 2. ④ 3. ② 4. ③ 5. ②

06 호기성 소화의 특징을 설명한 것으로 옳지 않은 것은?
① 처리된 소화슬러지에서 악취가 나지 않는다.
② 상징수의 BOD농도가 높다.
③ 폭기를 위한 동력 때문에 유지관리비가 많이 든다.
④ 수온이 낮을 때에는 처리효율이 떨어진다.

> 해설 호기성 소화는 처리수의 BOD농도가 낮다.

07 정수장으로부터 배수지까지 정수를 수송하는 시설은?
① 도수시설   ② 송수시설
③ 정수시설   ④ 배수시설

> 해설 정수장으로부터 배수지까지 정수를 수송하는 시설은 송수시설이다.

08 합류식 하수도에 대한 설명으로 옳지 않은 것은?
① 청천 시에는 수위가 낮고 유속이 적어 오물이 침전하기 쉽다.
② 우천 시에 처리장으로 다량의 토사가 유입되어 침전지에 퇴적된다.
③ 소규모 강우 시 강우 초기에 도로나 관로 내에 퇴적된 오염물이 그대로 강으로 합류할 수 있다.
④ 단일 관로로 오수와 우수를 배제하기 때문에 침수피해다발지역이나 우수배제시설이 정비되지 않은 지역에서는 유리한 방식이다.

> 해설 합류식은 소규모 강우 시 강우 초기에 수세효과가 있다.

09 Jar-test는 적정 응집제의 주입량과 적정 pH를 결정하기 위한 시험이다. Jar-test 시 응집제를 주입한 후 급속교반 후 완속교반을 하는 이유는?
① 응집제를 용해시키기 위해서
② 응집제를 고르게 섞기 위해서
③ 플록이 고르게 퍼지게 하기 위해서
④ 플록을 깨뜨리지 않고 성장시키기 위해서

> 해설 Jar-test 시 응집제를 주입한 후 급속교반 후 완속교반을 하는 이유는 발생된 플록을 깨뜨리지 않고 크기를 성장시키기 위해서이다.

10 정수지에 대한 설명으로 틀린 것은?
① 정수지란 정수를 저류하는 탱크로 정수시설로는 최종 단계의 시설이다.
② 정수지 상부는 반드시 복개해야 한다.
③ 정수지의 유효수심은 3~6m를 표준으로 한다.
④ 정수지의 바닥은 저수위보다 1m 이상 낮게 해야 한다.

> 해설 정수지의 바닥은 저수위보다 15cm 이상 낮게 해야 한다.

11 상수시설 중 가장 일반적인 장방형 침사지의 표면부하율의 표준으로 옳은 것은?
① 50~150mm/min
② 200~500mm/min
③ 700~1,000mm/min
④ 1,000~1,250mm/min

> 해설 장방형 침사지의 표면부하율은 200~500mm/min을 표준으로 한다.

12 주요 관로별 계획하수량으로서 틀린 것은?
① 우수관로 : 계획우수량+계획오수량
② 합류식 관로 : 계획시간 최대오수량+계획우수량
③ 차집관로 : 우천 시 계획오수량
④ 오수관로 : 계획시간 최대오수량

> 해설 우수관은 계획우수량만으로 산정한다.

13 펌프의 회전수 $N=3,000$rpm, 양수량 $Q=1.7$m³/min, 전양정 $H=300$m인 6단 원심펌프의 비교회전도 N_s는?

① 약 100회 ② 약 150회
③ 약 170회 ④ 약 210회

> **해설** 비교회전도
> $N_s = N\dfrac{Q^{1/2}}{H^{3/4}} = 3,000 \times \dfrac{1.7^{1/2}}{(300/6)^{3/4}} \fallingdotseq 210$회
> 여기서, H : 전양정(다단펌프인 경우는 1단당 전양정으로 한다)

14 계획하수량을 수용하기 위한 관로의 단면과 경사를 결정함에 있어 고려할 사항으로 틀린 것은?

① 우수관로는 계획우수량에 대하여 유속을 최소 0.8m/s, 최대 3.0m/s로 한다.
② 오수관로의 최소관경은 200mm를 표준으로 한다.
③ 관로의 단면은 수리적 특성을 고려하여 선정하되 원형 또는 직사각형을 표준으로 한다.
④ 관로경사는 하류로 갈수록 점차 급해지도록 한다.

> **해설** 하류로 갈수록 관로의 유속은 빠르게, 경사는 완만하게 설계한다.

15 계획급수인구가 5,000명, 1인 1일 최대급수량을 150L/인·day, 여과속도는 150m/day로 하면 필요한 급속여과지의 면적은?

① 5.0m² ② 10.0m²
③ 15.0m² ④ 20.0m²

> **해설** 여과면적
> $Q = 5,000$인 $\times 150$L/인·day
> $= 750,000$L/day $= 750$m³/day
> $\therefore A = \dfrac{Q}{Vn} = \dfrac{750}{150 \times 1} = 5$m²

16 지름 15cm, 길이 50m인 주철관으로 유량 0.03m³/s의 물을 50m 양수하려고 한다. 양수 시 발생되는 총손실수두가 5m이었다면 이 펌프의 소요축동력(kW)은? (단, 여유율은 0이며, 펌프의 효율은 80%이다.)

① 20.2kW ② 30.5kW
③ 33.5kW ④ 37.2kW

> **해설** 펌프의 축동력
> $P_P = \dfrac{9.8QH}{\eta}$
> $= \dfrac{9.8 \times 0.03 \times (50+5)}{0.8} = 20.2$kW

17 배수관망의 구성방식 중 격자식과 비교한 수지상식의 설명으로 틀린 것은?

① 수리 계산이 간단하다.
② 사고 시 단수구간이 크다
③ 제수밸브를 많이 설치해야 한다.
④ 관의 말단부에 물이 정체되기 쉽다.

> **해설** 제수밸브가 많은 것은 격자식의 특징이다.

18 하수처리시설의 펌프장시설의 중력식 침사지에 관한 설명으로 틀린 것은?

① 체류시간은 30~60초를 표준으로 하여야 한다.
② 모래퇴적부의 깊이는 최소 50cm 이상이어야 한다.
③ 침사지의 평균유속은 0.3m/s를 표준으로 한다.
④ 침사지 형상은 정방형 또는 장방형 등으로 하고, 지수는 2지 이상을 원칙으로 한다.

> **해설** 중력식 침사지는 모래퇴적부의 깊이는 일시에 이를 수용할 수 있도록 예상되는 침사량의 청소방법 및 빈도 등을 고려하여 일반적으로 수심의 10~30%로 보며 적어도 30cm 이상으로 할 필요가 있다.

정답 13. ④ 14. ④ 15. ① 16. ① 17. ③ 18. ②

19 하수처리계획 및 재이용계획을 위한 계획오수량에 대한 설명으로 옳은 것은?

① 계획 1일 최대오수량은 계획시간 최대오수량을 1일의 수량으로 환산하여 1.3~1.8배를 표준으로 한다.
② 합류식에서 우천 시 계획오수량은 원칙적으로 계획 1일 평균오수량의 3배 이상으로 한다.
③ 계획 1일 평균오수량은 계획 1일 최대오수량의 70~80%를 표준으로 한다.
④ 지하수량은 계획 1일 평균오수량의 10~20%로 한다.

> 해설 ① 계획시간 최대오수량은 계획 1일 최대오수량의 1시간당 수량으로 환산하여 1.3~1.8배를 표준으로 한다.
> ② 합류식에서 우천 시 계획오수량은 원칙적으로 계획 1일 최대오수량의 3배 이상으로 한다.
> ④ 지하수량은 계획 1일 최대오수량의 10~20%로 한다.

20 하수도시설의 1차 침전지에 대한 설명으로 옳지 않은 것은?

① 침전지의 형상은 원형, 직사각형 또는 정사각형으로 한다.
② 직사각형 침전지의 폭과 길이의 비는 1 : 3 이상으로 한다.
③ 유효수심은 2.5~4m를 표준으로 한다.
④ 침전시간은 계획 1일 최대오수량에 대하여 일반적으로 12시간 정도로 한다.

> 해설 1차 침전지의 침전시간은 계획 1일 최대오수량에 대하여 표면부하율과 유효수심을 고려하여 정하며 일반적으로 2~4시간으로 한다.

2018 제2회 토목기사 기출문제

📝 2018년 4월 28일 시행

01 합리식을 사용하여 우수량을 산정할 때 필요한 자료가 아닌 것은?
① 강우강도
② 유출계수
③ 지하수의 유입
④ 유달시간

> **해설** 합리식
> $Q = CIA$
> 여기서, Q : 최대계획우수유출량(m³/s)
> C : 유출계수
> I : 유달시간(T) 내의 평균강우강도(mm/hr)
> A : 배수면적

02 하수배제방식의 특징에 관한 설명으로 틀린 것은?
① 분류식은 합류식에 비해 우천 시 월류의 위험이 크다.
② 합류식은 분류식(2계통 건설)에 비해 건설비가 저렴하고 시공이 용이하다.
③ 합류식은 단면적이 크기 때문에 검사, 수리 등에 유리하다.
④ 분류식은 강우 초기에 노면의 오염물질이 포함된 세정수가 직접 하천 등으로 유입된다.

> **해설** 합류식은 오수와 우수를 동시에 배제하기 때문에 우천 시 월류의 위험이 크다.

03 상수도계통에서 상수의 공급과정으로 옳은 것은?
① 취수 → 정수 → 도수 → 배수 → 송수 → 급수
② 취수 → 도수 → 정수 → 송수 → 배수 → 급수
③ 취수 → 배수 → 정수 → 도수 → 급수 → 송수
④ 취수 → 정수 → 송수 → 배수 → 도수 → 급수

> **해설** 상수도의 계통도
> 수원 → 취수 → 도수 → 정수 → 송수 → 배수 → 급수

04 수질오염지표항목 중 COD에 대한 설명으로 옳지 않은 것은?
① COD는 해양오염이나 공장폐수의 오염지표로 사용된다.
② 생물분해 가능한 유기물도 COD로 측정할 수 있다.
③ $NaNO_2$, SO_2^- 는 COD값에 영향을 미친다.
④ 유기물농도값은 일반적으로 COD > TOD > TOC > BOD이다.

> **해설** 유기물농도값은 일반적으로 TOD > COD > BOD > TOC이다(THOD > TOD > COD_{cr} > COD_{mn} > BOD_u > BOD_5 > THOC > TOC).
>
> **참고**
> • TOC(Total Organic Carbon) : 총유기탄소
> • TOD(Total Oxygen Demand) : 총산소요구량
> • COD(Chemical Oxygen Demand) : 화학적 산소요구량
> • BOD(Biological Oxygen Demand) : 생물학적 산소요구량

05 어느 도시의 인구가 10년 전 10만명에서 현재는 20만명이 되었다. 등비급수법에 의한 인구 증가를 보였다고 하면 연평균 인구증가율은?
① 0.08947
② 0.07177
③ 0.06251
④ 0.03589

> **해설** 연평균 인구증가율
> $r = \left(\dfrac{P_0}{P_t}\right)^{\frac{1}{t}} - 1 = \left(\dfrac{200,000}{100,000}\right)^{\frac{1}{10}} - 1$
> $= 0.07177$

06 상수도 배수관망 중 격자식 배수관망에 대한 설명으로 틀린 것은?
① 물이 정체하지 않는다.
② 사고 시 단수구역이 작아진다.
③ 수리 계산이 복잡하다.
④ 제수밸브가 적게 소요되면 시공이 용이하다.

정답 1.③ 2.① 3.② 4.④ 5.② 6.④

해설 격자식 배수관망은 제수밸브가 많으며 공사비가 많이 소요된다.

해설 **펌프의 축동력**
$$P_p = \frac{9.8QH}{\eta} = \frac{9.8 \times 50 \times 8}{0.8 \times 60} = 81.7\text{kW}$$
이때 60으로 나눈 이유는 Q의 단위가 m³/s이므로, 즉 분단위를 초단위로 바꿔주어야 한다.

07 완속여과와 급속여과의 비교 설명으로 틀린 것은?
① 원수가 고농도의 현탁물일 때는 급속여과가 유리하다.
② 여과속도가 다르므로 용지면적의 차이가 크다.
③ 여과의 손실수도는 급속여과보다 완속여과가 크다.
④ 완속여과는 약품처리 등이 필요하지 않으나, 급속여과는 필요하다.

해설 완속여과는 여과의 속도가 느리므로 손실수두도 작다.

10 우수관거 및 합류관거 내에서의 부유물 침전을 막기 위하여 계획우수량에 대하여 요구되는 최소유속은?
① 0.3m/s ② 0.6m/s
③ 0.8m/s ④ 1.2m/s

해설 **관의 평균유속**
㉠ 우수·합류관 : 0.8~3m/s
㉡ 오수·차집관 : 0.6~3m/s
㉢ 도·송수관 : 0.3~3m/s

08 일반적인 하수처리장의 2차 침전지에 대한 설명으로 옳지 않은 것은?
① 표면부하율은 표준활성슬러지의 경우 계획 1일 최대오수량에 대하여 20~30m³/m²·day로 한다.
② 유효수심은 2.5~4m를 표준으로 한다.
③ 침전시간은 계획 1일 평균오수량에 따라 정하며 5~10시간으로 한다.
④ 수면의 여유고는 40~60cm 정도로 한다.

해설 2차 침전지의 침전시간은 계획 1일 최대오수량에 따라 정하며 3~5시간으로 한다.

11 계획오수량 중 계획시간 최대오수량에 대한 설명으로 옳은 것은?
① 계획 1일 최대오수량의 1시간당 수량의 1.3~1.8배를 표준으로 한다.
② 계획 1일 최대오수량의 70~80%를 표준으로 한다.
③ 1인 1일 최대오수량의 10~20%로 한다.
④ 계획 1일 평균오수량의 3배 이상으로 한다.

해설 ② 계획 1일 평균오수량에 대한 표준
③ 지하수량의 기준
④ 차집관의 기준

12 정수처리 시 트리할로메탄 및 곰팡이 냄새의 생성을 최소화하기 위해 침전지와 여과지 사이에 염소제를 주입하는 방법은?
① 전염소처리 ② 중간염소처리
③ 후염소처리 ④ 이중염소처리

해설 전염소처리는 취수 앞에서 주입하며, 후염소처리는 자체로 염소소독이라 부르며 소독지에서 주입한다. 따라서 침전지와 여과지 사이에 주입하는 것은 중간염소처리라고 부른다.

09 양수량이 50m³/min이고 전양정이 8m일 때 펌프의 축동력은? (단, 펌프의 효율(η)=0.8)
① 65.2kW
② 73.6kW
③ 81.5kW
④ 92.4kW

정답 7.③ 8.③ 9.③ 10.③ 11.① 12.②

13 다음 중 하수슬러지 개량방법에 속하지 않는 것은?
① 세정
② 열처리
③ 동결
④ 농축

> 해설 하수슬러지 개량방법에는 세정, 열처리, 동결·융해, 약품처리가 있다.

14 호수의 부영양화에 대한 설명으로 틀린 것은?
① 부영양화는 정체성 수역의 상층에서 발생하기 쉽다.
② 부영양화된 수원의 상수는 냄새로 인하여 음료수로 부적당하다.
③ 부영양화로 식물성 플랑크톤의 번식이 증가되어 투명도가 저하된다.
④ 부영양화로 생물활동이 활발하여 깊은 곳의 용존산소가 풍부하다.

> 해설 부영양화가 되면 조류가 발생하여 냄새를 유발하고 용존산소는 줄어들게 된다.

15 콘크리트하수관의 내부천정이 부식되는 현상에 대한 대응책으로 틀린 것은?
① 방식재료를 사용하여 관을 방호한다.
② 하수 중의 유황함유량을 낮춘다.
③ 관 내의 유속을 감소시킨다.
④ 하수에 염소를 주입하여 박테리아 번식을 억제한다.

> 해설 관정의 부식 방지법으로는 유속을 증가시키고 폭기장치를 설치하며 염소를 살포하거나 관 내를 피복하는 방법이 있다.

16 도수(conveyance of water)시설에 대한 설명으로 옳은 것은?
① 상수원으로부터 원수를 취수하는 시설이다.
② 원수를 음용 가능하게 처리하는 시설이다.
③ 배수지로부터 급수관까지 수송하는 시설이다.
④ 취수원으로부터 정수시설까지 보내는 시설이다.

> 해설 ① 취수시설
> ② 정수시설
> ③ 송수시설

17 1인 1일 평균급수량의 일반적인 증가·감소에 대한 설명으로 틀린 것은?
① 기온이 낮은 지방일수록 증가한다.
② 인구가 많은 도시일수록 증가한다.
③ 문명도가 낮은 도시일수록 감소한다.
④ 누수량이 증가하면 비례하여 증가한다.

> 해설 급수량은 기온이 높을수록, 즉 여름에 증가한다.

18 하수도용 펌프 흡입구의 유속에 대한 설명으로 옳은 것은?
① 0.3~0.5m/s를 표준으로 한다.
② 1.0~1.5m/s를 표준으로 한다.
③ 1.3~3.0m/s를 표준으로 한다.
④ 5.0~10.0m/s를 표준으로 한다.

> 해설 하수도용 펌프 흡입구의 유속은 1.3~3.0m/s를 표준으로 한다.

19 하수고도처리에서 인을 제거하기 위한 방법이 아닌 것은?
① 응집제 첨가 활성슬러지법
② 활성탄 흡착법
③ 정석탈인법
④ 혐기호기조합법

> 해설 활성탄 흡착법은 이취미 제거, 즉 맛과 냄새를 좋게 하기 위한 방법이다.

정답 13. ④ 14. ④ 15. ③ 16. ④ 17. ① 18. ③ 19. ②

20 고형물농도가 30mg/L인 원수를 Alum 25mg/L를 주입하여 응집처리하고자 한다. 1,000m³/day 원수를 처리할 때 발생 가능한 이론적 최종 슬러지($Al(OH)_3$)의 부피는? (단, Alum=$Al_2(SO_4)_3 \cdot 18H_2O$, 최종 슬러지 고형물농도=2%, 고형물비중=1.2)

〈반응식〉
$Al_2(SO_4)_3 \cdot 18H_2O + 3Ca(HCO_3)_2$
$\rightarrow 2Al(OH)_3 + 3CaSO_4 + 18H_2O + 6CO_2$

〈분자량〉
- $Al_2(SO_4)_3 \cdot 18H_2O = 666$
- $Ca(HCO_3)_2 = 162$
- $Al(OH)_3 = 78$
- $CaSO_4 = 136$

① 1.1m³/day
② 1.5m³/day
③ 2.1m³/day
④ 2.5m³/day

해설 고형물량=원수량×(고형물농도+응집제 주입량×분자량비율)
=1,000×(30+25×0.234)
=0.03585m³/day

∴ 최종 슬러지부피=$0.03585 \times \frac{100}{100-98} \times \frac{1}{1.2}$
≒ 1.5m³/day

여기서, 분자량비율=$\frac{2 \times 78}{666} = 0.234$

정답 20. ②

2018 제3회 토목기사 기출문제

2018년 8월 19일 시행

01 $Q = \frac{1}{360}CIA$는 합리식으로서 첨두유량을 산정할 때 사용된다. 이 식에 대한 설명으로 옳지 않은 것은?
① C는 유출계수로 무차원이다.
② I는 도달시간 내의 강우강도로 단위는 mm/hr 이다.
③ A는 유역면적으로 단위는 km²이다.
④ Q는 첨두유출량으로 단위는 m³/s이다.

> **해설** 합리식공식 $Q = \frac{1}{360}CIA$이므로 면적(A)은 ha 이다.

02 정수시설로부터 배수시설의 시점까지 정화된 물 즉, 상수를 보내는 것을 무엇이라 하는가?
① 도수   ② 송수
③ 정수   ④ 배수

> **해설** 상수도계통도는 수원 → 취수 → 도수 → 정수 → 송수 → 배수 → 급수이므로, 정수시설에서 배수시설로 보내는 것은 송수이다.

03 펌프의 특성곡선(characteristic curve)은 펌프의 양수량(토출량)과 무엇들과의 관계를 나타낸 것인가?
① 비속도, 공동지수, 총양정
② 총양정, 효율, 축동력
③ 비속도, 축동력, 총양정
④ 공동지수, 총양정, 효율

> **해설** 펌프의 특성곡선은 양정, 효율, 축동력과의 관계를 나타낸 것이다.

04 혐기성 소화공정에서 소화가스 발생량이 저하될 때 그 원인으로 적합하지 않은 것은?

① 소화슬러지의 과잉 배출
② 조 내 퇴적토사의 배출
③ 소화조 내 온도의 저하
④ 소화가스의 누출

> **해설** 조 내 퇴적토사를 배출하면 소화공정이 원활해지기 때문에 소화가스 발생량이 증가된다.

05 다음 중 일반적으로 정수장의 응집처리 시 사용되지 않는 것은?
① 황산칼륨
② 황산알루미늄
③ 황산 제1철
④ 폴리염화알루미늄(PAC)

> **해설** 응집제
> ㉠ 황산알루미늄(=명반=황산반토) : 정수처리공정에서 가장 많이 사용하는 응집제
> ㉡ 황산 제1철 : 철염류로 폐수처리과정에 사용
> ㉢ PAC : 가격이 비싸 잘 사용하지 않음

06 수원 선정 시의 고려사항으로 가장 거리가 먼 것은?
① 갈수기의 수량
② 갈수기의 수질
③ 장래 예측되는 수질의 변화
④ 홍수 시의 수량

> **해설** 수원 선정 시 평수위, 저수위, 갈수위에 대한 수량은 고려하지만, 홍수 시의 수량은 고려하지 않는다.

07 부유물농도 200mg/L, 유량 3,000m³/day인 하수가 침전지에서 70% 저거된다. 이때 슬러지의 함수율이 95%, 비중이 1.1일 때 슬러지의 양은?
① 5.9m³/day   ② 6.1m³/day
③ 7.6m³/day   ④ 8.5m³/day

정답 1.③ 2.② 3.② 4.② 5.① 6.④ 7.③

해설 총고용물량 = $200 \times 10^{-6} \times 3,000 = 0.6 \text{m}^3/\text{day}$
∴ 70% 제거된 침전고용물
$= 0.6 \times 0.7 = 0.42 \text{m}^3/\text{day}$
함수율이 95%일 때 고형물
$= \dfrac{0.42}{100-95} = 8.4 \text{m}^3/\text{day}$
∴ 비중이 1.1일 때 슬러지양 $= \dfrac{8.4}{1.1} = 7.64 \text{m}^3/\text{day}$

08 하수관로의 접합 중에서 굴착깊이를 얕게 하여 공사비용을 줄일 수 있으며 수위 상승을 방지하고 양정고를 줄일 수 있어 펌프로 배수하는 지역에 적합한 방법은?

① 관정접합　② 관저접합
③ 수면접합　④ 관중심접합

해설 **관저접합**
㉠ 가장 나쁜 시공법이다.
㉡ 굴착깊이를 얕게 하고 토공량을 줄일 수 있어 가장 많이 시공한다.
㉢ 펌프의 배수지역에 가장 적합하다.

09 하수도의 관로계획에 대한 설명으로 옳은 것은?

① 오수관로는 계획 1일 평균오수량을 기준으로 계획한다.
② 관로의 역사이펀을 많이 설치하여 유지관리 측면에서 유리하도록 계획한다.
③ 합류식에서 하수의 차집관로는 우천 시 계획오수량을 기준으로 계획한다.
④ 오수관로와 우수관로가 교차하여 역사이펀을 피할 수 없는 경우는 우수관로를 역사이펀으로 하는 것이 바람직하다.

해설 ① 오수관로는 계획시간 최대오수량을 기준으로 계획한다.
② 관로의 역사이펀은 가급적 피한다.
④ 오수관로와 우수관로가 교차하여 역사이펀을 피할 수 없는 경우는 오수관로를 역사이펀으로 하는 것이 바람직하다.

10 펌프의 비교회전도(specific speed)에 대한 설명으로 옳은 것은?

① 임펠러(impeller)가 배출량 $1\text{m}^3/\text{min}$을 전양정 1m로 운전 시 회전수
② 임펠러가 배출량 $1\text{m}^3/\text{s}$을 전양정 1m로 운전 시 회전수
③ 작은 비회전도값에 대한 대유량, 저양정의 정도
④ 큰 비회전도값에 대한 소유량, 대양정의 정도

해설 비교회전도는 임펠러가 배출량 $1\text{m}^3/\text{min}$을 전양정 1m로 운전 시 회전수이다.

11 집수매거(infiltration galleries)에 관한 설명 중 옳지 않은 것은?

① 집수매거는 하천부지의 하상 밑이나 구하천부지 등의 땅속에 매설하여 복류수나 자유수면을 갖는 지하수를 취수하는 시설이다.
② 철근콘크리트조의 유공관 또는 권선형 스크린관을 표준으로 한다.
③ 집수매거 내의 평균유속은 유출단에서 1m/s 이하가 되도록 한다.
④ 집수매거의 집수개구부(공) 직경은 3~5cm를 표준으로 하고, 그 수는 관거표면적 1m^2당 5~10개로 한다.

해설 집수매거의 집수개구부(공) 직경은 10~20mm를 표준으로 하고, 그 수는 관거표면적 1m^2당 20~30개로 한다.

12 정수방법 선정 시의 고려사항(선정조건)으로 가장 거리가 먼 것은?

① 원수의 수질
② 도시발전상황과 물 사용량
③ 정수수질의 관리목표
④ 정수시설의 규모

해설 정수방법의 선정 시 고려사항은 수질목표를 달성하는 것으로, 도시의 발전상황과 물 사용량의 고려는 배수시설과 보다 연관성이 있다.

정답 8.② 9.③ 10.① 11.④ 12.②

13 하수관로에 대한 설명으로 옳지 않은 것은?
① 관로의 최소흙두께는 원칙적으로 1m로 하나 노반두께, 동결심도 등을 고려하여 적절한 흙두께로 한다.
② 관로의 단면은 단면 형상에 따른 수리적 특성을 고려하여 선정하되 원형 또는 직사각형을 표준으로 한다.
③ 우수관로의 최소관경은 200mm를 표준으로 한다.
④ 합류관로의 최소관경은 250mm를 표준으로 한다.

> 해설 오수관로의 최소관경은 200mm를 표준으로 한다.

14 계획급수인구 50,000인, 1인 1일 최대급수량 300L, 여과속도 100m/day로 설계하고자 할 때 급속여과지의 면적은?
① 150m²   ② 300m²
③ 1,500m² ④ 3,000m²

> 해설 여과면적
> $Q = 50,000$인$\times 300$L/인$\cdot$day
> $\quad = 50,000$인$\times 300 \times 10^{-3}$m³/day
> $\quad = 15,000$m³/day
> $\therefore A = \dfrac{Q}{V} = \dfrac{15,000\text{m}^3/\text{day}}{100\text{m/day}} = 150\text{m}^2$

15 다음 그림은 Hardy-Cross방법에 의한 배수관망의 도해법이다. 그림에 대한 설명으로 틀린 것은? (단, Q는 유량, H는 손실수두를 의미한다.)

① Q_1과 Q_6은 같다.
② Q_2의 방향은 +이고, Q_3의 방향은 -이다.
③ $H_2 + H_4 + H_3 + H_5$는 0이다.
④ H_1은 H_6과 같다.

> 해설 Hardy-Cross법의 가정조건
> ㉠ $\Sigma Q_{in} = \Sigma Q_{out}$
> ㉡ $\Sigma h_L \fallingdotseq 0$
> ㉢ 미소손실은 무시한다.

16 대장균군의 수를 나타내는 MPN(최확수)에 대한 설명으로 옳은 것은?
① 검수 1mL 중 이론상 있을 수 있는 대장균군의 수
② 검수 10mL 중 이론상 있을 수 있는 대장균군의 수
③ 검수 50mL 중 이론상 있을 수 있는 대장균군의 수
④ 검수 100mL 중 이론상 있을 수 있는 대장균군의 수

> 해설 MPN(최확수)은 검수 100mL 중 이론상 있을 수 있는 대장균군의 수이다.

17 침전지 내에서 비중이 0.7인 입자의 부상속도를 V라 할 때 비중이 0.4인 입자의 부상속도는? (단, 기타의 모든 조건은 같다.)
① 0.5V ② 1.25V
③ 1.75V ④ 2V

> 해설 부상속도
> $V_s = \dfrac{(\rho_w - \rho_s)gD^2}{18\mu} = \dfrac{(1-s)gD^2}{18\nu}$ 에서
> $V_s \propto (1-s)$ 이므로 $V_2 = \dfrac{1-0.4}{1-0.7} = 2V$이다.

18 하수 중의 질소와 인을 동시에 제거할 때 이용될 수 있는 고도처리시스템은?
① 혐기호기조합법
② 3단 활성슬러지법
③ Phostrip법
④ 혐기무산소호기조합법

> 해설 질소와 인을 동시에 제거하는 방법으로는 A2/O법(혐기무산소호기법)이 있다.

19 하수배제방식에 대한 설명 중 틀린 것은?
① 분류식 하수관거는 청천 시 관로 내 퇴적량이 합류식 하수관거에 비하여 많다.
② 합류식 하수배제방식은 폐쇄의 염려가 없고 검사 및 수리가 비교적 용이하다.
③ 합류식 하수관거에서는 우천 시 일정 유량 이상이 되면 하수가 직접 수역으로 방류될 수 있다.
④ 분류식 하수배제방식은 강우 초기에 도로 위의 오염물질이 직접 하천으로 유입되는 단점이 있다.

> 해설 분류식은 오수와 우수를 따로 배제하기 때문에 유량과 수질이 일정하며 토사 유입량이 적어 퇴적량이 합류식에 비하여 적다.

20 상수도의 구성이나 계통에서 상수원의 부영양화가 가장 큰 영향을 미칠 수 있는 시설은?
① 취수시설　　② 정수시설
③ 송수시설　　④ 배·급수시설

> 해설 부영양화가 되면 조류가 발생하여 수돗물의 맛과 냄새를 유발하므로 정수시설의 부하가 높아진다.

정답　19. ①　20. ②

2018년 제3회(2018. 8. 19.)

2019 제1회 토목기사 기출문제

2019년 3월 3일 시행

01 수격작용(water hammer)의 방지 또는 감소대책에 대한 설명으로 틀린 것은?

① 펌프의 토출구에 완만히 닫을 수 있는 역지밸브를 설치하여 압력 상승을 적게 한다.
② 펌프의 설치위치를 높게 하고 흡입양정을 크게 한다.
③ 펌프에 플라이휠(flywheel)을 붙여 펌프의 관성을 증가시켜 급격한 압력강하를 완화한다.
④ 노출측 관로에 압력조절수조를 설치한다.

해설 펌프의 설치위치를 낮게 하여 공동현상을 방지하고, 회전수를 작게 하여 수격작용을 방지한다.

02 펌프의 비속도(비교회전도, N_s)에 대한 설명으로 틀린 것은?

① N_s가 작으면 유량이 많은 저양정의 펌프가 된다.
② 수량 및 전양정이 같다면 회전수가 클수록 N_s가 크게 된다.
③ $1m^3/min$의 유량을 $1m$ 양수하는 데 필요한 회전수를 의미한다.
④ N_s가 크게 되면 사류형으로 되고, 계속 커지면 축류형으로 된다.

해설 N_s가 작으면 유량이 적은 고양정펌프가 된다.

03 침전지의 유효수심이 4m, 1일 최대사용수량이 450m³, 침전시간이 12시간일 경우 침전지의 수면적은?

① 56.3m²   ② 42.7m²
③ 30.1m²   ④ 21.3m²

해설 수면적부하(표면부하율)
$$V_0 = \frac{Q}{A} = \frac{h}{t}$$
$$\frac{450m^3/day}{A} = \frac{4m}{12hr}$$
$$\therefore A = 56.25m^2$$

04 정수과정에서 전염소처리의 목적과 거리가 먼 것은?

① 철과 망간의 제거
② 맛과 냄새의 제거
③ 트리할로메탄의 제거
④ 암모니아성 질소와 유기물의 처리

해설 전염소처리를 해도 THM(트리할로메탄)은 발생한다.

05 수원의 구비조건에 대한 설명으로 옳지 않은 것은?

① 수량이 풍부해야 한다.
② 수질이 좋아야 한다.
③ 가능하면 낮은 곳에 위치해야 한다.
④ 상수소비지에서 가까운 곳에 위치해야 한다.

해설 가급적 자연유하방식을 채택하는 것이 좋으므로 높은 곳에 위치해야 한다.

06 정수장으로 유입되는 원수의 수역이 부영양화되어 녹색을 띠고 있다 정수방법에서 고려할 수 있는 가장 우선적인 방법으로 적합한 것은?

① 침전지의 깊이를 깊게 한다.
② 여과사의 입경을 작게 한다.
③ 침전지의 표면적을 크게 한다.
④ 마이크로-스트레이너로 전처리한다.

정답 1.② 2.① 3.① 4.③ 5.③ 6.④

> **해설** 부영양화가 되면 조류가 발생하고, 조류는 수돗물의 맛과 냄새를 유발하므로 전처리과정으로 마이크로 -스트레이너법을 시행한다.

> **해설** 취수구의 유입속도는 0.4~0.8m/s를 표준으로 한다 (상수도시설설계기준, 2022).

07 반송찌꺼기(슬러지)의 SS농도가 6,000mg/L이다. MLSS 농도를 2,500mg/L로 유지하기 위한 찌꺼기(슬러지) 반송비는?

① 25% ② 55%
③ 71% ④ 100%

> **해설** 슬러지반송비
> $$r = \frac{MLSS}{SS-MLSS} = \frac{2,500}{6,000-2,500} = 0.71 = 71\%$$

08 하수의 배제방식에 대한 설명 중 옳지 않은 것은?
① 합류식은 2계통의 분류식에 비해 일반적으로 건설비가 많이 소요된다.
② 합류식은 분류식보다 유량 및 유속의 변화폭이 크다.
③ 분류식은 관로 내의 퇴적이 적고 수세효과를 기대할 수 없다.
④ 분류식은 관로오접의 철저한 감시가 필요하다.

> **해설** 합류식은 분류식에 비하여 건설비가 적게 소요된다.

09 하수도계획의 원칙적인 목표연도로 옳은 것은?
① 10년 ② 20년
③ 30년 ④ 40년

> **해설** 하수도계획의 목표연한은 20년을 원칙으로 한다.

10 취수보에 설치된 취수구의 구조에서 유입속도의 표준으로 옳은 것은?
① 0.5~1.0cm/s ② 3.0~5.0cm/s
③ 0.4~0.8m/s ④ 2.0~3.0m/s

11 어느 지역에 비가 내려 배수구역 내 가장 먼 지점에서 하수거의 입구까지 빗물이 유하하는데 5분이 소요되었다. 하수거의 길이가 1,200m, 관 내 유속이 2m/s일 때 유달시간은?
① 5분 ② 10분
③ 15분 ④ 20분

> **해설** 유달시간
> $$t_2 = t_1 + \frac{L}{V} = 5 + \frac{1,200}{2 \times 60} = 15 min$$

12 계획수량에 대한 설명으로 옳지 않은 것은?
① 송수시설의 계획송수량은 원칙적으로 계획 1일 최대급수량을 기준으로 한다.
② 계획취수량은 계획 1일 최대급수량을 기준으로 하며 기타 필요한 작업용수를 포함한 손실수량 등을 고려한다.
③ 계획배수량은 원칙적으로 해당 배수구역의 계획 1일 최대급수량으로 한다.
④ 계획정수량은 계획 1일 최대급수량을 기준으로 하고, 여기에 정수장 내 사용되는 작업용수와 기타 용수를 합산 고려하여 결정한다.

> **해설** 계획배수량은 원칙적으로 해당 배수구역의 계획시간 최대배수량(m^3/day)으로 한다.

13 도수 및 송수관로계획에 대한 설명으로 옳지 않은 것은?
① 비정상적 수압을 받지 않도록 한다.
② 수평 및 수직의 급격한 굴곡을 많이 이용하여 자연유하식이 되도록 한다.
③ 가능한 한 단거리가 되도록 한다.
④ 가능한 한 적은 공사비가 소요되는 곳을 택한다.

정답 7. ③ 8. ① 9. ② 10. ③ 11. ③ 12. ③ 13. ②

> [해설] 도·송수관로는 가급적 굴곡은 피한다.

> [해설] 계획 1일 최대오수량
> = 생활오수량+공장폐수량+지하수량+기타 배수량
> = (계획인구×1인 1일 최대오수량)+공장폐수량+지하수량+기타 배수량

14 1개의 반응조에 반응조와 2차 침전지의 기능을 갖게 하여 활성슬러지에 의한 반응과 혼합액의 침전, 상징수의 배수, 침전찌꺼기(슬러지)의 배출공정 등을 반복해 처리하는 하수처리공법은?

① 수정식 폭기조법
② 장시간 폭기법
③ 접촉안정법
④ 연속 회분식 활성슬러지법

> [해설] 연속 회분식 활성슬러지법은 1개의 반응조에 반응조와 2차 침전지의 기능을 갖게 하여 활성슬러지에 의한 반응과 혼합액의 침전, 상징수의 배수, 침전찌꺼기(슬러지)의 배출공정 등을 반복해 처리하는 하수처리공법이다.

17 양수량이 15.5m³/min이고 전양정이 24m일 때 펌프의 축동력은? (단, 펌프의 효율은 80%로 가정한다.)

① 75.95kW ② 7.58kW
③ 4.65kW   ④ 46.57kW

> [해설] **펌프의 축동력**
> $$P_p = \frac{9.8QH}{\eta} = \frac{9.8 \times \frac{15.5}{60} \times 24}{0.8} = 75.95\text{kW}$$

15 호기성 처리방법과 비교하여 혐기성 처리방법의 특징에 대한 설명으로 틀린 것은?

① 유용한 자원인 메탄이 생성된다.
② 동력비 및 유지관리비가 적게 든다.
③ 하수찌꺼기(슬러지) 발생량이 적다.
④ 운전조건의 변화에 적응하는 시간이 짧다.

> [해설] 혐기성 처리는 운전조건이 까다로워서 적응시간이 길다.

18 도수 및 송수관로 내의 최소유속을 정하는 주요 이유는?

① 관로 내면의 마모를 방지하기 위하여
② 관로 내 침전물의 퇴적을 방지하기 위하여
③ 양정에 소모되는 전력비를 절감하기 위하여
④ 수격작용이 발생할 가능성을 낮추기 위하여

> [해설] 도·송수관로 내 최소유속을 정한 이유는 침전물의 퇴적 방지이며, 최대유속을 정한 이유는 관마모 방지이다.

16 하수도의 계획오수량에서 계획 1일 최대오수량 산정식으로 옳은 것은?

① 계획배수인구+공장폐수량+지하수량
② 계획인구×1인 1일 최대오수량+공장폐수량+지하수량+기타 배수량
③ 계획인구×(공장폐수량+지하수량)
④ 1인 1일 최대오수량+공장폐수량+지하수량

19 다음 그림은 유효저수량을 결정하기 위한 유량누가곡선도이다. 이 곡선의 유효저수용량을 의미하는 것은?

① MK ② IP
③ SJ ④ OP

정답 14. ④ 15. ④ 16. ② 17. ① 18. ② 19. ②

> **해설** IP는 유효저수량 또는 필요저수량으로 종거선 중 가장 큰 것으로 정한다.

20 관로별 계획하수량에 대한 설명으로 옳지 않은 것은?
① 오수관로에서는 계획시간 최대오수량으로 한다.
② 우수관로에서는 계획우수량으로 한다.
③ 합류식 관로는 계획시간 최대오수량에 계획우수량을 합한 것으로 한다.
④ 차집관로는 계획 1일 최대오수량에 우천 시 계획우수량을 합한 것으로 한다.

> **해설** 차집관로는 우천 시 계획오수량 또는 계획시간 최대오수량의 3배로 한다.

정답 20. ④

2019 제2회 토목기사 기출문제

✏️ 2019년 4월 27일 시행

01 슬러지용량지표(SVI : Sludge Volume Index)에 관한 설명으로 옳지 않은 것은?
① 정상적으로 운전되는 반응조의 SVI는 50~150 범위이다.
② SVI는 포기시간, BOD농도, 수온 등에 영향을 받는다.
③ SVI는 슬러지밀도지수(SDI)에 100을 곱한 값을 의미한다.
④ 반응조 내 혼합액을 30분간 정체한 경우 1g의 활성슬러지부유물질이 포함하는 용적을 mL로 표시한 것이다.

[해설] $SVI \times SDI = 100$

02 완속여과지에 관한 설명으로 옳지 않은 것은?
① 응집제를 필수적으로 투입해야 한다.
② 여과속도는 4~5m/day를 표준으로 한다.
③ 비교적 양호한 원수에 알맞은 방법이다.
④ 급속여과지에 비해 넓은 부지면적을 필요로 한다.

[해설] 응집제 투입을 통한 약품침전을 거치게 되면 급속여과시설로 간다.

03 수원지에서부터 각 가정까지의 상수도계통도를 나타낸 것으로 옳은 것은?
① 수원 - 취수 - 도수 - 배수 - 정수 - 송수 - 급수
② 수원 - 취수 - 배수 - 정수 - 도수 - 송수 - 급수
③ 수원 - 취수 - 도수 - 정수 - 송수 - 배수 - 급수
④ 수원 - 취수 - 도수 - 송수 - 정수 - 배수 - 급수

[해설] 상수도시설 계통순서
수원 - 취수 - 도수 - 정수 - 송수 - 배수 - 급수

04 하수처리장에서 480,000L/day의 하수량을 처리한다. 펌프장의 습정(wet well)을 하수로 채우기 위하여 40분이 소요된다면 습정의 부피는?
① 13.3m³
② 14.3m³
③ 15.3m³
④ 16.3m³

[해설] 습정부피
$t = \dfrac{V}{Q}$
$\therefore V = Qt = 480{,}000 L/day \times 40 min$
$= \dfrac{480{,}000 \times 10^{-3} m^3 \times 40 min}{1{,}440 min} = 13.3 m^3$

05 혐기성 상태에서 탈질산화(denitrification)과정으로 옳은 것은?
① 아질산성 질소 → 질산성 질소 → 질소가스(N_2)
② 암모니아성 질소 → 질산성 질소 → 아질산성 질소
③ 질산성 질소 → 아질산성 질소 → 질소가스(N_2)
④ 암모니아성 질소 → 아질산성 질소 → 질산성 질소

[해설] 탈질산화과정
유기성 질소 → NH_3-N(암모니아성 질소) → NO_2-N(아질산성 질소) → NO_3-N(질산성 질소)

06 합류식에서 하수차집관로의 계획하수량기준으로 옳은 것은?
① 계획시간 최대오수량 이상
② 계획시간 최대오수량의 3배 이상
③ 계획시간 최대오수량과 계획시간 최대우수량의 합 이상
④ 계획우수량과 계획시간 최대오수량의 합의 2배 이상

정답 1.③ 2.① 3.③ 4.① 5.④ 6.②

> **해설** 차집관로의 계획하수량은 계획시간 최대오수량의 3배 또는 우천 시 계획우수량을 기준으로 한다.

07 양수량 15.5m³/min, 양정 24m, 펌프효율 80%, 여유율(α) 15%일 때 펌프의 전동기출력은?
① 57.8kW ② 75.8kW
③ 78.2kW ④ 87.2kW

> **해설** 펌프의 축동력
> $$P_p = \frac{9.8QH(1+\alpha)}{\eta}$$
> $$= \frac{9.8 \times 0.257 \times 24 \times 1.15}{0.8} = 86.9\text{kW}$$
> 이때 약식 계산을 안하면 87.4kW가 나오며 15.5 m³/min = 0.257m³/s이다.

08 하수관로매설 시 관로의 최소흙두께는 원칙적으로 얼마로 하여야 하는가?
① 0.5m ② 1.0m
③ 1.5m ④ 2.0m

> **해설** 하수관로매설의 최소토피는 1m 이상으로 한다.

09 활성탄처리를 적용하여 제거하기 위한 주요 항목으로 거리가 먼 것은?
① 질산성 질소 ② 냄새유발물질
③ THM전구물질 ④ 음이온 계면활성제

> **해설** 질산성 질소의 제거는 이온교환법이나 막분리법에 가장 널리 사용된다.
> **참고** 활성탄은 맛과 냄새를 제거하는 것, 즉 이취미 제거에 목적이 있다. 주로 정수의 전처리과정이나 후처리과정에서 도입된다.

10 정수처리의 단위조작으로 사용되는 오존처리에 관한 설명으로 틀린 것은?

① 유기물질의 생분해성을 증가시킨다.
② 염소 주입에 앞서 오존을 주입하면 염소의 소비량을 감소시킨다.
③ 오존은 자체의 높은 산화력으로 염소에 비하여 높은 살균력을 가지고 있다.
④ 인의 제거능력이 뛰어나고 수온이 높아져도 오존소비량은 일정하게 유지된다.

> **해설** 오존처리의 특징
> ㉠ 염소에 비하여 높은 살균력을 가지고 있다.
> ㉡ 수온이 높아지면 용해도가 감소하고 분해가 빨라진다.
> ㉢ 맛, 냄새, 유기물, 색도 제거의 효과가 우수하다.
> ㉣ 유기물질의 생분해성을 증가시킨다.
> ㉤ 철·망간의 산화능력이 크다.
> ㉥ 염소요구량을 감소시킨다.

11 호수나 저수지에 대한 설명으로 틀린 것은?
① 여름에는 성층을 이룬다.
② 가을에는 순환(turn over)을 한다.
③ 성층은 연직방향의 밀도차에 의해 구분된다.
④ 성층현상이 지속되면 하층부의 용존산소량이 증가한다.

> **해설** 성층현상이 지속되면 하층부로 갈수록 용존산소는 부족해진다.

12 전양정 4m, 회전속도 100rpm, 펌프의 비교회전도가 920일 때 양수량은?
① 677m³/min ② 834m³/min
③ 975m³/min ④ 1,134m³/min

> **해설** 비교회전도
> $$N_s = N\frac{Q^{1/2}}{H^{3/4}}$$
> $$920 = 100 \times \frac{\sqrt{Q}}{4^{3/4}}$$
> $$\therefore Q = 677.12\text{m}^3/\text{min}$$

정답 7.④ 8.② 9.① 10.④ 11.④ 12.①

13 어느 도시의 급수인구자료가 다음 표와 같을 때 등비증가법에 의한 2020년도의 예상급수인구는?

연도	인구(명)
2005	7,200
2010	8,800
2015	10,200

① 약 12,000명 ② 약 15,000명
③ 약 18,000명 ④ 약 21,000명

해설 연평균 인구증가율
$$r = \left(\frac{P_0}{P_t}\right)^{1/t} - 1 = \left(\frac{10,200}{7,200}\right)^{1/10} - 1 = 0.035$$
$$\therefore P_n = P_0(1+r)^n = 10,200 \times (1+0.035)^5 = 12,114 명$$

14 수원(水源)에 관한 설명 중 틀린 것은?
① 심층수는 대지의 정화작용으로 인해 무균 또는 거의 이에 가까운 것이 보통이다.
② 용천수는 지하수가 자연적으로 지표로 솟아 나온 것으로 그 성질은 대개 지표수와 비슷하다.
③ 복류수는 어느 정도 여과된 것이므로 지표수에 비해 수질이 양호하며 대개의 경우 침전지를 생략할 수 있다.
④ 천층수는 지표면에서 깊지 않은 곳에 위치하여 공기의 투과가 양호하므로 산화작용이 활발하게 진행된다.

해설 용천수는 지하수이며 복류수와 비슷하다.

15 수격현상(water hammer)의 방지대책으로 틀린 것은?
① 펌프의 급정지를 피한다.
② 가능한 관 내 유속을 크게 한다.
③ 토출측 관로에 에어체임버(air chamber)를 설치한다.
④ 토출관 측에 압력조정용 수조(surge tank)를 설치한다.

해설 수격현상은 밸브의 급격한 개폐에 의하여 발생하며 관 내 유속을 작게 해야 한다.

16 BOD 200mg/L, 유량 600m³/day인 어느 식료품공장 폐수가 BOD 10mg/L, 유량 2m³/s인 하천에 유입한다. 폐수가 유입되는 지점으로부터 하류 15km 지점의 BOD는? (단, 다른 유입원은 없고, 하천의 유속은 0.05m/s, 20℃ 탈산소계수(K_1)=0.1/day, 상용대수, 20℃ 기준이며, 기타 조건은 고려하지 않음)
① 4.79mg/L ② 5.39mg/L
③ 7.21mg/L ④ 8.16mg/L

해설 잔존 BOD
㉠ 공장폐수 하천수의 혼합 후 농도
$$Q_2 = 2m^3/s \times 86,400m^3/day = 172,800m^3/day$$
$$\therefore C = \frac{C_1Q_1 + C_2Q_2}{Q_1 + Q_2}$$
$$= \frac{200 \times 600 + 10 \times 172,800}{600 + 172,800}$$
$$= 10.66mg/L$$
㉡ BOD 감소량
$$t = \frac{L}{V} = \frac{15,000m}{0.05m/s \times 86,400sec} = 3.47day$$
$$\therefore L_t = L_a \cdot 10^{-k_1 t}$$
$$= 10.66 \times 10^{-0.1 \times 3.47} = 4.79mg/L$$

17 하수슬러지처리과정과 목적이 옳지 않은 것은?
① 소각 : 고형물의 감소, 슬러지용적의 감소
② 소화 : 유기물과 분해하여 고형물 감소, 질적 안정화
③ 탈수 : 수분 제거를 통해 함수율 85% 이하로 양의 감소
④ 농축 : 중간 슬러지처리공정으로 고형물농도의 감소

해설 농축은 슬러지의 부피를 1/3로 감소시키는 과정이다.

18 다음 설명 중 옳지 않은 것은?

① BOD가 과도하게 높으면 DO는 감소하며 악취가 발생된다.
② BOD, COD는 오염의 지표로서 하수 중의 용존산소량을 나타낸다.
③ BOD는 유기물이 호기성 상태에서 분해·안정화되는 데 요구되는 산소량이다.
④ BOD는 보통 20℃에서 5일간 시료를 배양했을 때 소비된 용존산소량으로 표시된다.

> 해설 유기물이 호기성 상태에서 분해·안정화되는 데 요구되는 산소량은 DO를 의미한다.

19 도수 및 송수관을 자연유하식으로 설계할 때 평균유속의 허용 최대한도는?

① 0.3m/s ② 3.0m/s
③ 13.0m/s ④ 30.0m/s

> 해설 도수 및 송수관의 유속범위는 0.3~3m/s이다.

20 상수도시설 중 접합정에 관한 설명으로 옳은 것은?

① 상부를 개방하지 않은 수로시설
② 복류수를 취수하기 위해 매설한 유공관로시설
③ 배수지 등의 유입수의 수위조절과 양수를 위한 시설
④ 관로의 도중에 설치하여 주로 관로의 수압을 조절할 목적으로 설치하는 시설

> 해설 접합정은 도·송수관로의 도중에 설치하여 주로 관로의 수압을 조절할 목적으로 설치하는 시설이다.

정답 18. ② 19. ② 20. ④

2019 제3회 토목기사 기출문제

2019년 8월 4일 시행

01 지표수를 수원으로 하는 경우의 상수시설의 배치순서로 가장 적합한 것은?
① 취수탑 → 침사지 → 응집침전지 → 여과지 → 배수지
② 취수구 → 약품침전지 → 혼화지 → 여과지 → 배수지
③ 집수매거 → 응집침전지 → 침사지 → 여과지 → 배수지
④ 취수문 → 여과지 → 보통침전지 → 배수탑 → 배수관망

해설 지표수를 수원으로 하는 경우 상수시설은 '취수탑 → 침사지 → 응집침전지 → 여과지 → 배수지'의 순서로 배치한다.

02 다음과 같은 조건으로 입자가 복합되어 있는 플록의 침강속도를 Stokes의 법칙으로 구하면 전체가 흙입자로 된 플록의 침강속도에 비해 침강속도는 몇 % 정도인가? (단, 비중이 2.5인 흙입자의 전체 부피 중 차지하는 부피는 50%이고, 플록의 나머지 50% 부분의 비중은 0.9이며, 입자의 지름은 10mm이다.)

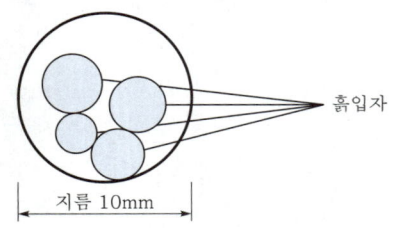

① 38% ② 48%
③ 58% ④ 68%

해설 **입자의 침강속도**
Stokes법칙 $V_s = \dfrac{(s-1)gD^2}{18\nu}$ 에서 주어진 조건이 모두 같으므로 비중 s를 비교하면
$\dfrac{2.5 \times 0.5 + 0.9 \times 0.5}{2.5} \times 100\% = 68\%$

03 관로를 개수로와 관수로로 구분하는 기준은?
① 자유수면 유무
② 지하매설 유무
③ 하수관과 상수관
④ 콘크리트관과 주철관

해설 개수로는 자유수면이 있으며, 관수로는 자유수면이 없이 압력에 의하여 흐른다.

04 정수장 배출수처리의 일반적인 순서로 옳은 것은?
① 농축 → 조정 → 탈수 → 처분
② 농축 → 탈수 → 조정 → 처분
③ 조정 → 농축 → 탈수 → 처분
④ 조정 → 탈수 → 농축 → 처분

해설 **정수장 배출수처리의 일반적인 순서**
조정 → 농축 → 탈수 → 건조 → 최종 처분

05 활성슬러지법에서 MLSS가 의미하는 것은?
① 폐수 중의 부유물질
② 방류수 중의 부유물질
③ 포기조 내의 부유물질
④ 반송슬러지의 부유물질

해설 활성슬러지법에서 MLSS는 포기조 내의 부유물질을 의미한다.

06 상수도의 계통을 올바르게 나타낸 것은?
① 취수 → 송수 → 도수 → 정수 → 급수 → 배수
② 취수 → 도수 → 정수 → 송수 → 배수 → 급수
③ 취수 → 정수 → 도수 → 급수 → 배수 → 송수
④ 도수 → 취수 → 정수 → 송수 → 배수 → 급수

정답 1. ① 2. ④ 3. ① 4. ③ 5. ③ 6. ②

> **해설** 상수도의 계통도
> 취수 → 도수 → 정수 → 송수 → 배수 → 급수

> **해설** 조류 제거는 마이크로-스트레이너법으로 한다.

07 활성슬러지법의 여러 가지 변법 중에서 잉여슬러지량을 현저하게 감소시키고 슬러지처리를 용이하게 하기 위해 개발된 방법으로서 포기시간이 16~24시간, F/M비가 0.03~0.05kgBOD/kgSS·day 정도의 낮은 BOD-SS부하로 운전하는 방식은?

① 장기포기법
② 순산소포기법
③ 계단식 포기법
④ 표준활성슬러지법

> **해설** 장기포기법
> ㉠ 잉여슬러지양을 현저하게 감소시키고 슬러지처리를 용이하게 하기 위해 개발된 방법이다.
> ㉡ 포기시간이 16~24시간, F/M비가 0.03~0.05kg BOD/kgSS·day 정도의 낮은 BOD-SS부하로 운전하는 방식이다.

08 하수관로설계기준에 대한 설명으로 옳지 않은 것은?

① 관경은 하류로 갈수록 크게 한다.
② 유속은 하류로 갈수록 작게 한다.
③ 경사는 하류로 갈수록 완만하게 한다.
④ 오수관로의 유속은 0.6~3m/s가 적당하다.

> **해설** 하수관로는 하류로 갈수록 유속은 빠르게, 경사는 완만하게 설계한다.

09 호수의 부영양화에 대한 설명으로 옳지 않은 것은?

① 부영양화의 주된 원인물질은 질소와 인이다.
② 조류의 이상증식으로 인하여 물의 투명도가 저하된다.
③ 조류의 발생이 과다하면 정수공정에서 여과지를 폐색시킨다.
④ 조류 제거약품으로는 일반적으로 황산알루미늄을 사용한다.

10 상수도관로시설에 대한 설명 중 옳지 않은 것은?

① 배수관 내의 최소동수압은 150kPa이다.
② 상수도의 송수방식에는 자연유하식과 펌프가압식이 있다.
③ 도수거가 하천이나 깊은 계곡을 횡단할 때는 수로교를 가설한다.
④ 급수관을 공공도로에 부설할 경우 다른 매설물과의 간격을 15cm 이상 확보한다.

> **해설** 급수관을 공공도로에 부설할 경우 다른 매설물과의 간격을 30cm 이상 확보한다.

11 계획오수량을 생활오수량, 공장폐수량 및 지하수량으로 구분할 때 이것에 대한 설명으로 옳지 않은 것은?

① 지하수량은 1인 1일 최대오수량의 10~20%로 한다.
② 계획 1일 평균오수량은 계획 1일 최대오수량의 70~80%를 표준으로 한다.
③ 합류식에서 우천 시 계획오수량은 원칙적으로 계획시간 최대오수량의 2배 이상으로 한다.
④ 계획 1일 최대오수량은 1인 1일 최대오수량에 계획인구를 곱한 후, 여기에 공장폐수량, 지하수량 및 기타 배수량을 더한 것으로 한다.

> **해설** 합류식에서 우천 시 계획오수량은 원칙적으로 계획시간 최대오수량의 3배 이상으로 한다.

12 하수도시설기준에 의한 우수관로 및 합류관로거의 표준 최소관경은?

① 200mm
② 250mm
③ 300mm
④ 350mm

> **해설** 오수관의 최소관경은 200mm이고, 우수관의 최소관경은 250mm이다.

정답 7. ① 8. ② 9. ④ 10. ④ 11. ③ 12. ②

13 관로별 계획하수량에 대한 설명으로 옳지 않은 것은?
① 우수관로는 계획우수량으로 한다.
② 차집관로는 우천 시 계획오수량으로 한다.
③ 오수관로의 계획오수량은 계획 1일 최대오수량으로 한다.
④ 합류식 관로에서는 계획시간 최대오수량에 계획우수량을 합한 것으로 한다.

해설 오수관로의 계획오수량은 계획시간 최대오수량으로 한다.

14 막여과시설의 약품세척에서 무기물질 제거에 사용되는 약품이 아닌 것은?
① 염산
② 황산
③ 구연산
④ 차아염소산나트륨

해설 차아염소산나트륨은 식품의 부패균이나 병원균을 사멸하기 위하여 살균제로서 사용된다.

15 어느 하천의 자정작용을 나타낸 다음 용존산소곡선을 보고 어떤 물질이 하천으로 유입되었다고 보는 것이 가장 타당한가?

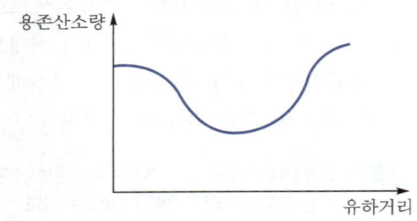

① 생활하수
② 질산성 질소
③ 농도가 매우 낮은 폐알칼리
④ 농도가 매우 낮은 폐산(廢酸)

해설 용존산소부족곡선에서 spoon curve의 모양을 띄는 것은 생활하수가 유입되었다는 것이다.

16 지름 300mm의 주철관을 설치할 때 40kgf/cm²의 수압을 받는 부분에서는 주철관의 두께는 최소한 얼마로 하여야 하는가? (단, 허용인장응력 σ_{ta} = 1,400kgf/cm² 이다.)
① 3.1mm
② 3.6mm
③ 4.3mm
④ 4.8mm

해설 관두께
$$t = \frac{pD}{2\sigma} = \frac{40 \times 30}{2 \times 1,400} = 0.428\text{cm} ≒ 4.3\text{mm}$$

17 원수의 알칼리도가 50ppm, 탁도가 500ppm일 때 황산알루미늄의 소비량은 60ppm이다. 이러한 원수가 48,000m³/day로 흐를 때 6% 용액의 황산알루미늄의 1일 필요량은? (단, 액체의 비중을 1로 가정한다.)
① 48.0m³/day
② 50.6m³/day
③ 53.0m³/day
④ 57.6m³/day

해설 주입량 $= \frac{CQ}{순도} = \frac{60 \times 10^{-6} \times 48,000}{0.06}$
$= 48\text{m}^3/\text{day}$

18 일반적인 정수과정으로서 옳은 것은?
① 스크린 → 소독 → 여과 → 응집·침전
② 스크린 → 응집·침전 → 여과 → 소독
③ 여과 → 응집·침전 → 스크린 → 소독
④ 응집·침전 → 여과 → 소독 → 스크린

해설 일반적인 정수과정
스크린 → 응집 → 침전 → 여과 → 소독

19 먹는 물의 수질기준항목인 화학물질과 분류항목의 조합이 옳지 않은 것은?
① 황산이온 – 심미적
② 염소이온 – 심미적
③ 질산성 질소 – 심미적
④ 트리클로로에틸렌 – 건강

> 해설 질산성 질소는 건강상 유해영향 무기물질에 해당한다.

20 일반적으로 적용하는 펌프의 특성곡선에 포함되지 않는 것은?

① 토출량 – 양정곡선
② 토출량 – 효율곡선
③ 토출량 – 축동력곡선
④ 토출량 – 회전도곡선

> 해설 펌프특성곡선은 토출량과 양정, 효율, 축동력과의 관계이다.

정답 20. ④

2020 제1·2회 통합 토목기사 기출문제

2020년 6월 6일 시행

01 하수도계획의 기본적 사항에 관한 설명으로 옳지 않은 것은?
① 계획구역은 계획목표연도까지 시가화예상구역을 포함하여 광역적으로 정하는 것이 좋다.
② 하수도계획의 목표연도는 시설의 내용연수, 건설기간 등을 고려하여 50년을 원칙으로 한다.
③ 신시가지 하수도계획의 수립 시에는 기존 시가지를 포함하여 종합적으로 고려해야 한다.
④ 공공수역의 수질보전 및 자연환경보전을 위하여 하수도정비를 필요로 하는 지역을 계획구역으로 한다.

> **해설** 하수도시설의 계획목표연도는 20년을 원칙으로 한다.

02 배수 및 급수시설에 관한 설명으로 틀린 것은?
① 배수본관은 시설의 신뢰성을 높이기 위해 2개 열 이상으로 한다.
② 배수지의 건설에는 토압, 벽체의 균열, 지하수의 부상, 환기 등을 고려한다.
③ 급수관 분기지점에서 배수관 내의 최대정수압은 1,000kPa 이상으로 한다.
④ 관로공사가 끝나면 시공의 적합 여부를 확인하기 위하여 수압시험 후 통수한다.

> **해설** 급수관 분기지점에서 배수관 내의 최대정수압은 700kPa 이상으로 한다.

03 하수관로의 매설방법에 대한 설명으로 틀린 것은?
① 실드공법은 연약한 지반에 터널을 시공할 목적으로 개발되었다.
② 추진공법은 실드공법에 비해 공사기간이 짧고 공사비용도 저렴하다.
③ 하수도공사에 이용되는 터널공법에는 개착공법, 추진공법, 실드공법 등이 있다.
④ 추진공법은 중요한 지하매설물의 횡단공사 등으로 개착공법으로 시공하기 곤란할 때 가끔 채용된다.

> **해설** 개착공법은 터널공법이 아니다.

04 먹는 물에 대장균이 검출될 경우 오염수로 판정되는 이유로 옳은 것은?
① 대장균이 병원균이기 때문이다.
② 대장균은 반드시 병원균과 공존하기 때문이다.
③ 대장균은 번식 시 독소를 분비하여 인체에 해를 끼치기 때문이다.
④ 사람이나 동물의 체내에 서식하므로 병원성 세균의 존재 추정이 가능하기 때문이다.

> **해설** ① 대장균의 내성이 강하여 타 병원균의 추정이 가능하기 때문이다.
> ② 대장균이 존재하면 타 병원균이 존재할 가능성이 있고, 없으면 타 병원균은 존재하지 않는다.
> ③ 대장균은 인체의 대장과 분비물에 적당량 존재한다.

05 계획오수량에 대한 설명으로 옳지 않은 것은?
① 오수관로의 설계에는 계획시간 최대오수량을 기준으로 한다.
② 계획오수량의 산정에서는 일반적으로 지하수의 유입량은 무시할 수 있다.
③ 계획 1일 평균오수량은 계획 1일 최대오수량의 70~80%를 표준으로 한다.
④ 계획시간 최대오수량은 계획 1일 최대오수량의 1시간당 수량의 1.3~1.8배를 표준으로 한다.

정답 1.② 2.③ 3.③ 4.④ 5.②

> **해설** 계획오수량은 생활오수량, 공장폐수량, 지하수량의 합으로 산정한다.

> **해설** 수온이 높을수록 침전효율은 좋다.

06 송수에 필요한 유량 $Q=0.7\text{m}^3/\text{s}$, 길이 $l=100\text{m}$, 지름 $d=40\text{cm}$, 마찰손실계수 $f=0.03$인 관을 통하여 높이 30m에 양수할 경우 필요한 동력(HP)은? (단, 펌프의 합성효율은 80%이며, 마찰 이외의 손실은 무시한다.)

① 122HP   ② 244HP
③ 489HP   ④ 978HP

> **해설** **펌프의 축동력**
> ㉠ $Q=AV$
> ∴ $V=\dfrac{Q}{A}=\dfrac{0.7}{\dfrac{\pi\times 0.4^2}{4}}=5.57\text{m/s}$
> ㉡ $h_L=f\dfrac{l}{D}\dfrac{V^2}{2g}=0.03\times\dfrac{100}{0.4}\times\dfrac{5.57^2}{2\times 9.8}$
> $≒11.87\text{m}$
> ㉢ $P_p=\dfrac{13.33Q(H+\sum h_L)}{\eta}$
> $=\dfrac{13.33\times 0.7\times(30+11.87)}{0.8}≒489\text{HP}$

09 1/1,000의 경사로 묻힌 지름 2,400mm의 콘크리트관 내에 20℃의 물이 만관상태로 흐를 때의 유량은? (단, Manning공식을 적용하며 조도계수 $n=0.015$)

① $6.78\text{m}^3/\text{s}$ ② $8.53\text{m}^3/\text{s}$
③ $12.71\text{m}^3/\text{s}$ ④ $20.57\text{m}^3/\text{s}$

> **해설** **개수로의 유량**
> $Q=\dfrac{\pi D^2}{4}\dfrac{1}{n}R_h^{\frac{2}{3}}I^{\frac{1}{2}}$
> $=\dfrac{\pi\times 2.4^2}{4}\times\dfrac{1}{0.015}\times\left(\dfrac{2.4}{4}\right)^{\frac{2}{3}}\times\left(\dfrac{1}{1,000}\right)^{\frac{1}{2}}$
> $=6.78\text{m}^3/\text{s}$
> 여기서, 원형관이므로 $R_h=\dfrac{D}{4}$

07 저수시설의 유효저수량 결정방법이 아닌 것은?

① 합리식
② 물수지 계산
③ 유량도표에 의한 방법
④ 유량누가곡선도표에 의한 방법

> **해설** 합리식은 우수유출량 산정식이다.

10 다음 생물학적 처리방법 중 생물막공법은?

① 산화구법   ② 살수여상법
③ 접촉안정법   ④ 계단식 폭기법

> **해설** 생물막법은 살수여상법과 회전원판법이 있다.

11 함수율 95%인 슬러지를 농축시켰더니 최초 부피의 1/3이 되었다. 농축된 슬러지의 함수율은? (단, 농축 전후의 슬러지비중은 1로 가정)

① 65%   ② 70%
③ 85%   ④ 90%

> **해설** **슬러지함수율**
> $\dfrac{V_2}{V_1}=\dfrac{100-W_1}{100-W_2}$
> $\dfrac{1}{3}=\dfrac{100-95}{100-W_2}$
> ∴ $W_2=85\%$

08 정수장 침전지의 침전효율에 영향을 주는 인자에 대한 설명으로 옳지 않은 것은?

① 수온이 낮을수록 좋다.
② 체류시간이 길수록 좋다.
③ 입자의 직경이 클수록 좋다.
④ 침전지의 수표면적이 클수록 좋다.

정답 6.③ 7.① 8.① 9.① 10.② 11.③

12 원형 침전지의 처리유량이 10,200m³/day, 위어의 월류부하가 169.2m³/m·day라면 원형 침전지의 지름은?

① 18.2m   ② 18.5m
③ 19.2m   ④ 20.8m

> **해설** 침강속도
> $$V_0 = \frac{Q}{A}$$
> $169.2\text{m}^3/\text{m}\cdot\text{day} = \dfrac{10,200\text{m}^3/\text{day}}{\text{침전지둘레}(\pi d)}$
> $\pi d = 60.28\text{m}$
> $\therefore d = 19.2\text{m}$

13 금속이온 및 염소이온(염화나트륨 제거율 93% 이상)을 제거할 수 있는 막여과공법은?

① 역삼투법   ② 나노여과법
③ 정밀여과법 ④ 한외여과법

> **해설** 막여과공법 중 이온 제거에 많이 이용되는 것은 역삼투법이다.

14 정수처리에서 염소소독을 실시할 경우 물이 산성일수록 살균력이 커지는 이유는?

① 수중의 OCl⁻ 감소   ② 수중의 OCl⁻ 증가
③ 수중의 HOCl 감소   ④ 수중의 HOCl 증가

> **해설** 살균력이 커지는 것은 유리잔류염소인 HOCl이 증가한다는 의미이다.

15 하수도시설에 관한 설명으로 옳지 않은 것은?

① 하수배제방식은 합류식과 분류식으로 대별할 수 있다.
② 하수도시설은 관로시설, 펌프장시설 및 처리장시설로 크게 구별할 수 있다.
③ 하수배제는 자연유하를 원칙으로 하고 있으며 펌프시설도 사용할 수 있다.
④ 하수처리장시설은 물리적 처리시설을 제외한 생물학적, 화학적 처리시설을 의미한다.

> **해설** 하수처리장시설은 물리적, 생물학적, 화학적 처리시설을 의미한다.

16 대기압이 10.33m, 포화수증기압이 0.238m, 흡입관 내의 전 손실수두가 1.2m, 토출관의 전 손실수두가 5.6m, 펌프의 공동현상계수(σ)가 0.8이라 할 때 공동현상을 방지하기 위하여 펌프가 흡입수면으로부터 얼마의 높이까지 위치할 수 있겠는가?

① 약 0.8m까지   ② 약 2.4m까지
③ 약 3.4m까지   ④ 약 4.5m까지

> **해설** 흡입수두
> $H_a = H_p + h_L + H_{sv} + H_s$
> $10.33 = 0.238 + (1.2 + 5.6) + H_{sv} + H_s$
> $H_{sv} + H_s = 3.292\text{m}$
> $H_{sv} + H_s > 1.3 h_{sv}$
> $\therefore 3.292 \times 0.7 = 2.3\text{m}$
> 여기서, H_a : 대기압수두, H_p : 포화수증기압수두,
> h_L : 총손실수두, H_{sv} : 유효흡입수두,
> h_{sv} : 필요흡입수두, H_s : 여유수면
>
> **참고** $H_{sv} + H_s > 1.3 h_{sv}$를 만족시키려면 h_{sv}보다 1.3배, 즉 30% 크게 해야 한다.

17 상수도 취수시설 중 침사지에 관한 시설기준으로 틀린 것은?

① 길이는 폭의 3~8배를 표준으로 한다.
② 침사지의 체류시간은 계획취수량의 10~20분을 표준으로 한다.
③ 침사지의 유효수심은 3~4m를 표준으로 한다.
④ 침사지 내의 평균유속은 20~30cm/s를 표준으로 한다.

> **해설** 침사지 내의 평균유속은 2~7cm/s를 표준으로 한다.

정답 12. ③ 13. ① 14. ④ 15. ④ 16. ② 17. ④

18 우수가 하수관로로 유입하는 시간이 4분, 하수관로에서 유하시간이 15분, 이 유역의 유역면적이 4km², 유출계수는 0.6, 강우강도식 $I=\dfrac{6,500}{t+40}$[mm/h]일 때 첨두유량은? (단, t의 단위 : 분)

① 73.4m³/s ② 78.8m³/s
③ 85.0m³/s ④ 98.5m³/s

> **해설** **합리식**
> $t = t_1 + t_2 = 4 + 15 = 19\text{min}$
> $\therefore Q = \dfrac{1}{3.6}CIA = \dfrac{1}{3.6} \times 0.6 \times \dfrac{6,500}{19+40} \times 4$
> $= 73.4\text{m}^3/\text{s}$

19 정수장의 약품침전을 위한 응집제로서 사용되지 않는 것은?

① PACl ② 황산철
③ 활성탄 ④ 황산알루미늄

> **해설** 활성탄은 이취미 제거에 사용된다.

20 계획급수량을 산정하는 식으로 옳지 않은 것은?

① 계획 1인 1일 평균급수량=계획 1인 1일 평균사용수량/계획첨두율
② 계획 1일 최대급수량=계획 1일 평균급수량×계획첨두율
③ 계획 1일 평균급수량=계획 1인 1일 평균급수량×계획급수인구
④ 계획 1일 최대급수량=계획 1인 1일 최대급수량×계획급수인구

> **해설** 계획 1인 1일 평균급수량=계획 1인 1일 평균사용수량/계획유효율

정답 18. ① 19. ③ 20. ①

2020 제3회 토목기사 기출문제

2020년 8월 22일 시행

01 배수지의 적정 배치와 용량에 대한 설명으로 옳지 않은 것은?
① 배수상 유리한 높은 장소를 선정하여 배치한다.
② 용량은 계획 1일 최대급수량의 18시간분 이상을 표준으로 한다.
③ 시설물의 배치에는 가능한 한 안정되고 견고한 지반의 장소를 선정한다.
④ 가능한 한 비상시에도 단수 없이 급수할 수 있도록 배수지 용량을 설정한다.

> **해설** 배수지 용량은 표준 8~12시간, 최소 6시간 이상을 표준으로 한다.

02 구형 수로가 수리학상 유리한 단면을 얻으려 할 경우 폭이 28m라면 경심(R)은?
① 3m ② 5m
③ 7m ④ 9m

> **해설** 동수반경(경심)
> 수리학상 유리한 단면은 $h = \dfrac{b}{2}$ 이므로
> $\therefore R_h = \dfrac{bh}{b+2h} = \dfrac{b \times \dfrac{b}{2}}{b + 2 \times \dfrac{b}{2}} = \dfrac{b}{4}$
> $= \dfrac{28}{4} = 7\text{m}$

03 활성탄 흡착공정에 대한 설명으로 옳지 않은 것은?
① 활성탄 흡착을 통해 소수성의 유기물질을 제거할 수 있다.
② 분말활성탄의 흡착능력이 떨어지면 재생공정을 통해 재활용한다.
③ 활성탄은 비표면적이 높은 다공성의 탄소질 입자로, 형상에 따라 입상활성탄과 분말활성탄으로 구분된다.
④ 모래여과공정 전단에 활성탄 흡착공정을 두게 되면 탁도부하가 높아져서 활성탄 흡착효율이 떨어지거나 역세척을 자주 해야 할 필요가 있다.

> **해설** 분말활성탄은 재생공정을 하지 않는다.

04 상수도의 수원으로서 요구되는 조건이 아닌 것은?
① 수질이 좋을 것
② 수량이 풍부할 것
③ 상수소비지에서 가까울 것
④ 수원이 도시 가운데 위치할 것

> **해설** 수원은 상수소비지에서 가까워야 하며, 배수지는 배수구역의 중앙(도시의 중앙)에 위치한다.

05 조류(algae)가 많이 유입되면 여과지를 폐쇄시키거나 물에 맛과 냄새를 유발시키기 때문에 이를 제거해야 하는데, 조류 제거에 흔히 쓰이는 대표적인 약품은?
① $CaCO_3$ ② $CuSO_4$
③ $KMnO_4$ ④ $K_2Cr_2O_7$

> **해설** 조류 제거는 마이크로-스트레이너법이고, 부영양화의 원인물질인 질소와 인의 제거는 $CuSO_4$이다. 궁극적인 목적으로 보면 가장 적합한 답은 $CuSO_4$이다.

06 다음 중 오존처리법을 통해 제거할 수 있는 물질이 아닌 것은?
① 철
② 망간
③ 맛·냄새물질
④ 트리할로메탄(THM)

정답 1.② 2.③ 3.② 4.④ 5.② 6.④

> **해설** THM은 염소 과다 주입 시 발생하며 오존처리로 제거할 수 없다.

07 상수도계통의 도수시설에 관한 설명으로 옳은 것은?
① 수원에서 취한 물을 정수장까지 운반하는 시설을 말한다.
② 정수처리된 물을 수용가에서 공급하는 시설을 말한다.
③ 적당한 수질의 물을 수원지에서 모아서 취하는 시설을 말한다.
④ 정수장에서 정수처리된 물을 배수지까지 보내는 시설을 말한다.

> **해설** ② 급수시설
> ③ 취수시설
> ④ 송수시설

08 하수고도처리 중 하나인 생물학적 질소 제거방법에서 질소의 제거 직전 최종 형태(질소 제거의 최종 산물)는?
① 질소가스(N_2)
② 질산염(NO_3^-)
③ 아질산염(NO_2^-)
④ 암모니아성 질소(NH_4^+)

> **해설** 탈질산화과정
> 암모니아성 질소(NH_3^--N) → 아질산성 질소(NO_2^--N) → 질산성 질소(NO_3^--N) → N_2

09 하수처리에 관한 설명으로 틀린 것은?
① 하수처리방법은 크게 물리적, 화학적, 생물학적 처리공정으로 분류된다.
② 화학적 처리공정은 소독, 중화, 산화 및 환원, 이온교환 등이 있다.
③ 물리적 처리공정은 여과, 침사, 활성탄 흡착, 응집·침전 등이 있다.
④ 생물학적 처리공정은 호기성 분해와 혐기성 분해로 크게 분류된다.

> **해설** 활성탄 흡착은 화학적 처리공정이다.

10 장기포기법에 관한 설명으로 옳은 것은?
① F/M비가 크다.
② 슬러지 발생량이 적다.
③ 부지가 적게 소요된다.
④ 대규모 하수처리장에 많이 이용된다.

> **해설** ① F/M비가 작다.
> ③ 부지가 많이 소요된다.
> ④ 중소규모 하수처리장에 이용된다.
>
> **참고** 장기포기법은 잉여슬러지양을 최대한 감소시키기 위한 방법이다.

11 다음과 같이 구성된 지역의 총괄유출계수는?

- 주거지역 — 면적 : 4ha, 유출계수 : 0.6
- 상업지역 — 면적 : 2ha, 유출계수 : 0.8
- 녹지 — 면적 : 1ha, 유출계수 : 0.2

① 0.42   ② 0.53
③ 0.60   ④ 0.70

> **해설** 유출계수
> $$C = \frac{A_1 C_1 + A_2 C_2 + A_3 C_3}{A_1 + A_2 + A_3}$$
> $$= \frac{4 \times 0.6 + 2 \times 0.8 + 1 \times 0.2}{4+2+1} = 0.6$$

12 다음 상수도관의 관종 중 내식성이 크고 중량이 가벼우며 손실두수가 적으나 저온에서 강도가 낮고 열이나 유기용제에 약한 것은?
① 흄관   ② 강관
③ PVC관   ④ 석면시멘트관

> **해설** 내식성이 크고 중량이 가벼우며 손실두수가 적으나 저온에서 강도가 낮고 열이나 유기용제에 약한 관은 PVC관이다.

정답 7. ① 8. ① 9. ③ 10. ② 11. ③ 12. ③

13 급수량에 관한 설명으로 옳은 것은?

① 시간 최대급수량은 일 최대급수량보다 작게 나타난다.
② 계획 1일 평균급수량은 시간 최대급수량에 부하율을 곱해 산정한다.
③ 소화용수는 일 최대급수량에 포함되므로 별도로 산정하지 않는다.
④ 계획 1일 최대급수량은 계획 1일 평균급수량에 계획첨두율을 곱해 산정한다.

> [해설] ① 급수량의 크기는 시간 최대급수량 > 1일 최대급수량 > 1일 평균급수량 순이다.
> ② 계획 1일 평균급수량은 계획 1일 최대급수량에 부하율을 곱해 산정한다.
> ③ 소화용수는 일 최대급수량에 포함되므로 별도로 산정한다.

14 하수처리계획 및 재이용계획의 계획오수량에 대한 설명 중 옳지 않은 것은?

① 계획 1일 최대오수량은 1인 1일 최대오수량에 계획인구를 곱한 후 공장폐수량, 지하수량 및 기타 배수량을 더한 것으로 한다.
② 계획오수량은 생활오수량, 공장폐수량 및 지하수량으로 구분한다.
③ 지하수량은 1인 1일 최대오수량의 20% 이하로 한다.
④ 계획시간 최대오수량은 계획 1일 평균오수량의 1시간당 수량의 2~3배를 표준으로 한다.

> [해설] 계획시간 최대오수량은 계획 1일 최대오수량의 1시간당 수량의 1.3~1.8배를 표준으로 한다.

15 알칼리도가 30mg/L의 물에 황산알루미늄을 첨가했더니 20mg/L의 알칼리도가 소비되었다. 여기에 $Ca(OH)_2$를 주입하여 알칼리도를 15mg/L로 유지하기 위해 필요한 $Ca(OH)_2$는? (단, $Ca(OH)_2$분자량 74, $CaCO_3$분자량 100)

① 1.2mg/L   ② 3.7mg/L
③ 6.2mg/L   ④ 7.4mg/L

> [해설] 알칼리도주입량 = 15 - (30-20) = 5mg/L
> 5 : x = 100 : 74
> ∴ x = 3.7mg/L

16 하수관로의 유속 및 경사에 대한 설명으로 옳은 것은?

① 유속은 하류로 갈수록 점차 작아지도록 설계한다.
② 관로의 경사는 하류로 갈수록 점차 커지도록 설계한다.
③ 오수관로는 계획 1일 최대오수량에 대하여 유속을 최소 1.2m/s로 한다.
④ 우수관로 및 합류식 관로는 계획우수량에 대하여 유속을 최대 3.0m/s로 한다.

> [해설] ①, ② 하류로 갈수록 유속은 빠르게, 경사는 완만하게 한다.
> ③ 오수관로의 최소유속은 0.6m/s이다.

17 하수처리수 재이용 기본계획에 대한 설명으로 틀린 것은?

① 하수처리 재이용수는 용도별 요구되는 수질기준을 만족하여야 한다.
② 하수처리수 재이용지역은 가급적 해당 지역 내의 소규모 지역범위로 한정하여 계획한다.
③ 하수처리 재이용수의 용도는 생활용수, 공업용수, 농업용수, 유지용수를 기본으로 계획한다.
④ 하수처리수 재이용량은 해당 지역 물 재이용 관리계획에서 제시된 재이용량을 참고하여 계획하여야 한다.

> [해설] 하수처리수 재이용지역은 해당 지역뿐만 아니라 인근 지역을 포함하는 광역적 범위로 검토·계획한다.

18 다음 펌프 중 가장 큰 비교회전도(N_s)를 나타내는 것은?

① 사류펌프   ② 원심펌프
③ 축류펌프   ④ 터빈펌프

정답 13. ④ 14. ④ 15. ② 16. ④ 17. ② 18. ③

해설 축류펌프는 가장 저양정이면서 비교회전도가 가장 크다.

19 다음 중 계획 1일 최대급수량을 기준으로 하지 않는 시설은?
① 배수시설 ② 송수시설
③ 정수시설 ④ 취수시설

해설 배수시설은 계획 1일 최대급수량을 기준으로 하나, 배수시설 안에 있는 배수관 또는 배수펌프는 시간 최대급수량을 기준으로 한다.

20 오수 및 우수의 배제방식인 분류식과 합류식에 대한 설명으로 틀린 것은?
① 합류식은 관의 단면적이 크기 때문에 폐쇄의 염려가 적다.
② 합류식은 일정량 이상이 되면 우천 시 오수가 월류할 수 있다.
③ 분류식은 별도의 시설 없이 오염도가 높은 초기 우수를 처리장으로 유입시켜 처리한다.
④ 분류식은 2계통을 건설하는 경우 합류식에 비하여 일반적으로 관거의 부설비가 많이 든다.

해설 별도의 시설 없이 오염도가 높은 초기 우수를 처리장으로 유입시켜 처리하는 방식은 합류식이다.

정답 19. ① 20. ③

2020 제4회 토목기사 기출문제

📝 2020년 9월 27일 시행

01 고속응집침전지를 선택할 때 고려하여야 할 사항으로 옳지 않은 것은?
① 처리수량의 변동이 적어야 한다.
② 탁도와 수온의 변동이 적어야 한다.
③ 원수탁도는 10NTU 이상이어야 한다.
④ 최고탁도는 10,000NTU 이하인 것이 바람직하다.

> 해설 고속응집침전지의 최고탁도는 1,000NTU 이하인 것이 바람직하다.

02 경도가 높은 물을 보일러용수로 사용할 때 발생되는 주요 문제점은?
① Cavitation ② Scale 생성
③ Priming 생성 ④ Foaming 생성

> 해설 경도가 높은 경수는 녹(scale)이 생성된다.

03 지표수를 수원으로 하는 일반적인 상수도의 계통도로 옳은 것은?
① 취수탑 → 침사지 → 급속여과 → 보통침전지 → 소독 → 배수지 → 급수
② 침사지 → 취수탑 → 급속여과 → 응집침전지 → 소독 → 배수지 → 급수
③ 취수탑 → 침사지 → 보통침전지 → 급속여과 → 배수지 → 소독 → 급수
④ 취수탑 → 침사지 → 응집침전지 → 급속여과 → 소독 → 배수지 → 급수

> 해설 지표수를 수원으로 하는 경우 상수시설은 '취수탑 → 침사지 → 응집침전지 → 여과지 → 배수지'의 순서로 배치한다.

04 침전지의 침전효율을 크게 하기 위한 조건과 거리가 먼 것은?
① 유량을 작게 한다.
② 체류시간을 작게 한다.
③ 침전지의 표면적을 크게 한다.
④ 플록의 침강속도를 크게 한다.

> 해설 침전효율
> $$E = \frac{V_s}{V_o} \times 100\% = \frac{V_s A}{Q} \times 100\%$$
> $$= \frac{V_s t}{h} \times 100\%$$

05 유출계수 0.6, 강우강도 2mm/min, 유역면적 2km² 인 지역의 우수량을 합리식으로 구하면?
① 0.007m³/s ② 0.4m³/s
③ 0.667m³/s ④ 40m³/s

> 해설 합리식
> $I = 2\text{mm/min} = 2 \times 60 = 120\text{mm/h}$
> $\therefore Q = \frac{1}{3.6}CIA$
> $= \frac{1}{3.6} \times 0.6 \times 120 \times 2 = 40\text{m}^3/\text{s}$

06 양수량이 500m³/h, 전양정이 10m, 회전수가 1,100rpm 일 때 비교회전도(N_s)는?
① 362 ② 565
③ 614 ④ 809

> 해설 비교회전도
> $Q = 500\text{m}^3/\text{h} = \frac{500}{60} = 8.33\text{m}^3/\text{min}$
> $\therefore N_s = N\frac{Q^{1/2}}{H^{3/4}} = 1,100 \times \frac{8.33^{1/2}}{10^{3/4}} ≒ 565$

정답 1.④ 2.② 3.④ 4.② 5.④ 6.②

07 여과면적이 1지당 120m²인 정수장에서 역세척과 표면세척을 6분/회씩 수행할 경우 1지당 배출되는 세척수량은? (단, 역세척속도는 5m/분, 표면세척속도는 4m/분이다.)

① 1,080m³/회
② 2,640m³/회
③ 4,920m³/회
④ 6,480m³/회

해설 여과면적
$$A = \frac{Q}{Vn}$$
$$\therefore Q = AVn = (120 \times 5 \times 6 + 120 \times 4 \times 6) \times 1 = 6,480 m^3/회$$

08 혐기성 소화공정을 적절하게 운전 및 관리하기 위하여 확인해야 할 사항으로 옳지 않은 것은?

① COD농도 측정
② 가스 발생량 측정
③ 상징수의 pH 측정
④ 소화슬러지의 성상 파악

해설 혐기성 소화공정은 미생물이 반응물질이므로 COD는 해당 사항이 없다.

09 도수관로에 관한 설명으로 틀린 것은?

① 도수거 동수경사의 통상적인 범위는 1/1,000~1/3,000이다.
② 도수관의 평균유속은 자연유하식인 경우에 허용 최소한도를 0.3m/s로 한다.
③ 도수관의 평균유속은 자연유하식인 경우에 최대한도를 3.0m/s로 한다.
④ 관경의 산정에 있어서 시점의 고수위, 종점의 저수위를 기준으로 동수경사를 구한다.

해설 도수관 관경의 산정에 있어서 시점의 저수위, 종점의 고수위를 기준으로 동수경사를 구한다.

10 잉여슬러지양을 크게 감소시키기 위한 방법으로 BOD-SS부하를 아주 작게, 포기시간을 길게 하여 내생호흡상으로 유지되도록 하는 활성슬러지변법은?

① 계단식 포기법(Step Aeration)
② 점감식 포기법(Tapered Aeration)
③ 장시간 포기법(Extended Aeration)
④ 완전혼합포기법(Complete Mixing Aeration)

해설 장시간 포기법은 잉여슬러지양을 크게 감소시키기 위한 방법으로 BOD-SS부하를 아주 작게, 포기시간을 길게 하여 내생호흡상으로 유지되도록 하는 활성슬러지변법이다.

11 하수고도처리방법으로 질소, 인 동시 제거 가능한 공법은?

① 정석탈인법
② 혐기호기 활성슬러지법
③ 혐기무산소호기조합법
④ 연속 회분식 활성슬러지법

해설 A2/O법(혐기무산소호기조합법)은 질소와 인을 동시에 제거하는 고도처리방법이다.

12 수질오염지표항목 중 COD에 대한 설명으로 옳지 않은 것은?

① $NaCO_2$, SO_2^-는 COD값에 영향을 미친다.
② 생물분해 가능한 유기물도 COD로 측정할 수 있다.
③ COD는 해양오염이나 공장폐수의 오염지표로 사용된다.
④ 유기물농도값은 일반적으로 COD>TOD>TOC>BOD이다.

해설 유기물농도값은 일반적으로 TOD>COD>BOD>TOC이다.

13 원형 하수관에서 유량이 최대가 되는 때는?

① 수심비가 72~78% 차서 흐를 때
② 수심비가 80~85% 차서 흐를 때
③ 수심비가 92~94% 차서 흐를 때
④ 가득 차서 흐를 때

정답 7.④ 8.① 9.④ 10.③ 11.③ 12.④ 13.③

해설 원형 하수관
 ㉠ 유량이 최대일 때 : 수심비가 92~94% 차서 흐를 때
 ㉡ 유속이 최대일 때 : 수심비가 81~84% 차서 흐를 때

14 하수관로의 배제방식에 대한 설명으로 틀린 것은?
① 합류식은 청천 시 관 내 오물이 침전하기 쉽다.
② 분류식은 합류식에 비해 부설비용이 많이 든다.
③ 분류식은 우천 시 오수가 월류하도록 설계한다.
④ 합류식 관로는 단면이 커서 환기가 잘되고 검사에 편리하다.

해설 분류식의 오수는 하수종말처리장에서 모두 처리되므로 완전처리가 가능하다.

15 펌프대수 결정을 위한 일반적인 고려사항에 대한 설명으로 옳지 않은 것은?
① 펌프는 용량이 작을수록 효율이 높으므로 가능한 소용량의 것으로 한다.
② 펌프는 가능한 최고효율점 부근에서 운전하도록 대수 및 용량을 정한다.
③ 건설비를 절약하기 위해 예비는 가능한 대수를 적게 하고 소용량으로 한다.
④ 펌프의 설치대수는 유지관리상 가능한 적게 하고 동일 용량의 것으로 한다.

해설 펌프는 가능한 한 대용량을 선택한다.

16 취수보의 취수구에서의 표준유입속도는?
① 0.3~0.6m/s   ② 0.4~0.8m/s
③ 0.5~1.0m/s   ④ 0.6~1.2m/s

해설 취수보의 취수구에서의 표준유입속도는 0.4~0.8 m/s이다.

17 오수 및 우수관로의 설계에 대한 설명으로 옳지 않은 것은?
① 우수관경의 결정을 위해서는 합리식을 적용한다.
② 오수간로의 최소관경은 200mm를 표준으로 한다.
③ 우수관로 내의 유속은 가능한 사류상태가 되도록 한다.
④ 오수관로의 계획하수량은 계획시간 최대오수량으로 한다.

해설 우수관로 내의 유속은 가능한 상류상태가 되도록 한다.

18 하천 및 저수지의 수질 해석을 위한 수학적 모형을 구성하고자 할 때 가장 기본이 되는 수학적 방정식은?
① 질량 보존의 식   ② 에너지 보존의 식
③ 운동량 보존의 식   ④ 난류의 운동방정식

해설 하천 및 저수지의 수질 해석을 위한 수학적 모형의 기본에 되는 수학적 방정식은 질량 보존의 식이다.

19 어떤 지역의 강우지속시간(t)과 강우강도역수($1/I$)와의 관계를 그해보니 다음 그림과 같이 기울기가 1/3,000, 절편이 1/150이 되었다. 이 지역의 강우강도(I)를 Talbot형 $\left(I=\dfrac{a}{t+b}\right)$으로 표시한 것으로 옳은 것은?

① $\dfrac{3,000}{t+20}$ ② $\dfrac{10}{t+1,500}$
③ $\dfrac{1,500}{t+10}$ ④ $\dfrac{20}{t+3,000}$

정답 14. ③ 15. ① 16. ② 17. ③ 18. ① 19. ①

> **해설** **강우강도**
> $a = \dfrac{1}{기울기} = \dfrac{1}{1/3,000} = 3,000$
> $b = \dfrac{절편}{기울기} = \dfrac{1/150}{1/3,000} = 20$
> $\therefore I = \dfrac{a}{t+b} = \dfrac{3,000}{t+20}$

20 도수관에서 유량을 Hazen-Williams공식으로 다음과 같이 나타내었을 때 a, b의 값은? (단, C : 유속계수, D : 관의 지름, I : 동수경사)

$$Q = 0.84935 CD^a I^b$$

① $a = 0.63$, $b = 0.54$ ② $a = 0.63$, $b = 2.54$
③ $a = 2.63$, $b = 2.54$ ④ $a = 2.63$, $b = 0.54$

> **해설** Hazen-Williams는 실험을 통해 다음 식을 제안하였다.
> $V = 0.84935 CR_h^{0.63} I^{0.54}$
> $ = 0.35464 CD^{0.63} I^{0.54}$
> $\therefore Q = AV$
> $ = \dfrac{\pi D^2}{4} \times 0.35464 CD^{0.63} I^{0.54}$
> $ = 0.27853 CD^{2.63} I^{0.54}$
> $\therefore$ 보기의 계수는 틀리지만 $a = 2.63$, $b = 0.54$이다.

정답 20. ④

2021 제1회 토목기사 기출문제

2021년 3월 7일 시행

01 펌프의 흡입구경을 결정하는 식으로 옳은 것은? (단, Q : 펌프의 토출량(m³/min), V : 흡입구의 유속(m/s))

① $D = 146\sqrt{\dfrac{Q}{V}}$ [mm]   ② $D = 186\sqrt{\dfrac{Q}{V}}$ [mm]

③ $D = 273\sqrt{\dfrac{Q}{V}}$ [mm]   ④ $D = 357\sqrt{\dfrac{Q}{V}}$ [mm]

> **해설** $Q = AV = \dfrac{\pi D^2}{4} V$
>
> $\therefore D = \sqrt{\dfrac{4Q}{\pi V}}$ [m] $= 146\sqrt{\dfrac{Q}{V}}$ [mm]

02 보통 상수도의 기본계획에서 대상이 되는 기간인 계획 (목표)연도는 계획수립 시부터 몇 년간을 표준으로 하는가?

① 3~5년간   ② 5~10년간
③ 15~20년간   ④ 25~30년간

> **해설** 상수도의 계획연한은 5~15년이지만 통상 장기간으로 보기 때문에 5~10년보다는 15~20년으로 수립하는 것이 좋다.

03 정수시설에 관한 사항으로 틀린 것은?
① 착수정의 용량은 체류시간을 5분 이상으로 한다.
② 고속응집침전지의 용량은 계획정수량의 1.5~2.0시간분으로 한다.
③ 정수지의 용량은 첨두수요대처용량과 소독접촉시간용량을 고려하여 2시간분 이상을 표준으로 한다.
④ 플록형성지에서 플록 형성시간은 계획정수량에 대하여 20~40분간을 표준으로 한다.

> **해설** 착수정의 용량은 체류시간을 1.5분 이상으로 한다.

04 완속여과지와 비교할 때 급속여과지에 대한 설명으로 틀린 것은?
① 대규모 처리에 적합하다.
② 세균처리에 있어 확실성이 적다.
③ 유입수가 고탁도인 경우에 적합하다.
④ 유지관리비가 적게 들고 특별한 관리기술이 필요치 않다.

> **해설** 급속여과지는 약품침전지를 거쳐오기 때문에 응집제를 필요로 하므로 유지관리비가 많이 들고 특별한 관리기술이 필요하다.

05 혐기성 소화공정의 영향인자가 아닌 것은?
① 온도   ② 메탄함량
③ 알칼리도   ④ 체류시간

> **해설** 메탄은 혐기성 소화공정을 통해 발생하는 부산물이다.

06 자연수 중 지하수의 경도(硬度)가 높은 이유는 어떤 물질이 지하수에 많이 함유되어 있기 때문인가?
① O_2 ② CO_2
③ NH_3 ④ Colloid

> **해설** 경도는 물속에 용해되어 있는 Ca^{2+}, Mg^{2+} 등의 2가 양이온 금속이온이 박테리아작용으로 발생된 CO_2가 물에 녹아 반응하면서 발생한다.

07 유량이 100,000m³/day이고 BOD가 2mg/L인 하천으로 유량 1,000m³/day, BOD가 100mg/L인 하수가 유입된다. 하수가 유입된 후 혼합된 BOD의 농도는?
① 1.97mg/L   ② 2.97mg/L
③ 3.97mg/L   ④ 4.97mg/L

정답 1.① 2.③ 3.① 4.④ 5.② 6.② 7.②

해설 BOD농도
$$C = \frac{C_1 Q_1 + C_2 Q_2}{Q_1 + Q_2}$$
$$= \frac{2 \times 100,000 + 100 \times 1,000}{100,000 + 1,000}$$
$$= 2.97 \text{mg/L}$$

08 양수량이 8m³/min, 전양정이 4m, 회전수 1,160rpm인 펌프의 비교회전도는?

① 316
② 985
③ 1,160
④ 1,436

해설 비교회전도
$$N_s = N \frac{Q^{1/2}}{H^{3/4}} = 1,160 \times \frac{8^{1/2}}{4^{3/4}} = 1,160$$

09 일반적인 상수도계통도를 올바르게 나열한 것은?

① 수원 및 저수시설 → 취수 → 배수 → 송수 → 정수 → 도수 → 급수
② 수원 및 저수시설 → 취수 → 도수 → 정수 → 송수 → 배수 → 급수
③ 수원 및 저수시설 → 취수 → 배수 → 정수 → 급수 → 도수 → 송수
④ 수원 및 저수시설 → 취수 → 도수 → 정수 → 급수 → 배수 → 송수

해설 상수도의 계통도
수원 → 취수 → 도수 → 정수 → 송수 → 배수 → 급수

10 지하의 사질(砂質)여과층에서 수두차 h가 0.5m이며 투과거리 l이 2.5m인 경우 이곳을 통과하는 지하수의 유속은? (단, 투수계수는 0.3cm/s)

① 0.06cm/s
② 0.015cm/s
③ 1.5cm/s
④ 0.375cm/s

해설 지하수의 유속
$$V = KI = 0.3 \times \frac{0.5}{2.5} = 0.06 \text{cm/s}$$

11 일반활성슬러지공정에서 다음 조건과 같은 반응조의 수리학적 체류시간(HRT) 및 미생물체류시간(SRT)을 모두 올바르게 배열한 것은? (단, 처리수 SS를 고려한다.)

- 반응조 용량(V) : 10,000m³
- 반응조 유입수량(Q) : 40,000m³/day
- 반응조로부터의 잉여슬러지양(Q_w) : 400m³/day
- 반응조 내 SS농도(X) : 4,000mg/L
- 처리수의 SS농도(X_e) : 20mg/L
- 잉여슬러지농도(X_w) : 10,000mg/L

① HRT : 0.25일, SRT : 8.35일
② HRT : 0.25일, SRT : 9.53일
③ HRT : 0.5일, SRT : 10.35일
④ HRT : 0.5일, SRT : 11.53일

해설 ㉠ $HRT = \frac{V}{Q} = \frac{10,000}{40,000} = 0.25 \text{day}$

㉡ $SRT = \frac{XV}{X_w Q_w + (Q - Q_w) X_e}$
$= \frac{4,000 \times 10,000}{10,000 \times 400 + (40,000 - 400) \times 20}$
$= 8.35 \text{day}$

12 분류식 하수도의 장점이 아닌 것은?

① 오수관 내 유량이 일정하다.
② 방류장소 선정이 자유롭다.
③ 사설하수관에 연결하기가 쉽다.
④ 모든 발생오수를 하수처리장으로 보낼 수 있다.

해설 오수와 우수를 따로 배제하기 때문에 관거오접문제 등이 발생하기 쉽고, 사설하수관에 연결이 합류식에 비하여 어렵다.

13 다음 중 송수시설의 계획송수량은 원칙적으로 무엇을 기준으로 하는가?

① 연평균급수량
② 시간 최대급수량
③ 계획 1일 평균급수량
④ 계획 1일 최대급수량

정답 8.③ 9.② 10.① 11.① 12.③ 13.④

해설 상수도시설은 계획 1일 최대급수량이 설계의 기준이 된다.

14 배수면적이 2km²인 유역 내 강우의 하수관로유입시간이 6분, 유출계수가 0.70일 때 하수관로 내 유속이 2m/s인 1km 길이의 하수관에서 유출되는 우수량은? (단, 강우강도 $I = \dfrac{3,500}{t+25}$ [mm/h], t의 단위 : 분)

① $0.3\text{m}^3/\text{s}$ ② $2.6\text{m}^3/\text{s}$
③ $34.6\text{m}^3/\text{s}$ ④ $43.9\text{m}^3/\text{s}$

해설 합리식
$$t = t_1 + t_2 = 6 + \frac{1,000}{2 \times 60} = 14.3 \text{min}$$
$$\therefore Q = \frac{1}{3.6} CIA$$
$$= \frac{1}{3.6} \times 0.7 \times \frac{3,500}{14.3+25} \times 2$$
$$= 34.6 \text{m}^3/\text{s}$$

15 도수관을 설계할 때 자연유하식인 경우에 평균유속의 허용한도로 옳은 것은?

① 최소한도 0.3m/s, 최대한도 3.0m/s
② 최소한도 0.1m/s, 최대한도 2.0m/s
③ 최소한도 0.2m/s, 최대한도 1.5m/s
④ 최소한도 0.5m/s, 최대한도 1.0m/s

해설 도·송수관의 유속범위는 0.3~3m/s이다.

16 하수도용 펌프 흡입구의 표준유속으로 옳은 것은? (단, 흡입구의 유속은 펌프의 회전수 및 흡입실양정 등을 고려한다.)

① 0.3~0.5m/s   ② 1.0~1.5m/s
③ 1.5~3.0m/s   ④ 5.0~10.0m/s

해설 하수도용 펌프 흡입구의 표준유속범위는 1.5~3.0 m/s이다.

17 정수장에서 응집제로 사용하고 있는 폴리염화알루미늄(PACl)의 특성에 관한 설명으로 틀린 것은?

① 탁도 제거에 우수하며 특히 홍수 시 효과가 탁월하다.
② 최적 주입률의 폭이 크며 과잉으로 주입하여도 효과가 떨어지지 않는다.
③ 물에 극해되면 가수분해가 촉진되므로 원액을 그대로 사용하는 것이 바람직하다.
④ 낮은 수온에 대해서도 응집효과가 좋지만 황산알루미늄과 혼합하여 사용해야 한다.

해설 폴리염화알루미늄(PACl)은 단독으로 사용해도 좋으나 황산알루미륨과 혼합하여 사용해도 좋다. 그러나 반드시 혼합해서 사용해야 하는 것은 아니다.

18 펌프의 공동현상(cavitation)에 대한 설명으로 틀린 것은?

① 공동현상이 발생하면 소음이 발생한다.
② 공동현상은 펌프의 성능 저하의 원인이 될 수 있다.
③ 공동현상을 방지하려면 펌프의 회전수를 크게 해야 한다.
④ 펌프의 흡입양정이 너무 작고 임펠러의 회전속도가 빠를 때 공동현상이 발생한다.

해설 공동현상을 방지하려면 펌프의 회전수를 작게 해야 한다.

19 활성슬러지의 SVI가 현저하게 증가되어 응집성이 나빠져 최종 침전지에서 처리수의 분리가 곤란하게 되었다. 이것은 활성슬러지의 어떤 이상현상에 해당되는가?

① 활성슬러지의 부패
② 활성슬러지의 상승
③ 활성슬러지의 팽화
④ 활성슬러지의 해체

해설 SVI의 증가는 슬러지팽화의 원인이 된다.

정답 14. ③ 15. ① 16. ③ 17. ④ 18. ③ 19. ③

20 하수도시설에 손상을 주지 않기 위하여 설치되는 전처리(primary treatment)공정을 필요로 하지 않는 폐수는?

① 산성 또는 알칼리성이 강한 폐수
② 대형 부유물질만을 함유하는 폐수
③ 침전성 물질을 다량으로 함유하는 폐수
④ 아주 미세한 부유물질만을 함유하는 폐수

> **해설** 전처리공정에는 물리적 처리시설과 화학적 처리시설이 있다. 물리적 처리시설에는 대형 부유물질처리를 위한 스크린과 침전성 물질처리를 위한 침사지가 있고, 화학적 처리시설에는 pH중화가 있다.

정답 20. ④

2021 제2회 토목기사 기출문제

2021년 5월 15일 시행

01 수원으로부터 취수된 상수가 소비자까지 전달되는 일반적 상수도의 구성순서로 옳은 것은?

① 도수→송수→정수→배수→급수
② 송수→정수→도수→급수→배수
③ 도수→정수→송수→배수→급수
④ 송수→정수→도수→배수→급수

해설 상수도의 계통도
수원→취수→도수→정수→송수→배수→급수

02 하수관의 접합방법에 관한 설명으로 틀린 것은?

① 관중심접합은 관의 중심을 일치시키는 방법이다.
② 관저접합은 관의 내면 하부를 일치시키는 방법이다.
③ 단차접합은 지표의 경사가 급한 경우에 이용되는 방법이다.
④ 관정접합은 토공량을 줄이기 위하여 평탄한 지형에 많이 이용되는 방법이다.

해설 관정접합은 관의 상부를 접합하는 방식으로 굴착깊이가 커지고 토공량이 많아지는 접합방식이다.

03 계획오수량을 결정하는 방법에 대한 설명으로 틀린 것은?

① 지하수량은 1일 1인 최대오수량의 20% 이하로 한다.
② 생활오수량의 1일 1인 최대오수량은 1일 1인 최대급수량을 감안하여 결정한다.
③ 계획 1일 평균오수량은 계획 1일 최소오수량의 1.3~1.8배를 사용한다.
④ 합류식에서 우천 시 계획오수량은 원칙적으로 계획시간 최대오수량의 3배 이상으로 한다.

해설 계획 1일 평균오수량은 계획 1일 최대오수량의 1.3~1.8배를 사용한다.

04 하수배제방식의 특징에 관한 설명으로 틀린 것은?

① 분류식은 합류식에 비해 우천 시 월류의 위험이 크다.
② 합류식은 단면적이 크기 때문에 검사, 수리 등에 유리하다.
③ 합류식은 분류식(2계통 건설)에 비해 건설비가 저렴하고 시공이 용이하다.
④ 분류식은 강우 초기에 노면의 오염물질이 포함된 세정수가 직접 하천 등으로 유입된다.

해설 합류식은 분류식에 비해 우천 시 월류의 위험이 크다.

05 호수의 부영양화에 대한 설명으로 틀린 것은?

① 부영양화는 정체성 수역의 상층에서 발생하기 쉽다.
② 부영양화된 수원의 상수는 냄새로 인하여 음료수로 부적당하다.
③ 부영양화로 식물성 플랑크톤의 번식이 증가되어 투명도가 저하된다.
④ 부영양화로 생물활동이 활발하여 깊은 곳의 용존산소가 풍부하다.

해설 용존산소는 수심이 깊을수록 작아진다.

06 하수관로시설의 유량을 산출할 때 사용하는 공식으로 옳지 않은 것은?

① Kutter공식 ② Janssen공식
③ Manning공식 ④ Hazen-Williams공식

정답 1.③ 2.④ 3.③ 4.① 5.④ 6.②

> [해설] Janssen공식은 Marston공식과 함께 매설토의 수직 토압에 의해 작용하는 수직등분포하중을 구하기 위한 공식이다.

07 하수처리장 유입수의 SS농도는 200mg/L이다. 1차 침전지에서 30% 정도가 제거되고, 2차 침전지에서 85%의 제거효율을 갖고 있다. 하루처리용량이 3,000m³/day일 때 방류되는 총SS량은?

① 63kg/day
② 2,800g/day
③ 6,300kg/day
④ 6,300mg/day

> [해설] **SS농도(부유물질)**
> ㉠ 1차 침전지 처리 후 잔류SS농도
>   = 200mg/L − 200mg/L × 0.3 = 140mg/L
> ㉡ 2차 침전지 처리 후 잔류SS농도
>   = 140mg/L − 140mg/L × 0.85 = 21mg/L
> ㉢ 방류되는 총SS량
>   = 21 × 10⁻³kg/m³ × 3,000m³/day
>   = 63kg/day

08 상수도관의 관종 선정 시 기본으로 하여야 하는 사항으로 틀린 것은?

① 매설조건에 적합해야 한다.
② 매설환경에 적합한 시공성을 지녀야 한다.
③ 내압보다는 외압에 대하여 안전해야 한다.
④ 관 재질에 의하여 물이 오염될 우려가 없어야 한다.

> [해설] 상수도관은 외압보다는 내압에 강해야 한다.

09 하수도계획에서 계획우수량 산정과 관계가 없는 것은?

① 배수면적
② 설계강우
③ 유출계수
④ 집수관로

> [해설] 계획우수량은 $Q = CIA$의 합리식으로 산정하므로 유출계수(C), 강우강도(I), 배수면적(A)과 관계가 있다.

10 먹는 물의 수질기준항목에서 다음 특성을 갖고 있는 수질기준항목은?

- 수질기준은 10mg/L를 넘지 아니할 것
- 하수, 공장폐수, 분뇨 등과 같은 오염물의 유입에 의한 것으로 물의 오염을 추정하는 지표항목
- 유아에게 청색증 유발

① 불소
② 대장균군
③ 질산성 질소
④ 과망간산칼륨 소비량

> [해설] 질산성 질소는 암모니아성 질소와 함께 공장폐수의 오염지표이다.

11 관의 길이가 1,000m이고 지름이 20cm인 관을 지름 40cm의 등치관으로 바꿀 때 등치관의 길이는? (단, Hazen-Williams공식을 사용한다.)

① 2924.2m
② 5924.2m
③ 19242.6m
④ 29242.6m

> [해설] **Hazen−Williams공식**
> $$L_2 = L_1 \left(\frac{D_2}{D_1}\right)^{4.87} = 1{,}000 \times \left(\frac{0.4}{0.2}\right)^{4.87}$$
> $= 29242.6\text{m}$

12 폭기조의 MLSS농도 2,000mg/L, 30분간 정치시킨 후 침전된 슬러지체적이 300mL/L일 때 SVI는?

① 100
② 150
③ 200
④ 250

> [해설] **슬러지용적지수**
> $$SVI = \frac{V}{C} \times 1{,}000 = \frac{300}{2{,}000} \times 1{,}000 = 150$$

정답 7. ① 8. ③ 9. ④ 10. ③ 11. ④ 12. ②

13 유출계수가 0.6이고 유역면적 2km²에 강우강도 200mm/h의 경우가 있었다면 유출량은? (단, 합리식을 사용한다.)

① 24.0m³/s ② 66.7m³/s
③ 240m³/s ④ 667m³/s

> **해설** 합리식
> $Q = \dfrac{1}{3.6} CIA = \dfrac{1}{3.6} \times 0.6 \times 200 \times 2$
> $= 66.67 \text{m}^3/\text{s}$

14 정수지에 대한 설명으로 틀린 것은?
① 정수지 상부는 반드시 복개해야 한다.
② 정수지의 유효수심은 3~6m를 표준으로 한다.
③ 정수지의 바닥은 저수위보다 1m 이상 낮게 해야 한다.
④ 정수지란 정수를 저류하는 탱크로 정수시설로는 최종 단계의 시설이다.

> **해설** 정수지의 바닥은 저수위보다 15cm 이상 낮게 해야 한다.

15 합류식 관로의 단면을 결정하는 데 중요한 요소로 옳은 것은?
① 계획우수량
② 계획 1일 평균오수량
③ 계획시간 최대오수량
④ 계획시간 평균오수량

> **해설** 합류식 관로는 오수와 우수를 하나의 관으로 배제하기 때문에 계획시간 최대오수량과 계획우수량의 합으로 결정하되, 계획우수량이 단면을 결정하는 데 중요하게 작용한다.

16 정수처리 시 염소소독공정에서 생성될 수 있는 유해물질은?
① 유기물 ② 암모니아
③ 환원성 금속이온 ④ THM(트리할로메탄)

> **해설** 염소소독 시 발생하는 유해물질은 THM이다.

17 혐기성 소화법과 비교할 때 호기성 소화법의 특징으로 옳은 것은?
① 최초 시공비 과다
② 유기물 감소율 우수
③ 저온 시의 효율 향상
④ 소화슬러지의 탈수 불량

> **해설** 혐기성 소화법과 비교한 호기성 소화법의 장단점
>
> | 구분 | 호기성 소화법 |
> |---|---|
> | 장점 | • 최초 시공비 절감
• 악취 발생 감소
• 운전 용이
• 상징수의 수질 양호 |
> | 단점 | • 소화슬러지의 탈수 불량
• 포기에 드는 동력비 과다
• 유기물 감소율 저조
• 건설부지 과다
• 저온 시의 효율 저하
• 가치 있는 부산물이 생성되지 않음 |

18 정수시설 내에서 조류를 제거하는 방법 중 약품으로 조류를 산화시켜 침전처리 등으로 제거하는 방법에 사용되는 것은?
① Zeolite ② 황산구리
③ 과망간산칼륨 ④ 수산화나트륨

> **해설** 부영양화
> ㉠ 조류의 발생으로 부영양화가 발생된다.
> ㉡ 부영양화 방지대책으로 황산구리를 투여한다.

19 병원성 미생물에 의하여 오염되거나 오염될 우려가 있는 경우 수도꼭지에서의 유리잔류염소는 몇 mg/L 이상 되도록 하여야 하는가?
① 0.1mg/L ② 0.4mg/L
③ 0.6mg/L ④ 1.8mg/L

정답 13. ② 14. ③ 15. ① 16. ④ 17. ④ 18. ② 19. ②

해설 수도전에서의 유리잔류염소는 평상시 0.2mg/L, 비상시 0.4mg/L 이상 되도록 해야 한다.

20 다음 중 배수관의 갱생공법으로 기존 관 내의 세척(cleaning)을 수행하는 일반적인 공법으로 옳지 않은 것은?

① 제트(jet)공법
② 실드(shield)공법
③ 로터리(rotary)공법
④ 스크레이퍼(scraper)공법

해설 실드공법은 연약지반이나 대수지반에 터널을 만들 때 사용되는 굴착공법이다.

정답 20. ②

2021 제3회 토목기사 기출문제

2021년 8월 14일 시행

01 공동현상(cavitation)의 방지책에 대한 설명으로 옳지 않은 것은?
① 마찰손실을 작게 한다.
② 흡입양정을 작게 한다.
③ 펌프의 흡입관경을 작게 한다.
④ 임펠러(impeller)속도를 작게 한다.

> **해설** 공동현상을 방지하기 위해서는 흡입관의 직경을 크게 해야 한다.

02 간이공공하수처리시설에 대한 설명으로 틀린 것은?
① 계획구역이 작으므로 유입하수의 수량 및 수질의 변동을 고려하지 않는다.
② 용량은 우천 시 계획오수량과 공공하수처리시설의 강우 시 처리 가능량을 고려한다.
③ 강우 시 우수처리에 대한 문제가 발생할 수 있으므로 강우 시 3Q처리가 가능하도록 계획한다.
④ 간이공공하수처리시설은 합류식 지역 내 500m³/일 이상 공공하수처리장에 설치하는 것을 원칙으로 한다.

> **해설** 계획구역이 작으므로 유입하수의 수량 및 수질의 변동은 항상 고려한다.

03 하수관로의 개·보수계획 시 불명수량 산정방법 중 일평균하수량, 상수사용량, 지하수사용량, 오수전환율 등을 주요 인자로 이용하여 산정하는 방법은?
① 물 사용량평가법
② 일 최대유량평가법
③ 야간 생활하수평가법
④ 일 최대-최소유량평가법

> **해설** 물 사용량평가법은 일평균하수량, 상수사용량, 지하수사용량, 오수전환율 등을 주요 인자로 이용하여 산정하는 방법이다.

04 맨홀에 인버트(invert)를 설치하지 않았을 때의 문제점이 아닌 것은?
① 맨홀 내에 퇴적물이 쌓이게 된다.
② 환기가 되지 않아 냄새가 발생한다.
③ 퇴적물이 부패되어 악취가 발생한다.
④ 맨홀 내에 물기가 있어 작업이 불편하다.

> **해설** 맨홀 내 인버트는 관의 저부에 연결시켜 하수의 흐름을 원활하게 하고 부패와 악취가 발생하지 않도록 하는 부속시설이다.

05 수중의 질소화합물의 질산화 진행과정으로 옳은 것은?
① $NH_3-N \rightarrow NO_2-N \rightarrow NO_3-N$
② $NH_3-N \rightarrow NO_3-N \rightarrow NO_2-N$
③ $NO_2-N \rightarrow NO_3-N \rightarrow NH_3-N$
④ $NO_3-N \rightarrow NO_2-N \rightarrow NH_3-N$

> **해설** 질소화합물의 질산화과정
> $NH_3-N \rightarrow NO_2-N \rightarrow NO_3-N \rightarrow N_2$

06 상수도시설 중 접합정에 관한 설명으로 옳지 않은 것은?
① 철근콘크리트조의 수밀구조로 한다.
② 내경은 점검이나 모래 반출을 위해 1m 이상으로 한다.
③ 접합정의 바닥을 얕은 우물구조로 하여 집수하는 예도 있다.
④ 지표수나 오수가 침입하지 않도록 맨홀을 설치하지 않는 것이 일반적이다.

정답 1.③ 2.① 3.① 4.② 5.① 6.④

해설 접합정은 지표수나 오수가 침입하지 않도록 맨홀을 설치하는 것이 일반적이다.

07 지름 15cm, 길이 50m인 주철관으로 유량 0.03m³/s의 물을 50m 양수하려고 한다. 양수 시 발생되는 총손실수두가 5m이었다면 이 펌프의 소요축동력(kW)은? (단, 여유율은 0이며, 펌프의 효율은 80%이다.)
① 20.2kW ② 30.5kW
③ 33.5kW ④ 37.2kW

해설 **펌프의 축동력**
$$P_p = \frac{9.8Q(H+h_L)}{\eta} = \frac{9.8 \times 0.03 \times (50+5)}{0.8}$$
$$= 20.21\text{kW}$$

08 우수조정지의 구조형식으로 옳지 않은 것은?
① 댐식(제방높이 15m 미만)
② 월류식
③ 지하식
④ 굴착식

해설 우수조정지는 우수를 일시 저류하여 침수를 방지하는 시설이므로 월류식은 합당하지 않다.

09 급수보급률 90%, 계획 1인 1일 최대급수량 440L/인, 인구 12만명의 도시에 급수계획을 하고자 한다. 계획 1일 평균급수량은? (단, 계획유효율은 0.85로 가정한다.)
① 33,915m³/day ② 36,660m³/day
③ 38,600m³/day ④ 40,392m³/day

해설 계획 1일 평균급수량
＝급수인구×계획 1인 1일 최대급수량×급수보급률×계획유효율
$= 440 \times 10^{-3} \times 120{,}000 \times 0.9 \times 0.85$
$= 40{,}392\text{m}^3/\text{day}$

10 하수도의 효과에 대한 설명으로 적합하지 않은 것은?
① 도시환경의 개선 ② 토지이용의 감소
③ 하천의 수질보전 ④ 공중위생상의 효과

해설 하수도의 효과로 토지이용이 증대된다.

11 혐기성 소화공정의 영향인자가 아닌 것은?
① 독성물질 ② 메탄함량
③ 알칼리도 ④ 체류시간

해설 메탄은 혐기성 소화공정 후 발생하는 부산물이다.

12 비교회전도(N_s)의 변화에 따라 나타나는 펌프의 특성곡선의 형태가 아닌 것은?
① 양정곡선 ② 유속곡선
③ 효율곡선 ④ 축동력곡선

해설 펌프의 특성곡선은 양정, 효율, 축동력과 토출량의 관계를 나타낸 곡선이다.

13 정수시설 중 배출수 및 슬러지처리시설에 대한 다음 설명 중 ㉠, ㉡에 알맞은 것은?

농축조의 용량은 계획슬러지양의 (㉠)시간 분, 고형물부하는 (㉡)kg/m² · day을 표준으로 하되, 원수의 종류에 따라 슬러지의 농축특성에 큰 차이가 발생할 수 있으므로 처리대상 슬러지의 농축특성을 조사하여 결정한다.

① ㉠ 12~24, ㉡ 5~10
② ㉠ 12~24, ㉡ 10~20
③ ㉠ 24~48, ㉡ 5~10
④ ㉠ 24~48, ㉡ 10~20

해설 농축조의 용량은 계획슬러지양의 24~48시간분, 고형물부하는 10~20kg/m² · day을 표준으로 한다.

정답 7.① 8.② 9.④ 10.② 11.② 12.② 13.④

14 우리나라 먹는 물 수질기준에 대한 내용으로 틀린 것은?

① 색도는 2도를 넘지 아니할 것
② 페놀은 0.005mg/L를 넘지 아니할 것
③ 암모니아성 질소는 0.5mg/L를 넘지 아니할 것
④ 일반세균은 1mL 중 100CFU를 넘지 아니할 것

> 해설 색도는 5도를 넘지 아니할 것

15 호소의 부영양화에 관한 설명으로 옳지 않은 것은?

① 부영양화의 원인물질은 질소와 인 성분이다.
② 부영양화는 수심이 낮은 호소에서도 잘 발생된다.
③ 조류의 영향으로 물에 맛과 냄새가 발생되어 정수에 어려움을 유발시킨다.
④ 부영양화된 호소에서는 조류의 성장이 왕성하여 수심이 깊은 곳까지 용존산소농도가 높다.

> 해설 부영양화된 호소에서는 수심이 깊어질수록 용존산소의 농도는 낮아진다.

16 계획우수량 산정에 필요한 용어에 대한 설명으로 옳지 않은 것은?

① 강우강도는 단위시간 내에 내린 비의 양을 깊이로 나타낸 것이다.
② 유하시간은 하수관로로 유입한 우수가 하수관길이 L을 흘러가는 데 필요한 시간이다.
③ 유출계수는 배수구역 내로 내린 강우량에 대하여 증발과 지하로 침투하는 양의 비율이다.
④ 유입시간은 우수가 배수구역의 가장 원거리 지점으로부터 하수관로로 유입하기까지의 시간이다.

> 해설 유출계수는 증발과 지하침투량과는 관계없다.

17 상수도에서 많이 사용되고 있는 응집제인 황산알루미늄에 대한 설명으로 옳지 않은 것은?

① 가격이 저렴하다.
② 독성이 없으므로 대량으로 주입할 수 있다.
③ 결정은 부식성이 없어 취급이 용이하다.
④ 철염어 비하여 플록의 비중이 무겁고 적정 pH의 폭이 넓다.

> 해설 황산알루미늄은 플록의 비중이 가볍고 pH의 폭이 좁은 단점을 가지고 있다.

18 다음 그림은 포기조에서 부유물질의 물질수지를 나타낸 것이다. 포기조 내 MLSS를 3,000mg/L로 유지하기 위한 슬러지의 반송비는?

① 39%   ② 49%
③ 59%   ④ 69%

> 해설 슬러지 반송률
> $$r = \frac{X - SS}{X_r - X} \times 100\%$$
> $$= \frac{3{,}000 - 50}{8{,}000 - 3{,}000} \times 100\%$$
> $$= 59\%$$

19 하수의 배제방식에 대한 설명으로 옳지 않은 것은?

① 분류식은 관로오접의 철저한 감시가 필요하다.
② 합류식은 분류식보다 유량 및 유속의 변화폭이 크다.
③ 합류식은 2계통의 분류식에 비해 일반적으로 건설비가 많이 소요된다.
④ 분류식은 관로 내의 퇴적이 적고 수세효과를 기대할 수 없다.

> 해설 합류식은 분류식에 비해 건설비가 적게 소요된다.

정답 14. ① 15. ④ 16. ③ 17. ④ 18. ③ 19. ③

20 상수슬러지의 함수율이 99%에서 98%로 되면 슬러지의 체적은 어떻게 변하는가?

① 1/2로 증대
② 1/2로 감소
③ 2배로 증대
④ 2배로 감소

> **해설** **슬러지체적**
> $$\frac{V_2}{V_1} = \frac{100 - W_1}{100 - W_2} = \frac{100 - 99}{100 - 98} = \frac{1}{2}$$

정답 20. ②

2022 제1회 토목기사 기출문제

✎ 2022년 3월 5일 시행

01 상수도의 정수공정에서 염소소독에 대한 설명으로 틀린 것은?
① 염소살균은 오존살균에 비해 가격이 저렴하다.
② 염소소독의 부산물로 생성되는 THM은 발암성이 있다.
③ 암모니아성 질소가 많은 경우에는 클로라민이 형성된다.
④ 염소요구량은 주입염소량과 유리 및 결합잔류염소량의 합이다.

해설 염소요구량 = 주입염소농도 − 잔류염소농도

02 집수매거(infiltration galleries)에 관한 설명으로 옳지 않은 것은?
① 철근콘크리트조의 유공관 또는 권선형 스크린관을 표준으로 한다.
② 집수매거 내의 평균유속은 유출단에서 1m/s 이하가 되도록 한다.
③ 집수매거의 부설방향은 표류수의 상황을 정확하게 파악하여 취수할 수 있도록 한다.
④ 집수매거는 하천부지의 하상 밑이나 구하천부지 등의 땅속에 매설하여 복류수나 자유수면을 갖는 지하수를 취수하는 시설이다.

해설 집수매거의 부설방향은 복류수의 상황을 정확하게 파악하여 취수할 수 있도록 한다.

03 수평으로 부설한 지름 400mm, 길이 1,500m의 주철관으로 20,000m³/day의 물이 수송될 때 펌프에 의한 송수압이 53.95N/cm²이면 관수로 끝에서 발생되는 압력은? (단, 관의 마찰손실계수 $f=0.03$, 물의 단위중량 $\gamma=9.81$kN/m, 중력가속도 $g=9.8$m/s²)

① 3.5×10^5N/m² ② 4.5×10^5N/m²
③ 5.0×10^5N/m² ④ 5.5×10^5N/m²

해설 $Q=20,000$m³/day $=0.232$m³/s
$V=\dfrac{Q}{A}=\dfrac{0.232}{\dfrac{\pi\times0.4^2}{4}}=1.845$m/s
$P=53.95$N/cm² $=\dfrac{53.95\text{N}}{0.01^2\text{m}^2}=539,500$N/m²
$\gamma=9.81$kN/m³ $=9,810$N/m³
$\therefore P'=P-P_{end}=P-\gamma h=P-\gamma f\dfrac{l}{D}\dfrac{V^2}{2g}$
$=539,500-9,810\times0.03\times\dfrac{1,500}{0.4}$
$\times\dfrac{1.845^2}{2\times9.8}$
$\fallingdotseq 3.5\times10^5$N/m²

04 하수처리시설의 2차 침전지에 대한 내용으로 틀린 것은?
① 유효수심은 2.5~4m를 표준으로 한다.
② 침전지 수면의 여유고는 40~60cm 정도로 한다.
③ 직사각형인 경우 길이와 폭의 비는 3 : 1 이상으로 한다.
④ 표면부하율은 계획 1일 최대 오수량에 대하여 25~40m³/m²·day로 한다.

해설 2차 침전지의 표면부하율은 계획 1일 최대 오수량에 대하여 20~30m³/m²·day로 한다.

05 A시의 2021년 인구는 588,000명이며 연간 약 3.5%씩 증가하고 있다. 2027년도를 목표로 급수시설의 설계에 임하고자 한다. 1일 1인 평균급수량은 250L이고 급수율을 70%로 가정할 때 계획 1일 평균급수량은? (단, 인구추정식은 등비증가법으로 산정한다.)
① 약 126,500m³/day ② 약 129,000m³/day
③ 약 258,000m³/day ④ 약 387,000m³/day

정답 1.④ 2.③ 3.① 4.④ 5.①

해설 $P_n = P_0(1+r)^n = 588,000 \times (1+0.035)^6$
= 722,802인
∴ 계획 1일 평균급수량
= 급수인구×계획 1인 1일 최대급수량×급수보급률
= 250L/인·day×722,802인×0.7
= 126,490,350L/day≒126,500m³/day

06 운전 중인 펌프의 토출량을 조절할 때 공동현상을 일으킬 우려가 있는 것은?

① 펌프의 회전수를 조절한다.
② 펌프의 운전대수를 조절한다.
③ 펌프의 흡입측 밸브를 조절한다.
④ 펌프의 토출측 밸브를 조절한다.

해설 펌프의 흡입측 밸브를 조절하면 공동현상을 일으킬 우려가 있다.

07 원수수질상황과 정수수질관리목표를 중심으로 정수방법을 선정할 때 종합적으로 검토하여야 할 사항으로 틀린 것은?

① 원수수질
② 원수시설의 규모
③ 정수시설의 규모
④ 정수수질의 관리목표

해설 정수방법의 선정 시 원수시설의 규모는 관련 없다.

08 하수도의 계획오수량 산정 시 고려할 사항이 아닌 것은?

① 계획오수량 산정 시 산업폐수량을 포함하지 않는다.
② 오수관로는 계획시간 최대오수량을 기준으로 계획한다.
③ 합류식에서 하수의 차집관로는 우천 시 계획오수량을 기준으로 계획한다.
④ 우천 시 계획오수량 산정 시 생활오수량 외 우천 시 오수관로에 유입되는 빗물의 양과 지하수의 침입량을 추정하여 합산한다.

해설 계획오수량 산정 시 생활오수량, 공장폐수량, 지하수량, 기타 배수량을 포함한다.

09 주요 관로별 계획하수량으로서 틀린 것은?

① 오수관로 : 계획시간 최대오수량
② 차집관로 : 우천 시 계획오수량
③ 우수관로 : 계획우수량+계획오수량
④ 합류식 관로 : 계획시간 최대오수량+계획우수량

해설 우수관로의 계획하수량은 계획우수량으로 산정한다.

10 하수도시설에서 펌프의 선정기준 중 틀린 것은?

① 전양정이 5m 이하이고 구경이 400mm 이상인 경우는 축류펌프를 선정한다.
② 전양정이 4m 이상이고 구경이 80mm 이상인 경우는 원심펌프를 선정한다.
③ 전양정이 5~20m이고 구경이 300mm 이상인 경우 원심사류펌프를 선정한다.
④ 전양정이 3~12m이고 구경이 400mm 이상인 경우는 원심펌프를 선정한다.

해설 전양정이 3~12m이고 구경이 400mm 이상인 경우는 사류펌프를 선정한다.

11 다음 펌프의 표준특성곡선에서 양정을 나타내는 것은? (단, N_s : 100~250)

① A
② B
③ C
④ D

[해설] ② B : 효율
③ C : 축동력
④ D : 회전속도

12 양수량이 15.5m³/min이고 전양정이 24m일 때 펌프의 축동력은? (단, 펌프의 효율은 80%로 가정한다.)
① 4.65kW ② 7.58kW
③ 46.57kW ④ 75.95kW

[해설] **펌프의 축동력**
$Q = 15.5 \text{m}^3/\text{min} = 0.26 \text{m}^3/\text{s}$
$\therefore P_p = \dfrac{9.8QH}{\eta} = \dfrac{9.8 \times 0.26 \times 24}{0.8} = 76.44 \text{kW}$

13 맨홀 설치 시 관경에 따라 맨홀의 최대 간격에 차이가 있다. 관로직선부에서 관경 600mm 초과 1,000mm 이하에서 맨홀의 최대 간격 표준은?
① 60m ② 75m
③ 90m ④ 100m

[해설] 관경 600mm 이하일 경우는 75m당, 관경 600mm 초과 1,000mm 이하일 때는 100m당 하나씩 맨홀을 설치한다.

14 수원의 구비요건으로 틀린 것은?
① 수질이 좋아야 한다.
② 수량이 풍부하여야 한다.
③ 가능한 한 낮은 곳에 위치하여야 한다.
④ 가능한 한 수돗물소비지에서 가까운 곳에 위치하여야 한다.

[해설] 가급적 자연유하로 도수할 수 있으려면 가능한 한 높은 곳에 수원을 위치하여야 한다.

15 다음 중 저농도 현탁입자의 침전형태는?
① 단독침전 ② 응집침전
③ 지역침전 ④ 압밀침전

[해설] 저농도 현탁입자의 경우 중력에 의한 침전이 합당하므로 1차 침전 또는 단독침전이다.

16 계획우수량 산정 시 유입시간을 산정하는 일반적인 Kerby식과 스에이시식에서 각 계수와 유입시간의 관계로 틀린 것은?
① 유입시간과 지표면거리는 비례관계이다.
② 유입시간과 지체계수는 반비례관계이다.
③ 유입시간과 설계강우강도는 반비례관계이다.
④ 유입시간과 지표면의 평균경사는 반비례관계이다.

[해설] 계획우수량 산정 시 유입시간과 지체계수는 비례관계이다.

17 자연유하방식과 비교할 때 압송식 하수도에 관한 특징으로 틀린 것은?
① 불명수(지하수 등)의 침입이 없다.
② 하향식 경사를 필요로 하지 않는다.
③ 관로의 매설깊이를 낮게 할 수 있다.
④ 유지관리가 비교적 간편하고 관로점검이 용이하다.

[해설] 압송식 하수도의 경우 유지관리비용이 증대된다.

18 염소소독 시 생성되는 염소성분 중 살균력이 가장 강한 것은?
① OCl^- ② $HOCl$
③ $NHCl_2$ ④ NH_2Cl

[해설] **염소소독 시 살균력이 강한 순서**
$HOCl > OCl^- > $ 클로라민

19 석회를 사용하여 하수를 응집침전하고자 할 경우의 내용으로 틀린 것은?
① 콜로이드성 부유물질의 침전성이 향상된다.
② 알칼리도, 인산염, 마그네슘 등과도 결합하여 제거시킨다.
③ 석회 첨가에 의한 인 제거는 황산반토보다 슬러지 발생량이 일반적으로 적다.
④ 알칼리제를 응집보조제로 첨가하여 응집침전의 효과가 향상되도록 pH를 조정한다.

[정답] 12.④ 13.④ 14.③ 15.① 16.② 17.④ 18.② 19.③

> [해설] 응집보조제(석회 등)를 사용할 경우 일반적으로 슬러지 발생량은 많아진다.

20 정수처리의 단위조작으로 사용되는 오존처리에 관한 설명으로 틀린 것은?

① 유기물질의 생분해성을 증가시킨다.
② 염소 주입에 앞서 오존을 주입하면 염소의 소비량을 감소시킨다.
③ 오존은 자체의 높은 산화력으로 염소에 비하여 높은 살균력을 가지고 있다.
④ 인의 제거능력이 뛰어나고 수온이 높아져도 오존소비량은 일정하게 유지된다.

> [해설] 수온이 높아지면 용해도가 감소하고 분해가 빨라져 오존소비량이 급격히 높아진다.

정답 20. ④

제 2 회 토목기사 기출문제

2022년 4월 24일 시행

01 1인 1일 평균급수량에 대한 일반적인 특징으로 옳지 않은 것은?
① 소도시는 대도시에 비해서 수량이 크다.
② 공업이 번성한 도시는 소도시보다 수량이 크다.
③ 기온이 높은 지방이 추운 지방보다 수량이 크다.
④ 정액급수의 수도는 계량급수의 수도보다 소비 수량이 크다.

해설 대도시가 소도시에 비하여 물소비량이 크다.

02 침전지의 수심이 4m이고 체류시간이 1시간일 때 이 침전지의 표면부하율(surface loading rate)은?
① $48m^3/m^2 \cdot day$
② $72m^3/m^2 \cdot day$
③ $96m^3/m^2 \cdot day$
④ $108m^3/m^2 \cdot day$

해설 표면부하율(수면적부하)
$$V_0 = \frac{Q}{A} = \frac{h}{t} = \frac{4m}{1/24 day} = 96m^3/m^2 \cdot day$$

03 인구가 10,000명인 A시에 폐수배출시설 1개소가 설치될 계획이다. 이 폐수배출시설의 유량은 200m³/day 이고, 평균 BOD배출농도는 500gBOD/m³이다. 이를 고려하여 A시에 하수종말처리장을 신설할 때 적합한 최소계획인구수는? (단, 하수종말처리장 건설 시 1인 1일 BOD부하량은 50gBOD/인·day로 한다.)
① 10,000명
② 12,000명
③ 14,000명
④ 16,000명

해설 ㉠ 1일 배출 BOD = $\frac{200m^3/day}{500gBOD/m^3}$
    = 100,000gBOD/day
㉡ 계획인구수 = $\frac{100,000gBOD/day}{50gBOD/인 \cdot day}$ = 2,000인
∴ 최소 계획인구수 = 10,000 + 2,000 = 12,000인

04 우수관로 및 합류식 관로 내에서의 부유물침전을 막기 위하여 계획우수량에 대하여 요구되는 최소유속은?
① 0.3m/s
② 0.6m/s
③ 0.8m/s
④ 1.2m/s

해설 우수 및 합류관의 유속범위는 0.8~3.0m/s이다.

05 어느 A시의 장래 2030년의 인구추정결과 85,000명으로 추산되었다. 계획연도의 1인 1일당 평균급수량을 380L, 급수보급률을 95%로 가정할 때 계획연도의 계획 1일 평균급수량은?
① 30,685m³/day
② 31,205m³/day
③ 31,555m³/day
④ 32,305m³/day

해설 계획 · 일 평균급수량
= 급수인구×계획 1인 1일 최대급수량×급수보급률
= 85,000인×380L/인·day×0.95
= 85,000인×380×10⁻³m³/인·day×0.95
= 30,685m³/day

06 정수처리 시 트리할로메탄 및 곰팡이 냄새의 생성을 최소화하기 위해 침전지와 여과지 사이에 염소제를 주입하는 방법은?
① 전염소처리
② 중간염소처리
③ 후염소처리
④ 이중염소처리

해설 중간염소처리는 트리할로메탄 및 곰팡이 냄새의 생성을 최소화하기 위해 침전지와 여과지 사이에 염소제를 주입하는 방법이다.

정답 1.① 2.③ 3.② 4.③ 5.① 6.②

07 하수도의 관로계획에 대한 설명으로 옳은 것은?

① 오수관로는 계획 1일 평균오수량을 기준으로 계획한다.
② 관로의 역사이펀을 많이 설치하여 유지관리 측면에서 유리하도록 계획한다.
③ 합류식에서 하수의 차집관로는 우천 시 계획오수량을 기준으로 계획한다.
④ 오수관로와 우수관로가 교차하여 역사이펀을 피할 수 없는 경우는 우수관로를 역사이펀으로 하는 것이 바람직하다.

> 해설 ① 오수관로는 계획시간 최대오수량을 기준으로 계획한다.
> ② 관로의 역사이펀은 가급적 피한다.
> ④ 오수관로와 우수관로가 교차하여 역사이펀을 피할 수 없는 경우는 오수관로를 역사이펀으로 하는 것이 바람직하다.

08 지름 400mm, 길이 1,000m인 원형 철근콘크리트관에 물이 가득 차 흐르고 있다. 이 관로시점의 수두가 50m라면 관로종점의 수압(kPa)은? (단, 손실수두는 마찰손실수두만을 고려하며, 마찰계수(f)=0.05, 유속은 Manning공식을 이용하여 구하고, 조도계수(n)=0.013, 동수경사(I)=0.001이다.)

① 286　　② 322
③ 473　　④ 521

> 해설 **Manning의 평균유속공식**
> $$V = \frac{1}{n} R_h^{\frac{2}{3}} I^{\frac{1}{2}} = \frac{1}{0.013} \times \left(\frac{0.4}{4}\right)^{\frac{2}{3}} \times 0.001^{\frac{1}{2}}$$
> $$= 0.524 \text{m/s}$$
> $$\therefore P = \gamma h = \gamma f \frac{l}{D} \frac{V^2}{2g}$$
> $$= 1\text{t/m}^3 \times 0.05 \times \frac{1,000}{0.4} \times \frac{0.524^2}{2 \times 9.8}$$
> $$= 48.25 \text{t/m}^2 = 4.83 \text{kgf/cm}^2 ≒ 473 \text{kPa}$$
> 여기서, 원형인 경우 $R_h = \frac{D}{4}$

09 교차연결(cross connection)에 대한 설명으로 옳은 것은?

① 2개의 하수도관이 90°로 서로 연결된 것을 말한다.
② 상수도관과 오염된 오수관이 서로 연결된 것을 말한다.
③ 두 개의 하수관로가 교차해서 지나가는 구조를 말한다.
④ 상수도관과 하수도관이 서로 교차해서 지나가는 것을 말한다.

> 해설 교차연결은 소화전 개방 시, 니토밸브 개방 시, 상수도관과 오염된 오수관이 서로 연결될 때 발생하는 것을 말한다.

10 슬러지 농축과 탈수에 대한 설명으로 틀린 것은?

① 탈수는 기계적 방법으로 진공여과, 가압여과 및 원심탈수법 등이 있다.
② 농축은 매립이나 해양투기를 하기 전에 슬러지 용적을 감소시켜 준다.
③ 농축은 자연의 중력에 의한 방법이 가장 간단하며 경제적인 처리방법이다.
④ 중력식 농축조에 슬러지 제거기 설치 시 탱크 바닥의 기울기는 1/10 이상이 좋다.

> 해설 중력식 농축조에 찌꺼기(슬러지) 제거기(sludge scraper)를 설치할 경우 탱크 바닥의 기울기는 5/100 이상이 좋다.

11 송수시설에 대한 설명으로 옳은 것은?

① 급수관, 계량기 등이 붙어있는 시설
② 정수장에서 배수지까지 물을 보내는 시설
③ 수원에서 취수한 물을 정수장까지 운반하는 시설
④ 정수처리된 물을 소요수량만큼 수요자에게 보내는 시설

> 해설 ① 급수시설
> ③ 도수시설
> ④ 급수시설

정답 7.③　8.③　9.②　10.④　11.②

12 압력식 하수도수집시스템에 대한 특징으로 틀린 것은?
① 얕은 층으로 매설할 수 있다.
② 하수를 그라인더펌프에 의해 압송한다.
③ 광범위한 지형조건 등에 대응할 수 있다.
④ 유지관리가 비교적 간편하고 일반적으로는 유지관리비용이 저렴하다.

> **해설** 압력식 하수도수집시스템은 그라인더펌프(GP)의 운영으로 일반적으로 유지관리비가 많이 소요된다.

13 pH가 5.6에서 4.3으로 변화할 때 수소이온농도는 약 몇 배가 되는가?
① 약 13배
② 약 15배
③ 약 17배
④ 약 20배

> **해설** 수소이온농도
> ㉠ $\log H^+ = 5.6 \rightarrow H^+ = 2.5 \times 10^{-6}$
> ㉡ $\log H^+ = 4.3 \rightarrow H^+ = 0.5 \times 10^{-4}$
> ∴ $\dfrac{0.5 \times 10^{-4}}{2.5 \times 10^{-6}} = 20$배

14 하수처리계획 및 재이용계획을 위한 계획오수량에 대한 설명으로 옳은 것은?
① 지하수량은 계획 1일 평균오수량의 10~20%로 한다.
② 계획 1일 평균오수량은 계획 1일 최대오수량의 70~80%를 표준으로 한다.
③ 합류식에서 우천 시 계획오수량은 원칙적으로 계획 1일 평균오수량의 3배 이상으로 한다.
④ 계획 1일 최대오수량은 계획시간 최대오수량을 1일의 수량으로 환산하여 1.3~1.8배를 표준으로 한다.

> **해설** ① 지하수량은 계획 1일 최대오수량의 10~20%로 한다.
> ③ 합류식에서 우천 시 계획오수량은 원칙적으로 계획시간 최대오수량의 3배 이상으로 한다.
> ④ 계획시간 최대오수량은 계획 1일 최대오수량의 1시간당 수량의 1.3~1.8배를 표준으로 한다.

15 배수관망의 구성방식 중 격자식과 비교한 수지상식의 설명으로 틀린 것은?
① 수리 계산이 간단하다.
② 사고 시 단수구간이 크다.
③ 제수밸브를 많이 설치해야 한다.
④ 관의 말단부에 물이 정체되기 쉽다.

> **해설** 격자식의 특징
> ㉠ 제수밸브를 많이 설치한다.
> ㉡ 사고 시 단수구간이 작다.
> ㉢ 건설비가 많이 소요된다.

16 슬러지처리의 목표로 옳지 않은 것은?
① 중금속처리
② 병원균의 처리
③ 슬러지의 생화학적 안정화
④ 최종 슬러지부피의 감량화

> **해설** 슬러지처리의 목적
> ㉠ 안정화(병원균의 처리, 유기물을 무기물로 전환)
> ㉡ 부피 감량
> ㉢ 부패 및 악취 감소

17 합류식과 분류식에 대한 설명으로 옳지 않은 것은?
① 분류식의 경우 관로 내 퇴적은 적으나, 수세 효과는 기대할 수 없다.
② 합류식의 경우 일정량 이상이 되면 우천 시 오수가 월류한다.
③ 합류식의 경우 관경이 커지기 때문에 2계통인 분류식보다 건설비용이 많이 든다.
④ 분류식의 경우 오수와 우수를 별개의 관로로 배제하기 때문에 오수의 배제계획이 합리적이다.

> **해설** 오수와 우수 두 개의 관을 매설하는 분류식보다 1개의 관을 매설하는 합류식이 건설비용이 적게 소요된다.

정답 12. ④ 13. ④ 14. ② 15. ③ 16. ① 17. ③

18 하수의 고도처리에 있어서 질소와 인을 동시에 제거하기 어려운 공법은?

① 수정Phostrip공법
② 막분리 활성슬러지법
③ 혐기무산소호기조합법
④ 응집제 병용형 생물학적 질소 제거법

해설 막분리 활성슬러지법은 활성슬러지변법이다.

19 저수지에서 식물성 플랑크톤의 과도성장에 따라 부영양화가 발생될 수 있는데, 이에 대한 가장 일반적인 지표기준은?

① COD농도
② 색도
③ BOD와 DO농도
④ 투명도(secchi disk depth)

해설 투명도는 부영양화 발생의 가장 일반적인 지표이다.

20 정수장의 소독 시 처리수량이 10,000m³/day인 정수장에서 염소를 5mg/L의 농도로 주입할 경우 잔류염소 농도가 0.2mg/L이었다. 염소요구량은? (단, 염소의 순도는 80%이다.)

① 24kg/day
② 30kg/day
③ 48kg/day
④ 60kg/day

해설 염소요구량
$$= \frac{CQ}{순도}$$
$$= \frac{(5\text{mg/L} - 0.2\text{mg/L}) \times 10,000\text{m}^3/\text{day}}{0.8}$$
$$= \frac{4.8 \times 10^{-6}\text{kg/kg} \times 10,000 \times 10^3\text{kg/day}}{0.8}$$
$$= 60\text{kg/day}$$

정답 18. ② 19. ④ 20. ④

2022 제3회 토목기사 기출복원문제

2022년 7월 2일 시행

01 염소소독 시 생성되는 염소성분 중 살균력이 가장 강한 것은?

① NH_2Cl
② OCl^-
③ $NHCl_2$
④ $HOCl$

> **해설** 염소소독 시 살균력이 강한 순서
> $HOCl > OCl^- >$ 클로라민

02 공동현상(cavitation)의 방지책에 대한 설명으로 옳지 않은 것은?

① 마찰손실을 작게 한다.
② 흡입양정을 작게 한다.
③ 펌프의 흡입관경을 작게 한다.
④ 임펠러(impeller)속도를 작게 한다.

> **해설** 공동현상의 방지책
> ⊙ 흡입밸브에 의한 손실수두를 가능한 한 작게 한다.
> ⓒ 펌프의 설치위치를 되도록 낮게 한다.
> ⓒ 펌프의 회전수를 적게 한다.
> ⓔ 임펠러를 수중에 위치시켜 잠기도록 한다.
> ⓜ 유속을 느리게 한다.
> ⓑ 흡입관의 길이를 짧게 하고, 흡입관의 직경을 크게 한다.

03 일반적으로 적용하는 펌프의 특성곡선에 포함되지 않는 것은?

① 토출량-양정곡선
② 토출량-효율곡선
③ 토출량-축동력곡선
④ 토출량-회전도곡선

> **해설** 펌프특성곡선은 토출량과 양정, 효율, 축동력과의 관계이다.

04 정수시설 중 응집지의 플록형성지에서 계획정수량에 대한 표준플록 형성시간(체류시간)은?

① 10~30분
② 20~40분
③ 30~50분
④ 1시간 이상

> **해설** 플록형성지는 완속교반시설로서 계획정수량의 20~40분을 체류할 수 있는 용량이다.

05 하수고도처리방법으로 질소, 인 동시 제거 가능한 공법은?

① 정석탈인법
② 혐기호기 활성슬러지법
③ 혐기무산소호기조합법
④ 연속 회분식 활성슬러지법

> **해설** A2/O법(혐기무산소호기조합법)은 질소와 인을 동시에 제거하는 고도처리방법이다.

06 하수배제방식에 관한 설명 중 틀린 것은?

① 합류식과 분류식은 각각의 장단점이 있으므로 도시의 실정을 충분히 고려하여 선정할 필요가 있다.
② 합류식은 우천 시 계획하수량 이상이 되면 오수가 우수에 섞여서 공공수역에 유출될 수 있기 때문에 수질보존대책이 필요하다.
③ 분류식은 우천 시 우수가 전부 공공수역에 방류되기 때문에 우천 시 오탁의 문제가 없다.
④ 분류식의 처리장에서는 시간에 따라 오수유입량의 변동이 크므로 조정지 등을 통하여 유입량을 조정하면 유지관리가 쉽다.

> **해설** 분류식은 우천 시 우수가 전부 공공수역에 방류되기 때문에 우천 시 오탁의 문제가 발생할 수 있다.

정답 1.④ 2.③ 3.④ 4.② 5.③ 6.③

07 도수 및 송수관로 내의 최소유속을 정하는 주요 이유는?

① 관로 내면의 마모를 방지하기 위하여
② 관로 내 침전물의 퇴적을 방지하기 위하여
③ 양정에 소모되는 전력비를 절감하기 위하여
④ 수격작용이 발생할 가능성을 낮추기 위하여

> **해설** 도·송수관로 내 최소유속을 정한 이유는 침전물의 퇴적 방지이며, 최대유속을 정한 이유는 관마모 방지이다.

08 슬러지의 처분에 관한 일반적인 계통도로 알맞은 것은?

① 생슬러지 – 개량 – 농축 – 소화 – 탈수 – 최종처분
② 생슬러지 – 농축 – 소화 – 개량 – 탈수 – 최종처분
③ 생슬러지 – 농축 – 탈수 – 개량 – 소각 – 최종처분
④ 생슬러지 – 농축 – 탈수 – 소각 – 개량 – 최종처분

> **해설** 슬러지처리순서
> 생슬러지 – 농축 – 소화 – 개량 – 탈수 – 최종 처분

09 먹는 물의 수질기준항목인 화학물질과 분류항목의 조합이 옳지 않은 것은?

① 황산이온 – 심미적
② 염소이온 – 심미적
③ 질산성 질소 – 심미적
④ 트리클로로에틸렌 – 건강

> **해설** 질산성 질소는 건강상 유해영향 무기물질에 해당한다.

10 80%의 전달효율을 가진 전동기에 의해서 가동되는 85% 효율의 펌프가 300L/s의 물을 25.0m 양수할 때 요구되는 전동기의 출력(kW)은? (단, 여유율 $\alpha = 0$으로 가정)

① 60.0kW ② 73.3kW
③ 86.3kW ④ 107.9kW

> **해설** 펌프의 동력
> kW일 경우
> $$P = \frac{9.8QH}{\eta} = \frac{9.8 \times 300\text{L/s} \times 25\text{m}}{0.85 \times 0.8}$$
> $$= \frac{9.8 \times 300 \times 10^{-3}\text{m}^3/\text{s} \times 25\text{m}}{0.85 \times 0.8} = 108.1\text{kW}$$

11 배수지의 적정 배치와 용량에 대한 설명으로 옳지 않은 것은?

① 배수상 유리한 높은 장소를 선정하여 배치한다.
② 용량은 계획 1일 최대급수량의 18시간분 이상을 표준으로 한다.
③ 시설물의 배치에는 가능한 한 안정되고 견고한 지반의 장소를 선정한다.
④ 가능한 한 비상시에도 단수 없이 급수할 수 있도록 배수지 용량을 설정한다.

> **해설** 배수지 용량은 표준 8~12시간, 최소 6시간 이상을 표준으로 한다.

12 상수도의 도수 및 송수관로의 일부분이 동수경사선보다 높을 경우에 취할 수 있는 방법으로 옳은 것은?

① 접합정을 설치하는 방법
② 스크린을 설치하는 방법
③ 감압밸브를 설치하는 방법
④ 상류측 관로의 관경을 작게 하는 방법

> **해설** 관로가 최소동수경사선 위에 있는 경우 상류측 관경을 크게 하고 접합정 및 감압밸브를 설치한다. 보다 확실한 방법을 요구하는 문제이므로 접합정을 설치하는 방법을 선택한다.

정답 7. ② 8. ② 9. ③ 10. ④ 11. ② 12. ①

13 고속응집침전지를 선택할 때 고려하여야 할 사항으로 옳지 않은 것은?

① 처리수량의 변동이 적어야 한다.
② 탁도와 수온의 변동이 적어야 한다.
③ 원수탁도는 10NTU 이상이어야 한다.
④ 최고탁도는 10,000NTU 이하인 것이 바람직하다.

> 해설 고속응집침전지의 최고탁도는 1,000NTU 이하인 것이 바람직하다.

14 하수도의 관거시설 중 역사이펀에 관한 설명으로 틀린 것은?

① 역사이펀실에는 수문설비 및 이토실을 설치한다.
② 역사이펀 관거는 일반적으로 복수로 한다.
③ 역사이펀의 양측에 수직으로 역사이펀실을 설치한다.
④ 역사이펀 관거 내의 유속은 상류측 관거 내의 유속보다 작게 한다.

> 해설 역사이펀은 토사의 침전을 막기 위해 상류측 관거 내의 유속보다 20~30% 증가시킨다.

15 호수의 부영양화에 대한 설명으로 옳지 않은 것은?

① 조류의 이상증식으로 인하여 물의 투명도가 저하된다.
② 부영양화의 주된 원인물질은 질소와 인이다.
③ 조류의 발생이 과다하면 정수공정에서 여과지를 폐색시킨다.
④ 조류 제거약품으로는 주로 황산알루미늄을 사용한다.

> 해설 조류 제거는 마이크로-스트레이너법으로 한다.

16 호기성 처리방법과 비교하여 혐기성 처리방법의 특징에 대한 설명으로 틀린 것은?

① 유용한 자원인 메탄이 생성된다.
② 동력비 및 유지관리비가 적게 든다.
③ 하수찌꺼기(슬러지) 발생량이 적다.
④ 운전조건의 변화에 적응하는 시간이 짧다.

> 해설 혐기성 처리는 운전조건이 까다로워서 적응시간이 길다.

17 우수조정지의 구조형식으로 옳지 않은 것은?

① 댐식(제방높이 15m 미만)
② 월류식
③ 지하식
④ 굴착식

> 해설 우수조정지는 우수를 일시 저류하여 침수를 방지하는 시설이므로 월류식은 합당하지 않다.

18 1일 오수량 60,000m³의 하수처리장에 침전지를 설계하고자 할 때 침전지시간을 2시간으로 하고 유효수심을 2.5m로 하면 침전지의 필요면적은?

① 4,800m² ② 3,000m²
③ 2,400m² ④ 2,000m²

> 해설 표면부하율(수면적부하)
> $$V_0 = \frac{Q}{A} = \frac{h}{t}$$
> $$\frac{60,000}{A} = \frac{2.5}{2}$$
> $$\therefore A = 2,000\text{m}^2$$

19 상수도의 구성이나 계통에서 상수원의 부영양화가 가장 큰 영향을 미칠 수 있는 시설은?

① 취수시설   ② 정수시설
③ 송수시설   ④ 배·급수시설

정답 13.④ 14.④ 15.④ 16.④ 17.② 18.④ 19.②

> [해설] 부영양화가 되면 조류가 발생하여 수돗물의 맛과 냄새를 유발하므로 정수시설의 부하가 높아진다.

20 다음 그림은 급속여과지에서 시간경과에 따른 여과유량(여과속도)의 변화를 나타낸 것이다. 정압여과를 나타내고 있는 것은?

① a
② b
③ c
④ d

> [해설] 급속여과지의 정압여과인 경우 여과속도의 변화폭이 크며 여과지속시간이 길어질수록 여과속도는 급속히 작아진다.

정답 20. ④

2023 제1회 토목기사 기출복원문제

2023년 2월 18일 시행

01 하수도계획의 원칙적인 목표연도로 옳은 것은?
① 10년   ② 20년
③ 50년   ④ 100년

> 해설 하수도계획의 목표연한은 20년을 원칙으로 한다.

02 수격현상(water hammer)의 방지대책으로 틀린 것은?
① 펌프의 급정지를 피한다.
② 가능한 한 관 내 유속을 크게 한다.
③ 토출관 쪽에 압력조정용 수조(surge tank)를 설치한다.
④ 토출측 관로에 에어체임버(air chamber)를 설치한다.

> 해설 수격현상은 밸브의 급격한 개폐에 의하여 발생하며 관 내 유속을 작게 해야 한다.

03 하수 중의 질소와 인을 동시에 제거할 때 이용될 수 있는 고도처리시스템은?
① 혐기호기조합법
② 3단 활성슬러지법
③ Phostrip법
④ 혐기무산소호기조합법

> 해설 질소와 인을 동시에 제거하는 방법으로는 A2/O법 (혐기무산소호기법)이 있다.

04 간이공공하수처리시설에 대한 설명으로 틀린 것은?
① 계획구역이 작으므로 유입하수의 수량 및 수질의 변동을 고려하지 않는다.
② 용량은 우천 시 계획오수량과 공공하수처리시설의 강우 시 처리 가능량을 고려한다.
③ 강우 시 우수처리에 대한 문제가 발생할 수 있으므로 강우 시 3Q처리가 가능하도록 계획한다.
④ 간이공공하수처리시설은 합류식 지역 내 500m³/일 이상 공공하수처리장에 설치하는 것을 원칙으로 한다.

> 해설 간이공공하수처리시설은 계획구역이 작으므로 유입하수의 수량 및 수질의 변동은 항상 고려한다.

05 활성탄 흡착공정에 대한 설명으로 옳지 않은 것은?
① 활성탄 흡착을 통해 소수성의 유기물질을 제거할 수 있다.
② 분말활성탄의 흡착능력이 떨어지면 재생공정을 통해 재활용한다.
③ 활성탄은 비표면적이 높은 다공성의 탄소질 입자로, 형상에 따라 입상활성탄과 분말활성탄으로 구분된다.
④ 모래여과공정 전단에 활성탄 흡착공정을 두게 되면 탁도부하가 높아져서 활성탄 흡착효율이 떨어지거나 역세척을 자주 해야 할 필요가 있다.

> 해설 분말활성탄은 재생공정을 하지 않는다.

06 오존을 사용하여 살균처리를 할 경우의 장점에 대한 설명 중 틀린 것은?
① 살균효과가 염소보다 뛰어나다.
② 유기물질의 생분해성을 증가시킨다.
③ 맛, 냄새물질과 색도 제거효과가 우수하다.
④ 오존이 수중 유기물과 작용하여 다른 물질로 잔류하게 되므로 잔류효과가 크다.

> 해설 오존은 소독의 지속성을 의미하는 잔류효과가 없다.

정답 1.② 2.② 3.④ 4.① 5.② 6.④

07 일반적인 정수과정으로서 옳은 것은?

① 스크린 → 소독 → 여과 → 응집·침전
② 스크린 → 응집·침전 → 여과 → 소독
③ 여과 → 응집·침전 → 스크린 → 소독
④ 응집·침전 → 여과 → 소독 → 스크린

> 해설 일반적인 정수과정
> 스크린 → 응집 → 침전 → 여과 → 소독

08 호수나 저수지에서 발생되는 성층현상의 원인과 가장 관계가 깊은 요소는?

① 적조현상 ② 미생물
③ 질소(N), 인(P) ④ 수온

> 해설 수온과 관련이 깊은 성층현상은 겨울철과 여름철에 주로 나타나며, 특히 여름철에 두드러지게 나타난다.

09 활성슬러지법에서 MLSS가 의미하는 것은?

① 폐수 중의 고형물
② 방류수 중의 부유물질
③ 포기조 중의 부유물질
④ 침전지 상등수 중의 부유물질

> 해설 활성슬러지법에서 MLSS는 포기조 내의 부유물질을 의미한다.

10 어느 하천의 자정작용을 나타낸 다음 용존산소곡선을 보고 어떤 물질이 하천으로 유입되었다고 보는 것이 가장 타당한가?

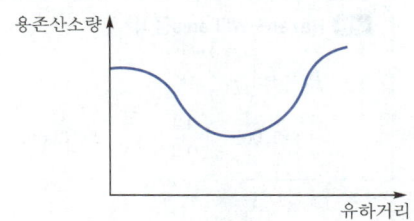

① 생활하수
② 질산성 질소
③ 농도가 매우 낮은 폐알칼리
④ 농도가 매우 낮은 폐산(廢酸)

> 해설 용존산소부족곡선에서 spoon curve의 모양을 띠는 것은 생활하수가 유입되었다는 것이다.

11 수질오염지표항목 중 COD에 대한 설명으로 옳지 않은 것은?

① $NaCO_2$, 는 COD값에 영향을 미친다.
② 생물분해 가능한 유기물도 COD로 측정할 수 있다.
③ COD는 해양오염이나 공장폐수의 오염지표로 사용된다.
④ 유기물농도값은 일반적으로 COD>TOD>TOC >BOD이다.

> 해설 유기물농도값은 일반적으로 TOD>COD>BOD> TOC이다.

12 하수처리장에서 480,000L/day의 하수량을 처리한다. 펌프장의 습정(wet well)을 하수로 채우기 위하여 40분이 소요된다면 습정의 부피는?

① $13.3m^3$ ② $14.3m^3$
③ $15.3m^3$ ④ $16.3m^3$

> 해설 습정부피
> $$t = \frac{V}{Q}$$
> $$\therefore V = Qt = 480,000L/day \times 40min$$
> $$= \frac{480,000 \times 10^{-3}m^3 \times 40min}{1,440min} = 13.3m^3$$

13 취수보에 설치된 취수구의 구조에서 유입속도의 표준으로 옳은 것은?

① 0.5~1.0cm/s ② 3.0~5.0cm/s
③ 0.4~0.8m/s ④ 2.0~3.0m/s

> 해설 취수구의 유입속도는 0.4~0.8m/s를 표준으로 한다 (상수도시설설계기준, 2022).

정답 7.② 8.④ 9.③ 10.① 11.④ 12.① 13.③

14 하천 및 저수지의 수질 해석을 위한 수학적 모형을 구성하고자 할 때 가장 기본이 되는 수학적 방정식은?

① 에너지 보존의 식
② 질량 보존의 식
③ 운동량 보존의 식
④ 난류의 운동방정식

> 해설 하천 및 저수지의 수질 해석을 위한 수학적 모형의 기본이 되는 수학적 방정식은 질량 보존의 식이다.

15 경도가 높은 물을 보일러용수로 사용할 때 발생되는 주요 문제점은?

① Cavitation
② Scale 생성
③ Priming 생성
④ Foaming 생성

> 해설 경도가 높은 경수는 녹(scale)이 생성된다.

16 합류식에서 우천 시 계획오수량은 원칙적으로 계획시간 최대오수량의 몇 배 이상으로 하는가?

① 1.5배
② 2배
③ 3배
④ 4배

> 해설 합류식에서 우천 시 계획오수량은 원칙적으로 계획시간 최대오수량의 3배 이상으로 한다.

17 다음 그림은 유효저수량을 결정하기 위한 유량누가곡선도이다. 이 곡선의 유효저수용량을 의미하는 것은?

① MK
② IP
③ SJ
④ OP

> 해설 IP는 유효저수량 또는 필요저수량으로 종거선 중 가장 큰 것으로 정한다.

18 정수방법 선정 시 고려사항(선정조건)으로 가장 거리가 먼 것은?

① 원수의 수질
② 도시발전상황과 물 사용량
③ 정수수질의 관리목표
④ 정수시설의 규모

> 해설 정수방법의 선정 시 고려사항은 수질목표를 달성하는 것으로, 도시의 발전상황과 물 사용량의 고려는 배수시설과 보다 연관성이 있다.

19 하수도의 효과에 대한 설명으로 적합하지 않은 것은?

① 도시환경의 개선
② 토지이용의 감소
③ 하천의 수질보전
④ 공중위생상의 효과

> 해설 하수도의 효과로 토지이용이 증대된다.

20 관의 길이가 1,000m이고 지름이 20cm인 관을 지름 40cm의 등치관으로 바꿀 때 등치관의 길이는? (단, Hazen−Williams공식을 사용한다.)

① 2924.2m
② 5924.2m
③ 19242.6m
④ 29242.6m

> 해설 Hazen−Williams공식
> $$L_2 = L_1 \left(\frac{D_2}{D_1}\right)^{4.87}$$
> $$= 1,000 \times \left(\frac{0.4}{0.2}\right)^{4.87} = 29242.6m$$

정답 14. ② 15. ② 16. ③ 17. ② 18. ② 19. ② 20. ④

2023 제2회 토목기사 기출복원문제

✏️ 2023년 5월 13일 시행

01 하수관거 설계 시 계획하수량에서 고려하여야 할 사항으로 옳은 것은?

① 오수관거에서는 계획 1일 최대오수량으로 한다.
② 우수관거에서는 계획시간 최대우수량으로 한다.
③ 합류식 관거에서는 계획시간 최대오수량에 계획우수량을 합한 것으로 한다.
④ 지역의 실정에 따른 계획수량의 여유는 고려하지 않는다.

> **해설** ① 오수관거에서는 계획시간 최대오수량으로 한다.
> ② 우수관거에서는 계획우수량으로 한다.
> ④ 지역의 실정에 따른 계획수량의 여유를 고려해야 한다.

02 용존산소부족곡선(DO sag curve)에서 산소의 복귀율(회복속도)이 최대로 되었다가 감소하기 시작하는 점은?

① 임계점 ② 변곡점
③ 오염 직후 점 ④ 포화 직전 점

> **해설** 용존산소부족곡선

03 대장균군의 수를 나타내는 MPN(최확수)에 대한 설명으로 옳은 것은?

① 검수 1mL 중 이론상 있을 수 있는 대장균군의 수
② 검수 10mL 중 이론상 있을 수 있는 대장균군의 수
③ 검수 50mL 중 이론상 있을 수 있는 대장균군의 수
④ 검수 100mL 중 이론상 있을 수 있는 대장균군의 수

> **해설** MPN(최확수)은 검수 100mL 중 이론상 있을 수 있는 대장균군의 수이다.

04 다음 지형도의 상수계통도에 관한 사항 중 옳은 것은?

① 도수는 펌프가압식으로 해야 한다.
② 수질을 생각하여 도수로는 개수로를 택하여야 한다.
③ 정수장에서 배수지는 펌프가압식으로 송수한다.
④ 도수와 송수를 자연유하식으로 하여 동력비를 절감한다.

> **해설** ① 도수는 자연유하식으로 한다.
> ② 도수로는 관수로를 택한다.
> ④ 도수는 자연유하식으로, 송수는 펌프압송식으로 한다.

05 하수관로의 개·보수계획 시 불명수량 산정방법 중 일평균하수량, 상수사용량, 지하수사용량, 오수전환율 등을 주요 인자로 이용하여 산정하는 방법은?

① 물 사용량평가법
② 일 최대유량평가법
③ 야간 생활하수평가법
④ 일 최대-최소유량평가법

정답 1.③ 2.② 3.④ 4.③ 5.①

> [해설] 물 사용량평가법은 일평균하수량, 상수사용량, 지하수사용량, 오수전환율 등을 주요 인자로 이용하여 산정하는 방법이다.

06 다음 중 오존처리법을 통해 제거할 수 있는 물질이 아닌 것은?

① 철　　　　　② 망간
③ 맛·냄새물질　④ 트리할로메탄(THM)

> [해설] THM은 염소 과다 주입 시 발생하며 오존처리로 제거할 수 없다.

07 호수의 부영양화에 대한 설명으로 옳지 않은 것은?

① 부영양화의 주된 원인물질은 질소와 인이다.
② 조류의 이상증식으로 인하여 물의 투명도가 저하된다.
③ 조류의 발생이 과다하면 정수공정에서 여과지를 폐색시킨다.
④ 조류 제거약품으로는 일반적으로 황산알루미늄을 사용한다.

> [해설] 조류 제거는 마이크로-스트레이너법으로 한다.

08 우수가 하수관거로 유입하는 시간이 4분, 하수관거에서의 유하시간이 15분, 이 유역의 유역면적이 4km², 유출계수는 0.6, 강우강도식은 $I=\dfrac{6,500}{t+40}$ [mm/h]일 때 첨두유량은? (단, t의 단위 : min)

① 73.4m³/s　② 78.8m³/s
③ 85.0m³/s　④ 98.5m³/s

> [해설] 합리식
> $Q = \dfrac{1}{3.6} CIA$
> $= \dfrac{1}{3.6} \times 0.6 \times \dfrac{6,500}{(4+15)+40} \times 4 = 73.5 \text{m}^3/\text{s}$

09 침전지의 침전효율을 크게 하기 위한 조건과 거리가 먼 것은?

① 유량을 작게 한다.
② 체류시간을 작게 한다.
③ 침전지의 표면적을 크게 한다.
④ 플록의 침강속도를 크게 한다.

> [해설] 침전효율
> $E = \dfrac{V_s}{V_o} \times 100\% = \dfrac{V_s A}{Q} \times 100\%$
> $= \dfrac{V_s t}{h} \times 100\%$

10 완속여과지에 관한 설명으로 옳지 않은 것은?

① 응집제를 필수적으로 투입해야 한다.
② 여과속도는 4~5m/day를 표준으로 한다.
③ 비교적 양호한 원수에 알맞은 방법이다.
④ 급속여과지에 비해 넓은 부지면적을 필요로 한다.

> [해설] 응집제 투입을 통한 약품침전을 거치게 되면 급속여과시설로 간다.

11 고도처리 및 3차 처리시설의 계획하수량 표준에 관한 다음 표에서 빈칸에 알맞은 것으로 짝지어진 것은?

구분		계획하수량
		합류식 하수도
고도처리 및 3차 처리	처리시설	(가)
	처리장 내 연결관거	(나)

① (가) 계획시간 최대오수량, (나) 계획 1일 최대오수량
② (가) 계획시간 최대오수량, (나) 우천 시 계획오수량
③ (가) 계획 1일 최대오수량, (나) 계획시간 최대오수량
④ (가) 계획 1일 최대오수량, (나) 우천 시 계획오수량

> 정답　6. ④　7. ④　8. ①　9. ②　10. ①　11. ③

> [해설] 고도처리 및 3차 처리시설의 계획하수량은 계획 1일 최대오수량이며, 처리장 내 연결관거는 계획시간 최대오수량이다.

12 원형 하수관에서 유량이 최대가 되는 때는?

① 수심비가 72~78% 차서 흐를 때
② 수심비가 80~85% 차서 흐를 때
③ 수심비가 92~94% 차서 흐를 때
④ 가득 차서 흐를 때

> [해설] 원형 하수관
> ㉠ 유량이 최대일 때 : 수심비가 92~94% 차서 흐를 때
> ㉡ 유속이 최대일 때 : 수심비가 81~84% 차서 흐를 때

13 하수관거 직선부에서 맨홀(man hole)의 관경에 대한 최대간격의 표준으로 옳은 것은?

① 관경 600mm 이하의 경우 최대간격 50m
② 관경 600mm 초과 1,000mm 이하의 경우 최대간격 100m
③ 관경 1,000mm 초과 1,500mm 이하의 경우 최대간격 125m
④ 관경 1,650mm 이상의 경우 최대간격 150m

> [해설] 맨홀
> ㉠ 관거 직선부에서 맨홀의 최대간격
> • 관경 600mm 이하 : 75m
> • 관경 600mm 초과 1,000mm 이하 : 100m
> • 관경 1,000mm 초과 1,500mm 이하 : 150m
> • 관경 1,650mm 이상 : 200m
> ㉡ 관거 곡선부 : 현장여건에 따라 곡률반경을 고려하여 설치한다.

14 침전지의 표면부하율이 $19.2m^3/m^2 \cdot day$이고, 체류시간이 5시간일 때 침전지의 유효수심은?

① 2.5m ② 3.0m
③ 3.5m ④ 4.0m

> [해설] 표면부하율(수면적부하)
> $$V_0 = \frac{Q}{A} = \frac{h}{t}$$
> $$\therefore h = V_0 t = 19.2 \times 5 \times \frac{1}{24} = 4m$$

15 송수시설에서 계획송수량의 기준이 되는 것은?

① 계획시간 평균급수량
② 계획 1일 최대급수량
③ 계획 1일 평균급수량
④ 계획시간 최대급수량

> [해설] 상수도시설 계획의 기준은 계획 1일 최대급수량이다.

16 막여과시설의 약품세척에서 무기물질 제거에 사용되는 약품이 아닌 것은?

① 염산
② 황산
③ 구연산
④ 차아염소산나트륨

> [해설] 차아염소산나트륨은 식품의 부패균이나 병원균을 사멸하기 위하여 살균제로서 사용된다.

17 $K_2Cr_2O_7$은 강력한 산화제로서 COD 측정에 이용된다. 수질검사에서 $K_2Cr_2O_7$의 소비량이 많다는 것이 의미하는 것은?

① 물의 경도가 높다.
② 부유물이 많다.
③ 대장균이 많다.
④ 유기물이 많다.

> [해설] 수중에 유기물이 많으면 $K_2Cr_2O_7$의 소비량이 많다.

정답 12. ③ 13. ② 14. ④ 15. ② 16. ④ 17. ④

18 계획시간 최대배수량 $q = K\dfrac{Q}{24}$에 대한 설명으로 틀린 것은?

① 계획시간 최대배수량은 배수구역 내의 계획급수인구가 그 시간대에 최대량의 물을 사용한다고 가정하여 결정한다.
② Q는 계획 1일 평균급수량으로 단위는 m³/day이다.
③ K는 시간계수로 주·야간의 인구변동, 공장, 사업소 등에 의한 사용형태, 관광지 등의 계절적 인구이동에 의하여 변한다.
④ 시간계수 K는 1일 최대급수량이 클수록 작아지는 경향이 있다.

> 해설 ㉠ Q는 계획 1일 최대급수량(m³/day)이다.
> ㉡ K는 시간계수로써 계획시간 최대배수량의 시간평균배수량에 대한 비율이다.

19 비교회전도(N_s)의 변화에 따라 나타나는 펌프의 특성곡선의 형태가 아닌 것은?

① 양정곡선 ② 유속곡선
③ 효율곡선 ④ 축동력곡선

> 해설 펌프의 특성곡선은 양정, 효율, 축동력과 토출량의 관계를 나타낸 곡선이다.

20 슬러지용량지표(SVI : Sludge Volume Index)에 관한 설명으로 옳지 않은 것은?

① 정상적으로 운전되는 반응조의 SVI는 50~150 범위이다.
② SVI는 포기시간, BOD농도, 수온 등에 영향을 받는다.
③ SVI는 슬러지밀도지수(SDI)에 100을 곱한 값을 의미한다.
④ 반응조 내 혼합액을 30분간 정체한 경우 1g의 활성슬러지부유물질이 포함하는 용적을 mL로 표시한 것이다.

> 해설 SVI×SDI=100

정답 18. ② 19. ② 20. ③

2023 제3회 토목기사 기출복원문제

✎ 2023년 7월 8일 시행

01 활성슬러지법의 관리요인으로 옳지 않은 것은?
① 활성슬러지의 슬러지용량지표(SVI)는 활성슬러지의 침강성을 나타내는 자료로 활용된다.
② 활성슬러지의 부유물질농도 측정법으로 MLSS는 활성슬러지 안의 강열감량을 의미한다.
③ 수리학적 체류시간(HRT)은 유입오수의 반응탱크에 유입부터 유출까지의 시간을 의미한다.
④ 고형물 체류시간(SRT)은 처리시스템에 체류하는 활성슬러지의 평균체류시간을 의미한다.

> 해설 MLSS는 활성슬러지 안의 포기조 중의 부유물질을 의미한다.

02 맨홀에 인버트(invert)를 설치하지 않았을 때의 문제점이 아닌 것은?
① 맨홀 내에 퇴적물이 쌓이게 된다.
② 환기가 되지 않아 냄새가 발생한다.
③ 퇴적물이 부패되어 악취가 발생한다.
④ 맨홀 내에 물기가 있어 작업이 불편하다.

> 해설 맨홀 내 인버트는 관의 저부에 연결시켜 하수의 흐름을 원활하게 하고 부패와 악취가 발생하지 않도록 하는 부속시설이다.

03 양수량이 500m³/h, 전양정이 10m, 회전수가 1,100rpm일 때 비교회전도(N_s)는?
① 362
② 565
③ 614
④ 809

> 해설 비교회전도
> $Q = 500\text{m}^3/\text{h} = 8.33\text{m}^3/\text{min}$
> $\therefore N_s = N\dfrac{Q^{1/2}}{H^{3/4}} = 1,100 \times \dfrac{8.33^{1/2}}{10^{3/4}} ≒ 565$

04 활성슬러지법의 여러 가지 변법 중에서 잉여슬러지량을 현저하게 감소시키고 슬러지처리를 용이하게 하기 위해 개발된 방법으로서 포기시간이 16~24시간, F/M비가 0.03~0.05kgBOD/kgSS·day 정도의 낮은 BOD-SS부하로 운전하는 방식은?
① 장기포기법
② 순산소포기법
③ 계단식 포기법
④ 표준활성슬러지법

> 해설 장기포기법
> ㉠ 잉여슬러지양을 현저하게 감소시키고 슬러지처리를 용이하게 하기 위해 개발된 방법이다.
> ㉡ 포기시간이 16~24시간, F/M비가 0.03~0.05kg BOD/kgSS·day 정도의 낮은 BOD-SS부하로 운전하는 방식이다.

05 부영양화된 호수나 저수지에서 나타나는 현상은?
① 각종 조류의 광합성 증가로 인하여 호수 심층의 용존산소가 증가한다.
② 조류 사면에 의해 물이 맑아진다.
③ 바닥에 인, 질소 등 영양염류의 증가로 송어, 연어 등 어종이 증가한다.
④ 냄새, 맛을 유발하는 물질이 증가한다.

> 해설 ① 각종 조류의 광합성 증가로 인하여 호수 심층의 용존산소가 감소한다.
> ② 조류 사면에 의해 물이 탁해진다.
> ③ 바닥에 인, 질소 등 영양염류의 증가로 어종이 변화한다.

06 하수관로매설 시 관로의 최소흙두께는 원칙적으로 얼마로 하여야 하는가?
① 0.5m
② 1.0m
③ 1.5m
④ 2.0m

> 해설 하수관로매설의 최소토피는 1m 이상으로 한다.

정답 1.② 2.② 3.② 4.① 5.④ 6.②

07 상수도계통의 도수시설에 관한 설명으로 옳은 것은?
① 수원에서 취한 물을 정수장까지 운반하는 시설을 말한다.
② 정수처리된 물을 수용가에서 공급하는 시설을 말한다.
③ 적당한 수질의 물을 수원지에서 모아서 취하는 시설을 말한다.
④ 정수장에서 정수처리된 물을 배수지까지 보내는 시설을 말한다.

> 해설 ② 급수시설
> ③ 취수시설
> ④ 송수시설

08 하수관로의 배제방식에 대한 설명으로 틀린 것은?
① 합류식은 청천 시 관 내 오물이 침전하기 쉽다.
② 분류식은 합류식에 비해 부설비용이 많이 든다.
③ 분류식은 우천 시 오수가 월류하도록 설계한다.
④ 합류식 관로는 단면이 커서 환기가 잘되고 검사에 편리하다.

> 해설 분류식의 오수는 하수종말처리장에서 모두 처리되므로 완전처리가 가능하다.

09 다음 그림은 사류펌프(N_s =850)의 표준특성곡선이다. 축동력을 나타내는 곡선은?

① ⓐ ② ⓑ
③ ⓒ ④ ⓓ

> 해설 ⓐ는 양정을, ⓒ는 축동력, ⓓ는 효율을 나타낸다.

10 정수장에서 1일 50,000m³의 물을 정수하는데 침전지의 크기가 폭 10m, 길이 40m, 수심 4m인 침전지 2개를 가지고 있다. 2지의 침전지가 이론상 100% 제거할 수 있는 입자의 최소침전속도는? (단, 병렬연결기준)
① 31.25m/day ② 62.5m/day
③ 125m/day   ④ 625m/day

> 해설 초소침강속도
> $V_5 = \dfrac{Q}{A} = \dfrac{50,000}{10 \times 40 \times 2} = 62.5 \text{m/day}$

11 하수관로설계기준에 대한 설명으로 옳지 않은 것은?
① 관경은 하류로 갈수록 크게 한다.
② 유속은 하류로 갈수록 작게 한다.
③ 경사는 하류로 갈수록 완만하게 한다.
④ 오수관로의 유속은 0.6~3m/s가 적당하다.

> 해설 하수관로는 하류로 갈수록 유속은 빠르게, 경사는 완만하게 설계한다.

12 펌프를 선택할 때 고려해야 할 사항으로 가장 거리가 먼 것은?
① 양정   ② 펌프의 특성
③ 동력   ④ 펌프의 무게

> 해설 펌프를 선택할 때에 양정, 효율, 축동력 등을 고려해야 한다.

13 수원지에서부터 각 가정까지의 상수도계통도를 나타낸 것으로 옳은 것은?
① 수원－취수－도수－배수－정수－송수－급수
② 수원－취수－배수－정수－도수－송수－급수
③ 수원－취수－도수－정수－송수－배수－급수
④ 수원－취수－도수－송수－정수－배수－급수

> 해설 상수도시설 계통순서
> 수원－취수－도수－정수－송수－배수－급수

14 우리나라 먹는 물 수질기준에 대한 내용으로 틀린 것은?

① 색도는 2도를 넘지 아니할 것
② 페놀은 0.005mg/L를 넘지 아니할 것
③ 암모니아성 질소는 0.5mg/L를 넘지 아니할 것
④ 일반세균은 1mL 중 100CFU를 넘지 아니할 것

> 해설 색도는 5도를 넘지 아니할 것

15 급수방법에는 고가수조식과 압력수조식이 있다. 압력수조식을 고가수조식과 비교한 설명으로 옳지 않은 것은?

① 조작상에 최고·최저의 압력차가 적고 급수압의 변동폭이 적다.
② 큰 설비에는 공기압축기를 설치해서 때때로 공기를 보급하는 것이 필요하다.
③ 취급이 비교적 어렵고 고장이 많다.
④ 저수량이 비교적 적다.

> 해설 압력수조식은 조작상에 최고·최저의 압력차가 크고 급수압의 변동폭이 크다.
>
> 참고 압력수조식은 저수조에 물을 받은 다음 펌프로 압력수조에 넣고, 그 내부압력에 의하여 급수하는 방식이므로 공기압축기를 필요로 하지 않는다. 단, 큰 설비에는 공기압축기를 설치해서 때때로 공기를 보급하는 것이 필요하다.

16 다음 그림은 Hardy-Cross방법에 의한 배수관망의 도해법이다. 그림에 대한 설명으로 틀린 것은? (단, Q는 유량, H는 손실수두를 의미한다.)

① Q_1과 Q_6은 같다.
② Q_2의 방향은 +이고, Q_3의 방향은 -이다.
③ $H_2 + H_4 + H_3 + H_5$는 0이다.
④ H_1은 H_6과 같다.

> 해설 Hardy-Cross법의 가정조건
> ㉠ $\Sigma Q_{in} = \Sigma Q_{out}$
> ㉡ $\Sigma h_L ≒ 0$
> ㉢ 미소손실은 무시한다.

17 수중의 질소화합물의 질산화 진행과정으로 옳은 것은?

① $NH_3-N \rightarrow NO_2-N \rightarrow NO_3-N$
② $NH_3-N \rightarrow NO_3-N \rightarrow NO_2-N$
③ $NO_2-N \rightarrow NO_3-N \rightarrow NH_3-N$
④ $NO_3-N \rightarrow NO_2-N \rightarrow NH_3-N$

> 해설 질소화합물의 질산화과정
> $NH_3-N \rightarrow NO_2-N \rightarrow NO_3-N \rightarrow N_2$

18 도수 및 송수관로 중 일부분이 동수경사선보다 높은 경우 조치할 수 있는 방법으로 옳은 것은?

① 상류측에 대해서는 관경을 작게 하고, 하류측에 대해서는 관경을 크게 한다.
② 상류측에 대해서는 관경을 작게 하고, 하류측에 대해서는 접합정을 설치한다.
③ 상류측에 대해서는 관경을 크게 하고, 하류측에 대해서는 관경을 작게 한다.
④ 상류측에 대해서는 접합정을 설치하고, 하류측에 대해서는 관경을 크게 한다.

> 해설 관로가 최소동수경사선보다 높은 경우의 조치방법
> ㉠ 상류측 관경을 크게 한다.
> ㉡ 접합정을 설치한다.
> ㉢ 감압밸브를 설치한다.

19 상수도에서 배수지의 용량으로 기준이 되는 것은?

① 계획시간 최대급수량의 12시간분 이상
② 계획시간 최대급수량의 24시간분 이상
③ 계획 1일 최대급수량의 12시간분 이상
④ 계획 1일 최대급수량의 24시간분 이상

> **해설** 배수지의 유효용량은 계획 1일 최대급수량의 8~12시간분을 표준으로 한다.

20 BOD 200mg/L, 유량 600m³/day인 어느 식료품공장폐수가 BOD 10mg/L, 유량 2m³/s인 하천에 유입한다. 폐수가 유입되는 지점으로부터 하류 15km 지점의 BOD는? (단, 다른 유입원은 없고, 하천의 유속은 0.05m/s, 20℃ 탈산소계수(K_1)=0.1/day, 상용대수, 20℃ 기준이며, 기타 조건은 고려하지 않음)

① 4.79mg/L ② 5.39mg/L
③ 7.21mg/L ④ 8.16mg/L

> **해설** 잔존 BOD
> ㉠ 공장폐수 하천수의 혼합 후 농도
> $$C_2 = 2\text{m}^3/\text{s} \times 86,400\text{m}^3/\text{day}$$
> $$= 172,800\text{m}^3/\text{day}$$
> $$\therefore C = \frac{C_1 Q_1 + C_2 Q_2}{Q_1 + Q_2}$$
> $$= \frac{200 \times 600 + 10 \times 172,800}{600 + 172,800}$$
> $$= 10.66\text{mg/L}$$
> ㉡ BOD 감소량
> $$t = \frac{L}{V} = \frac{15,000\text{m}}{0.05\text{m/s} \times 86,400\text{sec}} = 3.47\text{day}$$
> $$\therefore L_t = L_a \cdot 10^{-k_1 t}$$
> $$= 10.66 \times 10^{-0.1 \times 3.47}$$
> $$= 4.79\text{mg/L}$$

정답 20. ①

2024 제1회 토목기사 기출복원문제

2024년 2월 17일 시행

01 계획 1일 최대급수량을 시설기준으로 하지 않는 것은?

① 배수시설 ② 정수시설
③ 취수시설 ④ 송수시설

> 해설 모든 시설은 계획 1일 최대급수량을 설계의 기준으로 한다. 그러나 배수시설 중 배수관의 구경 결정과 배수펌프의 용량 결정 시에는 시간 최대급수량을 기준으로 한다.

02 원형 하수관에서 유량이 최대가 되는 때는?

① 수심비가 72~78% 차서 흐를 때
② 수심비가 80~85% 차서 흐를 때
③ 수심비가 92~94% 차서 흐를 때
④ 가득 차서 흐를 때

> 해설 원형 하수관
> ㉠ 유량이 최대일 때 : 수심비가 92~94% 차서 흐를 때
> ㉡ 유속이 최대일 때 : 수심비가 81~84% 차서 흐를 때

03 수중의 질소화합물의 질산화 진행과정으로 옳은 것은?

① $NH_3-N \rightarrow NO_2-N \rightarrow NO_3-N$
② $NH_3-N \rightarrow NO_3-N \rightarrow NO_2-N$
③ $NO_2-N \rightarrow NO_3-N \rightarrow NH_3-N$
④ $NO_3-N \rightarrow NO_2-N \rightarrow NH_3-N$

> 해설 질소화합물의 질산화과정
> $NH_3-N \rightarrow NO_2-N \rightarrow NO_3-N \rightarrow N_2$

04 상수도계획 설계단계에서 펌프의 공동현상(cavitation) 대책으로 옳지 않은 것은?

① 펌프의 회전속도를 낮게 한다.
② 흡입 쪽 밸브에 의한 손실수두를 크게 한다.
③ 흡입관의 구경은 가능하면 크게 한다.
④ 펌프의 설치위치를 가능한 한 낮게 한다.

> 해설 공동현상의 방지책
> ㉠ 흡입밸브에 의한 손실수두를 가능한 한 작게 한다.
> ㉡ 펌프의 설치위치를 되도록 낮게 한다.
> ㉢ 펌프의 회전수를 적게 한다.
> ㉣ 임펠러를 수중에 위치시켜 잠기도록 한다.
> ㉤ 유속을 느리게 한다.
> ㉥ 흡입관의 길이를 짧게 하고, 흡입관의 직경을 크게 한다.

05 슬러지지표(SVI)에 대한 설명으로 옳지 않은 것은?

① SVI는 침전슬러지양 100mL 중에 포함되는 MLSS를 그램(g)수로 나타낸 것이다.
② SVI는 활성슬러지의 침강성을 보여주는 지표로 광범위하게 사용된다.
③ SVI가 50~150일 때 침전성이 양호하다.
④ SVI가 200 이상이면 슬러지팽화가 의심된다.

> 해설 SVI는 포기조혼합액 1L를 30분간 침전시킨 후 1g의 MLSS가 슬러지로 형성될 때 차지하는 부피를 단위부피(mL)당으로 나타낸 값을 말한다.

06 송수시설에 대한 설명으로 옳은 것은?

① 정수처리된 물을 소요수량만큼 수요자에게 보내는 시설
② 수원에서 취수한 물을 정수장까지 운반하는 시설
③ 정수장에서 배수지까지 물을 보내는 시설
④ 급수관, 계량기 등이 붙어있는 시설

> 해설 ① 배수시설
> ② 도수시설
> ④ 급수시설

정답 1.① 2.③ 3.① 4.② 5.① 6.③

07 하수관로에 대한 설명으로 옳지 않은 것은?
① 관로의 최소흙두께는 원칙적으로 1m로 하나 노반두께, 동결심도 등을 고려하여 적절한 흙두께로 한다.
② 관로의 단면은 단면 형상에 따른 수리적 특성을 고려하여 선정하되 원형 또는 직사각형을 표준으로 한다.
③ 우수관로의 최소관경은 200mm를 표준으로 한다.
④ 합류관로의 최소관경은 250mm를 표준으로 한다.

해설 오수관로의 최소관경은 200mm를 표준으로 한다.

08 혐기성 소화공정을 적절하게 운전 및 관리하기 위하여 확인해야 할 사항으로 옳지 않은 것은?
① COD농도 측정
② 가스 발생량 측정
③ 상징수의 pH 측정
④ 소화슬러지의 성상 파악

해설 혐기성 소화공정은 미생물이 반응물질이므로 COD는 해당 사항이 없다.

09 수원(水源)에 관한 설명 중 틀린 것은?
① 심층수는 대지의 정화작용으로 인해 무균 또는 거의 이에 가까운 것이 보통이다.
② 용천수는 지하수가 자연적으로 지표로 솟아나온 것으로 그 성질은 대개 지표수와 비슷하다.
③ 복류수는 어느 정도 여과된 것이므로 지표수에 비해 수질이 양호하며 대개의 경우 침전지를 생략할 수 있다.
④ 천층수는 지표면에서 깊지 않은 곳에 위치하여 공기의 투과가 양호하므로 산화작용이 활발하게 진행된다.

해설 용천수는 지하수이며 복류수와 비슷하다.

10 하수의 배제방식 중 분류식 하수도에 대한 설명으로 틀린 것은?
① 우수관 및 오수관의 구별이 명확하지 않은 곳에서는 오접의 가능성이 있다.
② 강우 초기의 오염된 우수가 직접 하천 등으로 유입될 수 있다.
③ 우천 시에 수세효과가 있다.
④ 우천 시 월류의 우려가 없다.

해설 ㉠ 분류식 : 관로 내의 퇴적이 적고 수세효과를 기대할 수 없다.
㉡ 합류식 : 소규모 강우 시 강우 초기에 수세효과가 있다.

11 하수처리에 관한 설명으로 틀린 것은?
① 하수처리방법은 크게 물리적, 화학적, 생물학적 처리공정으로 분류된다.
② 화학적 처리공정은 소독, 중화, 산화 및 환원, 이온교환 등이 있다.
③ 물리적 처리공정은 여과, 침사, 활성탄 흡착, 응집·침전 등이 있다.
④ 생물학적 처리공정은 호기성 분해와 혐기성 분해로 크게 분류된다.

해설 활성탄 흡착은 화학적 처리공정이다.

12 상수도의 계통을 올바르게 나타낸 것은?
① 취수 → 송수 → 도수 → 정수 → 급수 → 배수
② 취수 → 도수 → 정수 → 송수 → 배수 → 급수
③ 취수 → 정수 → 도수 → 급수 → 배수 → 송수
④ 도수 → 취수 → 정수 → 송수 → 배수 → 급수

해설 **상수도의 계통도**
취수 → 도수 → 정수 → 송수 → 배수 → 급수

정답 7. ③ 8. ① 9. ② 10. ③ 11. ③ 12. ②

13 다음 그림은 급수용 저수지의 유효저수량을 결정하기 위한 Ripple곡선이다. 다음 중 저수지의 수위가 가장 높아지는 때는?

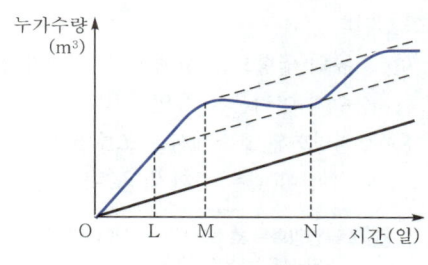

① O ② L
③ M ④ N

해설 유출량누가곡선은 유출량을 누가한 것이므로 곡선 중에 상승하여 정점에 이른 M점이 수위가 가장 높다.

14 유출계수가 0.6이고 유역면적 2km²에 강우강도 200mm/h 의 경우가 있었다면 유출량은? (단, 합리식을 사용한다.)

① $24.0m^3/s$
② $66.7m^3/s$
③ $240m^3/s$
④ $667m^3/s$

해설 합리식
$$Q = \frac{1}{3.6}CIA$$
$$= \frac{1}{3.6} \times 0.6 \times 200 \times 2$$
$$= 66.67m^3/s$$

15 활성슬러지법에서 MLSS가 의미하는 것은?

① 폐수 중의 부유물질
② 방류수 중의 부유물질
③ 포기조 내의 부유물질
④ 반송슬러지의 부유물질

해설 활성슬러지법에서 MLSS는 포기조 내의 부유물질을 의미한다.

16 급속여과법과 비교할 때 완속여과법의 특징으로 옳은 것은?

① 넓은 부지가 필요하며 시공비가 많이 든다.
② 모래층의 오염물질을 제거하기 위한 역세척이 반드시 필요하다.
③ 약품 사용과 동력소비에 따른 유지관리비가 많이 든다.
④ 여과를 할 때 손실수두가 크다.

해설 ② 역세척이 필요한 것은 급속여과법이다.
　　 ③ 완속여과법은 약품을 사용하지 않는다.
　　 ④ 완속여과로 속도가 느리기 때문에 손실수두가 작다.

17 펌프대수 결정을 위한 일반적인 고려사항에 대한 설명으로 옳지 않은 것은?

① 펌프는 용량이 작을수록 효율이 높으므로 가능한 소용량의 것으로 한다.
② 펌프는 가능한 최고효율점 부근에서 운전하도록 대수 및 용량을 정한다.
③ 건설비를 절약하기 위해 예비는 가능한 대수를 적게 하고 소용량으로 한다.
④ 펌프의 설치대수는 유지관리상 가능한 적게 하고 동일 용량의 것으로 한다.

해설 펌프는 가능한 한 대용량을 선택한다.

18 어떤 상수원수의 Jar-test실험결과 원수시료 200mL에 대해 0.1% PAC용액 12mL를 첨가하는 것이 가장 응집효율이 좋았다. 이 경우 상수원수에 대해 PAC용액의 사용량은 몇 mg/L인가?

① 40mg/L ② 50mg/L
③ 60mg/L ④ 70mg/L

해설 원수시료 200mL에 대하여 최적 주입량이 PAC 0.1%에 해당하는 12mL이므로 $\frac{12mL}{200mL} = 0.060$이다. 단위mL당 0.060이므로 단위L당으로 바꾸면 0.06×1,000=60mg/L가 된다.

정답 13. ③ 14. ② 15. ③ 16. ① 17. ① 18. ③

19 활성탄처리를 적용하여 제거하기 위한 주요 항목으로 거리가 먼 것은?

① 질산성 질소
② 냄새유발물질
③ THM전구물질
④ 음이온 계면활성제

> **해설** 질산성 질소의 제거는 이온교환법이나 막분리법에 가장 널리 사용된다.

> **참고** 활성탄은 맛과 냄새를 제거하는 것, 즉 이취미 제거에 목적이 있다. 주로 정수의 전처리과정이나 후처리과정에서 도입된다.

20 호소의 부영양화에 관한 설명으로 옳지 않은 것은?

① 부영양화의 원인물질은 질소와 인 성분이다.
② 부영양화는 수심이 낮은 호소에서도 잘 발생된다.
③ 조류의 영향으로 물에 맛과 냄새가 발생되어 정수에 어려움을 유발시킨다.
④ 부영양화된 호소에서는 조류의 성장이 왕성하여 수심이 깊은 곳까지 용존산소농도가 높다.

> **해설** 부영양화된 호소에서는 수심이 깊어질수록 용존산소의 농도는 낮아진다.

정답 19. ① 20. ④

2024 제2회 토목기사 기출복원문제

2024년 5월 11일 시행

01 펌프의 비교회전도(specific speed)에 대한 설명으로 옳은 것은?
① 임펠러(impeller)가 배출량 $1m^3/min$을 전양정 1m로 운전 시 회전수
② 임펠러가 배출량 $1m^3/s$을 전양정 1m로 운전 시 회전수
③ 작은 비회전도값에 대한 대유량, 저양정의 정도
④ 큰 비회전도값에 대한 소유량, 대양정의 정도

> **해설** 비교회전도는 임펠러가 배출량 $1m^3/min$을 전양정 1m로 운전 시 회전수이다.

02 수원을 선정할 때 수원의 구비요건으로 틀린 것은?
① 수량이 풍부해야 한다.
② 수질이 좋아야 한다.
③ 가능한 한 낮은 곳에 위치해야 한다.
④ 수돗물 소비지에서 가까운 곳에 위치해야 한다.

> **해설** 수원은 가급적 자연유하방식을 선택하는 것이 좋다.

03 도수관로에 관한 설명으로 틀린 것은?
① 도수거 동수경사의 통상적인 범위는 1/1,000~1/3,000이다.
② 도수관의 평균유속은 자연유하식인 경우에 허용 최소한도를 0.3m/s로 한다.
③ 도수관의 평균유속은 자연유하식인 경우에 최대한도를 3.0m/s로 한다.
④ 관경의 산정에 있어서 시점의 고수위, 종점의 저수위를 기준으로 동수경사를 구한다.

> **해설** 도수관 관경의 산정에 있어서 시점의 저수위, 종점의 고수위를 기준으로 동수경사를 구한다.

04 상수원수에 포함된 색도 제거를 위한 단위조작으로 거리가 먼 것은?
① 폭기처리
② 응집·침전처리
③ 활성탄처리
④ 오존처리

> **해설** 색도 제거방법으로는 전염소처리, 오존처리, 활성탄처리가 있으며, 부유물질 등에 의한 색도 발생의 경우 응집·침전을 통해 처리할 수 있다.

05 상수도시설 중 접합정에 관한 설명으로 옳지 않은 것은?
① 철근콘크리트조의 수밀구조로 한다.
② 내경은 점검이나 모래 반출을 위해 1m 이상으로 한다.
③ 접합정의 바닥을 얕은 우물구조로 하여 집수하는 예도 있다.
④ 지표수나 오수가 침입하지 않도록 맨홀을 설치하지 않는 것이 일반적이다.

> **해설** 접합정은 지표수나 오수가 침입하지 않도록 맨홀을 설치하는 것이 일반적이다.

06 집수매거(infiltration galleries)에 관한 설명 중 옳지 않은 것은?
① 집수매거는 복류수의 흐름방향에 대하여 지형 등을 고려하여 가능한 직각으로 설치하는 것이 효율적이다.
② 집수매거의 매설깊이는 5m 이상으로 하는 것이 바람직하다.
③ 집수매거 내의 평균유속은 유출단에서 1m/s 이하가 되도록 한다.
④ 집수매거의 집수개구부(공)직경은 3~5cm를 표준으로 하고, 그 수는 관거표면적 $1m^2$당 10~20개로 한다.

정답 1.① 2.③ 3.④ 4.① 5.① 6.④

해설 집수매거의 매설기준					
경사	매설 깊이	거 내 속도	집수공		
			유입 속도	지름	면적당 개수
1/500	5m	1m/s	3cm/s	10~ 20mm	20~ 30개/m^2

07 관로를 개수로와 관수로로 구분하는 기준은?
① 자유수면 유무
② 지하매설 유무
③ 하수관과 상수관
④ 콘크리트관과 주철관

해설 개수로는 자유수면이 있으며, 관수로는 자유수면이 없이 압력에 의하여 흐른다.

08 어떤 지역의 강우지속시간(t)과 강우강도의 역수($1/I$)와의 관계를 구해보니 다음 그림과 같이 기울기가 1/3,000, 절편이 1/150이 되었다. 이 지역의 강우강도(I)를 Talbot 형 $\left(I = \dfrac{a}{t+b}\right)$으로 표시한 것으로 옳은 것은?

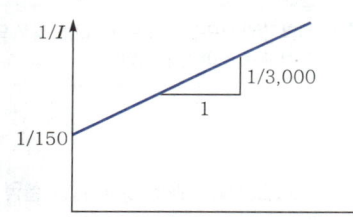

① $\dfrac{3,000}{t+20}$ ② $\dfrac{20}{t+3,000}$
③ $\dfrac{10}{t+1,500}$ ④ $\dfrac{1,500}{t+10}$

해설 **강우강도**
$a = \dfrac{1}{기울기} = \dfrac{1}{1/3,000} = 3,000$
$b = \dfrac{절편}{기울기} = \dfrac{1/150}{1/3,000} = 20$
$\therefore I = \dfrac{a}{t+b} = \dfrac{3,000}{t+20}$

09 장기포기법에 관한 설명으로 옳은 것은?
① F/M비가 크다.
② 슬러지 발생량이 적다.
③ 부지가 적게 소요된다.
④ 대규모 하수처리장에 많이 이용된다.

해설 ① F/M비가 작다.
③ 부지가 많이 소요된다.
④ 중소규모 하수처리장에 이용된다.

참고 장기포기법은 잉여슬러지양을 최대한 감소시키기 위한 방법이다.

10 수격현상(water hammer)의 방지대책으로 틀린 것은?
① 펌프의 급정지를 피한다.
② 가능한 관 내 유속을 크게 한다.
③ 토출측 관로에 에어체임버(air chamber)를 설치한다.
④ 토출관 측에 압력조정용 수조(surge tank)를 설치한다.

해설 수격현상은 밸브의 급격한 개폐에 의하여 발생하며 관 내 유속을 작게 해야 한다.

11 계획우수량 산정에 필요한 용어에 대한 설명으로 옳지 않은 것은?
① 강우강도는 단위시간 내에 내린 비의 양을 깊이로 나타낸 것이다.
② 유하시간은 하수관로로 유입한 우수가 하수관길이 L을 흘러가는 데 필요한 시간이다.
③ 유출계수는 배수구역 내로 내린 강우량에 대하여 증발과 지하로 침투하는 양의 비율이다.
④ 유입시간은 우수가 배수구역의 가장 원거리 지점으로부터 하수관로로 유입하기까지의 시간이다.

해설 유출계수는 증발과 지하침투량과는 관계없다.

정답 7. ① 8. ① 9. ② 10. ② 11. ③

12 완속여과지의 구조와 형상의 설명으로 틀린 것은?
① 여과지의 총깊이는 4.5~5.5m를 표준으로 한다.
② 형상은 직사각형을 표준으로 한다.
③ 배치는 1열이나 2열로 한다.
④ 주위 벽 상단은 지반보다 15cm 이상 높인다.

해설 완속여과지의 깊이는 하부집수장치의 높이에 자갈 층두께, 모래층두께, 모래면 위의 수심과 여유고를 더해 2.5~3.5m를 표준으로 한다.

13 어느 도시의 급수인구자료가 다음 표와 같을 때 등비증가법에 의한 2040년도의 예상급수인구는?

연도	인구(명)
2025	7,200
2030	8,800
2035	10,200

① 약 12,000명 ② 약 15,000명
③ 약 18,000명 ④ 약 21,000명

해설 연평균 인구증가율
$$r = \left(\frac{P_0}{P_t}\right)^{1/t} - 1 = \left(\frac{10,200}{7,200}\right)^{1/10} - 1 = 0.035$$
$$\therefore P_n = P_0(1+r)^n = 10,200 \times (1+0.035)^5 = 12,114명$$

14 하수관으로 폐수를 운반할 때 하수관의 직경이 0.5m에서 0.3m로 변환되었을 경우 직경이 0.5m인 하수관 내의 유속이 2m/s이었다면 직경이 0.3m인 하수관 내의 유속은?
① 0.72m/s ② 1.20m/s
③ 3.33m/s ④ 5.56m/s

해설 연속방정식
$$A_1 V_1 = A_2 V_2$$
$$\therefore V_2 = \frac{A_1}{A_2} V_1 = \left(\frac{D_1}{D_2}\right)^2 V_1 = \left(\frac{0.5}{0.3}\right)^2 \times 2 = 5.56 m/s$$

15 취수보의 취수구에서의 표준유입속도는?
① 0.3~0.6m/s ② 0.4~0.8m/s
③ 0.5~1.0m/s ④ 0.6~1.2m/s

해설 취수보의 취수구에서의 표준유입속도는 0.4~0.8m/s이다.

16 정수장 배출수처리의 일반적인 순서로 옳은 것은?
① 농축 → 조정 → 탈수 → 처분
② 농축 → 탈수 → 조정 → 처분
③ 조정 → 농축 → 탈수 → 처분
④ 조정 → 탈수 → 농축 → 처분

해설 정수장 배출수처리의 일반적인 순서
조정 → 농축 → 탈수 → 건조 → 최종 처분

17 배수관을 망상(그물모양)으로 배치하는 방식의 특징이 아닌 것은?
① 고장의 경우 단수 염려가 없다.
② 관 내의 물이 정체하지 않는다.
③ 관로 해석이 편리하고 정확하다.
④ 수압분포가 균등하고 화재 시에 유리하다.

해설 격자식(망상) 배수관으로 배치 시 관망의 수리 계산이 매우 복잡하다.

18 유량이 100,000m³/day이고 BOD가 2mg/L인 하천으로 유량 1,000m³/day, BOD가 100mg/L인 하수가 유입된다. 하수가 유입된 후 혼합된 BOD의 농도는?
① 1.97mg/L ② 2.97mg/L
③ 3.97mg/L ④ 4.97mg/L

해설 BOD농도
$$C = \frac{C_1 Q_1 + C_2 Q_2}{Q_1 + Q_2} = \frac{2 \times 100,000 + 100 \times 1,000}{100,000 + 1,000} = 2.97 mg/L$$

정답 12.① 13.① 14.④ 15.② 16.③ 17.③ 18.②

Engineering of Water Supply Sewerage

19 하수도의 관거계획에 대한 설명으로 옳은 것은?
① 오수관거는 계획 1일 평균오수량을 기준으로 계획한다.
② 관거의 역사이펀을 많이 설치하여 유지관리 측면에서 유리하도록 계획한다.
③ 합류식에서 하수의 차집관거는 우천 시 계획 오수량을 기준으로 계획한다.
④ 오수관거와 우수관거가 교차하여 역사이펀을 피할 수 없는 경우는 우수관거를 역사이펀으로 하는 것이 바람직하다.

> 해설 오수관거는 계획시간 최대오수량을 기준으로 계획한다.

20 하천수취수시설 중 수위변화에 대응할 수 있고 수위에 따라 좋은 수질을 선택하여 취수할 수 있으며 최소수심 2m 이상을 유지하여야 취수가 가능한 것은?
① 취수관거   ② 취수문
③ 집수정   ④ 취수탑

> 해설 **취수탑의 특징**
> ㉠ 대량 취수 가능
> ㉡ 건설비가 많이 필요함
> ㉢ 연간 안정적인 취수 가능
> ㉣ 좋은 수질의 물을 선택적으로 취수

정답 19. ③ 20. ④

2024 제3회 토목기사 기출복원문제

2024년 7월 6일 시행

01 계획오수량에 대한 설명으로 옳지 않은 것은?
① 계획오수량의 산정에서는 일반적으로 지하수의 유입량은 무시할 수 있다.
② 계획 1일 평균오수량은 계획 1일 최대오수량의 70~80%를 표준으로 한다.
③ 오수관거의 설계에는 계획시간 최대오수량을 기준으로 한다.
④ 계획시간 최대오수량은 계획 1일 최대오수량의 1시간당 수량의 1.3~1.8배를 표준으로 한다.

> 해설 계획오수량은 생활오수량, 공장폐수량, 지하수량의 합으로 산정한다.

02 계획급수인구를 추정하는 이론곡선식은 $y = \dfrac{K}{1+e^{a-bx}}$ 로 표현된다. 식 중의 K가 의미하는 것은? (단, y : x년 후의 인구, x : 기준년부터의 경과연수, e : 자연대수의 밑, a, b : 정수)
① 현재인구 ② 포화인구
③ 증가인구 ④ 상주인구

> 해설 이론곡선식의 K는 포화인구를 의미한다.

03 계획급수량 결정에서 첨두율에 대한 설명으로 옳은 것은?
① 첨두율은 평균급수량에 대한 평균사용수량의 크기를 의미한다.
② 급수량의 변동폭이 작을수록 첨두율의 값이 크게 된다.
③ 일반적으로 소규모의 도시일수록 급수량의 변동폭이 작아 첨두율이 크다.
④ 첨두율은 도시규모에 따라 변하며 기상조건, 도시의 성격 등에 의해서도 좌우된다.

> 해설 ① 첨두율은 평균급수량에 대한 최대급수량의 크기를 의미한다.
> ② 급수량의 변동폭이 클수록 첨두율은 크다.
> ③ 일반적으로 소규모 도시일수록 급수량의 변동폭이 커 첨두율이 크다.

04 지름 15cm, 길이 50m인 주철관으로 유량 0.03m³/s의 물을 50m 양수하려고 한다. 양수 시 발생되는 총손실수두가 5m이었다면 이 펌프의 소요축동력(kW)은? (단, 여유율은 0이며, 펌프의 효율은 80%이다.)
① 20.2kW
② 30.5kW
③ 33.5kW
④ 37.2kW

> 해설 **펌프의 축동력**
> $P_p = \dfrac{9.8Q(H+h_L)}{\eta} = \dfrac{9.8 \times 0.03 \times (50+5)}{0.8}$
> $= 20.21 \text{kW}$

05 지표수를 수원으로 하는 경우의 상수시설의 배치순서로 가장 적합한 것은?
① 취수탑 → 침사지 → 응집·침전지 → 여과지 → 배수지
② 취수구 → 약품침전지 → 혼화지 → 여과지 → 배수지
③ 집수매거 → 응집·침전지 → 침사지 → 여과지 → 배수지
④ 취수문 → 여과지 → 보통침전지 → 배수탑 → 배수관망

> 해설 지표수를 수원으로 하는 경우 상수시설은 '취수탑 → 침사지 → 응집·침전지 → 여과지 → 배수지'의 순서로 배치한다.

정답 1.① 2.② 3.④ 4.① 5.①

06 질소, 인 제거와 같은 고도처리를 도입하는 이유로 틀린 것은?

① 폐쇄성 수역의 부영양화 방지
② 슬러지 발생량 저감
③ 처리수의 재이용
④ 수질환경기준 만족

> 해설 고도처리를 하면 슬러지 발생량은 증가한다.

07 취수시설의 침사지 설계에 관한 설명 중 틀린 것은?

① 침사지 내에서의 평균유속은 10~15cm/min를 표준으로 한다.
② 침사지의 체류시간은 계획취수량의 10~20분을 표준으로 한다.
③ 침사지의 형상은 장방형으로 하고, 길이는 폭의 3~8배를 표준으로 한다.
④ 침사지의 유효수심은 3~4m를 표준으로 하고, 퇴사심도는 0.5~1m로 한다.

> 해설 상수침사지 내에서의 평균유속은 2~7cm/s이다.

08 하수관로의 접합 중에서 굴착깊이를 얕게 하여 공사비용을 줄일 수 있으며 수위 상승을 방지하고 양정고를 줄일 수 있어 펌프로 배수하는 지역에 적합한 방법은?

① 관정접합　　② 관저접합
③ 수면접합　　④ 관중심접합

> 해설 관저접합
> ㉠ 가장 나쁜 시공법이다.
> ㉡ 굴착깊이를 얕게 하고 토공량을 줄일 수 있어 가장 많이 시공한다.
> ㉢ 펌프의 배수지역에 가장 적합하다.

09 잉여슬러지양을 크게 감소시키기 위한 방법으로 BOD-SS부하를 아주 작게, 포기시간을 길게 하여 내생호흡상으로 유지되도록 하는 활성슬러지변법은?

① 계단식 포기법(Step Aeration)
② 점감식 포기법(Tapered Aeration)
③ 장시간 포기법(Extended Aeration)
④ 완전혼합포기법(Complete Mixing Aeration)

> 해설 장시간 포기법은 잉여슬러지양을 크게 감소시키기 위한 방법으로 BOD-SS부하를 아주 작게, 포기시간을 길게 하여 내생호흡상으로 유지되도록 하는 활성슬러지변법이다.

10 다음 중 하수관거의 단면에 대한 설명으로 옳지 않은 것은?

① 계란형은 유량이 적은 경우 원형 관거에 비해 수리학적으로 유리하다.
② 말굽형은 상반부의 아치작용에 의해 역학적으로 유리하다.
③ 원형, 직사각형은 역학 계산이 비교적 간단하다.
④ 원형은 주로 공장제품이므로 지하수의 침투를 최소화할 수 있다.

> 해설 원형 관거는 이음 부분이 많아 지하수의 침투가 우려된다.

11 오수 및 우수의 배제방식인 분류식과 합류식에 대한 설명으로 틀린 것은?

① 합류식은 관의 단면적이 크기 때문에 폐쇄의 염려가 적다.
② 합류식은 일정량 이상이 되면 우천 시 오수가 월류할 수 있다.
③ 분류식은 별도의 시설 없이 오염도가 높은 초기 우수를 처리장으로 유입시켜 처리한다.
④ 분류식은 2계통을 건설하는 경우 합류식에 비하여 일반적으로 관거의 부설비가 많이 든다.

> 해설 별도의 시설 없이 오염도가 높은 초기 우수를 처리장으로 유입시켜 처리하는 방식은 합류식이다.

정답　6.②　7.①　8.②　9.③　10.④　11.③

12 상수도시설 중 접합정에 관한 설명으로 옳은 것은?
① 상부를 개방하지 않은 수로시설
② 복류수를 취수하기 위해 매설한 유공관로시설
③ 배수지 등의 유입수의 수위조절과 양수를 위한 시설
④ 관로의 도중에 설치하여 주로 관로의 수압을 조절할 목적으로 설치하는 시설

해설 접합정은 도·송수관로의 도중에 설치하여 주로 관로의 수압을 조절할 목적으로 설치하는 시설이다.

13 자연유하식인 경우 도수관의 평균유속의 최소한도는?
① 0.01m/s   ② 0.1m/s
③ 0.3m/s   ④ 3m/s

해설 도·송수관에서의 유속범위는 0.3~3m/s이다.

14 먹는 물의 수질기준에서 탁도의 기준단위는?
① ‰(permil)
② ppm(parts per million)
③ JTU(Jackson Turbidity Unit)
④ NTU(Nephelometric Turbidity Unit)

해설 탁도의 기준단위는 NTU이다.

15 다음 설명 중 옳지 않은 것은?
① BOD가 과도하게 높으면 DO는 감소하며 악취가 발생된다.
② BOD, COD는 오염의 지표로서 하수 중의 용존산소량을 나타낸다.
③ BOD는 유기물이 호기성 상태에서 분해·안정화되는 데 요구되는 산소량이다.
④ BOD는 보통 20℃에서 5일간 시료를 배양했을 때 소비된 용존산소량으로 표시된다.

해설 유기물이 호기성 상태에서 분해·안정화되는 데 요구되는 산소량은 DO를 의미한다.

16 오수 및 우수관로의 설계에 대한 설명으로 옳지 않은 것은?
① 우수관경의 결정을 위해서는 합리식을 적용한다.
② 오수간로의 최소관경은 200mm를 표준으로 한다.
③ 우수관로 내의 유속은 가능한 사류상태가 되도록 한다.
④ 오수관로의 계획하수량은 계획시간 최대오수량으로 한다.

해설 우수관로 내의 유속은 가능한 상류상태가 되도록 한다.

17 혐기성 슬러지소화조를 설계할 경우 탱크의 크기를 결정하는 데 있어 고려할 사항에 해당되지 않는 것은?
① 소화조에 유입되는 슬러지의 양과 특성
② 고형물 체류시간 및 온도
③ 소화조의 운전방법
④ 소화조 표면부하율

해설 혐기성 소화조의 설계 시에 슬러지의 양, 특성, 체류시간, 온도, 운전방법 등을 고려하여 탱크의 크기를 결정한다.

18 다음 중 급속여과 및 완속여과에 대한 설명으로 틀린 것은?
① 급속여과의 전처리로서 약품침전을 행한다.
② 완속여과는 미생물에 의한 처리효과를 기대할 수 없다.
③ 급속여과 시 여과속도는 120~150m/day를 표준으로 한다.
④ 완속여과가 급속여과보다 여과지면적이 크게 소요된다.

해설 완속여과는 생물학적 응결작용에 의한 여과이고, 세균 제거율은 98~99.5%로 급속여과에 비해 좋다.

정답 12. ④ 13. ③ 14. ④ 15. ② 16. ③ 17. ④ 18. ②

19 우수조정지의 설치장소로 적당하지 않은 곳은?

① 토사의 이동이 부족한 장소
② 하수관거의 유하능력이 부족한 장소
③ 방류수로의 유하능력이 부족한 장소
④ 하류지역의 펌프장능력이 부족한 장소

> **해설** 우수조정지(유수지) 설치장소
> ㉠ 하수관거의 유하능력이 부족한 장소
> ㉡ 방류수로(방류수역)의 유하능력이 부족한 장소
> ㉢ 하류지역의 펌프장능력이 부족한 장소

20 상수슬러지의 함수율이 99%에서 98%로 되면 슬러지의 체적은 어떻게 변하는가?

① 1/2로 증대
② 1/2로 감소
③ 2배로 증대
④ 2배로 감소

> **해설** 슬러지체적
> $$\frac{V_2}{V_1} = \frac{100 - W_1}{100 - W_2} = \frac{100 - 99}{100 - 98} = \frac{1}{2}$$

2025 제1회 토목기사 기출복원문제

2025년 2월 15일 시행

01 하수관거의 유속과 경사는 하류로 갈수록 어떻게 되도록 설계하여야 하는가?

① 유속 : 증가, 경사 : 감소
② 유속 : 증가, 경사 : 증가
③ 유속 : 감소, 경사 : 증가
④ 유속 : 감소, 경사 : 감소

> **해설** 하수관거는 하류로 갈수록 유속은 빠르게, 경사는 완만하게 설계한다.

02 오수 및 우수관거의 설계에 대한 설명으로 옳지 않은 것은?

① 오수관거의 최소관경은 200mm를 표준으로 한다.
② 우수관경의 결정을 위해서는 합리식을 적용한다.
③ 우수관거 내의 유속은 가능한 한 사류상태가 되도록 한다.
④ 오수관거의 계획하수량은 계획시간 최대오수량으로 한다.

> **해설** 우수관거는 우수로 인한 침수 방지를 위하여 유달시간이 긴 것이 좋으므로 상류상태가 되도록 한다.

03 전염소처리의 목적 중 틀린 것은?

① 세균을 제거한다.
② 암모니아성 질소와 유기물 등을 제거한다.
③ 철, 망간 등을 제거한다.
④ 수중의 불순물을 침전시킨다.

> **해설** 전염소처리는 침전작용을 하지 않는다.

04 직경 300mm, 길이 100m인 주철관을 사용하여 0.15m³/s의 물을 20m 높이에 양수하기 위한 펌프의 소요동력은? (단, 마찰손실계수 $f=0.0268$, 펌프의 효율 70%, 마찰손실 고려)

① 약 57HP(마력)   ② 약 62HP(마력)
③ 약 72HP(마력)   ④ 약 81HP(마력)

> **해설** **펌프의 동력**
> $$h_L = f\frac{l}{D}\frac{V^2}{2g} = f\frac{l}{D}\frac{1}{2g}\left(\frac{4Q}{\pi D^2}\right)^2$$
> $$= 0.0268 \times \frac{100}{0.3} \times \frac{1}{2 \times 9.8} \times \left(\frac{4 \times 0.15}{\pi \times 0.3^2}\right)^2$$
> $$= 2.05\text{m}$$
> $$\therefore P_s = \frac{13.3QH}{\eta} = \frac{13.3Q(h+h_L)}{\eta}$$
> $$= \frac{13.3 \times 0.15 \times (20 + 2.05)}{0.7} = 62.84\text{HP}$$

05 상수도는 생활기반시설로서 영속성과 중요성을 가지고 있으므로 안정적이고 효율적으로 운영되어야 하며 가능한 한 장기간으로 설정하는 것이 기본이다. 보통 상수도의 기본계획 시 계획(목표)연도는 계획수립 시부터 몇 년을 표준으로 하는가?

① 3~5년   ② 5~10년
③ 15~20년   ④ 25~30년

> **해설** 상수도 계획연한은 통상 5~15년인데, 본 문제에서는 가능한 한 장기간이라는 설정을 두었으므로 5~10년이 아닌 15년 이상의 상한을 기준으로 하여 15~20년을 표준으로 한다.

06 저수시설의 유효저수량 산정에 이용되는 방법은?

① Ripple법   ② Williams법
③ Manning법   ④ Kutter법

정답 1.① 2.③ 3.④ 4.② 5.③ 6.①

해설 저수지의 유효저수량을 산정하는 방법은 유출량누가곡선법인 Ripple법이다.

해설 수평이나 수직방향의 굴곡은 시공상의 어려움이 있고 손실수두가 커지므로 가급적 피한다.

07 슬러지용적지수(SVI)에 관한 설명 중 옳지 않은 것은?
① 포기조 내 혼합물을 30분간 정지한 후 침강한 1g의 슬러지가 차지하는 부피(mL)로 나타낸다.
② 정상적으로 운전되는 포기조의 SVI는 50 : 150범위이다.
③ SVI는 슬러지밀도지수(SDI)에 100을 곱한 값을 의미한다.
④ SVI는 폭기시간, BOD농도, 수온 등에 영향을 받는다.

해설 $SDI \times SVI = 100$

10 다음 중 Stokes법칙이 가장 잘 적용되는 침전형태는?
① 응집침전 ② 단독침전
③ 지역침전 ④ 압축침전

해설 Stokes법칙이 가장 잘 적용되는 침전형태는 I형 침전인 단독침전이다.

11 다음 중 배수관망법의 종류에 속하지 않는 것은 어느 것인가?
① 격자식 ② 수지상식
③ 가압식 ④ 종합식

해설 가압식은 배수방식에 해당한다.

08 활성슬러지법에 의한 하수처리 시 포기조의 MLSS를 2,400mg/L로 유지할 때 SVI가 120이면 반송률(R)은? (단, 유입수의 SS는 고려하지 않음)
① 24% ② 40%
③ 32% ④ 46%

해설 **슬러지반송률**
㉠ $SVI = \dfrac{SV[\%]}{MLSS[mg/L]} \times 10^4$
$120 = \dfrac{SV}{2,400} \times 10^4$
∴ $SV = 28.8$
㉡ $R = \dfrac{100 \times SV}{100 - SV} = \dfrac{100 \times 28.8}{100 - 28.8} = 40.4\%$

12 하수도의 효과에 대한 내용으로 틀린 것은?
① 공중위생상의 효과
② 도시환경의 개선
③ 하천의 수질보전
④ 토지이용의 감소

해설 하수도의 효과로 토지이용이 증대된다.

09 도수노선의 선정에 있어 고려사항으로 옳지 않은 것은?
① 최소동수경사선 이하가 되도록 한다.
② 원칙적으로 공공도로 또는 수도용지로 한다.
③ 건설비 등의 경제성, 유지관리의 난이도 등을 종합적으로 비교·검토하여 결정한다.
④ 수평이나 수직방향의 굴곡은 수리학적으로 유리하여 시공상의 어려움에도 불구하고 주로 사용된다.

13 다음 슬러지탈수방법 중 슬러지케이크의 함수율을 55~70% 정도로 생산하는 탈수기는 어느 것인가?
① 진공여과벨 ② 가압여과기
③ 원심분리기 ④ 슬러지건조상

해설 가압여과기(가압탈수기)는 탈수방법 중 슬러지케이크의 함수율을 55~70% 정도로 생산하는 탈수기로 가장 함수율이 적다.

14 하수처리장 부지 선정에 관한 설명으로 옳지 않은 것은?

① 홍수로 인한 침수위험이 없어야 한다.
② 방류수가 충분히 희석, 혼합되어야 하며, 상수도 수원 등에 오염되지 않은 곳을 선택한다.
③ 처리장의 부지는 장래 확장을 고려해서 넓게 하며, 주거 및 상업지구에 인접한 곳이어야 한다.
④ 오수 또는 폐수가 하수처리장까지 가급적 자연유하식으로 유입하고, 또한 자연유하로 방류하는 곳이 좋다.

> **해설** 하수처리장시설은 현재 혐오시설로 주민의 반감이 있을 수 있기 때문에 주거나 상업지구는 피해야 한다.

15 어느 도시의 인구증가현황을 조사분석한 결과 매년 증가율이 8%로 일정하였다. 이 도시의 15년 후 등비급수법에 의한 추정인구는 약 몇 명인가? (단, 현재 인구는 150,000명이다.)

① 531,200명
② 515,800명
③ 498,500명
④ 475,800명

> **해설** 등비급수법 적용
> $P_n = P_0(1+r)^n = 150,000 \times (1+0.08)^{15}$
> $= 475,825$명

16 펌프의 임펠러 입구에서 정압이 그 수온에 상당하는 포화증기압 이하가 되면 그 부분의 물이 증발해서 공동이 생기거나 흡입관으로부터 공기가 흡입되어 공동이 생기는 현상은?

① Characteristic Curves
② Specific Speed
③ Positive Head
④ Cavitation

> **해설** Cavitation은 공동현상을 의미한다.

17 관거의 접합방법 중에서 유수는 원활하지만 관거의 매설깊이가 증가하여 토공비가 많이 들고 펌프배수 시 펌프양정을 증가시키는 단점이 있는 것은 어느 것인가?

① 관정접합
② 관저접합
③ 관중심접합
④ 수면접합

> **해설** 유수는 원활하지만 관거의 매설깊이가 증가하여 토공비가 많이 들고 펌프배수 시 펌프양정을 증가시키는 방법은 관정접합이다.

18 하수처리장 2차 침전지에서 슬러지부상이 일어날 경우 관계되는 작용은?

① 질산화반응
② 탈질반응
③ 핀플록반응
④ 미생물 플록이 형성되지 않음

> **해설** 탈질반응에 의하여 슬러지가 부상된다.

19 최고효율점의 양수량 800m³/hr, 전양정 7m, 회전속도 1,500rpm인 취수펌프의 비회전도는 얼마인가?

① 1,173
② 1,273
③ 1,373
④ 1,473

> **해설** 펌프의 비속도(비교회전도)
> $Q = 800 \text{m}^3/\text{hr} \times \dfrac{1\text{hr}}{60\text{min}} = 13.33 \text{m}^3/\text{min}$
> $\therefore N_s = N\dfrac{Q^{1/2}}{H^{3/4}} = 1,500 \times \dfrac{13.33^{1/2}}{7^{3/4}}$
> $= 1,273$

20 최근 우리나라의 상수원에 부영양화현상이 급속도로 심화되고 있다. 다음 중 상수도의 구성이나 계통에서 상수원의 부영양화가 가장 큰 영향을 미칠 수 있는 시설은?

① 취수시설
② 송수시설
③ 정수시설
④ 배·급수시설

> **해설** 부영양화가 되면 조류가 발생하여 수돗물의 맛과 냄새를 유발하므로 정수부하가 높아진다.

정답 14. ③ 15. ④ 16. ④ 17. ① 18. ② 19. ② 20. ③

2025 제2회 토목기사 기출복원문제

✏ 2025년 5월 17일 시행

01 다음 중 오존처리법의 특성에 대한 설명으로 틀린 것은?

① 자체의 높은 산화력으로 염소에 비하여 높은 살균력을 가지고 있다.
② 유기물질의 생분해성을 증가시킨다.
③ 철·망간의 산화능력이 크다.
④ 소독의 잔류효과가 크다.

해설 오존처리는 소독의 잔류효과가 없다.

02 펌프의 비교회전도(specific speed)에 대한 설명으로 옳은 것은?

① 임펠러(impeller)가 배출량 $1m^3/min$을 전양정 1m로 운전 시 회전수
② 임펠러(impeller)가 배출량 $1m^3/s$을 전양정 1m로 운전 시 회전수
③ 작은 비회전도값에 대한 대유량, 저양정의 정도
④ 큰 비회전도값에 대한 소유량, 대양정의 정도

해설 비교회전도는 임펠러가 $1m^3/min$의 유량을 1m 양수하는 데 필요한 회전수이다.

03 정수장의 슬러지처리과정을 순서대로 열거한 것은?

① 조정 – 농축 – 탈수 – 건조 – 반출
② 농축 – 조정 – 탈수 – 건조 – 반출
③ 탈수 – 조정 – 농축 – 건조 – 반출
④ 농축 – 탈수 – 조정 – 건조 – 반출

해설 배출수처리단계
조정-농축-탈수-건조-최종 처분

04 THM은 발암물질로 알려져 있어서 음용수의 수질기준에 의하여 규제하고 있다. 음용수에서 트리할로메탄의 기준농도는 얼마인가?

① 0.01ppm 이하
② 0.05ppm 이하
③ 0.1ppm 이하
④ 1.0ppm 이하

해설 THM의 음용수 수질기준은 0.1ppm 이하이다.

05 유량이 $0.1m^3/s$의 물을 30m 높이로 양수하려고 한다. 관로의 마찰에 의한 손실수두가 5m, 그 밖의 양수 시 발생되는 손실수두가 3m라면 이 펌프에 필요한 축동력은? (단, 펌프의 효율은 85%이다.)

① 43.8kW
② 59.6kW
③ 65.4kW
④ 70.3kW

해설 펌프의 동력
kW단위이므로
$$P = \frac{9.8Q(H+\sum h_L)}{\eta}$$
$$= \frac{9.8 \times 0.1 \times (30+5+3)}{0.85}$$
$$= 43.8kW$$

06 상수침사지 내에서의 적당한 유속은?

① 1~5cm/s
② 5~7cm/s
③ 2~7cm/s
④ 7~9cm/s

해설 ㉠ 상수도용 침사지의 평균유속 : 2~7cm/s
㉡ 하수도용 침사지의 평균유속 : 0.3m/s

정답 1.④ 2.① 3.① 4.③ 5.① 6.③

07 펌프와 부속설비의 설치에 관한 설명으로 옳지 않은 것은?

① 펌프의 흡입관은 공기가 갇히지 않도록 배관한다.
② 필요에 따라 축봉용, 냉각용, 윤활용 등의 급수설비를 설치한다.
③ 펌프의 운전상태를 알기 위하여 펌프의 흡입측에는 압력계를, 토출측에는 진공계를 설치한다.
④ 흡상식 펌프에서 풋밸브(foot valve)를 설치하지 않을 경우에는 마중물용의 진공펌프를 설치한다.

> **해설** 진공계는 펌프의 흡입측 전방에 설치하며, 압력계는 펌프의 토출측에 설치한다.

08 어떤 도시에 대한 다음의 인구통계표에서 2024년 현재로부터 5년 후의 인구를 추정하려 할 때 연평균 인구증가율(r)은?

연도	2020	2021	2022	2023	2024
인구(명)	10,900	11,200	11,500	11,850	12,200

① 0.28545
② 0.02857
③ 0.18571
④ 0.00279

> **해설** 등비급수법 적용
> ㉠ $t = 2004 - 2000 = 4$년
> ㉡ $P_n = P_0(1+r)^n$
> ∴ $r = \left(\dfrac{P_0}{P_t}\right)^{\frac{1}{t}} - 1 = \left(\dfrac{12,200}{10,900}\right)^{1/4} - 1$
> $= 0.02857$

09 계획하수량의 산정방법으로 틀린 것은?

① 오수관거 : 계획 1일 최대오수량+계획우수량
② 우수관거 : 계획우수량
③ 합류식 관거 : 계획시간 최대오수량+계획우수량
④ 차집관거 : 우천 시 계획오수량

> **해설** 오수관거는 계획시간 최대오수량으로 산정한다.

10 원형 하수관에서 유량이 최대가 되는 때는?

① 가득 차서 흐를 때
② 수심이 92~94% 차서 흐를 때
③ 수심이 80~85% 차서 흐를 때
④ 수심이 72~78% 차서 흐를 때

> **해설** 원형 하수관
> ㉠ 유량이 최대가 되는 때 : 수심이 92~94% 차서 흐를 때
> ㉡ 유속이 최대일 때 : 81~84% 차서 흐를 때

11 포기조부피 5,000m³, 유입유량 25,000m³/day, BOD 농도 120mg/L일 때 BOD용적부하는?

① 0.6kg/m³ · day
② 0.9kg/m³ · day
③ 6kg/m³ · day
④ 9kg/m³ · day

> **해설** BOD용적부하
> $= \dfrac{BOD \cdot Q}{V}$
> $= \dfrac{120 \times 10^{-3} \text{kg/m}^3 \times 25,000 \text{m}^3/\text{day}}{5,000 \text{m}^3}$
> $= 0.6 \text{kg/m}^3 \cdot \text{day}$

12 합류식 하수도에 대한 설명이 아닌 것은?

① 청천 시에는 수위가 낮고 유속이 적어 오물이 침전하기 쉽다.
② 우천 시에는 처리장으로 다량의 토사가 유입되어 침전지에 퇴적된다.
③ 단일관로로 오수와 우수를 배제하기 때문에 침수피해의 다발지역이나 우수배제시설이 정비되지 않은 지역에서 유리한 방식이다.
④ 소규모 강우 시 강우 초기에 도로나 관로 내에 퇴적된 오염물이 그대로 강으로 월류할 수 있다.

> **해설** 합류식은 소규모 강우 시 강우 초기에 수세효과가 있다.

정답 7. ③ 8. ② 9. ① 10. ② 11. ① 12. ④

13 하수관의 설계 시 알맞은 유속범위는?
① 우수관 : 1.0~5.0m/s, 오수관 : 0.6~5.0m/s
② 우수관 : 0.1~1.0m/s, 오수관 : 0.2~1.2m/s
③ 우수관 : 0.6~3.0m/s, 오수관 : 0.8~3.0m/s
④ 우수관 : 0.8~3.0m/s, 오수관 : 0.6~3.0m/s

> [해설] 하수관 설계 시 유속범위
> ㉠ 오수관, 차집관 : 0.6~3m/s
> ㉡ 우수관, 합류관 : 0.8~3m/s

14 하수도 기본계획에서 계획목표연도의 인구추정방법이 아닌 것은?
① Stevens모형에 의한 방법
② Logistic곡선식에 의한 방법
③ 지수함수곡선식에 의한 방법
④ 생잔모형에 의한 조성법(Cohorot method)

> [해설] Stevens모형은 수문학의 수위-유량관계곡선의 연장방법 중 하나이다.

15 어떤 폐수의 20℃ BOD_5가 200mg/L일 때 BOD_1과 최종 BOD값은? (단, 탈산소계수는 0.23day^{-1}(base e)이다.)
① 60mg/L, 233mg/L ② 60mg/L, 293mg/L
③ 67mg/L, 233mg/L ④ 67mg/L, 293mg/L

> [해설] 소비 BOD
> ㉠ $BOD_5 = BOD_u(1-e^{-k_1 t})$
> $200 = BOD_u \times (1-e^{-0.23 \times 5})$
> ∴ $BOD_u \fallingdotseq 293mg/L$
> ㉡ $BOD_1 = 293 \times (1-e^{-0.23 \times 1}) = 60.2mg/L$

16 슬러지밀도지표(SDI)와 슬러지용량지표(SVI)와의 관계로 옳은 것은?
① $SDI = \dfrac{10}{SVI}$ ② $SDI = \dfrac{SVI}{10}$
③ $SDI = \dfrac{100}{SVI}$ ④ $SDI = \dfrac{SVI}{100}$

> [해설] $SDI \times SVI = 100$

17 우리나라의 상수도시설을 설계·계획할 때 그 계획연한은 통상 몇 년을 기준으로 하는가?
① 2~3년 ② 5~15년
③ 15~20년 ④ 30년 이상

> [해설] 상수도의 계획연한은 5~15년을 기준으로 한다.

18 혐기성 소화공정의 영향인자가 아닌 것은?
① 체류시간 ② 온도
③ 메탄함량 ④ 알칼리도

> [해설] 메탄은 혐기성 소화공정으로 인하여 발생한다.

19 다음 중 수원의 구비요건이 아닌 것은?
① 수량이 풍부하여야 한다.
② 수질이 좋아야 한다.
③ 가능한 한 낮은 곳에 위치하여야 한다.
④ 소비자로부터 가까운 곳에 위치하여야 한다.

> [해설] 수원은 정수장까지 가급적 자연유하로 도수하는 것이 좋으므로 가능한 높은 곳에 위치하는 것이 좋다.

20 상수도시설연 착수정에 대한 설명으로 옳지 않은 것은?
① 착수정은 2지 이상으로 분할하는 것이 원칙이다.
② 부유물이나 조류 등을 제거할 필요가 있는 장소에는 스크린을 설치한다.
③ 착수정에는 수위와 수량의 급변에 대처하기 위하여 월류위어를 설치하여야 한다.
④ 착수정의 고수위와 주변 벽체 상단 간의 여유고는 30cm 이하로 한다.

> [해설] 착수정의 고수위와 주변 벽체 상단 간의 여유고는 60cm 이상으로 한다.

정답 13. ④ 14. ① 15. ② 16. ③ 17. ② 18. ③ 19. ③ 20. ④

2025 제3회 토목기사 기출복원문제

✎ 2025년 8월 23일 시행

01 상수원수 중 색도가 높은 경우의 유효처리방법으로 가장 거리가 먼 것은?
① 응집침전처리 ② 활성탄처리
③ 오존처리   ④ 자외선처리

> 해설 색도 제거법에는 전염소처리, 활성탄처리, 오존처리가 있다.

02 일반적인 하수슬러지처리시스템이 바르게 구성된 것은?
① 슬러지 – 소화 – 농축 – 개량 – 탈수 – 건조 – 처분
② 슬러지 – 농축 – 개량 – 소화 – 탈수 – 건조 – 처분
③ 슬러지 – 농축 – 소화 – 개량 – 탈수 – 건조 – 처분
④ 슬러지 – 소화 – 개량 – 농축 – 탈수 – 건조 – 처분

> 해설 **슬러지처리순서**
> 슬러지-농축-소화-개량-탈수-건조-처분

03 상수도계통의 수도시설에 관한 설명으로 옳은 것은?
① 적당한 수질의 물을 수원지에서 모아서 취하는 시설을 말한다.
② 수원에서 취한 물을 정수장까지 운반하는 시설을 말한다.
③ 정수처리된 물을 수용가에서 공급하는 시설을 말한다.
④ 정수장에서 정수처리된 물을 배수지까지 보내는 시설을 말한다.

> 해설 ① 취수시설
> ③ 급수시설
> ④ 송수시설

04 펌프의 토출량이 0.94m³/min이고 흡입구의 유속이 2m/s라 가정할 때 펌프의 흡입구경은?
① 100mm   ② 200mm
③ 250mm   ④ 300mm

> 해설 **펌프의 구경**
> $$D = 146\sqrt{\frac{Q}{V}} = 146 \times \sqrt{\frac{0.94}{2}} = 100.1\text{mm}$$

05 응집침전 시 황산반토 최적 주입량이 20ppm, 유량이 500m³/hr에 필요한 5% 황산반토용액의 주입량은 얼마인가?
① 20L/hr   ② 100L/hr
③ 150L/hr ④ 200L/hr

> 해설 주입량 $= C[\text{mg/L, ppm}] \times Q[\text{m}^3/\text{day}] \times \dfrac{1}{\text{순도}}$
> $= 20 \times 10^{-3} \times 500 \times \dfrac{1}{0.05} = 200\text{L/hr}$

06 활성슬러지법의 최종 침전지에서 슬러지가 잘 침전되지 않고 부풀어 오르는 현상은?
① 벌킹(bulking)
② 질산화(nitrification)
③ 탈질산화(denitrification)
④ 소화(digestion)

> 해설 슬러지팽화(bulking)는 최종 침전지에서 슬러지가 잘 침전되지 않고 부풀어 오르는 현상을 말한다.

정답 1. ④ 2. ③ 3. ② 4. ① 5. ④ 6. ①

Engineering of Water Supply Sewerage

07 집수매거(infiltration galleries)에 관한 설명으로 옳지 않은 것은?
① 철근콘크리트조의 유공관 또는 권선형 스크린관을 표준으로 한다.
② 집수매거 내의 평균유속은 유출단에서 1m/s 이하가 되도록 한다.
③ 집수매거의 부설방향은 표류수의 상황을 정확하게 파악하여 취수할 수 있도록 한다.
④ 집수매거는 하천부지의 하상 밑이나 구하천부지 등의 땅속에 매설하여 복류수나 자유수면을 갖는 지하수를 취수하는 시설이다.

> 해설 집수매거의 부설방향은 복류수의 상황을 정확하게 파악하여 효율적으로 취수할 수 있도록 한다.

08 하수처리장 부지 선정에 관한 설명으로 옳지 않은 것은?
① 홍수로 인한 침수위험이 없어야 한다.
② 방류수가 충분히 희석, 혼합되어야 하며, 상수도 수원 등에 오염되지 않은 곳을 선택한다.
③ 오수 또는 폐수가 하수처리장까지 가급적 자연유하식으로 유입하고, 또한 자연유하로 방류하는 곳이 좋다.
④ 처리장의 부지는 장래 확장을 고려해서 넓게 하며, 주거 및 상업지구에 인접한 곳이어야 한다.

> 해설 하수처리장시설은 현재 혐오시설로 주민의 반감이 있을 수 있기 때문에 주거지나 상업지구는 피해야 한다.

09 Streeter-Phelps의 식을 설명한 것으로 가장 적합한 것은?
① 재폭기에 의한 DO를 구하는 식이다.
② BOD극한값을 구하는 식이다.
③ 유한시간에 따른 DO부족곡선식이다.
④ BOD감소곡선식이다.

> 해설 Streeter-Phelps식은 하천에서의 유기물오염에 따른 영향을 예측하기 위해서 유기물의 생물학적 분해에 따른 산소소비와 재폭기에 의한 산소공급을 감안한 용존산소부족량의 변화율을 미분식으로 나타난 것이다.

10 슬러지를 혐기성 소화법으로 처리할 경우의 호기성 소화법에 비하여 갖는 특징으로 틀린 것은 어느 것인가?
① 병원균의 사멸률이 낮다.
② 동력시설 없이 연속적인 처리가 가능하다.
③ 부산물로 유용한 메탄가스가 생산된다.
④ 유지관리비가 적게 소요된다.

> 해설 혐기성 소화법은 병원균을 사멸시키거나 통제가 가능하다.

11 하수처리시설의 침사지에 대한 설명으로 옳지 않은 것은?
① 평균유속은 1.5m/s를 표준으로 한다.
② 체류시간은 30~60초를 표준으로 한다.
③ 수심은 유효수심에 모래퇴적부의 깊이를 더한 것으로 한다.
④ 오수침사지의 표면부하율은 $1,800 m^3/m^2 \cdot day$ 정도로 한다.

> 해설 하수침사지의 평균유속은 0.3m/s를 표준으로 한다.

12 다음 중 Stokes법칙의 기본가정이 아닌 것은 어느 것인가?
① 입자의 크기가 일정하다.
② 입자 간 응집성을 고려한다.
③ 물의 흐름은 층류상태이다.
④ 입자의 형상은 구형이다.

> 해설 **Stokes법칙의 기본가정**
> ㉠ 입자의 크기는 일정하다.
> ㉡ 입자의 형상은 구형이다.
> ㉢ 물의 흐름은 층류상태이다.

정답 7.③ 8.④ 9.③ 10.① 11.① 12.②

13 취수탑에 대한 설명으로 잘못된 것은?
① 연중 수위변화의 폭이 큰 지점에는 부적합하다.
② 취수탑의 취수구 전면에는 스크린을 설치한다.
③ 최소수심이 갈수기에도 2m 이상은 확보되어야 한다.
④ 토사 유입의 가능성이 큰 하천에서는 유입속도를 15~30cm/s 정도로 한다.

> **해설** 연중 수위변화의 폭이 큰 지점에 적합한 취수시설은 취수탑이다.

14 유량이 3,000m³/day인 처리수에 7.0mg/L의 비율로 염소를 주입시켰더니 잔류염소량이 0.2mg/L였다. 이 처리수의 염소요구량은?
① 19.4kg/day   ② 20.4kg/day
③ 21.4kg/day   ④ 22.4kg/day

> **해설** 염소요구량
> $= (주입염소량 - 잔류염소량) \times Q \times \dfrac{1}{순도}$
> $= (7-0.2) \times 10^{-3} \text{kg/m}^3 \times 3,000 \text{m}^3/\text{day}$
> $= 20.4 \text{kg/day}$

15 하천에 오염원 투여 시 시간 또는 거리에 따른 오염지표(BOD, DO, N)와 미생물의 변화 4단계(Whipple의 4단계)의 순서로 옳은 것은?

> ㉠ 분해지대
> ㉡ 활발한 분해지대(부패지대)
> ㉢ 회복지대
> ㉣ 정수지대(청수지대)

① ㉠ - ㉡ - ㉢ - ㉣
② ㉠ - ㉢ - ㉡ - ㉣
③ ㉡ - ㉠ - ㉢ - ㉣
④ ㉡ - ㉢ - ㉠ - ㉣

> **해설** Whipple의 자정 4단계
> 분해지대 → 활발한 분해지대 → 회복지대 → 정수지대

16 계획오수량 산정 시 고려하는 사항에 대한 설명으로 옳지 않은 것은?
① 지하수량은 1인 1일 최대오수량의 10~20%로 한다.
② 계획 1일 평균오수량은 계획 1일 최대오수량의 70~80%를 표준으로 한다.
③ 계획시간 최대오수량은 계획 1일 평균오수량의 1시간당 수량의 0.9~1.2배를 표준으로 한다.
④ 계획 1일 최대오수량은 1인 1일 최대오수량에 계획인구를 곱한 후 공장폐수량, 지하수량 및 기타 배수량을 더한 값으로 한다.

> **해설** 계획시간 최대오수량은 계획 1일 평균오수량의 1시간당 수량의 1.3~1.8배를 표준으로 한다.

17 우물의 수리에서 자유수면 우물의 평형공식은? (단, Q: 양수량, K: 투수계수)

① $Q = \pi K \dfrac{H^2 - h_0^2}{\ln \dfrac{R}{r_0}}$

② $Q = \pi K \dfrac{H^2 - h_0^2}{\log_{10} \dfrac{R}{r_0}}$

③ $Q = \dfrac{1}{\pi K} \cdot \dfrac{H^2 - h_0^2}{\ln \dfrac{R}{r_0}}$

④ $Q = \dfrac{1}{\pi K} \cdot \dfrac{H^2 - h_0^2}{\log_{10} \dfrac{R}{r_0}}$

> **해설** 심정호의 취수량
> $Q = \dfrac{\pi K(H^2 - h_0^2)}{2.3 \log \dfrac{R}{r_0}} = \dfrac{\pi K(H^2 - h_0^2)}{\ln \dfrac{R}{r_0}}$

정답 13. ① 14. ② 15. ① 16. ③ 17. ①

Engineering of Water Supply Sewerage

18 어느 도시의 장래 인구증가현황을 조사한 결과 현재 인구가 90,000명이고 연평균 인구증가율이 2.5%일 때 25년 후의 예상인구는?

① 약 156,000명 ② 약 163,000명
③ 약 160,000명 ④ 약 167,000명

> **해설** 등비급수법 적용
> $P_n = P_0(1+r)^n = 90,000 \times (1+0.025)^{25}$
> $= 166,855$명 $=$ 약 167,000명

19 하수관로 내의 유속에 대하여 바르게 설명한 것은?

① 유속은 하류로 갈수록 점차 작아지도록 설계한다.
② 관거의 경사는 하류로 갈수록 점차 커지도록 설계한다.
③ 우수관거 및 합류관거는 계획우수량에 대하여 유속을 최대 3m/s로 한다.
④ 오수관거는 계획 1일 최대오수량에 대하여 유속을 최소 1.2m/s로 한다.

> **해설** 우수관 및 합류관의 유속범위는 0.8~3m/s이다.

20 함수율 98%인 슬러지를 농축하여 함수율 95%로 낮추었다. 이때 슬러지의 부피감소율은? (단, 슬러지의 비중은 1.0으로 가정함)

① 40% ② 50%
③ 60% ④ 70%

> **해설**
> $\dfrac{V_1}{V_2} = \dfrac{100 - W_2}{100 - W_1}$
> $\dfrac{1}{V_2} = \dfrac{100 - 95}{100 - 98}$
> $\therefore V_2 = 0.4$이므로 60% 감소한다.

정답 18. ④ 19. ③ 20. ③

제1회 CBT 실전 모의고사

01 상수도 관련 용어의 정의로 옳지 않은 것은?
① 상수원이란 음용·공업용 등으로 제공하기 위하여 취수시설을 설치한 지역의 하천·호소·지하수·해수 등을 말한다.
② 광역상수원이란 광역시에 원시나 정수를 공급하는 일반수도를 말한다.
③ 정수란 원수를 음용·공업용 등의 용도에 맞게 처리한 물을 말한다.
④ 일반수도란 광역상수도·지방상수도 및 마을상수도를 말한다.

02 호기성 소화와 혐기성 소화를 비교할 때 혐기성 소화에 대한 설명으로 틀린 것은?
① 높은 온도를 필요로 하지 않는다.
② 유효한 자원인 메탄이 생성된다.
③ 처리 후 슬러지 생성량이 적다.
④ 운전 시 체류시간, 온도, pH 등에 영향을 크게 받는다.

03 최근 우리나라의 상수원에 부영양화현상이 급속도로 심화되고 있다. 다음 중 상수도의 구성이나 계통에서 상수원의 부영양화가 가장 큰 영향을 미칠 수 있는 시설은?
① 취수시설
② 정수시설
③ 송수시설
④ 급배수시설

04 하수관의 관정부식을 일으키는 황화수소(H_2S)가 발생하는 이유는?
① 황화합물은 하수관에 유입되면 메탄가스에 의해 환원되기 때문이다.
② 용존산소가 부족해서 황화합물을 산화시키기 때문이다.
③ 용존산소가 풍부해서 황화합물을 산화시키기 때문이다.
④ 용존산소가 없으면 혐기성 세균이 황화합물을 분해하여 환원시키기 때문이다.

05 계획우수량 산정에 있어서 하수관거의 확률연수는 원칙적으로 몇 년으로 하는가?
① 2~3년
② 3~5년
③ 10~30년
④ 30~50년

06 최고효율점의 양수량 800m³/hr, 전양정 7m, 회전속도 1,500rpm인 취수펌프의 비속도(specific speed)는?
① 1,173
② 1,273
③ 1,373
④ 1,473

07 하수배제방법인 분류식과 합류식의 장단점에 대하여 기술한 내용 중 옳지 않은 것은?
① 분류식은 우수관과 오수관을 별도로 매설하므로 비용이 많이 든다.
② 분류식의 경우 처리장에 유입하는 하수의 수질변동이 비교적 적다.
③ 분류식은 전 우수량을 처리장으로 도달시켜 완전처리가 가능하다.
④ 합류식은 대량의 우수로 관 내 자연세정이 가능하다.

08 침전지의 침전효율을 증가시키기 위한 설명으로 옳지 않은 것은?
① 표면부하율을 작게 하여야 한다.
② 침전지의 표면적을 크게 하여야 한다.
③ 유량을 작게 하여야 한다.
④ 지내 수평속도를 크게 하여야 한다.

09 강우강도 $I = \dfrac{3,000}{t+15}$ [mm/hr], 유출계수 0.5, 배수면적 1km², 유입시간 5분, 관거 내 유속 1m/s, 관거길이 600m인 경우 우수유출량을 합리식으로 구하면 얼마인가?
① 40.8m³/s ② 35.3m³/s
③ 21.7m³/s ④ 13.9m³/s

10 염소의 살균능력을 순서대로 표시한 것으로 옳은 것은?
① HOCl > OCl⁻ > 클로라민
② 클로라민 > OCl⁻ > HOCl
③ 클로라민 > HOCl > OCl⁻
④ OCl⁻ > 클로라민 > HOCl

11 상수의 정수방법 중 염소살균과 오존살균의 장단점을 잘못 설명한 것은?
① 염소살균은 발암물질인 트리할로메탄(THM)을 생성시킬 가능성이 있다.
② 오존살균은 염소살균에 비해 잔류성이 약하다.
③ 염소살균은 살균력의 지속성이 우수하다.
④ 오존살균은 염소살균에 비해 경제적이다.

12 최초 침전지의 표면적이 250m², 깊이가 3m인 직사각형 침전지가 있다. 하수 350m³/hr가 유입할 때 수면적부하는?
① 30.5m³/m²·day ② 33.6m³/m²·day
③ 36.7m³/m²·day ④ 39.6m³/m²·day

13 일반적인 생물학적 인 제거공정에 필요한 미생물의 환경조건으로 가장 옳은 것은?
① 혐기, 호기
② 호기, 무산소
③ 무산소, 혐기
④ 호기, 혐기, 무산소

14 다음 슬러지처리공정들을 가장 합리적(일반적)인 순서대로 배열한 것은?

> ㉠ 농축
> ㉡ 개량
> ㉢ 유기물 안정화(소화)
> ㉣ 탈수
> ㉤ 최종 처분
> ㉥ 건조·소각

① ㉠-㉣-㉢-㉡-㉥-㉤
② ㉠-㉢-㉡-㉣-㉥-㉤
③ ㉠-㉣-㉡-㉢-㉥-㉤
④ ㉠-㉢-㉣-㉡-㉥-㉤

15 0.2m³/s의 물을 30m 높이에 양수하기 위한 펌프의 소요동력(HP)은 얼마인가? (단, 펌프의 효율=70%)
① 29HP ② 58HP
③ 114HP ④ 157HP

16 응집침전 시 황산반토 최적 주입량이 20ppm, 유량이 500m³/hr에 필요한 5% 황산반토용액의 주입량은 얼마인가?
① 20L/hr ② 100L/hr
③ 150L/hr ④ 200L/hr

17 급경사지에서 관 내의 유속 조정과 최소토피를 유지하며 상류측의 굴착깊이를 줄일 수 있는 관접합은?
① 단차접합 ② 소켓접합
③ 관저접합 ④ 수면접합

18 다음 중 음용수의 수질기준으로 적합하지 않은 것은?
① 암모니아성 질소와 아질산성 질소는 동시에 검출되지 아니할 것
② 수소이온농도는 pH5.8~8.5일 것
③ 탁도는 2도를 초과하지 아니할 것
④ 비소는 0.05mg/L를 초과하지 아니할 것

19 배수지 내에 물이 정체부가 생기지 않도록 설치하는 것은?
① 축관   ② 도류벽
③ 월류weir   ④ 검수구

20 접합정이 반드시 설치되어야 할 장소로 틀린 것은?
① 관로의 분기점
② 고개의 정상부
③ 정수압의 조정이 필요한 곳
④ 동수경사의 조정이 필요한 곳

ROUND 01회 CBT 실전 모의고사 정답 및 해설

01	02	03	04	05	06	07	08	09	10
②	①	②	④	③	②	③	④	④	①
11	12	13	14	15	16	17	18	19	20
④	②	①	②	③	④	③	①	②	②

01 용어정의
㉠ 원수 : 음용·공업용 등으로 제공되는 자연상태의 물. 다만, 농어촌용수는 제외하되 가뭄 등의 비상시 대통령령으로 정하는 바에 따라 환경부장관이 농림축산식품부장관 또는 해양수산부장관과 협의하여 원수로 사용하기로 한 경우에는 원수로 본다.
㉡ 상수원 : 음용·공업용 등으로 제공하기 위하여 취수시설을 설치한 지역의 하천·호소·지하수·해수 등
㉢ 광역상수원 : 국가·지방자치단체·한국수자원공사 또는 환경부장관이 인정하는 자가 둘 이상의 지방자치단체에 공급되는 상수원

02 소화
혐기성 소화는 호기성 소화에 비해 높은 온도를 필요로 한다.

참고 슬러지소화방법별 비교

구분	호기성 소화	혐기성 소화
BOD	처리수의 BOD가 낮다.	처리수의 BOD가 높다.
동력	동력이 소요된다.	동력시설 없이 연속처리가 가능하다.
냄새	없다.	많이 난다.
비료	비료가치가 높다.	비료가치가 낮다.
부산물	가치 있는 부산물이 생성 안 된다.	유효자원인 메탄이 생성된다.
시설비	적게 든다.	많이 든다.
운전	운전이 쉽다.	운전이 까다롭다.
질소	질소가 산화되어 NO_2, NO_3로 방출한다.	질소가 NH_3-N으로 방출된다.
규모	소규모 시설에 좋다.	대규모 시설에 적합하다.
적용	2차 슬러지에 적용하는 것이 가능하다.	1차 슬러지에 보다 적합하다.
병원균	사멸률이 낮다.	사멸률이 높다.
최초시설비	적게 든다.	많이 든다.

03 부영양화현상
부영양화가 되면 조류가 발생하여 수돗물의 맛과 냄새를 유발하므로 정수시설의 부하가 높아진다.

04 관정부식
용존산소 부족 시 '황화합물+혐기성 세균'으로 환원되면 황화수소(H_2S)가 발생한다.

05 하수관거의 확률연수
계획하수량은 20년을 원칙으로 하므로 계획우수량 산정에 있어 하수관거의 확률연수는 10~30년으로 보는 것이 합리적이다.

06 펌프의 비속도
$Q = 800 \text{m}^3/\text{hr} \times \dfrac{1\text{hr}}{60\text{min}} = 13.33 \text{m}^3/\text{min}$

$\therefore N_s = N \dfrac{Q^{1/2}}{H^{3/4}} = 1,500 \times \dfrac{13.33^{1/2}}{7^{3/4}} = 1,273$

07 하수배제방식의 비교

합류식	분류식
• 경제적 관점에서 유리	• 위생적 관점에서 유리
• 우천 시 미처리된 채 방류	• 전 오수를 처리장에 유입
• 수량 불균일	• 수량, 유량 균일
• 펌프용량의 변화(청천, 우천)	• 오수의 완전처리 가능
• 1개의 관으로도 충분	• 2개의 관을 사용함
• 처리수질이 변동됨	• 처리수질이 일정함
• 관의 검사가 편리함	• 방류장소 선정이 쉬움
• 사설하수관에 연결되기 쉬움	• 강우 초기의 불결한 우수가 유출됨

08 침전효율
$E = \dfrac{V_s}{V_0} \times 100\% = \dfrac{V_s t}{h} \times 100\% = \dfrac{V_s A}{Q} \times 100\%$ 이므로 표면부하율은 작게, 표면적은 크게, 유량은 작게, 침강속도는 크게 할 때 증가된다. 이때 수평속도는 관계없다.

09 합리식
$t = t_1 + \dfrac{L}{60V} = 5 + \dfrac{600}{60 \times 1} = 15\text{min}$

$I = \dfrac{3,000}{t+15} = \dfrac{3,000}{15+15} = 100\text{mm/hr}$

$\therefore Q = \dfrac{1}{3.6} CIA = \dfrac{1}{3.6} \times 0.5 \times 100 \times 1 = 13.9 \text{m}^3/\text{s}$

10 염소의 살균력 세기
HOCl > OCl⁻ > 클로라민

11 상수의 정수방법
오존살균은 염소살균에 비해 훨씬 비싸므로 비경제적이다.

12 수면적부하율(표면부하율)
$$V = \frac{Q}{A} = \frac{350\text{m}^3/\text{hr} \times 24\text{hr}/\text{day}}{250\text{m}^2} = 33.6\text{m}^3/\text{m}^2 \cdot \text{day}$$

13 하수의 생물학적 처리방법
㉠ 질소 제거법 : 무산소호기법(anoxic oxic)
㉡ 인 제거법 : 혐기호기법(A/O법)
㉢ 질소와 인 동시 제거법 : 혐기무산소호기법(A2/O법)

14 하수슬러지처리순서
슬러지 → 농축 → 소화 → 개량 → 탈수 → 건조 → 최종 처분

15 펌프의 소요동력
$$P_s = \frac{13.33QH}{\eta} = \frac{13.33 \times 0.2 \times 30}{0.7} = 114\text{HP}$$

16 응집제 주입량
$$\text{주입량} = C[\text{mg/L, ppm}] \times Q[\text{m}^3/\text{day}] \times \frac{1}{\text{순도}}$$
$$= 20 \times 10^{-3} \times 500 \times \frac{1}{0.05} = 200\text{L/hr}$$

17 관저접합
㉠ 관거의 내면 하부를 일치시킨다.
㉡ 수리학적으로 가장 불리한 방법으로 하수관거접합방식 중 가장 부적절하다.
㉢ 상류의 굴착깊이를 줄이기 위해 사용하며 공사비가 적게 든다.
㉣ 평탄한 지역에서 토공량을 줄이기 위해 사용한다.
㉤ 수위 상승을 방지하고 양정고를 줄일 수 있어 펌프를 이용한 하수배제 시 적합하다.

18 음용수의 수질기준
㉠ 암모니아성 질소는 0.5mg/L를 넘지 아니할 것
㉡ 질산성 질소는 10mg/L를 넘지 아니할 것

19 배수시설 중 도류벽의 정의
도류벽은 배수지 내에 물이 정체부가 생기지 않도록 설치하는 장치이다.

20 접합정 필수 설치장소
㉠ 종류가 다른 관 또는 도랑의 연결부
㉡ 관 또는 도랑의 굴곡부 등

01 저수지를 수원으로 하는 경우 상수시설의 배치순서로 옳은 것은?
① 취수탑 – 도수관로 – 여과지 – 정수지 – 배수지
② 취수관거 – 여과지 – 침사지 – 정수지 – 배수지
③ 취수문 – 여과지 – 침전지 – 배수지 – 배수관망
④ 취수구 – 약품침전지 – 혼화지 – 정수지 – 배수지

02 인구 20만명의 중소도시에 계획급수를 하고자 한다. 계획 1인 1일 최대급수량을 350L로 하고 급수보급률을 80%라 할 때 계획 1일 최대급수량은?
① 56,000m³/day
② 42,500m³/day
③ 39,200m³/day
④ 37,600m³/day

03 상수도의 수원으로서 요구되는 조건이 아닌 것은?
① 수량이 풍부할 것
② 수질이 좋을 것
③ 수원이 도시 가운데 위치할 것
④ 상수소비지에서 가까울 것

04 침사지에서 제거되는 취수한 물속에 포함된 모래입자의 일반적인 크기와 체류시간은?
① 0.1~0.2mm, 10~20초
② 0.1~0.2mm, 10~20분
③ 0.04~0.05mm, 10~20초
④ 0.04~0.05mm, 10~20분

05 최근 우리나라의 상수원에 부영양화현상이 급속도로 심화되고 있다. 다음 중 상수도의 구성이나 계통에서 상수원의 부영양화가 가장 큰 영향을 미칠 수 있는 시설은?
① 취수시설
② 정수시설
③ 송수시설
④ 급배수시설

06 대장균균의 수를 나타내는 MPN(최확수)에 대한 설명으로 옳은 것은?
① 검수 1mL 중 이론상 있을 수 있는 대장균균의 수
② 검수 10mL 중 이론상 있을 수 있는 대장균균의 수
③ 검수 50mL 중 이론상 있을 수 있는 대장균균의 수
④ 검수 100mL 중 이론상 있을 수 있는 대장균군의 수

07 자연유하식의 도수관 내 평균유속의 최대한도와 최소한도로 옳게 짝지어진 것은?
① 3.0m/s, 0.3m/s
② 3.0m/s, 0.5m/s
③ 5.0m/s, 0.3m/s
④ 5.0m/s, 0.5m/s

08 배수관의 곤망 중 수지상식에 관한 설명으로 알맞은 것은?
① 관을 그물모양처럼 연결하는 방식이다.
② 수리 계산이 간단하고 비교적 정확하다.
③ 사고 시 단수되는 구간을 최소화할 수 있다.
④ 관의 설치 시 비교적 공사비가 많이 든다.

09 어떤 상수원수의 Jar-test실험결과 원수시료 200mL에 대해 0.1% PAC용액 12mL를 첨가하는 것이 가장 응집효율이 좋았다. 이 경우 상수원수에 대해 PAC용액 사용량은 몇 mg/L인가?
① 40mg/L
② 50mg/L
③ 60mg/L
④ 70mg/L

10 유효수심 3.5m, 체류시간 3시간의 최종 침전지의 수면적부하는 얼마인가?
① 10.5m³/m²·day
② 28.0m³/m²·day
③ 56.0m³/m²·day
④ 105.0m³/m²·day

11 완속여과지에 관한 설명이 아닌 것은?
① 세균 제거도 어느 정도 기대할 수 있다.
② 응집제를 필수적으로 투입해야 한다.
③ 원수의 탁도가 비교적 낮은 경우에 적합하다.
④ 여과속도를 4m/day 정도로 유지한다.

12 계획하수량의 산정방법으로 틀린 것은?
① 오수관거 : 계획 1일 최대오수량+계획우수량
② 우수관거 : 계획우수량
③ 합류식 관거 : 계획시간 최대오수량+계획우수량
④ 차집관거 : 우천 시 계획오수량

13 우수량 계산 시 이용하는 합리식에 대한 설명 중 틀린 것은? (단, $Q=\frac{1}{360}CIA$)
① Q는 유량을 나타내며 단위는 m³/s이다.
② C는 유출계수를 나타낸다.
③ I는 지표의 경사를 나타내며 유입속도를 결정한다.
④ A는 배수면적을 나타낸다.

14 하수침사지에 대한 설명 중 틀린 것은?
① 수밀성이 있는 철근콘크리트구조로 한다.
② 유입부는 편류를 방지하도록 고려한다.
③ 합류식의 침사지에서 부패의 우려는 없다.
④ 체류시간은 30~60초를 표준으로 한다.

15 하수처리과정 중 3차 처리의 주 제거대상이 되는 것은?
① 부유물질
② 유기물질
③ 발암물질
④ 영양염류

16 하수관거의 배제방식에 대한 설명으로 옳지 않은 것은?
① 합류식은 청천 시 관 내 오물이 침전하기 쉽다.
② 분류식은 합류식에 비해 부설비용이 많이 든다.
③ 분류식은 일정량 이상이 되면 우천 시 오수가 월류한다.
④ 합류식 관거는 단면이 커서 환기가 잘되고 검사에 편리하다.

17 포기조 내에서 MLSS를 일정하게 유지하기 위한 방법으로 가장 적절한 것은?
① 폭기율을 조정한다.
② 슬러지반송률을 조정한다.
③ 하수유입량을 조정한다.
④ 슬러지를 바닥에 침전시킨다.

18 펌프의 설치대수 및 용량을 결정할 때 고려하여야 할 사항에 대한 설명으로 틀린 것은?
① 펌프의 설치는 유지관리상 가능한 한 동일 용량의 것으로 한다.
② 펌프는 가능한 한 최고효율점 부근에서 운전하도록 대수 및 용량을 정한다.
③ 펌프는 용량이 적을수록 효율이 높으므로 가능한 한 소용량의 것을 여러 대 배치한다.
④ 건설비를 절약하기 위해 예비는 가능한 대수를 적게 하고 소용량으로 한다.

19 다음 ( ) 안에 가장 알맞은 내용은?

> 펌프특성곡선이란 일정한 양수량에 대하여 펌프가 갖는 ( ), ( ) 및 ( )의 관계를 나타낸 그래프를 말하며 펌프 선정 시 이용된다.

① 구경, 효율, 양정
② 유속, 양정, 동력
③ 양정, 동력, 회전수
④ 양정, 효율, 동력

20 펌프의 비교회전도(specific speed)에 대한 설명으로 옳은 것은?

① 임펠러(impeller)가 배출량 $1m^3/min$을 전양정 1m로 운전 시 회전수
② 임펠러가 배출량 $1m^3/s$을 전양정 1m로 운전 시 회전수
③ 작은 비회전도값에 대한 대유량, 저양정의 정도
④ 큰 비회전도값에 대한 소유량, 대양정의 정도

CBT 실전 모의고사 정답 및 해설

01	02	03	04	05	06	07	08	09	10
①	①	③	②	②	④	①	②	③	②
11	12	13	14	15	16	17	18	19	20
②	①	③	③	④	③	②	③	④	①

01 상수시설의 배치순서
저수지를 수원으로 하는 경우 상수시설은 '취수탑 – 도수관로 – 여과지 – 정수지 – 배수지'의 순서로 배치한다.

02 계획 1일 최대급수량
= 급수인구 × 1인 1일 최대급수량 × 급수보급률
= 200,000 × (350 × 10^{-3} m^3/day) × 0.8
= 56,000 m^3/day

03 수원의 구비조건
㉠ 상수소비자에 가까울 것
㉡ 가급적 자연유하로 도수할 것
㉢ 계획취수량이 최대갈수기에도 확보될 것
 • 평수위 : 185일
 • 저수위 : 275일
 • 갈수위 : 355일

04 상수침사지의 구조

구분	제원
침사지의 형상	장방형으로, 길이는 폭의 3~8배
체류시간	계획취수량의 10~20분
제거 모래입경	0.1~0.2mm
침사지 내 유속	2~7cm/s
유효수심	3~4m
여유고	0.5~1.0m
침사지 바닥경사	종방향 1/1,000, 횡방향 1/50

05 부영양화현상
부영양화가 되면 조류가 발생하여 수돗물의 맛과 냄새를 유발하므로 정수시설의 부하가 높아진다.

06 MPN(최확수)의 개념
MPN(최확수)은 검수 100mL 중 이론상 있을 수 있는 대장균군의 수이다.

07 자연유하식 도·송수관의 유속
자연유하식 도수관 및 송수관의 유속범위는 0.3~3m/s이다.

08 격자식과 수지상식의 비교

구분	장점	단점
격자식	• 물이 정체하지 않음 • 수압의 유지가 용이함 • 단수 시 대상지역이 좁아짐 • 화재 시 사용량변화에 대처가 용이함	• 관망의 수리 계산이 복잡함 • 건설비가 많이 소요됨 • 관의 수선비가 많이 듦 • 시공이 어려움
수지상식	• 수리 계산이 간단하고 정확함 • 제수밸브가 적게 설치됨 • 시공이 용이함	• 수량의 상호 보충이 불가능함 • 관 말단에 물이 정체되어 냄새, 맛, 적수의 원인이 됨 • 사고 시 단수구간이 넓음

09 용액 사용량
원수시료 200mL에 대하여 최적 주입량이 PAC 0.1%에 해당하는 12mL이므로 $\dfrac{12mL}{200mL}$ = 0.06이다. 단위 mL당 0.06이므로 단위 L당으로 바꾸면 0.06 × 1,000 = 60mg/L가 된다.

10 수면적부하(표면부하율)
$$V_0 = \frac{Q}{A} = \frac{h}{t} = \frac{3.5m}{3hr \times \frac{1}{24}day}$$
$$= 28 m^3/m^2 \cdot day$$

11 완속여과와 급속여과의 특징 비교

구분	완속여과	급속여과
용지면적	크다	작다
세균 제거	좋다	나쁘다
수질	양호	-
약품처리	불필요	필요
손실수두	작다	크다
건설비	많다	적다
유지관리비	적다	많다
원수수질	저탁도	고탁도
여재 세척법	많이 소요	적게 소요
관리기술	불필요	필요

※ 급속여과는 변법에 따라 수질이 다양하므로 정량화하지 못함

12 계획하수량 산정기준
㉠ 오수관 : 계획시간 최대오수량
㉡ 우수관 : 계획우수량
㉢ 합류관 : 계획시간 최대오수량 + 계획우수량
㉣ 차집관 : 우천 시 계획오수량 or 계획시간 최대오수량의 3배

13 합리식
$$Q = \frac{1}{360} CIA$$
여기서, Q : 최대계획우수유출량(m^3/s)
C : 유출계수
I : 유달시간(T) 내의 평균강우강도(mm/hr)
A : 배수면적(ha)

14 하수침사지
합류식 침사지에서는 부패 우려가 있다.

15 하수처리방법
㉠ 1차 처리(물리적 처리) : 수중의 부유물질 제거, BOD의 일부 제거
㉡ 2차 처리(생물·화학적 처리) : 수중의 용해성 유기 및 무기물 처리
㉢ 3차 처리(고도처리) : 영양염류(N, P), 미분해된 유기 및 무기물, 중금속, 바이러스 등 제거

16 하수배제방식의 비교

합류식	분류식
• 경제적 관점에서 유리 • 우천 시 미처리된 채 방류 • 수량 불균일 • 펌프용량의 변화(청천, 우천) • 1개의 관으로도 충분 • 처리수질에 변동됨 • 관의 검사가 편리함 • 사설하수곤에 연결되기 쉬움	• 위생적 관점에서 유리 • 전 오수를 처리장에 유입 • 수량, 유량 균일 • 오수의 완전처리 가능 • 2개의 관을 사용함 • 처리수질이 일정함 • 방류장소 선정이 쉬움 • 강우 초기의 불결한 우수가 유출됨

17 반송슬러지
포기조 내의 MLSS농도를 일정하게 유지하기 위해서는 침강 슬러지의 일부를 다시 포기조에 반송하는데, 이 슬러지를 반송슬러지라고 한다.

18 펌프의 결정기준
㉠ 대수는 줄일 것(단, 2지 이상)
㉡ 동일 용량 선택
㉢ 대용량 선택

19 펌프의 특성곡선
펌프의 회전속도를 일정하게 고정하고 토출관의 밸브를 조절하여 펌프용량을 변화시킬 때 나타나는 양정(H), 효율(η), 축동력(P)이 변하는 관계를 각각의 최대효율점에 대한 비율로 나타낸 곡선으로 펌프특성곡선 또는 펌프성능곡선이라고도 한다.

20 펌프의 비교회전도
임펠러가 1m^3/min의 유량을 1m 양수하는 데 필요한 회전수를 말한다.

CBT 실전 모의고사

01 상수도의 기본계획을 세우기 위한 기초자료가 아닌 것은?
① 방류수역조사자료
② 하천조사자료
③ 지하매설물계획자료
④ 도로, 교통 및 환경자료

02 호기성 소화의 특징을 설명한 것으로 옳지 않은 것은?
① 처리된 소화슬러지에서 악취가 나지 않는다.
② 상징수의 BOD농도가 높다.
③ 폭기를 위한 동력 때문에 유지관리비가 많이 든다.
④ 수온이 낮은 때에는 처리효율이 떨어진다.

03 부영양화현상에 대한 특징을 설명한 것으로 옳지 않은 것은?
① 사멸된 조류의 분해작용에 의해 표수층으로부터 용존산소가 줄어든다.
② 조류 합성에 의한 유기물의 증가로 COD가 증가한다.
③ 일단 부영양화가 되면 회복되기 어렵다.
④ 영양염류인 인(P), 질소(N) 등의 유입을 방지하면 이 현상을 최소화할 수 있다.

04 하수관거의 관정부식(crown corrosion)이 되는 주요 원인물질은?
① 황화합물
② 질소화합물
③ 칼슘화합물
④ 염소화합물

05 합류식에서 하수차집관거의 계획하수량기준으로 옳은 것은?
① 계획시간 최대오수량 이상
② 계획시간 최대오수량의 3배 이상
③ 계획시간 최대오수량과 계획시간 최대우수량의 합 이상
④ 계획우수량과 계획시간 최대오수량의 합의 2배 이상

06 최고효율점의 양수량 800m^3/hr, 전양정 7m, 회전속도 1,500rpm인 취수펌프의 비회전도는 얼마인가?
① 1,173 ② 1,273
③ 1,373 ④ 1,473

07 분류식 하수관거시설에 관한 설명으로 옳지 않은 것은?
① 분류식은 관거오접에 대한 철저한 감시가 필요하다.
② 분류식은 안정적인 하수처리를 실시할 수 있다.
③ 분류식은 오수관과 우수관의 별도 매설로 공사비가 많이 든다.
④ 분류식은 관거 내 퇴적이 적으며 수세효과를 기대할 수 있다.

08 침전지에서 침전효율을 크게 하기 위한 조건으로서 옳은 것은?
① 유량을 적게 하거나, 표면적을 크게 한다.
② 유량을 많게 하거나, 표면적을 크게 한다.
③ 유량을 적게 하거나, 표면적을 적게 한다.
④ 유량을 많게 하거나, 표면적을 적게 한다.

09 강우강도 $I = \dfrac{3,000}{t+15}$ [mm/hr], 유출계수 0.5, 배수면적 1km², 유입시간 5분, 관거 내 유속 1m/s, 관거길이 600m 인 경우 우수유출량을 합리식으로 구하면 얼마인가?

① 40.8m³/s
② 35.3m³/s
③ 21.7m³/s
④ 13.9m³/s

10 염소소독 시 생성되는 염소성분 중 살균력이 가장 강한 것은?

① OCl^-
② $HOCl$
③ $NHCl_2$
④ NH_2Cl

11 정수처리에서 쓰이는 입상활성탄처리를 분말활성탄처리와 비교할 때 입상활성탄처리에 대한 설명으로 옳지 않은 것은?

① 장기간 처리 시 탄층을 두껍게 할 수 있으며 재생할 수 있어 경제적이다.
② 원생동물이 번식할 우려가 있다.
③ 여과지를 만들 필요가 있다.
④ 겨울에 누출에 의한 흑수현상 우려가 있다.

12 침전지의 유효수심이 5m, 1일 최대사용수량 500m³, 침전시간을 8시간으로 할 때 침전지의 소요수면적은 얼마인가?

① 24m²
② 34m²
③ 44m²
④ 54m²

13 하수 중의 질소 제거방법으로 적합하지 않은 것은?

① 생물학적 질화-탈질법
② 이온교환법
③ 응집침전법
④ break point 염소 주입법

14 하수슬러지의 농축조에 대한 다음의 설명 중 틀린 것은?

① 슬러지 스크레이퍼를 설치할 경우 탱크 바닥 면의 기울기는 5/100 이상이 좋다.
② 슬러지 스크레이퍼가 없는 경우 탱크 바닥의 중앙에 호퍼를 설치하되, 호퍼측 벽의 기울기는 수평에 60° 이상으로 한다.
③ 농축즈의 용량은 계획슬러지양의 2일분 이하로 하며, 유효수심은 3~4m로 한다.
④ 고형물부하는 25~75kg/m²·일을 기준으로 하나 슬러지의 특성에 따라 변경될 수 있다.

15 1일 28,800m³의 물을 8.8m의 높이로 양수하려고 한다. 펌프의 효율을 80%, 축동력에 15%의 여유를 둘 때 원동기의 소요동력은 몇 kW인가?

① 41.3
② 35.9
③ 30.3
④ 29.8

16 정수시설의 응집용 약품에 대한 설명이다. 틀린 것은?

① 응집제로는 명반 등이 있다.
② 알칼리제로는 소다회 등이 있다.
③ 보조제로는 활성규산 등이 있다.
④ 첨가제로는 소금 등이 있다.

17 다음 중 관거의 관경이 변화하는 경우 또는 2개의 관거가 합류하는 경우의 가장 적합한 접합방법은?

① 관중심접합
② 관저접합
③ 수면합
④ 단차접합

18 계획배수량의 원칙적 기준으로 옳은 것은?

① 해당 급수구역의 계획 1일 최대배수량(m³/day)
② 해당 배수구역의 계획 1일 최대배수량(m³/day)
③ 해당 급수구역의 계획시간 최대배수량(m³/day)
④ 해당 배수구역의 계획시간 최대배수량(m³/day)

19 상수도시설의 수질시험과 관련된 설명으로 옳지 않은 것은?

① 수질시험에는 물리적, 화학적, 세균학적, 생물학적 검사항목들이 있다.
② 수질검사장소로는 급수전, 물의 정체가 용이한 곳, 원수 등이 있다.
③ 수질기준에 정해진 수질검사항목은 정해진 기간에 실시해야 하나, 일부 항목은 생략할 수도 있다.
④ 검사항목에 대해서는 수질이 평균치를 나타내는 시기에 매년 1회 이상 실시해야 한다.

20 도수 및 송수관로 중 일부분이 동수경사선보다 높은 경우 조치할 수 있는 방법으로 옳은 것은?

① 상류측에 대해서는 관경을 작게 하고, 하류측에 대해서는 관경을 크게 한다.
② 상류측에 대해서는 관경을 작게 하고, 하류측에 대해서는 접합정을 설치한다.
③ 상류측에 대해서는 관경을 크게 하고, 하류측에 대해서는 관경을 작게 한다.
④ 상류측에 대해서는 접합정을 설치하고, 하류측에 대해서는 관경을 크게 한다.

CBT 실전 모의고사 정답 및 해설

01	02	03	04	05	06	07	08	09	10
①	②	①	①	②	②	④	①	④	②
11	12	13	14	15	16	17	18	19	20
④	②	③	③	①	④	③	④	④	④

01 상수도 기본계획 시 기초자료
  ㉠ 급수량의 현황과 추정
  ㉡ 주변의 환경조건과 자연조건
  ㉢ 지하매설물계획자료
  ㉣ 도로, 교통 및 환경자료
  ㉤ 하천조사자료

02 슬러지소화방법별 비교

구분	호기성 소화	혐기성 소화
BOD	처리수의 BOD가 낮다.	처리수의 BOD가 높다.
동력	동력이 소요된다.	동력시설 없이 연속처리가 가능하다.
냄새	없다.	많이 난다.
비료	비료가치가 높다.	비료가치가 낮다.
부산물	가치 있는 부산물이 생성 안 된다.	유효자원인 메탄이 생성된다.
시설비	적게 든다.	많이 든다.
운전	운전이 쉽다.	운전이 까다롭다.
질소	질소가 산화되어 NO_2, NO_3로 방출한다.	질소가 NH_3-N으로 방출된다.
규모	소규모 시설에 좋다.	대규모 시설에 적합하다.
적용	2차 슬러지에 적용하는 것이 가능하다.	1차 슬러지에 보다 적합하다.
병원균	사멸률이 낮다.	사멸률이 높다.
최초 시설비	적게 든다.	많이 든다.

03 부영양화현상
부영양화는 영양염류(질소, 인)의 유입에 의해 조류가 급격히 증가해 광합성 시에 수중의 CO_2를 섭취하므로 pH에 영향을 미치며, 수심이 깊은 곳까지 용존산소농도가 낮아진다.

04 관정부식
주원인물질은 황화수소(H_2S)를 포함한 황화합물이다.

05 계획하수량 산정기준
  ㉠ 오수관 : 계획시간 최대오수량
  ㉡ 우수관 : 계획우수량
  ㉢ 합류관 : 계획시간 최대오수량 + 계획우수량
  ㉣ 차집관 : 우천 시 계획오수량 or 계획시간 최대오수량의 3배

06 펌프의 비속도(비회전도)
$$Q = 800\text{m}^3/\text{hr} \times \frac{1\text{hr}}{60\text{min}} = 13.33\text{m}^3/\text{min}$$
$$\therefore N_s = N\frac{Q^{1/2}}{H^{3/4}} = 1,500 \times \frac{13.33^{1/2}}{7^{3/4}} ≒ 1,273\text{rpm}$$

07 하수배제방식
합류식은 관거 내 퇴적이 적으며 수세효과를 기대할 수 있다.

참고 하수배제방식의 비교

합류식	분류식
• 경제적 관점에서 유리 • 우천 시 미처리된 채 방류 • 수량 불균일 • 펌프용량의 변호(청천, 우천) • 1개의 관으로도 충분 • 처리수질이 변동됨 • 관의 검사가 편리함 • 사설하수관에 연결되기 쉬움	• 위생적 관점에서 유리 • 전 오수를 처리장에 유입 • 수량, 유량 균일 • 오수의 완전처리 가능 • 2개의 관을 사용함 • 처리수질이 일정함 • 방류장소 선정이 쉬움 • 강우 초기의 불결한 우수가 유출됨

08 침전효율
$$E = \frac{V_s}{V_0} \times 100\% = \frac{V_s t}{h} \times 100\% = \frac{V_s A}{Q} \times 100\%$$ 이므로 유량을 적게 하거나 표면적을 크게 한다.

09 합리식
$$t = t_1 + \frac{L}{60V} = 5 + \frac{600}{60 \times 1} = 15\text{min}$$
$$I = \frac{3,000}{t+15} = \frac{3,000}{15+15} = 100\text{mm/hr}$$
$$\therefore Q = \frac{1}{3.6}CIA = \frac{1}{3.6} \times 0.5 \times 100 \times 1 = 13.9\text{m}^3/\text{s}$$

10 염소살균력
㉠ HOCl > OCl⁻ > 클로라민
㉡ HOCl은 OCl⁻에 비하여 살균력이 80배 강하다.

11 분말활성탄과 입상활성탄의 비교

구분	분말활성탄	입상활성탄
처리시설	기존의 시설을 사용하여 처리할 수 있다.	여과조를 만들 필요가 있다(건설비가 많이 든다).
단기적 처리의 경우	필요량만 구입하므로 경제적이다.	탄층이 얇거나 두꺼워도 비경제적이다.
장기간 처리의 경우	경제성이 향상되지 않는다.	층의 두께가 두꺼워지며 재생하여 사용하므로 경제적이다.
주입작업 및 노무관리	곤란하다.	용이하다.
처리 중단의 위험성	있다(기계 고장, 장전 또는 호퍼 내 브리지).	없다.
재생 사용	곤란이 따른다.	가능하다.
미생물 번식	없다.	번식 가능성이 있다.
폐기 시의 익로	침적된 탄분을 포함한 흑색 슬러지는 공해의 원인이 된다.	니토를 발생하지 않으므로 공해의 염려가 없다.
누출에 의한 흑수 발생	특히 겨울철에 일어나기 쉽다.	거의 염려가 없다.
처리관리의 난이	곤란하다.	용이하다.

12 침전지의 수면적
$$\frac{Q}{A} = \frac{h}{t}$$
$$\frac{500\mathrm{m}^3/\mathrm{day}}{A} = \frac{5\mathrm{m}}{8\mathrm{hr} \times \frac{1}{24}\mathrm{day}}$$
$$\therefore A \fallingdotseq 34\mathrm{m}^2$$

13 하수의 고도처리(3차 처리)방법
㉠ 질소 제거법 : 생물학적 질산화-탈질법, 이온교환법, break point 염소 주입법, 무산소호기법(anoxic oxic) 등
㉡ 인 제거법 : A/O법(혐기호기법), phostrip법 등
㉢ 질소, 인 동시 제거법 : 수정bardenpho법, A2/O법(혐기무산소호기법), SBR법, UCT법, VIP법, 수정 phostrip법 등

14 농축조
㉠ 용량 : 계획슬러지양의 24~48시간분
㉡ 고형물부하 : 10~20kg/m² · day
㉢ 유효수심 : 3.5~4.0m
㉣ 여유고 : 30cm 이상
㉤ 바닥경사 : 1/10 이상
㉥ 슬러지관 및 배출관경 : 200mm 이상

15 펌프의 소요동력
$$Q = \frac{28,800\mathrm{m}^3/\mathrm{day}}{24\mathrm{hr} \times 3,600\sec} = 0.333\mathrm{m}^3/\mathrm{s}$$
$$P_s = \frac{9.8QH}{\eta} = \frac{9.8 \times 0.333 \times 8.8}{0.8} = 35.897\mathrm{kW}$$
$$\therefore P_m = P_s(1+\alpha) = 35.897 \times (1+0.15) = 41.3\mathrm{kW}$$

16 소금은 응집용 약품이 아니다.
참고 응집제의 종류
㉠ 황산반토(명반)
㉡ PAC(폴리염화알루미늄)
㉢ 황산 제1철
㉣ 염화 제2철

17 하수관거의 접합방법
㉠ 수면접합 : 관거의 관경이 변화하는 경우 또는 2개의 관거가 합류하는 경우의 가장 적합한 접합방법이다.
㉡ 관정접합 : 접속하는 관거의 내면 상단부를 일치시키는 방법
㉢ 관중심접합 : 관거의 내면중심부를 일치시키는 방법
㉣ 관저접합 : 관거의 내면 하부를 일치시키는 방법
㉤ 계단접합 : 지세가 아주 급한 경우 관거의 기울기와 토공량 감소를 목적으로 사용
㉥ 단차접합 : 지세가 급한 급경사지의 경우 관거의 기울기와 토공량 감소를 목적으로 사용

18 계획배수량의 설계기준
㉠ 평상시 : 계획시간 최대급수량(m³/day)
㉡ 화재 시 : 계획 1일 최대급수량의 1시간당 수량+소화용 수량

19 상수도시설의 수질시험
㉠ 물리적, 화학적, 세균학적, 생물학적 검사항목들이 있다.
㉡ 검사장소로는 급수전, 물의 정체가 용이한 곳, 원수 등이 있다.
㉢ 수질기준에 정해진 수질검사항목은 정해진 기간에 실시해야 하나, 일부 항목은 생략할 수도 있다.
㉣ 검사항목에 대해서는 수질이 평균치를 나타내는 시기에 매월 1회 이상 실시해야 한다.

20 관로가 최소동수경사선보다 높은 경우의 조치방법
㉠ 상류측 관경을 크게 한다.
㉡ 접합정을 설치한다.
㉢ 감압밸브를 설치한다.

[저자 소개]

박재성
- 충북대학교 대학원 공학박사(수공학 전공)
- 현, 경북대학교, 남서울대학교 등 출강
  (주)건설안전기술 이사
  성안당 e러닝 토목분야 전임강사
  지능계발연구원 원장
- 전, 충북보건과학대학교 부교수

[저서]
- 원샷!원킬 수리수문학(성안당, 2026)
- 핵심 상하수도공학(성안당, 2025)
- 토목기사종합문제집(예문사, 2023)
- 상하수도공학(에듀윌, 2021)
- 토석류의 이해(협신사, 2008)

토목기사 필기 완벽 대비
원샷!원킬! 토목기사시리즈 ❻ 상하수도공학

2025. 1. 15. 초 판 1쇄 발행
2026. 1. 7. 개정증보 1판 1쇄 발행

지은이 | 박재성
펴낸이 | 이종춘
펴낸곳 | BM (주)도서출판 **성안당**

주소 | 04032 서울시 마포구 양화로 127 첨단빌딩 3층(출판기획 R&D 센터)
     | 10881 경기도 파주시 문발로 112 파주 출판 문화도시(제작 및 물류)
전화 | 02) 3142-0036
     | 031) 950-6300
팩스 | 031) 955-0510
등록 | 1973. 2. 1. 제406-2005-000046호
출판사 홈페이지 | www.cyber.co.kr
ISBN | 978-89-315-1226-7 (13530)
정가 | 23,000원

이 책을 만든 사람들
기획 | 최옥현
진행 | 이희영
교정·교열 | 문 황
전산편집 | 전채영
표지 디자인 | 박현정
홍보 | 김계향, 임진성, 김주승, 최정민, 이해솜
국제부 | 이선민, 조혜란
마케팅 | 구본철, 차정욱, 오영일, 나진호, 강호묵
마케팅 지원 | 장상범
제작 | 김유석

이 책의 어느 부분도 저작권자나 BM (주)도서출판 **성안당** 발행인의 승인 문서 없이 일부 또는 전부를 사진 복사나 디스크 복사 및 기타 정보 재생 시스템을 비롯하여 현재 알려지거나 향후 발명될 어떤 전기적, 기계적 또는 다른 수단을 통해 복사하거나 재생하거나 이용할 수 없음.

※ 잘못된 책은 바꾸어 드립니다.